領導學

Supervision Today!

4th Edition

史帝芬・羅賓斯 (Stephen P. Robbins)
大衛・迪森佐 (David A. DeCenzo) ／原著

元智大學經營管理技術系／李弘暉教授 審訂

台灣培生教育出版股份有限公司

領導是組織競爭力的基石

無論二十一世紀是知識經濟時代、資訊時代還是高科技時代，「人才」已成爲組織競爭力的重要關鍵因素。法規可以被仿效；制度、流程及所有硬體設施皆可以被重製；唯組織中的「人才」是具有不可取代性的，因爲沒有組織中所擁有的人力資源是相同的。

「人才」的重要性突顯了兩個議題，第一，組織中的所有活動均是涉及到人的活動，如何管理這批人，讓他們能在組織中很成功的協調工作，進而發展出最大的潛力，這才是組織績效的重點，更是組織知識經濟的展現。第二，領導的重要性已不可被忽略，因爲，唯有優秀的領導者，才能爲組織創造願景、找出核心競爭力、發展策略、蓄積人力資源、建立紮實的管理機制，使追隨者能在一個優質的組織環境中工作、成長、創造組織的競爭優勢。

管理者也好，領導者也好，皆有自己應扮演的角色、發揮的功能。但在此環境迅速變遷的時代中，角色扮演是否成功端賴管理者或領導者能否因應環境的變化，不斷的調整、改進，汲取新知，不斷學習，而此一學習是永無止境的。因爲時代的巨輪正以加速度的力量不斷的往前推進，畢竟過去的成功經驗並不能得證未來的成功，一個領導者不能永遠活在過去的成功經驗中，否則會很容易打入歷史的冷宮，被人漸漸淡忘。過去，領導者認爲合理或値得的管理模式，不見得能繼續適用於現在的環境，因此，一個好的領導者，會不斷改正自己的思維模式，拋棄歷史的包袱，重新學習、持續學習。

此書是寫給二十一世紀的管理者，更是由美國著名的管理學者Stephen Robbins的著作。而完全沒有管理實務經驗的管理者或想學習領導的學生，亦可從此書由淺入深，及系統化的介紹與實例，一窺管理殿堂的奧妙。此書更對管理理論的發展、沿革、改變與新思維，皆作了有系統的介紹與整理；其中更穿插了許多世界知名公司的個案與經驗，兼顧理論實務，不管有無管理的背景或經驗的人，皆能從中瞭解二十一世紀管理、領導的意義和眞諦。

在這多變的時代中，領導者必須不斷的改變自己的思維，而此書對所有管理者與領導者而言，實提供了一個最佳工具書的選擇。

李弘暉
元智大學管理研究中心主任
經營管理技術系主任

前言

歡迎閱讀《領導學》第四版。相信你會發現，我們增添了許多讀者希望得到的新知識。由於讀者熱情的支持與協助，本書第三版出版後獲得極大的迴響；第四版仍將秉持著不斷進步的目標，讓內容更爲充實。

我們竭心盡力，希望製作出一本最新、最完整的管理教材，同時，我們也採納了讀者給予的寶貴意見，以期滿足讀者的需求。本書鎖定在基層主管必備的基本知識和技能，不但完整彙集有效管理員工的基礎概念及傳統理論，並強調應用性、實務性和技術性，讓讀者十分容易上手。第四版尤其延續教學輔助指引及實務個案研討的豐富性，並且提綱契領、段落分明，讓讀者易讀易懂。

第四版的出版緣起

對大多數人而言，把概念和生活做一聯結，更讓人易於理解這些概念的意義。本書也就藉著眞實生活的概念、案例和實務來幫助讀者加深對基層主管工作的瞭解。我們認爲，學習者如果有機會應用正在學習的知識，在實際工作中會表現得更加有效。因爲，在學習過程同時，他們也在積累管理的能量。

近年來，主管的工作有了顯著的變化。由於勞動市場的多樣化，使得主管必須與種族、性別以及道德觀等背景完全不同的人一起工作。此外，主管的工作也受到技術變革、市場競爭、公司重組和工作流程再造等因素的影響。儘管發生了許許多多的變化，主管依然需要理解和掌握指導他人工作的傳統原理與具體技能，例如：目標設定、預算、日程安排、授權、面談、談判、處理抱怨、員工諮詢和評估員工績效等。

優秀的管理教材要能同時傳達傳統和當代兩方面的主題，我們相信本書做到了——加強與主管相關的主題、列舉大量案例和圖表解釋基本概念、生動的版型設計，使眞實的主管工作躍然紙上。我們花了數年時間研究「生動、口語化、有趣」的寫作風格，以使讀者能夠理解我們所說的話，就好像作者就站在他們面前發表講演一樣的清楚。當然，只有你才有資格判定本書的可讀性，你不妨隨機挑出幾頁來閱讀，我們相信，你一定會發現本書不僅內容豐富，而且字字珠璣。

第四版有哪些更新內容？

沒有任何作者只會換個封面，然後就稱之爲全新改版。眞正的改版工作是鉅細靡遺；更改時必須依據一些公開的、具邏輯性的研究報告，將新進理論增訂在文章中；我們一直秉持這個原則來修訂本書。

本書架構

本書以系統化方式幫助讀者學習扮演主管的角色，內容包含四個部分：第一部分爲導論；第二部分爲計畫、組織、用人與控制；第三部分爲激勵個人及團隊績效；第四部分爲管理組織中的動態變化。你將發現目錄中所列出的章節，不但完備又具邏輯性，宛如一部「學習如何當主管」的教戰手冊。

在這次的修訂中，我們增添了許多專題及內容主題；這些整體性的修訂或個別章節的變化列示如下：

整體性的改變

- 修正內容目錄，使其更能呈現出管理流程
- 重新排列章節順序（詳如下段）
- 新增「確保工作環境的安全與健康」的章節（第13章）
- 將第三版中有關員工懲處的章節彙整第四版中的第14章「衝突、政治、談判和處罰」

各章節的變動

- **第2章**：新世紀主管面臨的挑戰(Understanding Supervisory

Challenges in the New Millennium)

▲電子商業和電子商務對主管的影響；持續改善計劃、組織縮編、工作流程改造；危機管理及督導。

● **第3章**：建立目標(Establishing Goals)

▲標竿管理；ISO 9000；六個標準差；具有企業家精神的主管。

● **第4章**：建立效率化的組織(Organizing an Effective Department)

▲部門化及組織架構；團隊基礎；「無國界組織」；學習型組織。

● **第5章**：雇用稱職的人(Acquiring the Right People)

▲報酬及利益；組織縮編與裁員的選擇；裁員後的倖存者症候群；電子履歷；員工多元化的影響及管理者必須做的改變。

● **第6章**：設計和執行控制(Designing and Implementing Controls)

▲供應鏈管理；控監員工之倫理議題；即時存貨管理系統(Just-in-time)。

● **第7章**：問題解決與決策(Solving Problems and Making Decisions)

▲決策及文化；問題類型與決策類型；常見的決策錯誤（多數人的迷思）。

● **第8章**：激勵員工(Motivating Your Employees)

▲激勵專業型及技術性的員工。

● **第9章**：高效能的領導(Providing Effective Leadership)

▲願景領導(visionary leadership)。

● **第10章**：有效的溝通(Communicating Effectively)

▲溝通程序。

● **第11章**：管理群體和工作團隊(Supervising Groups and Work Teams)

▲持續改善計畫和團隊；多樣化和團隊

● **第12章**：評估員工的績效(Appraising Employee Performance)

▲360度績效評估

- 第14章：衝突、政治、談判和處罰(Handling Conflict, Politics, Employee Discipline, and Negotiation)
  ▲員工懲處的題材
- 第15章：管理變革與創新(Dealing with Change and Innovation)
  ▲增加創造力及創新的題材
- 第16章：主管在勞資關係中的角色(The Supervisor's Role in Labor Relations)
  ▲本章重新修訂

學習輔助工具

開始閱讀本書之前，爲了讓您學習更有效率，我們提供一些輔助工具：

學習目標

在每一章的開頭，列出該章的學習目標，提示讀者在閱讀時，應該特別注意到這些主要課題，讀完後，也能夠掌握這些知識或技能。

關鍵詞彙

每章開頭所列出的關鍵詞彙，代表該章內容中所提到的重要觀念，使讀者能迅速瞭該章的重點。

外側空白處標記關鍵詞彙

上述的關鍵詞彙在各章內容中，於第一次出現時，會以粗體字標示，並在外側空白處，再次地列出名稱和註解，便於讀者快速查閱。

號外！

這個單元廣受讀者歡迎，因此我們在新版中也保留這個單位。本單元強調傳統主管及當代主管的鮮明對比；例如，在第1章裏，我們介紹了主管是獨裁者的傳統觀點，也介紹了主管是善於授權的教練的現代觀點。

解決難題

在職場上，主管總有遇上棘手難題的時候，而且不是靠著規則就能解決的。本單元設計的目的，就是讓讀者學習思考將來他們可能面對的問題，並試著運用該章的學習內容，分析問題，擬定行動方案。

次標題多以問句呈現

讀者會發現，每章內容的次標題大多以問句呈現；而每個問題都是精心挑選，用以強化讀者對於特殊資訊的瞭解。在閱讀完一個章節後，讀者應該能夠回答這些問題，如果你不能回答這些問題或不確定自己的答案，則可以花費更多心力再重新閱讀、複習一次。而自問自答的方式，可提供讀者自我檢查學習吸收的程度。

關鍵問題思考

關鍵問題思考也是很重要的部分。多年前，訓練機構開始審視自己所提供的課程，他們發現：必須發展以語言爲基礎的技能、知識及能力。這意謂著訓練計劃需要注意基礎技能的溝通、關鍵思考、電腦技術、全球化、多元化、道德觀及價值觀。

本書的第四版設計了一些機制來協助讀者輕鬆學得重要技能，經由增加知識、思考理解，最後加以應用。本單元中，我們提供適合的管理個案和討論議題，使讀者加強理解並實際運用這些觀念。

章末總結

瞭解管理方法並非一蹴可及。當今的學生希望能學得技能，以在管理成就上獲致成功，因此我們在第四版增添了實際技能應用的部份，包括您將在各章末看到新增的內容：總複習、實務上的應用及個案。增加這些部分是為協助您能建構出分析、診斷、調查問題的能力。我們用許多方式來重複這些技巧，例如使用個案來增進分析診斷及制定決策的能力；運用回答問題的書面作業來強化文件技能等。

✿ 總複習（在各章節中如左邊欄圖示即代表此單元）

- **本章小結**——根據各章的學習目標，摘要章節內的重點，予以彙整，旨在提醒讀者學習的重點，再次以簡明而清楚地講述各章的學習目標。
- **問題討論**——幫助強化各章內容。在閱讀及瞭解各章內容後，你應能回答這些問題；檢視問題能直接描繪出各章題材，討論問題有助於更進一步理解各章內容。希望能藉由此方式以促進更高層次的思考技能。問題研討有助於讀者不僅知道各章內容，也懂得如何運用這些知識去處理更複雜的議題。

✿ 實務上的應用（在各章節中如左邊欄圖示即代表此單元）

- **實務上的應用**——以實務作法的程序和步驟，介紹各章相關的管理技能。
- **有效溝通**——建議讀者以書面回答書中的情境，可幫助讀者增強文件的書寫技巧，同時也可增進企劃方面的語彙及表達能力。

✿ 個案（在各章節中如左邊欄圖示即代表此單元）

- **個案分析**——每章提供讀者兩個個案，用以思考在管理議題上如何制定決策；這些案例能協助讀者運用知識，解決主管將來面臨的問題。

目次

目次

PART 2 計畫、組織、用人與控制 99

PART

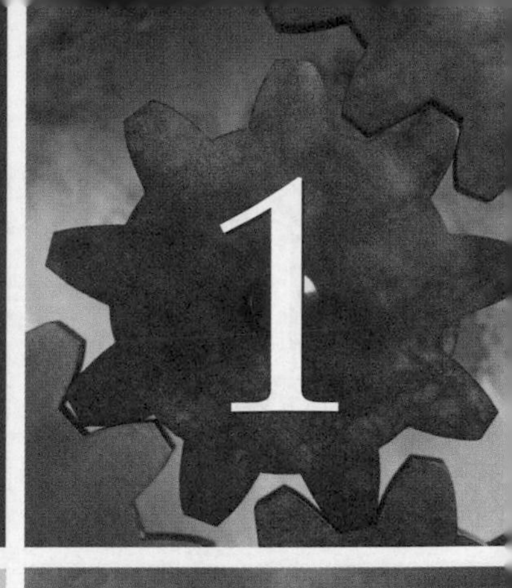

導論

第一部分介紹主管的工作和職能。這一部分的重點在於今天的工作環境中，成功的主管需要承擔的角色和掌握的技能。主管職位受許多環境因素的影響，我們會仔細探討這些因素對主管職能的影響。

第一部分包含兩章：

第1章 認識主管的工作

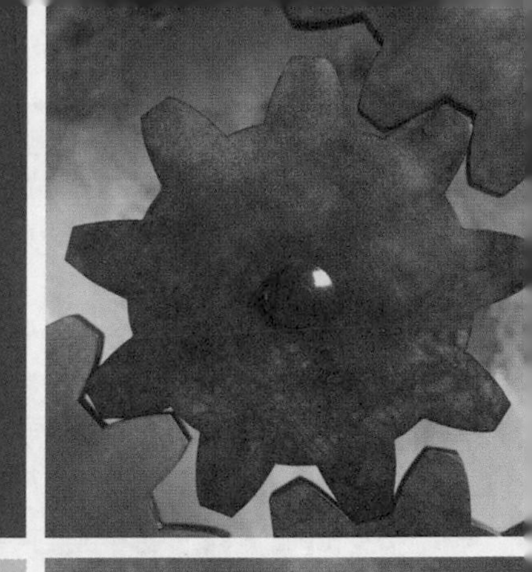

學習目標

讀完本章之後，你應該能夠：

1. 解釋基層主管、中層管理者和高階經理之間的區別。
2. 解釋「基層主管」的涵義。
3. 識別管理過程的四項功能。
4. 解釋為何基層主管這個角色含糊不清。
5. 描述主管的四項關鍵能力。
6. 指出成功的主管必須具備的要素。

關鍵詞彙

讀完本章之後，你應該能夠解釋下列專業名詞和術語：

- **概念能力**
- **控制功能**
- **效能**
- **效率**
- **第一線經理**
- **人際溝通能力**
- **領導功能**
- **管理**
- **管理功能**
- **中層管理者**
- **基層員工**
- **組織**
- **組織功能**
- **計畫功能**
- **政治能力**
- **過程**
- **技能**
- **基層主管**
- **基層主管的能力**
- **高階經理**
- **技術能力**

有效能的績效表現

位於美國德州貝德福城市的D.L. Rogers公司，擁有Sonic公司54個經銷權，是一家得來速(drive-in)的速食連鎖餐廳。Rogers公司的總裁傑克．哈奈特(Jack Hartnett)，同時用傳統和新興的方式來管理員工。

哈奈特最自豪的就是他了解員工的所有事情——不論是工作上或生活上；當員工的婚姻狀況或是信用卡貸款有問題時，他都想要知道。他認爲如果能很透徹地了解員工，沒什麼事是他解決不了的。舉例來說，你覺得有多少主管會對於員工的性生活給予建議？哈奈特就會。當員工向哈奈特訴說她的丈夫最近總是在性生活上提不起勁，哈奈特會幫她想辦法；他跟這對夫妻相約在汽車旅館，然後他敦促她丈夫坦承自己有了外遇，並且請求妻子寬恕。

哈奈特的管理風格是否太過侵人隱私？是的！但員工跟他自己都不覺得這是個問題。「在這裡沒有秘密。」他說；每件事都會傳至他的耳朵。而他辯護爲何？他只不過在做一個好朋友可能會做的事；同時他也相信，如果他愈了解員工，那麼他就愈能幫助他們專注於工作，並同時擁有愉悅的家庭生活。

哈奈特跟員工一起打高爾夫球、寄給員工生日賀卡、甚至送他們回家，並且一起吃晚餐。如果你覺得他是「好好先生」，請再想想看他真的是嗎？他苛刻地批評學術理論，因爲其建議主管必須說服員工聽信主管的意見。哈奈特認爲自己只是指示員工「用

導言

這本書是關於千萬個在各種變化多端之組織工作的傑克．哈奈特，以及他們從事的工作。本書將指引你進入當今充滿挑戰和快速變化的管理世界。

組織與層級

組織 (organization)
人們為了實現某些特定目標而形成的制度化團體。

主管是在**組織**(organization)工作的人，因此在我們定義主管

我告訴你的方式去處理事情」。他完全習慣於運用職權來規定準則和裁決處分。哈奈特的基本準則是：我吩咐你的事情只會說一次。如果你超過兩次不遵守他的準則，他將會解雇你。

聽從哈奈特並達到要求的下屬，都受到很好的待遇。許多員工年平均收入都接近十萬美元，這樣的待遇幾乎是同業平均所得的1/2到一倍。此外，哈奈特的下屬可獲得15%以上的紅利，並有機會擁有25%的公司股權。

哈奈特的管理方式或許看來前後矛盾。他相信開放、正直及誠實，但也預期能獲得同等的報償；所以，他是你「最好的朋友」，同時他又以堅強嚴厲的手段支配你——沒得選擇。他承認他是故意跟每個人保持些微特殊關係，使員工能更努力工作。

哈奈特管理他人的方式，似乎對自己很有效；他開店前的收入幾乎高於連鎖產業平均收入的18%，利潤也比正常水準高25%。此外，員工似乎也樂於爲他工作。在眾所皆知員工替換率如此高的產業下，相較於產業平均僅兩年以下的員工任期，哈奈特的下屬們任職長達九年。

Source: "D. L. Rogers Corporation, Company Profile," Hospitality Jobs Online (http://profiles.hospitality online.com/201068), August 12, 2002; M. Ballon, "Extreme Managing," *Inc.* (July 1998), pp.60-72; "Jack's Recipe," *Inc.* (July 1998), p.63; and R. Ruggless, "D. L. Rogers Groups," *Narion's Restaurant News* (January 1998), pp. 66-68.

一詞和主管的職務之前，必須先徹底瞭解組織這個專有名詞。組織是人們爲了實現某些特定目標而形成的制度化團體。超級市場、慈善機構、教會、加油站、丹佛足球隊、沃爾瑪、牙科協會、醫院都是組織，因爲它們都有相同的特徵。

組織的共同特徵是什麼？

不管組織的規模和活動重點如何，它們都有三個共同特徵。第一，每個組織都有其宗旨(mission)。組織的宗旨通常由組織所要實現的一個或一系列目標構成。第二，每個組織都由人

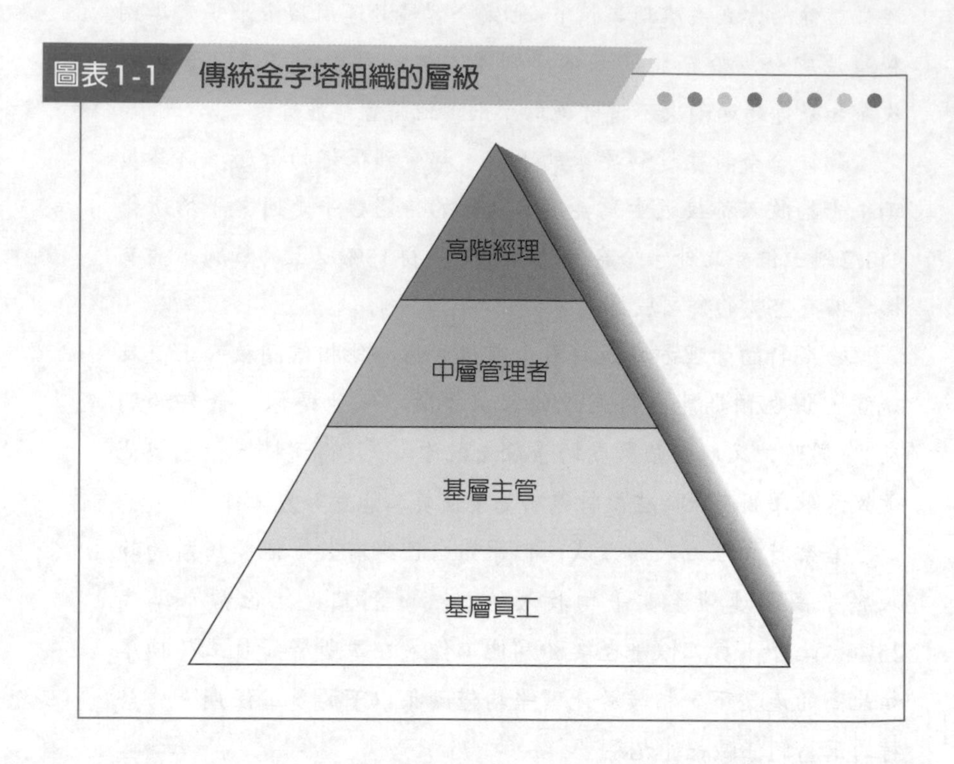

圖表1-1 傳統金字塔組織的層級

所構成。組織目標的設立，和爲了實現目標而進行的一系列活動，都是由組織成員來完成的。第三，所有的組織都會形成一個有系統的結構，以便規定各組織成員的角色及職責範圍，包括制定規章制度、授權一些人員來管理其他人員、組織工作團隊或制定職務說明，使組織成員了解自己的職責。

儘管爲了適應不同的環境，各個組織及其結構之間仍有很大差別，但大多數傳統的組織結構都呈現出四層的金字塔形（見圖表1-1）。

何謂組織層級？

一般而言，組織可以分成四個相對獨立的層級，即基層員工、基層主管、中層管理者和高階經理。以下簡單介紹組織的各個階層。

基層員工
(operative employees)
執行具體任務，直接生產出產品和服務的員工。

金字塔的底層爲**基層員工**(operative employees)，這些員工透過執行具體任務，直接生產出產品和服務。肯德基的櫃台人員、Progressive保險公司的理賠人員、本田汽車廠裝配線人員、聯邦快遞的投遞員等，都是基層員工。這個階層也包括許多專業性的職位，如醫生、律師、會計師、工程師和電腦從業者。基層員工的共同特點是，他們一般不管理和監督其他員工的工作。

再來看一下圖表1-1金字塔的最上兩層，這些是傳統的管理職位。**高階經理**(top management)是指負責建立組織的總體目標，並發展相關策略，以實現這些目標的組織成員。公司中高層職位的典型頭銜，包括董事會主席、首席執行官、總裁和副總裁。在非營利性組織中，高層管理的頭銜可以是博物館館長、督學及州長等。

中層管理者(middle managers)包括高階經理以下管理其他經理人的所有人員。他們負責在各自部門裡建立和實現具體的目標，但其目標並非憑空制定。高階經理制定的總目標，為中層管理者的工作指出了明確的方向。在理想狀態下，如果每個中層管理者實現了自己的目標，整個組織的目標就能實現；中層管理者的頭銜包括財務副總監、銷售經理、部門經理、地區經理、業務單位經理和高中校長。

現在回到圖表1-1。我們唯一沒有介紹的是**基層主管**(supervisors)；和中層管理者、高階經理一樣，基層主管也是組織中管理團隊的一部分。他們的特別之處在於直接監督基層員工的工作。基層主管是唯一不管理其他經理的管理人。從另一個角度來說，基層主管是**第一線經理**(first-level managers)，亦即從傳統金字塔組織結構的底層數起，基層主管是管理等級中的第一層。

基層主管有怎樣的頭銜呢？儘管基層主管的名稱有時讓人費解，但經理助理、部門主任、部門主席、總教練、領班和隊長等，都是典型的基層主管位階。基層主管工作的有趣之處在於，基層主管可能會跟部屬的員工一起從事基層工作。肯德基的櫃台服務員可能也是輪班主管；Progressive的理賠主管也可能需要處理理賠單據。我們必須記住一點，即使他們做基層員工的工作，他們仍屬於管理層。這一點在美國國會1947年通過的

高階經理
(top management)
負責建立組織的總體目標，並發展相關策略，以實現這些目標的組織成員。

中層管理者
(middle managers)
包括高階經理以下管理其他經理人員的所有人員；負責在其各自的部門裡建立和實現具體的目標。

基層主管 (supervisors)
為組織中管理團隊的一部分；基層主管直接監督基層員工的工作，且是唯一不管理其他經理的管理人員，請參照「第一線經理(first-level managers)」。

第一線經理
(first-level managers)
從傳統金字塔組織結構的底層數起，為管理等級中的第一層管理者。請參照「基層主管」。

泰福特·哈特利法案(Taft-Hartley Act)中有清楚的說明。該法案明確地將基層主管從員工的範圍裡分離出來，還進一步規定，凡是有權依個人判斷而對其他員工進行雇用、停職、調動、解雇、復職、升職、遣散、任命、獎勵及處罰的人，即爲基層主管。由於基層主管通常擁有這些職權，因此他們的管理地位絕不會因爲從事基層員工的工作而改變。在實際工作中，他們仍要履行管理職責。

管理過程

與組織一樣，組織的各階層管理人員也有共同的特徵。雖然他們的頭銜各不相同；不論是約翰霍普金斯醫院(John Hopkins Hospital)小兒科特殊護理小組中，監督十一位急救人員的護士長，還是摩托羅拉公司管理十五萬以上成員的首席執行長，他們的工作都有一些相同點。這一節將討論管理過程及管理者做什麼，並分析管理的共同特徵。

什麼是管理？

管理(management)是與其他人一起透過有效能且高效率地完成任務的過程。這個定義中有幾個要素需詳細說明，包括過程、效能和效率。

管理 (management)
與其他人一起透過有效能且高效率地完成任務的過程。

在管理定義中，**過程**(process)這個詞表示主管執行的基本工作，我們把這些基本工作叫做管理功能，後面將介紹這些管理功能。

過程 (process)
主管執行的基本工作。

效率(efficiency)的意思是指把事情做對，並顧及到類似投入與產出的關係；在投入一定的情況下，產出越多、效率越高；在產出一定的情況下，投入越少、效率越高。因爲主管要經手稀少資源，包括資金、人才和設備等，他們要非常重視資源的有效利用。因此，主管必須注意盡量降低資源成本（註1）。

效率 (efficiency)
把任務用適當的方式做好，並視其投入及產出間的關係。

降低資源成本固然重要，但並不是做到這一點就夠了，主

圖表1-2　效率與效能

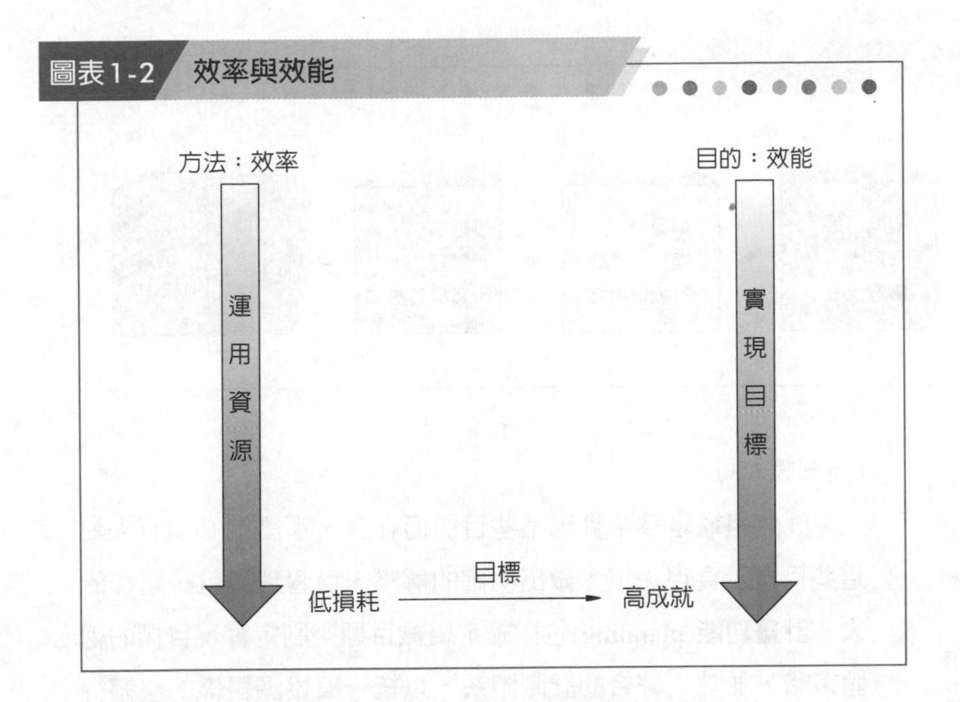

管還要重視任務的完成，我們稱之爲**效能**(effectiveness)。效能的意思是完成正確的任務。在組織中，效能可以解釋爲目標的實現。圖表1-2展示了效率和效能的相互關係。效率對效能的影響很大；如果不考慮效率的話，很容易提高效能。例如，倘若不考慮勞動力和物料投入的成本，你可以生產更精緻、更複雜的產品——但這很可能使你面臨嚴重的財務問題。因此，身爲優秀的主管，既要關注目標的實現（效能），又要儘可能提高生產效率。

效能 (effectiveness) 做適當的任務，以達成目標。

管理的四項功能爲何？

在二十世紀初期，一位名叫亨利・費堯(Henri Fayol)的法國實業家認爲，所有主管執行五項**管理功能**(management functions)，即計劃、組織、指揮、協調和控制（註2）。二十世紀的1950年代中期，UCLA的兩位教授把計畫、組織、人員管理、指導和控制等五項管理功能，作爲管理學教科書的架構（註3）。此後，雖然管理功能後來被濃縮成計劃、組織、領導和控制四項，大多數的管理教科書依然沿用管理功能的理論架構

管理功能 (management functions) 即計畫、組織、指揮、協調和控制。

圖表1-3 管理功能

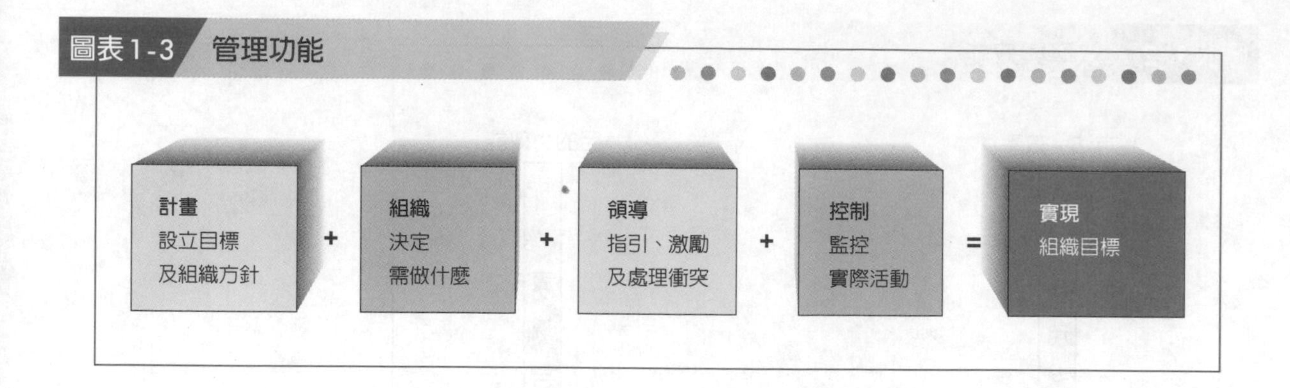

（見圖表1-3）。

既然組織是爲了實現某些目標而存在，那麼就必須有人對這些目標及實現途徑，做出明確的解釋，而管理者就是這樣的人。**計畫功能**(planning)包括確定組織目標、制定實現目標的總體策略，並建立綜合的計劃體系，以統一與協調組織的整體行動。確立目標可使工作有明確的重點，使組織成員把精力放在最重要的地方。

計畫功能 (planning) 確定組織目標、制定實現目標的總體策略、並建立綜合的計劃體系，以統一與協調組織的整體行動。

管理者必須將工作劃分爲若干職責，以便於管理及協調各部門的努力來實現目標——這就是**組織功能**(organizing)，包括決定要完成什麼任務、誰來完成、怎麼將任務分組、誰向誰彙報、還有誰是決策者等。

組織功能 (organizing) 安排及分類工作、分配資源、及分派工作使組織活動能實現預期目標；包括決定要完成哪些任務、由誰來完成、怎麼將任務分組、誰向誰彙報、還有誰是決策者等。

我們知道每個組織都由人組成的，所以指導和協調組織成員的工作，也是主管工作的一部分，這就是管理功能中的**領導功能**(leading)。當管理者在激勵員工、指導他們的工作、選擇有效的溝通途徑、解決員工之間的衝突時，就是在履行領導功能。

領導功能 (leading) 激勵員工、指導他們的工作、選擇有效的溝通途徑、解決員工之間的衝突。

最後一項管理功能是**控制**(controlling)。在目標確定後，制定計劃、安排結構、聘用員工、培訓和激勵員工等過程中，仍可能會有某些方面出錯；爲了確保一切工作按部就班，管理者必須監控組織的運轉，將組織實際運行情況和預先制定的目標，進行比較。如果運作中出現較嚴重的偏差，管理者就有責任讓組織的運行回到預定軌道。監督、比較及糾正，構成了管理的控制功能。

控制功能 (controlling) 監控組織的運轉，並將組織實際運行情況和預先制定的目標進行比較。如果運作中出現較嚴重的偏差，則管理者必須讓組織的運行回到預定軌道。

不同組織層級的管理功能是否也不同？

管理者在組織中所處的層級，會影響其管理功能的行使方式。Black & Decker是一家電動工具製造商，該公司的銷售主管不會和總裁制定同樣的計畫，這是因爲管理者在執行四項管理功能時，會因其所處階層的不同而有許多重大區別。通常，高階經理關心的主要是長期策略性計畫的制定，如確立公司的總體經營方向等。基層主管的工作重點則是短期戰術性計畫的制定，如設定部門下個月的工作量和日程安排等。同樣地，高階經理關注整個組織的結構設計，而基層主管關注的則是個人和工作團隊的結構設計。

對基層主管的期望在改變

1960年以前，如果你問一些高階執行長：基層主管的工作是什麼？你會得到一個統一的答案；他們會把基層主管描述爲一個發號施令、密切監督員工工作、懲罰違反規定者，並解雇那些沒有改進的員工的人——基層主管是工作現場的老板，他們的工作是監督員工完成工作。

然而，如果現在你問那些高階執行長同樣的問題，你會發現，有些人仍堅持主管即老板的觀點（詳見「號外！傳統的基層主管」）；但也有些高階經理會將基層主管形容爲培訓師、顧問、導師、促進者或教練（註4）。這一節將討論對於基層主管的期望發生了哪些變化。

基層主管扮演什麼角色？

基層主管是管理階層與員工之間聯繫的唯一橋樑，組織中沒有其他人可以負起同樣的作用；但正因爲這種獨特性，使基層主管的角色比較模糊。下面是對基層主管的一些不同看法（註5）：

- **關鍵人物(Key person)**：基層主管是組織權力鏈上重要的一環，他們就像是工作運轉的一個中心軸。
- **中間人物(Person in the middle)**：他們的地位不上不下，必須綜合並評析來自更高管理階層和員工的相反力量，以及互相矛盾的期望；如果不能解決這一點，這個矛盾會使基層主管面臨挫折和壓力。
- **普通員工(Just another worker)**：對於一些人，特別是高階經理，經常視基層主管爲普通員工，而不是管理者。基層主管的決策權受到限制、無權參與高層決策、與普通員工一同工作的現象，強化了這種觀點。
- **行為專家(Behavioral specialist)**：基層主管最重要的是具備優異的交際能力，所以他們被看做是行爲專家。身爲成功的基層主管，他們要能懂得所有員工的不同需要、傾聽員工的意見、激勵和帶領他們工作（註6）。

傳統的基層主管

號外！

今日基層主管在組織中的角色，是否有所變化？大致說起來，答案是肯定的。但並非所有的基層主管角色都發生了變化；傳統型的基層主管，亦即那些透過權威地位進行管理的基層主管，仍在當今的組織中生存及成長。

值得重視的是，在二十世紀中「主管即是老板」的模式，仍風行於許多組織。在此觀念下，基層主管被認爲能了解員工的全部工作；實際上，老板被認爲能夠勝任所有工作，甚至做得比員工更好。因爲基層主管比員工來得更有知識及技能，員工會向他們尋求指導，而基層主管則給予相對的指示。員工期望基層主管告訴他們該做什麼，基層主管也依此而行。這些基層主管還要求員工執行其命令。總之，他們必須確保員工遵守既定規章、規則並實現生產目標。

傳統基層主管的主要職責，被期望著重於工作的技術或任務方面。他們最關心的是工作完成的情況，而且不計成本。只要員工達成他們的命令，基層主管跟他們的上司就很高興，這就是基層主管被冠爲「任務控制者」(taskmaster)稱號的由來。這些人無疑被視爲負責人及團隊中掌權的人，他們制定攸關團隊的所有決定，並告知別人該做什麼。這些「告知」經常是以命令的形式發出，並預期會被遵照執行。不聽從這些命令通常會帶來負面的後果，例如員工被傳統的基層主管以不服從上級的理由而開除。

這些傳統的基層主管仍存在於各類組織中——商業界、政府組織和軍事組織等。有些組織發現，傳統管理是非常有效的（請見本章引言專欄「有效能的績效表現」)。

傳統任務控制者在你熟悉的組織中存在嗎？你覺得這種管理風格有效嗎？它是否只在某些地方運作才更有效？你的看法爲何？

上面四種看法各有道理，分別代表對基層主管工作的不同意見。我們認爲不同立場的人對基層主管的工作感覺迥異，造成了現代主管工作的模糊和矛盾特性。

基層主管在今天的組織中更重要嗎？

不管人們對基層主管的職務有何看法，有一點是確定的，那就是基層主管的職務將越來越重要和複雜。爲什麼？我們至少可列出三個原因。

第一，各組織正在實施重大改進措施，以削減支出、增加生產。這些措施包括不斷提高產品質量、引入工作團隊、設計獎勵方案、實行彈性工作制、避免事故的發生和減輕工作壓力。這些工作計劃開始把注意力轉向員工的工作。因此，基層主管將越來越重要，因爲他們負責將這些變化在組織基層中體現出來。

第二，各組織都在不斷削減員工人數。波音、通用汽車、聯合航空、摩托羅拉、IBM、雪芙蘭、席爾斯和美國運通等公司其中的一小部分，它們削減的人數由一千到五萬人不等。組織主要在縮減中層管理者和參謀後援人員，畢竟，組織精簡化仍是美國一流公司的管理主題；當然，基層主管也會受到裁員的牽連。中層管理者的減少意味著會有更多員工直接向其主管匯報工作；而且，許多以前的工作任務，如工作設計、工作流程安排和品質管制，將重新分配給基層主管及其員工，結果主管的責任將顯著增加。

最後，由於組織要提高生產量，員工的培訓變得更爲重要了。許多新員工對工作缺乏充分準備，或存在語言和交際方面的缺陷，需要在閱讀、書寫和數學等方面進行基礎培訓。隨著電腦化、自動化的出現，以及其他技術的發展，員工必須接受額外的技術培訓才能不被淘汰。基層主管要弄清楚員工技術上的不足，除了爲他們設計培訓課程，在某些情況下，基層主管還要親自爲他們培訓。

基層主管必須是個教練嗎？

二十幾年來，羅伯特·克拉克(Robert Gluck)一直都是領導者。最近幾年，他是辛克萊廣播公司(Sinclair Broadcasting)分部的經理。如果問他，這期間他的領導形式有什麼變化，他會說他正在用一種基層導向、注重分權和訓練的方法。這種變化不只是發生在羅伯特一個人身上；基層主管正由獨裁的角色，轉變為教練的角色（註7）。

現在，基層主管已經很少能做員工的所有工作了。基層主管要明確訂定員工的工作，但沒必要像每個員工那樣具有專業技能，而且員工不再需要權威人物告訴他們要做什麼；相反地，他們需要一個教練來指導、訓練，幫助他們。身為教練，基層主管必須確保員工能把工作做到最好，還要讓員工知道他們的責任和目標，鼓勵他們提高工作績效，並為工作團隊的利益負責。

從員工到主管的改變

要從品質管制人員轉變為部門主管，其實並不容易。星期五，我還是員工中的一份子，但第二個禮拜的星期一，我變成他們的老板。幾年來在我周圍可以跟我開玩笑的人，忽然全都遠離了我。我知道他們很不安，他們不再確定我是否可以信任。我並不認為我們的關係有何重大變化；我們是朋友，我們每個星期五下班後一起出去。但他們並不這樣認為，甚至在我跟他們一起喝酒的時候，感覺都跟以前不一樣。他們對我產生防禦心理，這些對我來說很難適應。

以上這段話出自孟山多(Monsanto)公司一個被晉升為品質管制的部門主管的人。他描述剛被提升為新主管時，所面對的困

主管必須要瞭解現今管理方式已和以往有很大的不同；今日的主管必須像是教練而非任務控制者；主管應意識到員工的需求，願意讓他們做自己的工作，並在必要時給予支持及鼓勵。

境。這一節將討論成爲主管必須面對的未來與挑戰。

主管從何而來？

主管大多由員工晉升而來，另一個主要來源是大學應屆畢業生。其他組織的成員偶爾會被聘來做一線主管，但這種情況已經越來越少了，原因在於如果有一個主管職位的空缺，雇主通常更願意選擇自己認識的人來塡補空缺，而且最好對方也了解組織，也就是更傾向採用內部晉升的管道。

出於若干原因，雇主傾向於晉升基層員工爲一線主管，因爲他們熟悉各個流程，也理解組織中的活動是如何完成的，尤其了解自己所要管理的人；另外一個優勢在於組織也了解他們。管理階層提升基層員工到主管職位的風險是最小的。從外部聘請主管時，管理階層不得不依賴前雇主所提供的有限訊息。內部提升還可作爲激勵員工的因素，成爲員工努力工作和傑出表現的動力。

管理階層在決定一線主管的人選時，傾向於採取什麼樣的標準呢？擁有良好的工作紀錄和對管理工作有興趣的員工，更容易受到青睞。有趣的是，並非所有表現良好的基層員工都可以成爲優秀的主管，原因是擁有高超專業技術的人，不一定擁有管理他人的技巧。成功實行內部晉升的組織會挑選有足夠專業技術的員工，並在他們晉職後提供主管培訓。

近來，大學畢業生成爲儲備幹部的另一個主要來源。兩年制和四年制管理專業的高等教育，爲主管工作的準備提供了基礎；再加上組織的訓練，使得許多大學應屆畢業生步入一線管理的工作。

轉變成主管很難嗎？

從一個中層管理職務轉變到另一個中層管理職務，或者從中層管理的職位晉升到高層管理職位，一般來說，鮮有像從普通員工提升到主管的那種不安；這就好像爲人父母。如果你有三個孩子，那麼再多一個也不會造成很大的麻煩。爲什麼？因爲你已經懂得爲人父母之道，也就是說，你已經有過做父母的經歷，所以最大的困難在於第一次爲人父母的時候。同樣地，當一個人突然成爲一線主管時，所面臨的困境是不同尋常的，這並不像那些經理們後來在組織階層裡升官時碰到的情況（註8）。

我們有一項研究工作是針對十九名新晉升主管的人，其上任後第一年的工作經歷，從而幫助我們更能理解成爲一線主管是怎麼回事（註9）。此次研究的人員包括十四位男性和五位女性，全部在銷售或市場部門工作，但他們的經驗與其他部門被拔擢爲主管的普通員工相似。

雖然這些新任主管分別在各自的組織裡，已經具有平均六年的銷售員資歷，但他們對於主管職位的期望是不完整且過度簡單的，還沒有意識到來自各方面的要求。他們以前都曾是明星級的銷售人員，所以爲了獎勵他們的優秀表現，快速晉升似乎理所當然。但是這些新任主管很少體認到，銷售人員的良好表現和主管的良好表現大不相同。有趣的是，他們以前在銷售上的成功，居然使其轉變爲主管的過程更爲困難，因爲他們優越的專業知識和對工作積極度，使自己在任職銷售人員時，更少需要主管的支持和引導。所以，當他們成爲主管後，突然必須面對那些表現不好和不積極的員工時，竟茫然不知所措。

這十九名新任主管自然遇到許多令人吃驚的事。我們只簡要描述其中一些主要問題，因爲這些問題概括了許多主管在努力適應新角色時，所遇到的主要障礙：

- **他們認為「主管就是老板」的觀點是不對的**。在他們擔任主管工作之前，這些成爲主管的人經常討論即將擁有的權力和自己的職權範圍。如果有人說：「我現在就是發號施令者了。」一個月以後，他們就開始討論做一個「問題分析者」、「玩雜耍的人」、「善變的藝術家」。所有人都強調，他們最重要的責任是要解決問題、做決定、幫助其他人，而且要提供資源。他們不再認爲自己的工作是做「老板」了。
- **他們對於即將面對的要求和干擾，並沒有做好準備**。在工作的第一個星期，這些主管被沉重的工作負擔和快節奏的作業步調所震懾。通常，他們在一天中不得不同時解決許多問題，並不斷遇到阻礙和干擾。
- **專業知識不再是成功或失敗的主要決定因素**。這些主管過去習慣於執行困難的技術任務，享受個人貢獻領先他人的成功，卻不曾掌握過管理和透過其他人實現目標的能力。他們大多在四到六個月後才會瞭解到這個事實。如今，評估這些主管的標準是如何激勵他人，使其有良好表現的能力。

主管的職務包含行政管理的責任。這些主管發現，日常的溝通活動如日常的文書工作和訊息交換，既費時又干涉到他們的自主權。

- **他們並沒有為這些新職務裡的「人際挑戰」做好準備**。這些主管一致認爲，第一年必須學習的最重要技巧是怎樣管理他人。他們表示，在勸導員工和行使領導權時，感覺尤其不好。正如一位主管所說的：「我從來沒有意識到激勵員工、發展員工或處理他們的個人問題，是如此的困難。」
- **假如一個人變成主管時會碰到類似的問題，那麼他怎樣才能成為一位有力的主管呢**？有哪些能力和基本技巧是必備的？不管一個人在組織中處於什麼層次，都會碰到同樣的情形嗎？接下來的部分將回答這些問題。

你眞的想成爲主管嗎？

你正在學習有關主管的知識，這說明了你有興趣了解怎樣管理別人。是什麼原因使你對於管理別人有興趣？是否因爲可以幫助組織達到目標？還是因爲可以監督和指導別人的工作？或是因爲主管的職位可以讓你躋身管理階層，並攀登上職業生涯的高峰？不管理由爲何，你都需要對前景有著清晰的瞭解。

主管的職位並不容易勝任。即使你曾經做過明星級的員工，並不代表你能做一個成功的主管。你有能力出色地完成工作，當然是一大優點，但是還有許多其他因素要考慮。你要意識到，管理別人可能意味著漫長的工作時間；在員工還沒上班或已下班時你還要工作，這是很平常的事。管理也可以嚴格地說是每天二十四小時、每星期七天的工作，這並不是說時時刻刻都要工作，但是，一旦你擔負起管理別人的責任，你就無法擺脫它了。一旦發生事情，不管什麼時候發生或你在哪裡，你都要去處理。如果出了問題，就是在渡假也會有人打電話給你，這不是沒發生過。那麼，這些部門裡的人是怎樣得知你渡假時的電話號碼呢？可能是你按組織要求，把電話號碼給了別的員工，也可能是你打電話查詢工作進展情況時，因而讓別人知道的。

你還要體認到，身爲主管，你可能看起來有無窮無盡的文

問題思考（或用於課堂討論）

成為主管

成爲主管是一個具挑戰性的機會。有些人期望能成爲一群人的「帶頭者」，另一些人則在毫無準備和訓練的情況下，被安置在這個職位上。如果你打算將來擔任主管職位，或使自己成爲有效的主管，請思考以下兩方面的問題：

1. 列舉五個你想成爲主管的原因。

2. 指出五項當你成爲主管時，所可能遇到的潛在難題或困難。

書要完成。儘管組織不斷地削減大量的文書工作，但還是會留下很多這類工作；這可能包括員工的工作時間表、生產成本的估計、存貨清單和預算及薪水的支付等工作。

另外，你應該考慮到的重要事情，就是主管的工作可能會影響到你的薪水。在一些組織裡，當你變成主管時，基本工資的提升並沒有相應讓年收入增加。爲什麼？身爲主管，你可能不會有加班費，而是得到補休時間。當你是基層員工時，公司依規定必須支付你比正常工時多1/2到一倍的時薪，來支付你加班的時數，但是當你成爲主管時，情況就不是這樣了。比如成爲主管後，薪資漲了6,000元，但是你去年做員工時加班賺了6,500元，自然你身作爲主管後薪水反而變少了。這也是公司提升你爲主管時，需要提出討論的問題。那麼，上面這些議題究竟說明了什麼？那是讓你去想一想爲什麼要做主管。管理別人確實受益匪淺；它讓人興奮，同時也讓人煩惱。你需要眞正了解自己想成主管的動力是什麼，以及要怎樣做，才能成爲最好的主管。

主管的能力

主管的能力 (supervisory competencies) 技術能力、人際溝通能力、概念能力和政治能力。

大約三十年前，羅伯特．蓋茲教授(Robert Katz)開始探索主管必須具備的管理能力，亦即**主管的能力**(supervisory competencies)（註10）。卡茨和其他人發現，成功的主管必須擁有四種關鍵能力，即技術能力、人際溝通能力、概念能力和政治能力。蓋茨的研究成果至今仍具備參考價值。

技術能力

高階管理是由具有多種才能的人所組成的。茱莉亞．史都華(Julia Stewart)成功地由全球最大的平價餐飲連鎖體系Applebee International，公司跳槽到國際煎餅屋(International House of Pancakes, IHOP)擔任執行長(CEO)（註11）。她並不需要爲了從事具體的工作，而去瞭解如何煎牛排或烤餅乾。那些耗費高階管理者精力的工作──策略計劃、設計組織結構和企業文化、維護與大客戶及銀行間的關係等，在本質上是相同的。對於高階經理的專業要求，通常是針對其產業知識、組織流程和產品的一般性理解，對於其他階層經理的要求則不同。

技術能力 (technical competence) 專業知識或技術的能力。

絕大多數的主管都是在特定專業的領域內工作，比如說人力資源的副總經理、電腦系統的負責人、地區銷售經理、健康問題主管。這些主管都需要**技術能力**(technical competence)──

專業知識或技術的能力。如果你對員工的工作沒有足夠的專業知識，就很難（也並不是不可能）有效地管理那些具有專業技術的員工。當然，主管不需要在某項專業技術上做得特別好，但是瞭解員工的工作卻是主管職務的一部分。例如，制定工作流程就需要專業能力來決定該做什麼。

人際溝通能力

與他人友好合作、理解他們的需要、良好地溝通及激勵他人——包括個人及群體，構成了良好的**人際溝通能力**(interpersonal competence)。許多人精通專業，但是在人際關係上卻不合格。他們是差勁的傾聽者、不關心他人的需要、疏於處理衝突。主管是透過他人來完成任務的，他們必須有良好的人際溝通技巧去互動、激勵他人，並且進行協商、指派任務及處理糾紛。

人際溝通能力 (interpersonal competence) 不論針對個人或群體，與其共事的能力，瞭解、溝通及激勵他人的能力。

概念能力

概念能力(conceptual competence)是一種分析、判斷複雜情況的智能。概念能力強的話，可以使主管體認到組織是由多個相關部分組成的複雜體系，而組織本身也是更大體系的組成部分。這個更大體系包括組織所在的產業、社區和國民經濟——這些不僅爲主管提供了廣闊的視野，也促使他們以創造性方式解決問題。實際上，概念能力可以幫助管理者做出良好的決策。

概念能力 (conceptual competence) 是一種分析、判斷複雜情況的智能。

政治能力

政治能力(political competence)是主管強化權力、鞏固權力基礎，並在組織裡確立「正確」聯繫管道的能力。當主管試圖左右事情的優劣處境時，他們就參與了政治，這超出正常工作活動的範圍。當兩個或更多的人爲了某些目的在一起時，每個人對於將要發生的事都有自己的看法。如果一個人企圖影響事物的發展方向，使自己的利益大於他人、或阻止他人獲得好處，

政治能力 (political competence) 主管強化權力、鞏固權力基礎，並在組織裡確立「正確」聯繫管道的能力。

那就是在玩弄政治手腕，但並不是所有的政治活動都是消極的。政治並不一定是指個人爲了發展事業而操縱的一系列行爲，比如抱怨同級主管、蓄意破壞他人成就和名譽。在適當的政治活動和消極政治之間具有明顯的界限，第14章將繼續討論組織政治的問題。

能力和管理層級

主管需要具備這四項能力，但各項能力對於管理工作的重要程度，依其在組織中層級的不同而有所變化，如圖表1-4所示，(1)技術能力的重要程度，隨著個體在組織中的提升而漸漸降低；(2)無論在組織中的職位如何，人際溝通能力一直是成功的要素之一；(3)概念能力和政治能力的重要程度，隨著管理責任的增加而上升。

技術能力對於處在一線的主管，具有特別重要的意義，這是由於以下兩個原因造成的。首先，許多基層主管在執行管理工作的同時，也要參與生產活動；與其他管理階層不同的是，一線主管與員工的界限通常很模糊。其二，基層主管在員工的

圖表1-4 不同管理層級對於各種管理能力的不同要求

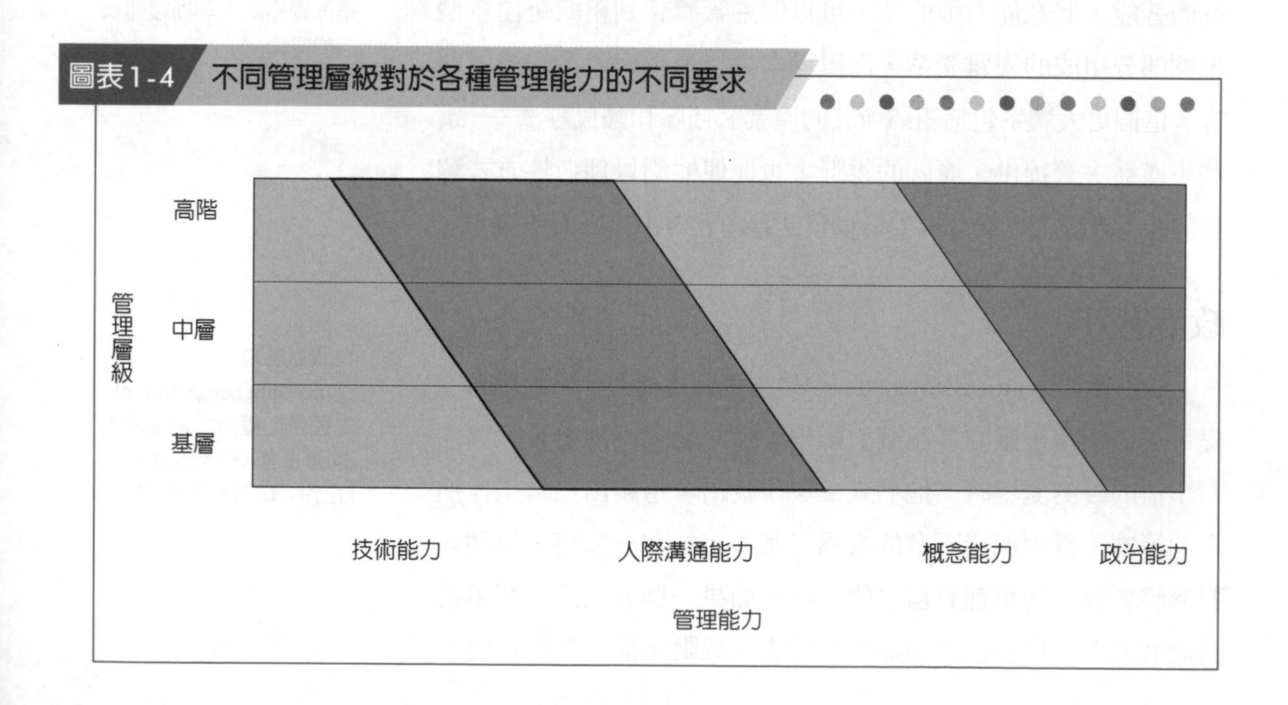

培訓和發展方面，花費的精力遠比其他管理階層來得多。這使得基層主管對於員工工作上所需的技術知識的瞭解，多於中、高層經理。太多的證據顯示，人際溝通能力在所有管理層級上，都具有決定性的意義。這應該不難理解，因為我們知道管理者是透過他人來完成工作的。主管大部分的時間用於領導活動，尤其需要良好的溝通能力。我們採訪過的幾十位業務主管也一致認為，人際關係的技巧對於成功實現部門的目標，具有重大的意義。

概念能力的重要程度，隨著管理職位的提升而增強，這是由於管理者在較高職位中所遇到的問題及決策的改變。一般而言，管理職位越高，所碰到的問題就越趨於複雜、模糊和難以界定的責任範圍。這些問題需要個別制定解決方法。相反地，遇到各種直接、常見、易於確定責任範圍的問題時，主管只需用程式化的問題解決方案。主管遇到的問題一般都比較常見、易於分析，因而可以用常用的程序解決。解決非結構化的、個別的問題，比解決條理清晰的問題和做出程式化的決策，需要管理者更強的概念能力。

最後，在組織階層中上升得越高，政治能力就越有決定性意義，因為資源分配決策是在企業高層完成的，中、高級經理將為自己所應分得的那塊蛋糕「搏鬥」。他們需要結成同盟，支持某個項目而排斥其他項目，或者以高超的政治技巧左右態勢發展。不過，不要認為這暗示了政治對主管就不那麼重要。由於主管大部分的工作是既定的，他們需要有力的政治手段以完成部門任務，並在組織中繼續生存。

從概念到技能

掌握某個領域的知識是很重要的。不過，同樣重要的是，你能否應用那些知識？能否將知識付諸實踐？正如你不會讓從沒做過手術的外科醫生在你身上動刀、不會乘坐由從未開過飛機的駕駛員駕駛的飛機一樣，僅僅懂得主管的知識是不夠的，你必須要能實際進行管理。你可以透過學習，成爲能幹的主管。雖然有人起步得早，但沒人天生懂得管理技術。

實際上，管理對於某些人來說較容易，對於某些人卻很難。有些人的父母、親戚或朋友是經理，使他們有學習的榜樣。父母、親戚、朋友等也會告訴他們，這個職位應該注意些什麼。同理，有些人的父母會幫助他們建立實際的目標、提供確切的信息反饋、鼓勵其自立、進行開放式的溝通、培養強烈的自我觀念。如此一來，他們就學會了一些類似經理的行爲。同樣地，那些有幸能爲經理工作的人，也有模仿的榜樣，而沒有這些優勢的人，也能改善自己的管理能力。

本書注重理論知識和實際技能兩方面的內容，幫助你成爲有效能的主管。例如，我們會在書中討論，邁向成功的主管之路中，規劃工作的重要性及在規劃中建立適切目標的重要性；此外，也會提供專門技術幫助員工建立目標，並讓你有機會去實踐和發展設立目標的技能。

何謂技能？

技能 (skill)
為達到績效目標而進行一系列相關行為的能力。

技能(skill)是爲達到績效目標而進行一系列相關行爲的能力（註12）。沒有任何單一的行爲能組合成技能；例如，寫出清楚明確的指示就是一種技能。具備這種技能的人，瞭解工作項目或報告的特殊行爲順序、會釐清主次要點、能運用邏輯的方法來組織自己的想法、能簡化複雜的要點。不過，這些行爲不能各自獨立稱爲技能；技能是一種可在各種不同情況下運用的行爲系統。

與效率管理相關的關鍵技能是什麼呢？雖然這在管理教師和培訓師之間沒有達成共識，不過，有些技能確實顯得比較重要。圖表1-5列出的關鍵技能是按它們在本篇出現的順序來排列的。這些技能構成了有效管理的基本能力要求。

圖表1-5 關鍵管理技能

與計劃和控制相關的技能：	與個人激勵與團體行為相關的技巧：
● 目標設計	● 設計有激勵作用的工作
● 預算	● 發揮號召力
● 創新的問題解決方法	● 聆聽
● 開發控制圖	● 主持群體會議
與組織、員工配備和員工發展相關的技巧：	**與保持工作動力相關的技巧：**
● 授權	● 談判
● 面試	● 減壓
● 提供回饋	● 處罰
● 訓練	● 處理申訴

關於管理，還有其他需要瞭解的關鍵要素嗎？

如果到現在，你還在某種程度上對管理要做什麼、必須具備什麼技巧，以便在組織內獲得成功感到疑惑嗎？那麼，我們增加了幾個要素供你參考，特別是你要注意的個人問題，將在以下討論。

首先，你要知道，主管是管理團隊的一部分，這表示你要支持組織和上級的要求。儘管你可能不同意這些要求，身爲主管的你必須對組織效忠（註13），設法贏得你的部屬、同事和老板的尊敬。如果你要成爲有效能的主管，便應該建立他們對你的信任，而達到這個目的的方法之一，就是不斷增進自己的技能。你必須不斷接受教育，不僅是因爲如此做能幫助你，也爲了替你的員工樹立榜樣，讓他們了解到學習的重要性。

你必須明白組織給了你什麼正式權力，因爲你要指導別人的行動。這種合法的權力是對你的行爲及要求別人執行命令的授權。用鐵拳統治未必有用，因此，你需要知道何時應堅持自己的權威，不要光靠說：「因爲我叫你這麼做。」來處理事情。在後者的情形下，你需要發展與人交往的技巧，以便能更有效地影響他人；尤其當你面對不屬於你領導的組織成員時，這種技巧就更有用。

最後，你必須知道，組織成員是有差異的──不僅在於他們的天賦能力，更重要的是獨特的個性。你要對他們的需求保持敏感、容忍，甚至肯定他們的差異性，並且重視員工的個性。若要獲得成功，部分來自彈性的理解程度。

本書將講述主管這一領域的所有內容。例如，下一章將介紹多樣化的工作團隊其對主管的意義；第10章則會介紹信任、可靠性及其對領導效率的影響。

總複習

本章小結

閱讀本章後，你能夠：

1. **解釋主管、中層經理和高層經理的區別之處**。雖然都是管理階層，但是，因爲處於不同的層級而有所區別。基層主管是第一線管理者，他們管理基層員工；中層管理者包括基層主管以上、副總裁以下的各階層經理；高階經理負責公司的整體目標，以及爲達到目標而建立的政策。
2. **解釋「基層主管」的涵義**。基層主管是第一線經理，他們監督基層或非管理階層的員工。
3. **識別管理程序的四種功能**。計畫、組織、領導和控制組成了管理程序。計畫包括組織整體目標的推行及設定目標；組織則涉及工作安排及分類、資源分配、工作分派，以達成目標；領導包括激勵員工、指派他人工作、適當溝通及解決組織內的衝突等；控制包括處理組織績效與預先設定目標之間的差異。
4. **解釋為何基層主管這個角色含糊不清**。基層主管是(1)關鍵人物（組織溝通鏈中的關鍵環節）；(2)中間人物（影響和調節對立雙方及利益衝突）；(3)普通員工（決策權受到限制、無權參與高層決策、與普通員工一同工作）；(4)行爲專家（能聆聽、激勵和領導別人）。
5. **描述主管的四項關鍵能力**。這四種必備的主管能力是技術、人際溝通、概念和政治能力。技術能力反應出一個人的專業知識或技術；人際溝通能力是指能與個人及群體友好合作、理解他們的需要、做出良好溝通的能力；概念能力是指分析、診斷複雜情況的智能；政治能力是主管強化、鞏固權力基礎，並在組織裡確立正確聯繫管道的能力。
6. **指出成功的主管必須具備的要素**。這幾種要素是必要的，包括瞭解自己是管理團隊的一部分、正確使用合法權力，以及體認到員工之間差異的存在。

問題討論

1. 基層主管與其他層級的經理有何不同？
2. 擁有三名員工的小商店老板，是屬於基層員工、主管，還是高階經理？請解釋。
3. 有什麼具體的任務是所有管理者——不論他們在組織中的層級——所共有的？
4. 比較基層主管和高階經理花在管理活動

的時間。

5.「排名最好的基層員工應晉升爲主管」，你同意這種觀點嗎？

6.爲什麼概念能力對於高階經理比第一線經理更重要？

7.主管既是「關鍵人物」又是「普通員工」，請解釋這種現象。

實務上的應用

指導他人

組織中的導師，通常爲較富有經驗及層級較高的人，他們支持或激勵員工（通常稱爲門徒）。導師能夠指導、引領並激勵員工。有些公司有明確規範的師徒制，但即使你的公司沒有這種規範，師徒制對於管理技能來說，仍然相當重要。

實務作法

步驟一：誠摯且坦率地與部屬溝通

若部屬將經由你的經驗來學習，開放且誠懇地告訴他，你所做過的事，是一項必要的程序，包括所有成功及失敗的經驗。注意！師徒制是一種學習過程，應適當地配合機會教育。你必須要能真切、全然地傾囊相授。

步驟二：鼓勵部屬誠懇且開放地與你溝通

必須清楚地了解到，門徒希望透過師徒關係學到什麼。鼓勵他們直接且具體地說出想獲得的資訊。

步驟三：將師徒關係視為一種學習機會

不用妄稱自己知道所有的答案及知識，但必須與他們分享你的所學所聞。此外，在師徒間的溝通及互動上，你也可以從他們那裡學得經驗，因此，傾聽他們的意見是很重要的。

步驟四：花心思去瞭解部屬

如同導師般，你應願意花心思去瞭解門徒及其興趣。若你不願花費額外的時間，就不應該參與師徒制。

有效溝通

1.對以下的問題寫出三到四頁的回答：主管在組織中總處在穩輸無贏的情況嗎？請寫下正方及反方的意見及支持論證，並以其中一方之論述作爲你的推論。

2.試述在課堂上的教授負有什麼樣的督導職責，並指出哪些督導能力適用於此。

個案

個案1：成為主管之路

克里斯．傑柏遜(Chris Gibson)是個積極進取的人。他於1999年由卡羅來納州立海岸(Coastal Carolina)大學取得行銷學位後，進入亞特蘭大可口可樂公司擔任推銷員。這幾年，克里斯每年都能實現銷售目標，並且經常超出應銷售額的18%～20%。雖然克里斯樂見初期的成功，但對於事情的進展並不滿意。他經常和同事一起吃午餐，分享他們稱爲「攻擊管理白痴」的自助餐。大家總在午餐時，發洩對老板、公司政策的改變、公司新激勵方案的不滿。雖然這是小組的興趣所在，但還沒令他們憤怒到影響工作的程度。

今年年初，克里斯被晉升爲銷售主管的職位，負責西南地區罐裝水的銷售市場。興奮之餘，同事爲他舉行一個「送行」聚會。晚會結束時，同事們提出了一個要求：你來這裡時要和我們聚聚，並且共進午餐。

自從上次克里斯見到他的朋友，已經過了六個月。在一次前往亞特蘭大開會的途中，他提前通知他們。因急於見到「攻擊管理白痴」的那夥人，克里斯於路途中一邊計劃著聚會。星期二下午，大家見面了。打聽了克里斯新工作的細節後，眾人的討論又迅速轉移到熟悉的話題——發洩對老板的不滿。但這回可不同了，雖然在過去這種午餐會中，克里斯總是暢所欲言，這次卻很沈默。他用心地聽著，不時點點頭，卻不發一語。他的朋友們發現他的舉止後，問他是否哪裡出了問題，「沒有」克里斯回答：「不過，你們這些傢伙應該記得，我現在擔任管理職務了。我要是抱怨組織、公司政策或我的經理同事們，會讓我處於危險中。」「太好了！」他的朋友們笑著說：「我們的攻擊名單中又有一個新對象加入啦！」

案例討論

1. 主管面對的眾多困難之一，就是如何與以前的同事互動。一旦某人成爲管理階層的一員，你認爲他應當停止與那些非主管人員進行社交活動嗎（例如共進午餐、聚會）？理由爲何？
2. 如果你是克里斯．傑柏遜，對於那些把你放進「攻擊名單」的以前同事，你將怎麼做？
3. 訪問一位銷售主管，讓他比較主管與銷售員的工作行爲和能力之差異。他的行爲和能力與課文中的要求相比，有多接近？

個案2：領導團隊

凱琳·賽門(Karen Simmons)是位於美國愛荷華州蘇城(Sioux City)一家Lube-thru汽車快速換油美容中心的日間主管，負責管理十二名員工。她的工作職責包括這十二名員工的日常工作、確認所有工作皆能適當執行，以及處理所有金融交易。當凱琳不進行「管理」時，她的工作就跟一般員工相同。在此職位下，她檢查各類型的液體物質，必要時添加液劑，有時必須檢驗空氣濾器、燃料濾器、車燈等設備。身爲主管，她常常必須調換員工的工作——有時專注於完成某工作，其他時間則做一些特殊的任務。舉例而言，在她的員工中，只有兩個人通過處理傳動裝置服務的認證。

凱琳在每天工作結束後，會和老板（也是雇主）姬兒·英格斯報告每日的工作進度，討論今天服務了多少部車、完成了什麼服務、今日的營收量等。凱琳時常向姬兒報告存貨狀況和何時該發出訂單，也時常回報顧客及員工發生的問題。

由於工作行業的特性，員工必須準時上班，並有效率地完成工作。凱琳也知道，要想擁有高工作績效，必須先讓員工滿意，因此特別留意於確保員工工作愉快這一點，並跟員工保持良好關係，讓他們會主動向她訴說可能影響工作的原因。有時候，凱琳爲了謝謝員工的辛勤，還會在下班後請客，邀員工辦個披薩派對。

案例討論

1. 儘可能列出凱琳的職責，並考慮優先順序；解釋你爲什麼把某些項目放在前面，而把某些放在最後。
2. 試述凱琳所表現出的管理行爲。你是否認爲，某些行爲比其他行爲更重要？請說明。
3. 凱琳在取悅她老板的同時，如何避免在管理員工方面可能遇到的問題？她該如何去培養與老板及部屬之間的良好關係？

新世紀主管面臨的挑戰

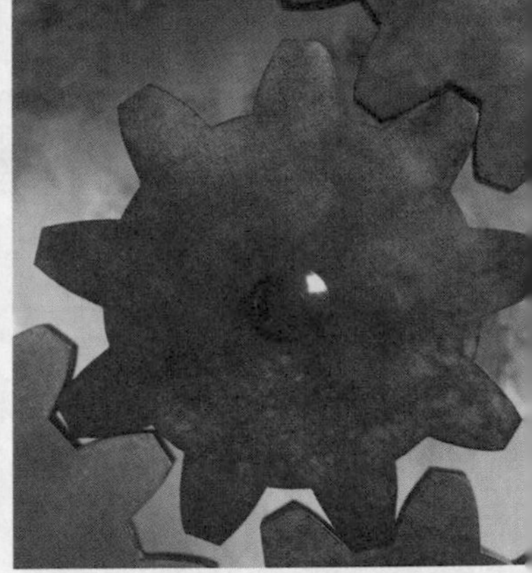

學習目標

讀完本章之後，你應該能夠：

1. 解釋全球化對主管的影響。
2. 描述科技如何改變主管的工作。
3. 區別電子商業與電子商務之間的差異。
4. 辨認工作團隊發生的顯著變化。
5. 解釋組織縮編的原因。
6. 瞭解持續改善的概念及目標。
7. 描述主管必須「亂中取勝」的理由。
8. 解釋「道德」的定義。

關鍵詞彙

讀完本章之後，你應該能夠解釋下列專業名詞和術語：

- 嬰兒潮
- 道德規範
- 持續改善
- 文化環境
- 網上閒逛
- 組織縮編
- 電子商業
- 電子商務
- 道德
- 個人主義
- 改善
- 狹隘鄉土主義
- 權力距離
- 生活的質
- 生活的量
- 社會義務
- 社會責任
- 社會回應
- 技術
- 電子通勤
- 對不確定的趨避
- 多樣化的工作團隊
- 工作流程改造

有效能的績效表現

在2001年9月11日的早晨，夏末的紐約天氣依然迷人而涼爽，湛藍的天空飄著幾朵白雲，從地平線看去似乎一望無際。但在東部白日時間約早上九點時，這一切遭遇了重大的改變——一樁可怕的災難發生了。究竟發生了什麼事？更不幸的是十八分鐘後，第二架飛機直闖入了第二棟高樓。顯然，美國遇到襲擊了。

接下來發生的事情，就如同好萊塢的電影般——第三架飛機墜落，這回是撞擊接近華盛頓特區的五角大廈，而在第四架被證實遭遇劫機的班機中，機上的旅客奮勇地阻擋了以飛機作爲武器的毀滅性攻擊事件。世貿雙子星大樓被撞擊後，火勢猛烈地燃燒，傳出了陣陣爆炸聲。數以千計正要去大樓上班的人、數百位英勇的紐約市消防員及政府官員都前往支援，場面令人心寒。無數條無辜的生命因此喪生，至今回想起來仍似一場惡夢；不只是死者親屬們心中的悲痛，也使得許多組織因此損失多名員工，而這些損失都是無法彌補的。組織承受的所有負面影響，無疑是個必須重視的問題。組織內倖存的管理者必須以所有的力量，採取適當的行動。以下就是他們在這次的危機中所採取的行動：

導言

人們常說，生活中唯一永恆不變的就是變化，多數人也都贊成這個看法。諸如UPS的經理及坎特・費茲哲若的主管，必須無時無刻爲生活上可能發生的重大變化做準備。變化常有益於主管及員工間的互動關係，而且無疑地將持續發生。近年來發生的變化包括全球市場的競爭、科技及電子商務的普遍、多樣化的工作團隊、持續改良計劃、企業精簡化和道德問題。讓我們來看看這些變化如何影響組織中的主管。

全球化競爭

在第二次世界大戰後，許多北美公司因爲面臨的是較弱的

- 坎特・費茲哲若(Cantor Fitzgerald)是一家證券經紀商，在這次世貿大樓遇襲事件中，損失了七百多名員工（約佔總員工數的30%）。其他分處的主管立即決定，將紐澤西定為紐約分處的臨時辦公室，以便維持這裡的營運；同時，公司主管們也允諾將給予受難家屬財務上的支援。
- UPS的地區經理怎麼也想不到，他會在9月11日的早晨處理這種悲劇事件。獲悉消息後，當地主管立刻發簡訊給每個駕駛員以確認其安全。得知沒有員工受到波及後（大樓倒塌時，他損失了四輛卡車)，他立即派四千名員工快速返回物流中心，從數以千計的包裹中進行挑選並送達，尤其是針對重要的藥物補給品。

以上這些狀況只是這次危機處理中的一部分，但這些例子都突顯了一點：主管在面臨危機時必須當機立斷，做出必要的決策好讓工作得以完成，同時減輕後果的嚴重性。

資料來源: Based on C. Haddad, "How UPS Delivered through the Disaster," *Business Week* (October 1, 2001), p.66; and B. Orr, "After the Tragedy of September 11－A Different View of Business," *Canadian HR Reporter* (October 8, 2001), p.5.

全球競爭，因此在這段期間快速成長、茁壯。例如，1950到1960年代間，通用汽車成為全球最大、獲利最高的公司。那是因為通用汽車生產了符合廣大消費者需求的一流產品嗎？或許這只是部分原因。不過，通用汽車的成功之處，更在於它主要的競爭對手是兩家更沒效率的美國供應商——福特及克萊斯勒。現在再來看看進入二十一世紀後的通用汽車，它已經徹底降低成本、改善品質，以及減少從汽車設計到製造完成、出現在經銷商展示中心的時間。通用汽車是自願做這些改變的嗎？當然不是！它是被迫的，因為如此一來才能適應全球化競爭的改變。福特和克萊斯勒大幅提高其產品品質，研發如小貨車等的創新產品，並且利用他們的商標銷售進口車。同時，它們也努力提高其全球地位：福特收購富豪汽車(Volvo)、積架(Jaguar)及Land Rover；克萊斯勒買下瑪莎拉蒂(Maserati)後，再併購戴姆勒－賓士(Daimler-Benz)。國外車廠如本田、豐田、日產及BMW等積極的競爭對手，也無形地爲通用汽車帶來壓力，迫使它爲了生存而改變。

「只買美國貨」可能嗎？

通用汽車的例子可闡明組織不再受國界限制。想像一下，綠巨人是由英國的大都會公共有限公司(Grand Metropolitan PLC)所擁有；麥當勞在中國賣漢堡；艾克森石油公司和沃爾瑪這兩個所謂道地的美國公司，超過60%的收入來自美國以外地區的銷售（註1）；本田在俄亥俄州生產汽車；豐田和通用在佛羅里達州合資汽車製造工廠；福特汽車Victoria車型的內部零件來自全球各地：墨西哥（座椅、擋風玻璃、油箱）、日本（避震器）、西班牙（電子引擎控製器）、德國（防鎖死剎車系統）、英格蘭（關鍵軸零件）。

值得重視的是，當企業加速邁向全球化之際，並且意識到不能以國界來劃分企業界限時，大眾對於這個事實卻很難迅速接受；美國與日本的對等貿易爭議就是一例。某些美國民眾強烈反對日商在美國大量銷售日本商品。許多人認爲暢銷的日本產品，使得美國人失去許多工作機會，因此當時的民眾常呼籲「要買美國貨」。可笑的是，很多所謂的日本產品，其實都是在美國生產的。例如，大部分在美國銷售的新力(Sony)電視機是在加州製造的；所謂「美國貨」的Zenith牌電視機則是在墨西哥製造的。這些例子清楚地呈現了一個事實：一家公司的國籍，不再只是看其業務營運和員工國籍就可界定的（見「問題思考：誰擁有它們？」）。例如，新力和三星皆雇用成千上萬的美籍員工。同樣地，可口可樂、埃克索(Exxon)和花旗集團(Citicorp)也在印度、香港和英國雇用了許多人。所以，「買美國貨」只不過是一種缺乏全球化意識的舊思維。

問題思考（或用於課堂討論）

這是哪一國的品牌？

了解全球環境變化的方法之一，就是思考某些我們熟悉的產品及公司，其所有權的國籍歸屬問題。你會驚訝地發現，很多你認爲是美國製造的名牌產品，其實並非由美國公司製造的。請完成以下測驗，老師會提供正確的答案。

1. 百靈(Braun)家庭電器用具（電子刮刀、咖啡機）的母公司位於：

   a. 瑞士　b. 德國　c. 美國　d. 日本

2. Bic Corporation（製筆商）是：

   a. 日本的　b. 英國的　c. 美國的　d. 法國的

3. 擁有喜見達(Haagen-Dazs)冰淇淋的公司位於：

   a. 德國　b. 英國　c. 瑞典　d. 日本

4. RCA電視機是由位在什麼地方的公司生產的：

   a. 法國　b. 美國　c. 馬來西亞　d. 台灣

5. 擁有綠巨人(Green Giant)蔬菜種植商的公司位於：

   a. 美國　b. 加拿大　c. 英國　d. 義大利

6. Godiva巧克力的所有者位於：

   a. 美國　b. 瑞士　c. 比利時　d. 瑞典

7. 生產凡士林(Vaseline)的公司是：

   a. 美國的　b. 荷蘭的　c. 德國的　d. 法國的

8. 生產Wrangler牛仔褲公司的總部位於：

   a. 日本　b.台灣　c. 英國　d. 美國

9. 擁有假日旅館(Holiday Inn)的公司位於：

   a. 沙烏地阿拉伯　b. 法國　c. 美國　d. 英國

10. 生產純品康納果汁(Tropicana)的公司總部位於：

    a. 墨西哥　b. 加拿大　c. 美國　d. 日本

全球化如何影響主管人員？

無國界的世界爲主管帶來了新挑戰，其範圍包括從主管如何看待外籍員工，到理解外籍員工的文化。其中一個具體的挑戰，就是主管必須認知這些可能存在的差異，並找出讓全體員工合作的方法，以便促進工作的效率。然而，首先要解決的是「外國人」的定義問題。

狹隘鄉土主義 (parochialism)
僅以自己的眼光和觀點看待事情；認為自己的方法就是最好的方法。

一般美國人對世界抱持一種相當狹隘的目光。所謂**狹隘鄉土主義**(parochialism)，就是僅以自己的眼光和觀點看待事情；換句話說，就是「我認爲我所做的就是最好的」。美國人經常沒意識到別人也自有一套有效的方式去思考及做事。狹隘鄉土主義導致美國人認爲，自己的方法比其他文化來得好，但事實並非如此。不過若要改變這種觀念，首先需要去理解不同的文化及環境。

每個國家都有不同的文化環境，包括價值觀、倫理道德、習俗和法律。有關文化差異的研究遠超出本書的範圍，因此這裡只介紹一些主管必須理解的基本文化差異。例如，美國法律嚴格抵制歧視的雇用行爲，而在其他國家或許並不存在相似的法律。若要成功進行全球化管理，了解文化環境的差異是相當重要的課題。

文化環境 (cultural environments)
指一個國家的價值觀、倫理道德、習俗和法律。

格瑞特．霍弗斯蒂德(Geert Hofstede)（註2）寫了一篇關於**文化環境**(cultural environments)的著名研究，他從各種角度來分析不同國家的文化，並且發現一個國家的文化對於員工在工作的價值觀及態度方面，佔有重要的影響。透過廣泛且深入的分析，霍弗斯蒂德在分析文化差異的基礎上，樹立了一個研究框架。圖表2-1列出擁有相似文化的國家。

霍弗斯蒂德研究中的國家群是以地位差異、社會不穩定性和獨斷性爲依據。這表示，各個國家對待人民的方式及人們看待自己的方式皆有所不同。例如，在個人主義的社會中，人們只會想到自己的家庭；相反地，在集體主義的社會裡，人們關

圖表2-1　擁有相似文化特性的國家

1. **拉丁美洲**——阿根廷、智利、哥倫比亞、墨西哥、祕魯、委內瑞拉
2. **英美語系**——澳大利亞、加拿大、愛爾蘭、紐西蘭、南非、英國、美國
3. **中歐**——奧地利、德國、瑞士
4. **拉丁歐洲**——比利時、法國、義大利、葡萄牙、西班牙
5. **北歐**——丹麥、芬蘭、挪威、瑞典

資料來源：S.Ronen and A.Kranut, "imilarities among Countries Based on Employee Work Values and Attitudes? " *Columbia Journal of World Business,* (Summer 1977), p.94.

心小組裡的每個人。美國是個強烈個人主義的社會，因此，美國主管在與集體主義國家的組織合作時，可能就會遇到困難，除非他注意到文化差異的問題。

與不同文化的人工作時，我們會對彼此間的文化差異進行非正式的學習，很多公司也在這方面提供正規的訓練。主管意識到在與員工相處時，必須要有彈性與良好的適應能力，同時也認知到當員工的背景及風俗習慣多元化時，若能增進他們對文化差異的了解，甚至更能發揮其優勢（見「號外！文化多元性」）。

科技進步的成就

變化、新事物及不確定性對於未來的主管意味著什麼？雖然預測可能會被認為是無益之舉，不過證據顯示，主管需要考慮變化對於自身的影響。成功的關鍵就是無時無刻都在準備適應新環境，機會只會降臨在那些做好準備及邁入資訊時代的人。要知道，只不過是二十年前，幾乎沒有人擁有傳眞機、手機和呼叫器，電腦也因太大而不能擺在桌上，電子郵件、數據機和網際網路還不是日常用語，典型的家庭安全措施是養一隻大狗，複雜的設備只有在電影中才看得到！

文化多元性

號外！

目前，幫助管理者了解文化差異最具價值的構架，莫過於格瑞特．霍弗斯蒂德（註3）的研究。調查了40個國家、超過116,000名IBM員工後，他發現了什麼？霍弗斯蒂德發現，各國主管及員工在四項文化構面上互有差異：(1)個人主義與集體主義；(2)權力距離；(3)規避不確定性(4)；生活的量與質（註4）。

個人主義(individualism)暗喻其社會結構較爲鬆散。在此情況下，人們被認爲只關心自己及親屬的利益。這種現象可能是由於這些國家給予個人極大的自由。集體主義(collectivism)則相反，緊密相連的社會關係爲集體主義的特色。人們期望當自己遇到困難時，群體（例如家庭或組織）將照顧並保護他們。在這種情況下，人們感到有責任對群體絕對忠誠。

權力距離(power distance)是指社會大眾能接受組織中，每個人權力分配不均的程度。高權力距離的社會可接受權力等級在組織中的顯著差異，員工很尊重權威，而職稱、等級和地位在人們心裡佔有很大的份量。相反地，在低權力距離社會中，員工會竭盡所能地反對不平等；主管依然有權威，不過員工並不懼怕或敬畏老板。

對不確定性的趨避(uncertainty avoidance)社會的特徵爲人們易於憂慮。由於設法規避不確定性和模稜兩可的威脅程度，人們會以有系統的方式來提供安全及減少風險。這類組織傾向於制定更多的正式規範、不能忍受非正統的思想及行爲、員工相信絕對的眞理。因此，在規避不確定性高的社會中，員工流動率總是比較低，終身雇用是普遍實施的政策。

所謂追求生活的量或生活的質，就像個人主義與集體主義一樣，呈現出兩種風格。有些文化強調**生活的量**(quantity of life)，例如追求金錢及物質；也有些文化強調**生活的質**(quality of life)，重視關係也注重他人的福利。

哪種文化最適合美國的主管？哪種文化最有可能造成適應不良的問題？我們必須區分美國與這些國家在這四個方面最相似和最不相似之處。美國是強烈個人主義及低權力距離的國家，與此相似的國家有英國、澳大利亞、加拿大、荷蘭及紐西蘭。與美國最不相似的國家則有委內瑞拉、哥倫比亞、巴基斯坦、新加坡及菲律賓。美國也是規避不確定性低及高生活的量的國家。與此相似的國家有愛爾蘭、英國、加拿大、紐西蘭、澳大利亞、印度及南非；最不相似的則有智利和葡萄牙。

這些研究支持了許多推論，例如被送到倫敦、多倫多、墨爾本或類似歐裔城市的美國主管，他們所要做的調整比較少。這個研究也顯示出各國文化的衝擊——新文化所引起的混亂、迷惘及情緒不安的感覺，似乎是最大的影響，造成必須徹底改變美式管理風格。

今日，由於矽片技術的進步，我們邁入了資訊科技的時代，也改變了主管的命運。電子通訊、光學性質和聲音辨識、資料庫及其他先進技術，顯然影響了資訊的產生、儲存和運用（註5）。

同樣重要的是，主管必須不斷提高自己的技術及能力。那些擁有知識及不斷學習新技能的主管，將能在高科技的世界裡生存下來。假設你想知道自己部門達到生產標準的情況，在三十五年前要得到這類資訊可能要花一個月，然而今天只要在桌上的電腦鍵盤上敲幾個鍵，就可瞬間得到相同的資訊！

過去二十年中，諸如通用電器、沃爾瑪和3M這樣的美國公司，經歷了自動化辦公室、生產機器人、電腦輔助設計軟體、積體電路、微處理處和電子會議等技術革新。科技進步使得這些組織更具生產力，也幫助它們創造並維持競爭優勢（註6）。

什麼是技術？

技術(technology)是以提高工作效率爲目的而設計的任何高科技設備、工具和工作方法。技術的進步包括從投入（原料）到產出（物品或服務），各個過程的技術整合。幾十年前，大部分的運作是由人力完成的，而技術使我們能以精密的電子及電腦設備取代人力，進而提高生產力。舉例來說，戴姆斯勒－克萊斯勒(Daimler-Chrysler)的裝配線操作，主要是依靠機器人作業。讓這些機器人執行重複性的工作（例如焊接和油漆），會比讓人做來得更加快速。此外，機器人就算暴露在藥品或有毒材料的環境中，也不會有任何健康的顧慮。

技術 (technology)
以提高工作效率為目的而設計的任何高科技設備、工具和工作方法。

技術的使用遠不止於大規模生產，還能使許多行業爲顧客提供更好的服務。例如，銀行已經使用自動櫃員機(ATM)及電子貨幣支付系統，並且常設在讓顧客更爲便利的地方，以便代替銀行出納員。在明尼蘇達州貝坡(Bayport)的安德森公司(Anderson)，讓他們的顧客能透過網際網路，且依本身不同的需求及與大量生產相同價格的情況下，達到客製化(customization)（註7）。

技術進步使得人們產生更好、更有用的資訊。例如現今所生產的汽車，車內都設有一個內建的電路系統，技術人員能直接用此來診斷汽車問題，節省了許多維修的時間。目前許多汽車也設置定位導航系統，使駕駛者可接收精確及時的資訊。

技術如何改變主管的工作？

今日，幾乎沒有哪項工作不受電腦技術進步的影響。無論是在生產線上的自動化機器人、工程部的電腦輔助設計或自動化計算系統，這些新技術正在改變主管的工作。倫敦人壽保險公司(London Life Insurance Co.)退休計劃部的主管瑪麗·瓊·吉羅斯(Mary Jean Giroux)發現，電腦技術的進步使她的工作更加複雜。她說：「人們會期望主管找到使他們提高生產力的辦法。工作複雜度的增加來自於學會所有的軟體程式，和操作電腦的技術能力。」

毫無疑問地，技術對於組織內部的營運來說，具有正面的效用，然而，它是如何具體改變主管的工作呢？若要回答這個問題，只需留意典型的辦公室是怎麼建立的。今天的組織已成爲整合的訊息中心；透過電腦網路、電話、傳眞機、影印機、印表機及其他設備，主管能夠比以前更快地得到更加完整的資訊。這些資訊使主管能制定出更好的計劃、讓決策程序更加有效率、更清晰地規定員工的工作、用模擬的方式來視察工作進度。事實上，現今技術已提高了主管的能力及工作績效。

技術也改變了主管的工作場所。以前在組織裡，主管的工作場所位於離操作現場很近的地方，因此員工與老板很接近。主管除了能就近觀察工作的進展，也很容易與員工面對面地交流。由於技術的進步，主管現在能在很遠的地方管理員工，面對面的合作快速消失了；哪裡有電腦，哪裡就可以工作。**電子通勤**(telecommuting)技術使得相隔遙遠的員工們，得以透過電腦及網際網路的科技，與地球上任一角落的其他員工取得聯繫。進行遠距離的高效溝通，並保證能實現績效目標，成了主管人員的新挑戰（註8）。

電子通勤
(telecommuting)
使得相隔遙遠的員工們透過電腦及網際網路的科技，與同事及主管取得聯繫。

電子商業現象

在學院裡，人們常喜歡說：「全世界的組織都在改變，而唯一不變的東西就是改變。」其中最好的例子就是網際網路的革命，網路改變了現代商業模式及管理方式。本節將強調電腦及網路是如何重新塑造管理實務。在開始討論前，我們先來看看究竟什麼是電子商業以及其特色。

什麼是電子商業？

兩個常被人們混淆的名詞必須先澄清：電子商務(e-commerce)及電子商業(e-business)（註9）。「**電子商務**」這個名詞特指商務電子化的銷售，包含在網路上刊登產品及接單。極大多數的文章及媒體都把網路對商業的影響，放在線上購物活動──利用網路來行銷或銷售商品及服務。當你聽見許多人能在網路上購物，還有許多企業能架設網站賣東西、達成交易、支付款項、履行訂單等活動時，你所聽到的都是電子商務的範圍。近年來，電子商務以迅雷不及掩耳的速度，大大改變了企業與顧客的關係。2002年時，全球在這部分的交易金額高達1,320億美元，並預期在2010年達到近10萬億美元的鉅額（註10）。值得注意的是，90%的電子商務銷售量皆來自企業對企業的交易；你可以想見絕大部分的銷售就像英代爾(Intel)賣晶片給戴爾電腦(Dell)，或是固特異(Goodyear)與福特的交易，而不是如你我般的消費者上網購買電腦或毛衣之類的個人消費。

電子商務
(e-commerce)
任何透過網際網路來接受及傳遞資料所達成的交易。

相反地，「**電子商業**」(e-business)是指以網際網路爲基礎的企業所有相關的營運活動；因此，電子商務可說是電子商業的一部分。電子商業包括執行整體組織的發展策略、改良與供應商及顧客端的協調機制、透過電子化方式與夥伴策略聯盟來設計及生產、找出獨特的領導者來建立出一個「虛擬」組織，以及找到有技能的人來建置內部網路及公司網站，並控制後台或管理端的運作。電子商業也包含開拓新市場及顧客，同時涉及

電子商業 (e-business)
企業以網際網路為基礎，達成有效率及效能的目標。

到企業結合電腦、網路及應用軟體的最妥當方式。

在電子商業中，可運用網際網路（Internet，遍及全球的互聯網絡）、內部網路（intranet，企業內部的私人網路——見圖表2-2）及外部網路(extranet，爲intranet的延伸，選擇性的包含某些員工及經授權的企業外人士)來拓展企業的溝通管道，使資訊得以整合及分享，讓顧客、供應商、員工及其他人能在第一時間與組織連繫。

瞭解電子商業的義涵後，我們現在回到正題——究竟電子商業帶給主管什麼啓示？

主管可預期的電子商業變化

Calico Commerce的總裁亞倫．農曼(Alan Naumann)說出許多電子化企業中主管的想法：「儘管我們凡事講求速度，但遇到雇用人才這件事時，我們仍然會慢下腳步，因爲對於企業而言，選才不當所導致的成本錯誤，遠大於即刻錄用所帶來的利

圖表2-2 內部網路範例

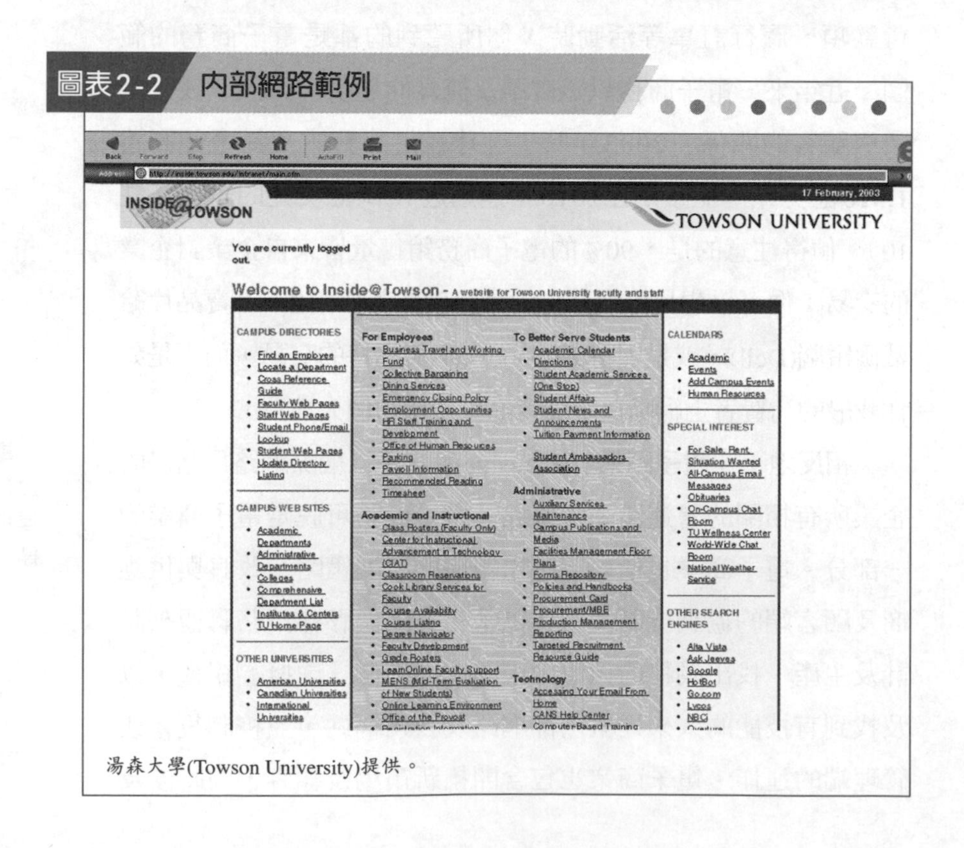

湯森大學(Towson University)提供。

益。」對於電子化企業中的主管而言，甄選好人才是一大挑戰，因爲這些工作必須找得到具備特定技術及專業的人才，才有能力在要求嚴格的電子化企業內存活下去。然而，懂得電子商業的人才不僅不足，加上他們的流動性較高（註11），使得主管在聘用適切人才方面更顯困難。

應徵者一經認定爲可能雇用者，主管必須謹愼地觀察最後可能雇用的人，以便確保他們契合組織文化。電子商業也有常見的企業文化特徵：非正式的工作場所、團隊精神、快速且準時完成工作的壓力和處於心理上24-7（一天二十四小時，一週七天）的工作狀態。因此需要像測驗、面談和推薦函等甄選工具，才能選拔出好人才，而不是選出濫竽充數、不能處理曖昧不清的情況或無法承受壓力的人。

對於電子化企業的主管來說，激勵員工也是一項挑戰。電子商業的員工較容易分心，使得工作努力程度及生產力下降。此外，這些專業人才在職場上總是很吃香，許多企業主非常仰賴他們的專業技能，因此相較於在傳統企業的員工而言，他們會有較優渥的待遇，也要處理較多讓他們分散注意力的事務。

員工總是會被一些如同事或私人電話等事情，打斷他們的工作，而網路卻加強了外界的誘因；例如隨意瀏覽網頁、玩線上遊戲、網上炒股、網路購物，甚至上網找其他工作機會。上網的美國員工每天在上班時間內，平均花費90分鐘在瀏覽與工作不相關的網頁。最近一份統計也顯示，生產力下降的30%到40%大約來自員工上班時在**網上閒逛**(cyberloafing)，這種現象讓美國企業在一年內損失了540億美元（註12）。如果工作本身不有趣或工作壓力過大，員工會很想在上班時做「某些事」；如果員工又易於使用網路，那麼增加做「某些事」的原因很可能是由於把上網當做消遣。

網上閒逛 (cyberloafing) 員工利用上班時間在網上閒逛，造成公司生產力下降的現象。

若要解決這個問題，主管必須要讓工作變得有趣，或安排員工的休息時間來舒緩單調的工作，並讓員工知道在公司使用網路的明確規範。許多主管也設置網路監督軟體來解決這個問題，即使這麼做可能會影響到員工士氣。電子化企業中的主管還必須快速制定決策並保持他們的彈性空間；在做出決策的當下，通常不會擁有足夠的資訊，而這在電子化企業裡更顯得棘手。世界變化得更加快速，競爭也更爲激烈。電子化企業的主管常自視爲短跑選手，而跟他們同年齡、在非電子化企業中的主管則爲長跑選手。他們常用到「網路時間」(Internet time)這個術語，隱含他們處於快步調的工作環境中。對於電子化企業而言，爲了決策而花費在蒐集更多資料的等待，是一件很沒效率的事。除了重視速度外，電子化企業中的主管必須要有高度的彈性，以便快速適應各種情況。他們必須在發現某些方式行不通時，馬上找到新的解決方式，也必須鼓勵員工多方嘗試。

電子商業改寫了原本的溝通模式。由於它們整合成一個無所不在的資訊網絡，使得傳統「層層上報」的溝通模式不再受到侷限。電子商業不須透過層層關卡，人與人之間的溝通也更爲直接。員工可在任何時間、任何地點跟任何人取得聯繫，他們擁有不受限的溝通權利。由於溝通模式的極度改變，使得原本的人際溝通觀念受到淘汰或修正；例如正式與非正式網路的區別、非語言的溝通及散佈消息；也使得許多作業重新定義，如會議、協商、監督及處理衝突處理的方式 。

在多樣化的機構工作

半世紀之前，員工的需求都非常相似。例如在1950年代，美國主要的勞動力爲白人，他們大部分來自同一近郊地區或城鎮，而且都受雇於工廠，他們的妻子則留在家裡照料兩個孩子。然而，現在的勞動力已經非常多樣化，而這種情況將會持續變化。

多樣化的工作團隊 (workforce diversity) 工作團隊的組成包含男人和女人、白人、黑人、西班牙人、亞洲人、拉丁美洲人、印第安人、殘障人士、同性戀者、非同性戀者及老年人等。

什麼是多樣化的工作團隊？

組織中最重要的人力資源問題之一，也許是日益增長的多

樣化的工作團隊(workforce diversity)現象，造成組織內政策及措施的調整。多樣化的工作團隊由男人和女人、白人、黑人、西班牙人、亞洲人、拉丁美洲人、印第安人、殘障人士、同性戀者、非同性戀者及老年人所組成。有些卓越的預測專家，詳細描述了未來勞動力的結構情況：1990年，全美有12,500萬名勞動力，估計在2010年將有接近17,500萬名勞動力，而重點在於這增加的5,000萬名新勞動人口。女性和少數民族在勞動力中的比例將大爲提升，因此公司和主管必須確保公司的激勵計劃和技術，能夠適應這些不同的群體。圖表2-3簡要概述了美國多樣化的工作團隊的現象。

多樣化的工作團隊對於主管的影響

多樣化的工作團隊對於主管的影響是很廣泛的。員工在工作時，並不會拋棄自己的文化價值取向和生活方式的偏好，因此，主管必須協調組織的內部情形，以容納這些不同的生活方式、家庭需要及工作方式。他們必須包容並接受具有不同工作想法及需要的人，而這就需要不同的新政策及實行方式。舉例而言，工作時間表可能要更有彈性，以便照顧那些單親家庭、雙薪家庭和夫妻分居的家庭。公司應該增加照顧老年人及小孩的福利政策，讓員工能把更多的精力放在工作上。福利制度可

圖表2-3　美國多樣化的工作團隊

特徵	1950年代	21世紀
性別	男性主導	男性和女性
種族	白種人	白種人、非洲裔美國人、西班牙裔美國人、亞裔美國人
國籍血統	歐洲血統	歐洲血統、墨西哥、日本、越南、非洲
年齡	20～65歲	16～80歲以上
家庭狀況	單身或已婚（有小孩）	單身、已婚（有小孩）、已婚（無小孩）、同居者、受撫養的老年人、雙薪家庭、搭乘交通工具上下班者
生理狀況	行動自如	行動自如、殘障

婴兒潮 (baby boomers) 勞動力中最大族群；在因緣際會下，他們被視為在職涯中奮發向上的人。然而，上一代的工作者認為他們是工作狂、不切實際的人。

能要重新設計，使其更具個人化以符合不同人士的需要。在員工職涯規劃方面，必須重新評定那些對未來欠缺規劃的員工，並且拓展及促進他們的經驗。所有的員工都需要接受培訓，使其了解並欣賞和自己不同的人。當然主管也需要重新考慮自己的激勵技巧，以適應員工的多樣需求。

除了多樣化帶來的種種問題，如生活方式、性別、國籍和種族，主管還必須意識到嬰兒潮那一代帶來的潛在影響。許多人大概都聽過**嬰兒潮**(baby boomers)，它是指在1946到1964年間出生的人。其名氣如此響亮的原因，大多由於那段期間的出生率特別高，所以很多人都屬於嬰兒潮世代。由於這些人的人數眾多，在他們生命中的每一階段（小學、青少年時期、職業生涯等），對美國經濟造成很大的影響。然而當他們退休之際，也會影響到組織中的管理者。這是怎麼辦到的？我們不得不再次強調，他們龐大的人數也是原因之一。

在組織內，許多嬰兒潮出生的人都在專業上佔有一席之地；雖然不像現今勞動市場中，出現許多電腦專家之類的，但他們的技能多半在數學應用、科學、貿易等方面非常傑出。當他們到了退休的年紀，他們的離開將造成組織中專門技術人才的缺口，顯然這可能產生人才短缺的問題，使得主管在甄選及指派實現組織目標的工作時，更加困難。

企業運作的變化

如今，主管工作的場所也發生了變化。過去，大型企業在美國佔有主要地位，但今日卻不同了。過去幾年間，許多小型企業成長快速，這些企業也能更快反應顧客的需要，不過，大企業並沒有被拋到一邊，而是像他們的小工作伙伴們（中小型企業）一樣，做出一些意義重大的變化。最明顯的是組織縮編、持續改善計劃及工作流程再造。讓我們逐一看看這些方式會對工作產生什麼影響。

組織爲何要以更小的規模來完成更多的工作？

美國公司正努力變成「精簡」的組織。由於撤銷管制（如航空業）、境外競爭、合併和接管等，使得許多組織必須裁員。事實上，隨著時代的變化，幾乎所有財富雜誌前五百大企業，如席爾斯、奇異電器、美國航空及IBM，都已經裁員並改變其經營方式；用商業上的名詞來說，這種行爲稱爲**組織縮編**(downsizing)（註13）。

組織縮編 (downsizing)
裁員並重塑一個「精簡」的組織結構，其目標是期望創造更高的效率並降低成本。

組織縮編是爲了達到兩個主要目標：創造更高的效率和降低成本。在許多情況下，這意味著要減少員工的人數，包括各階層的員工和主管人員。不過，組織其實並不喜歡這樣做，而且多數是被迫的，爲什麼？因爲它們所處的世界改變了。

爲了有效應付商業環境的快速變化，如全球競爭的加劇，企業必須以更有彈性的方式完成工作。官僚式刻板的工作規則將使組織不易應付瞬息萬變的環境，尤其在制定決策和執行時會牽涉到太多人。另外，員工在組織中也可能缺乏必要的技術去適應工作的變化。在某些情況中，組織沒有提前規劃或在這方面投資，以確保員工的技能跟得上時代的腳步，因此就會雇用一些外面的人來工作。企業認爲由外面聘用人員，比起在組織內訓練並聘用全職員工來得便宜。於是爲了組織縮編和提高組織彈性，企業必須透過裁員來大幅度降低成本。

然而，組織縮編並不保證在所有情況下都能達到目的，其所付出的代價也是相當龐大的。許多研究指出，超過三分之二的公司在進行組織縮編時，會影響到員工士氣及其對公司管理層的信任；再者，進行組織縮編的公司，也得面臨更多被裁員之員工的求償申訴。

爲何強調持續改善計劃？

如今，不論是私人企業或政府資助的組織，都在進行品質改革。這種品質革命就是**持續改善**(continuous improvement)的觀

持續改善 (continuous improvement)
組織為了改善生產品質及提升服務水準的活動。

念（註14），來自一群品質專家的靈感，如喬瑟夫．朱倫(Joseph Juran)及晚期的愛德華．戴明(W. Edwards Deming)。這些品質專家產生的信念，現在已被擴充爲組織生存的哲學——一種以滿足顧客需求和期望爲動機的管理哲學（見圖表2-4）。然而，重要的是「顧客」一詞在持續改善計劃中的解釋，與傳統的定義並不相同。它包括了組織內外所有相互合作的人：員工、供應商及那些購買公司產品和服務的人，其宗旨就是建立一個以不斷改進爲使命的組織，日本學者稱之爲「**改善**」(kaizen)（註15）。

改善 (kaizen)
組織以不斷改進為宗旨的日本術語。

雖然有人批評持續改善計劃爲過度誇大及降低績效的方法，但大體上來說仍有許多令人印象深刻的例子（註16）。法瑞安公司(Varian Associates)是一家製造科學儀器的公司，它們在半導體的製作方面進行持續改善計劃，結果只要十四天即可生產一個新設計。該公司另一個製作電腦無塵室的眞空系統部門，透過持續改善計劃後，準時交貨的比率由42%提升至92%。Globe Metallurgical公司是一家位於美國俄亥俄州的小型金屬製造商，藉由持續改善計劃後，增加了50%的生產力。過去幾年來，汽車製造的品質有了顯著的改良，如通用汽車、福特、克萊斯勒，它們皆透過全面品質管理直接進行改善。

圖表2-4 持續改善的架構

1. **重視顧客**。顧客不僅包括購買組織產品或服務的外部人員，也包括組織內相互合作和服務他人的內部人員，如運輸或付款人員。
2. **持續改善**。全面品質管理意味著永不滿意。「非常好」是不夠的，品質總是可以不斷地提高。
3. **提高組織從事每件事的品質**。持續改善品質的定義範圍相當廣泛，不僅涉及最終產品，也涉及組織如何進行交貨、迅速反應投訴、接聽電話等。
4. **精確測量**。持續改善使用的是統計技術，以便測量組織運作中的每個關鍵變數。以這些變數為標準或基準來進行對比，從而確認問題、追蹤問題根源並消除根本原因。
5. **員工參與**。包括持續改善涉及改善過程線上的所有人員。為了發現和解決問題，工作團隊被廣泛運作在持續改善的計劃中。

工作流程改造與持續改善的差異

儘管持續改善是許多組織的良好開端，其要點仍在於多出來的變化，其中有些行動是直覺式的需求，如持續不斷地研究如何把事情做得更好。然而，企業生存在一個瞬息萬變的動態環境中，周圍的影響因素變化得相當快，持續改善可能會使企業落後於時代的進步。

持續改善帶來的問題是可能產生安全的假象，使得主管和經理以爲自己正主動進行一些積極改革；這當然沒有錯，但不幸的是，這種持續的改變可能會使組織忽視其眞正需要的是激進、突破性的變革——這個概念現在被稱爲**工作流程改造**(work process engineering)（註17）。持續改善會使員工覺得自己好像積極進步中，但同時也使其忽視了某些對組織生命更具威脅的必要改變。持續改善的漸進式觀念就好像只是重新調整鐵達尼號的甲板位置一樣。因此，現今產業環境下的組織成員必須進一步地考量，工作流程改造帶給運作過程什麼樣的挑戰。因爲工作流程改造使得企業節省成本及時間、改善服務，並幫助組織做好準備，迎接快速科技變遷所帶來的挑戰。

工作流程改造（work process engineering）組織內激進或突破性的變革。

組織縮編、持續改善計劃和工作流程改造之於主管的涵義

儘管組織規模縮減、持續改善計劃和工作流程改造，通常是由高階管理者發起的，但它們也會影響到主管。主管經常參與各種改善計劃，還要準備面對組織變革後產生的各種問題。讓我們看看這些又意味著什麼。

組織縮編之於主管

組織縮編最明顯的影響，就是人們失去工作，因此主管可能會碰到一些問題。員工（包括被辭退和留下來的）都會抱怨，也會感到組織不再關心他們。儘管組織縮編是高階經理的

決定，員工卻可能發洩怨氣到基層主管身上。有時，基層主管可能要根據公司目標來決定人員的去留。此外，組織縮編還會使員工對組織的忠誠度下降。

主管會碰到的一個重要挑戰，就是員工更會覺得缺少工作保障，進而降低了工作責任感。員工曾經相信只要能勝任工作、對公司忠誠，就能得到就業保障、豐厚的利益和收入的增加；然而在組織縮編時，公司就會改變原來的就業保障、報酬等政策；這些變化會引起員工忠誠度的劇烈下降。由於公司對員工的承諾減少，員工的責任感也會降低，這就影響到主管在激勵員工保持工作績效的努力。

組織縮編也可能增加主管之間的競爭。如果裁員的決定是以工作表現為依據，那麼員工可能不太樂意去幫助別人，反而可能會變得很自私，而這種行為或許會破壞主管原本組成的工作團隊。

最後，組織縮編可能會為留下來的人製造問題。除非更新整個工作過程，否則遺留下來的工作仍要被完成，這就意味著留下來之員工的工作負擔更重了，更可能導致工作日的延長，造成員工的工作和個人生活產生衝突，也可能造成焦慮感、工作壓力及缺席人數的上升。

✿ 持續改善計劃之於主管

每位主管都必須清楚地界定出品質對其部門的涵義，這需要主管與每名成員溝通才行。每位員工也都必須致力於不斷改進自己的工作表現。主管和員工都必須認知到，如果不這麼做就會導致不滿意的顧客轉向競爭者。如果發生了這種情況，那麼這個部門的職位也就面臨了危險。

持續改善的前提是帶給主管和員工正面的結果。每個參與的人都要考慮如何把工作做到最好。持續改善的基本原則是讓最接近工作的人參與改進，如此可以解決過去很多妨礙工作的瓶頸問題。持續改善計劃可以幫助主管和員工創建更多令人滿意的工作。

✿ 工作流程改造之於主管

如果你接受工作流程改造可以改變公司運作的前提，就會意識到主管也會受到組織流程改造的影響。首先，工作流程改造可能會讓主管和員工感到困惑和不滿，而在流程重組的過程中，一些長期工作關係往往受到打斷。

儘管工作流程改造有其受質疑之處，但它確實會為主管帶來一些效益，使其有機會從中學到新技術，或接觸到最先進的生產技術、有效地管理工作團隊及決策權。這些新技術增添他們的價值，並且讓他們於機會來臨時，更容易轉向其他組織。最後，由於這種變革席捲整個美國企業，主管可能會以得到的報酬來評估組織變更。流程改造可能更有利於主管和員工獲得相應的工作報酬，以及因工作表現傑出而獲得獎金和激勵。

亂中取勝

身為學生，以下哪種情況最吸引你？

- **情況1**：每學期有十五個星期。學校要求教師做好準備，讓學生在每門課上課的第一天就知道課程的進度表、每天功課安排的詳細說明、準確的考試時間和各式各樣課堂活動佔期末成績的百分比。學校要求教師只能按課程表的安排上課，還要求教師必須在一週內把作業成績發回給學生。
- **情況2**：教學期間的課程經常變化。當你選擇某個課程時，你不知道要上多久；可能兩個星期，也可能三個星期。教師沒有事先通知就可以隨時停課，上課時間也次次不同；有時二十分鐘，有時三個小時。老師在這節課下課時才會宣布下次上課時間。此外，隨時會有考試，所以你也必須隨時做好準備，而且老師很少會告知你的成績。

如果你跟大多數人相同，那麼你會選擇第一種情況。爲什麼？因爲預先通知會讓你有安全感。你知道要做什麼，並且做好準備。然而，現實也許會讓你沮喪，現在的管理工作——包括主管的工作，看來更像情況2。

我們認爲將來成功的主管，必須能學會在混亂中成長，也會面對時常變化的環境。新的競爭對手可能在一個晚上就出現了，而現有的競爭對手會由於新技術的出現或跟不上市場變化速度而消失。組織縮編意味著完工所需要的勞動力減少了；透過電腦和通訊技術的進步，也加快了溝通的速度；這些因素加上產品和金融市場的全球化，使得市場環境變得更加混亂。因此，許多以創立穩定和可預見運作環境爲目的的傳統企業策略，已不再適用了。

成功的主管也必須要改變；必須在一堆看似無關緊要的時間中理出頭緒。主管必須能把困境變成機會，所以他們必須能有更彈性的作風、更聰明的工作方法，才能更快做出決策、更有效地管理資源短缺、更適應顧客的需要，以及更有信心去推行重大或革命性的變革。就像管理學作家湯姆．彼得斯(Tome Perters)在一本最暢銷的書中提出的觀點：「今天的主管必須能在變化和不確定的環境中，創造輝煌。」(註18)

由混亂到危機

現今的主管除了要能處理周遭混亂環境外，對於主管工作中的危機處理也是相當重要的一環。主管必須能快速洞察到問題的警訊，例如預期績效下滑、財務赤字、不必要及繁複的公司政策、擔心衝突及承擔風險、容忍不適當的工作及部門間不良的構通模式等。

另一個認定績效下滑的觀念，類似典型心理學實驗中「被煮熟的青蛙現象」(boiled frog phenomenon)(註19)一例。在這個實驗中，假設把一隻活青蛙放入滾燙的沸水裡，牠會立刻跳出鍋外。如果先把青蛙放入溫水中並逐漸加熱至沸點，青蛙將來不及反應而死亡。主管最難以防守的就像這樣的例子，因為主管很難察覺「水溫漸高」的狀況，也就是企業營運微微下滑的情況。當績效逐漸改變時，企業總是不以為意，直到發覺事態嚴重時已為時已晚。所以這個例子告訴了我們什麼？它警示主管必須在任何異常情形發生時，隨時提高警覺，而不要等到情況足以達成危機時（沸點）才來因應。

雖然很多企業的危機並非在一夕之間產生，突發狀況仍有可能發生。試著回想2001年9月11日紐約、華盛頓特區及賓夕法尼亞州的事件，就是一個鮮明的例子（註20）。所以，組織和主管必須做些什麼呢？

處理災害的重要關鍵之一，就是做好適當的緊急應變計劃，包括災後重建計劃：建立複本及備份系統、緊急工作站和通訊系統（註21）。與此同樣重要的是主管應該支援員工及其家屬（註22）。發生災害時，良好的溝通為最重要的一項，它能幫助員工了解目前的情況。主管必須讓員工表達意見，必要時諒解其悲傷的情緒；主管也必須了解有些員工可能因此承受很大的壓力，或有些員工可能會因為沮喪而需要幫助。在這種情況下，並沒有任何指導手冊來教主管該怎麼做。主管這時必須更加體恤員工，細心地以感同身受的態度去對待員工；就算跟員工一樣有情緒上「危機」的主管，仍然應該如此做。

毫無疑問地，艱難的時刻總是需要特殊的處理方式。就算沒人期望如911事件會再次發生，組織仍有可能發生突發事件。因此，組織及主管必須先準備好一套緊急應變措施，以減緩災難發生後的後果。

優質又賺錢的組織

每個組織都有一個單純的目標：永續經營。儘管有各種組織生存的方式，對許多組織而言，生存意味著獲利；對於另一些組織而言，則意味著獲得足夠的金錢繼續造福社會。前者經常引發許多問題，然而，公司能堅持做正確的事又能賺錢嗎？儘管答案是肯定的，但頭條新聞經常充斥著以不當方式賺錢的報導。如果煙草公司知道尼古丁會導致嚴重的健康問題，它們會一開始就放棄香煙的生產嗎？如果墨西哥的法律沒有規定——即使布朗斯維爾(Brownsville)、德州(Texas)出現的畸形新生兒現象，已被證實由墨西哥灣的污染造成的——美國公司在墨西哥生產時，還會遵守美國的環境和安全法律嗎？不管每個人對這些問題的感受如何，我們並不能責備這些企業。在大多數的情況下，畢竟它們是守法的，這就是對其所有的要求了。我們經常認爲只要遵守法律，企業有權去做任何維持生存的事，這也是公認的前提。然而，今天很多企業制定了一些以承擔社會責任爲目的之政策與措施。讓我們進一步分析這種現象。

什麼是具有社會責任的組織？

社會責任(social responsibility)是組織承擔社會的一種義務，亦即超越法律和市場利益的境界。社會責任結合了組織的長期目標和社會利益。「社會」在此指的是組織的員工、顧客及其所處的環境。

透過以下兩種觀點的比較，更容易理解社會責任的概念，亦即社會義務和社會回應（見圖表2-5）（註23）。**社會義務**(social obligation)是企業立足社會的根本。企業只要完成法律和經濟責任，就已經盡了社會義務，無需多做其他事，其完成的是最基本的法律責任。與社會義務相比，社會責任和社會回應都不僅侷限於經濟和法律規定的範圍內；**社會回應**(social responsiveness)增加了道德上的職責，要求企業從事對社會有利的事，而不做有害於社會的事；社會回應要求企業考慮什麼是對的、什麼是錯的，並且尋求眞理。這些企業是以社會規範爲指導方針。以下兩個例子可以幫助我們更容易理解。

如果公司達到聯邦政府制定的污染控制標準，或在晉升決

社會責任
(social responsibility)
組織承擔社會應盡良善而長期的義務。

社會義務
(social obligation)
企業立足社會的根本；企業只要完成法律和經濟責任，即已盡了社會義務。

社會回應
(social responsiveness)
企業以遵循社會規範為指導方針，藉此判斷是非，並且尋求真理；這是指企業在道德上的職責，讓企業從事對社會有利的事，而不做有害社會的事。

圖表2-5　社會義務VS社會責任

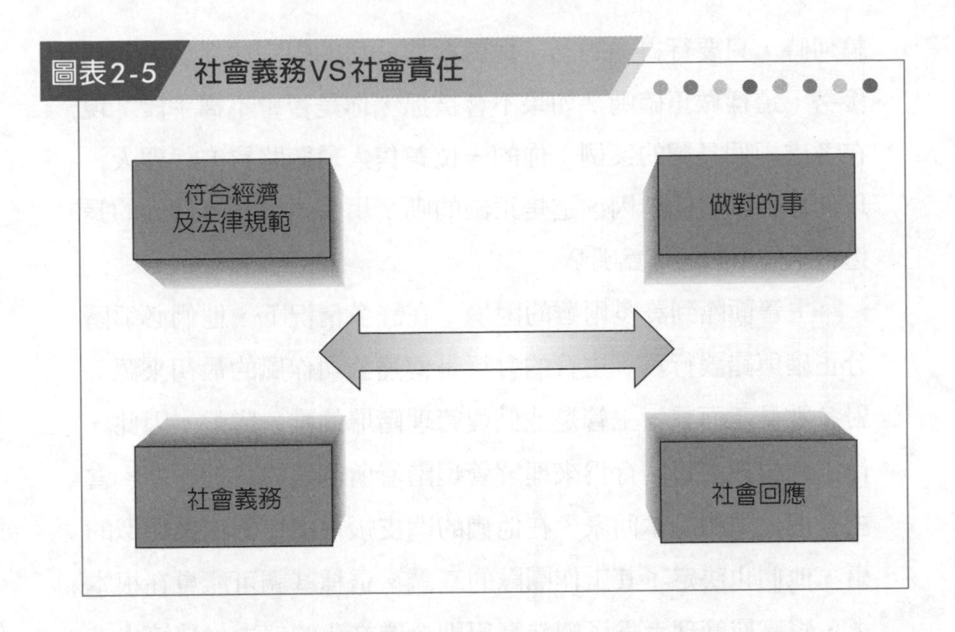

策中不對雇員種族歧視，組織便履行了其社會義務——僅此而已。各種法律規定雇主不可以製造污染或歧視特定的群體，雇主也遵守了這些法律，而當公司用再循環的紙張包裝產品，或爲員工提供重大意外的健康護理保險時，這些公司就是在進行社會回應。雖然這樣做可能是受到許多社會團體的壓力，但是畢竟做了一些社會期望的事，而法律並沒有規定必須這麼做。

我們經常會置身事外般地談論公司的社會責任，但是，當「他們」變成「我們」時會如何呢？以個人的社會責任行爲來探討的話，有益於我們更深切地感受到這個問題。

我們如何負責任？

許多人相信，我們的社會正陷入道德危機。那些曾經被認爲應該受到譴責的行爲：撒謊、欺騙、虛報、掩蓋過錯，在許多人眼裡已成了正常的商業操作。傷害用戶的產品依然在市場上銷售；大型組織中的男性被指控對女同事性騷擾。

商場中的情況又如何？或者更具體地說，主管的工作又是什麼情況？主管可能面對的是哪類有爭議的問題呢？以下是幾個與主管行爲相關的常見問題：你是否總是應該說出眞相？無論何時，只要行得通的話，你就會讓公司的規定屈從於公司的優勢，這樣做正確嗎？如果不會被抓，你是否會不擇手段？現在考慮兩個具體的案例：你的一位銷售人員賄賂買方代理人，以便作爲購買的誘因，這是正確的嗎？用公司電話打個人的長途電話是不對的行爲嗎？

主管面臨到許多兩難的困境。在許多情況下，他們必須區分正確與錯誤行爲。主管的言行是傳達公司作風的最初來源。對多數員工而言，主管是他們與管理階層的唯一聯繫。因此，員工會根據主管的行爲來理解管理階層所制定的各種標準。當主管把公司物品拿回家、在他們的開支帳戶上作假或做類似的事，他們也決定了其工作團隊的基調。這種基調可能會在根本上，將高層管理者爲了塑造高原則企業文化的努力付諸流水。在一些大公司裡，例如美國運通(American Express)及埃克索的主管自有一套行爲準則，用以指導什麼是可接受和不可接受的做法。這些行爲準則經常是正式的文件，闡述了組織希望員工

員工會有道德觀念嗎？這是很難回答的問題。然而，假若他們主管的行為是具有道德的，這些員工很可能會因上行下效之故，也變得具有道德觀念。因此，主管在部門中推行道德行為時所扮演的角色，是相當重要的。

遵守的基本價值觀和道德準則。

當組織針對降低成本及提高生產力而對主管和員工施加更大的壓力時，道德困境似乎必然增加。主管透過言行促進組織標準的建立，此點在中西部警察局裡的一位主管評論中，可得到解釋：

> 我告訴部屬，任何形式的饋贈都是不正當的。以用餐爲例，餐館提供他們半價用餐，因爲他們喜歡警察。然而，我相信每件事都有其隱藏的目的。他們提供你半價的原因，是因爲想讓警察和其交通工具待在那裡，小偷就不會光顧了。事實上，他們正以一半費用的漢堡包購買了我們的服務。我向你保證，當你必須逮捕那家餐館的經理時，他會反駁說：「喂！你可是以半價在我的餐館用餐啊！」我告誡部屬說：「如果讓我查出這樣的事情，我們就會有麻煩了。」我向手下建議，如果提供警察半價的餐點是餐館的政策，那麼就在小費裡支付超過半價的餘額。如果四美元的漢堡他們只要你付兩美元，那就放三美元的小費。

上述的主管希望員工的行爲遵守道德規範。然而，我們稱爲「道德」的東西到底又是什麼呢？

道德是什麼？

道德(ethics)一般是指規定正確和錯誤行爲的規則或原則。道德觀念不強的人，如果被規則、政策、工作準則或強烈反對錯誤行爲的文化規範所約束，他們犯錯的可能性就會小得多。相反地，很有道德的人在一個允許或鼓勵不道德行爲的組織及文化氣氛中，則很有可能受到腐蝕。思考一下之前提過的那個道德情境——買方代理人接受賄賂。我們相信，幾乎每個人都認爲金錢賄賂是不道德的行爲，因爲它可能造成非法行爲。但如果「賄賂」不像金錢一樣看得見，或根本不存在呢？假設你是一個

道德 (ethics)
規定正確和錯誤行為的規則或原則。

中等規模醫院裡的採購部門主管，你有幾個賣主正在向你推銷，想要獲得你的業務。賣主甲在向你推銷後，留下一個非常有吸引力的價格清單，前提是你的採購量要大；賣主乙的表現類似，她的價格也不相上下，但她會邀請你和你的朋友去參加即將舉行的體育盛會——你很想得到門票，卻早就賣完了。你是否會接受賣主乙的邀請，參加這場體育盛會呢？你覺得這樣做恰當嗎？畢竟，這就像是一場遊戲罷了。反正就算她的公司得到你的生意，他們的價格也和競爭對手一樣。

道德規範
(code of ethics)
員工通過執行具體任務，直接生產出產品和服務。

這個例子證明了道德對員工來說，是多麼的模糊不清。**道德規範**（code of ethics，陳述組織的基本價值觀和期望員工遵守之道德的正式文件）是爲了減少這種模糊性而越來越流行的做法。道德規範被認爲足以明確指引員工做該做的事；不幸的是，你可能沒有這樣一個可以參照的法則。在這種情況下，你不得不以自己覺得正確的方法來行事，並承擔其後果。讓我們更深入地分析這種情況。

假設老闆讓你跟競爭者一起操縱價格，也讓你偷取競爭對手的技術。老闆知道這樣做能爲產品創造出難以打敗的市場，並可能把競爭對手逐出市場；同時，你這麼做的話將會得到豐厚的報酬——事實上，你可能會被任命爲負責人（註24)。你的選擇是什麼？ 其中一個選擇是照你老闆的意思去做。畢竟他是老闆，他可以使你的生活變得愉快或悲慘。然而，如果你眞的做出如價格鎖定或偷竊「商業祕密」的極端事情來，便可能要負法律責任。可能要面對起訴的是你，而不是你的主管。即使你這麼做是爲了組織的利益，你也必須理解到當你被抓時，老闆可能不會保護你；也就是說，你的事業可能會毀於一旦。

另一個選擇是與你的老闆談談，表達你被派去做這件事的不滿。老闆不見得會收回成命，但至少你表明了立場。你也可以拒絕老闆要你做的事，當然，這種拒絕可能會爲你帶來麻煩。你可能想找組織更高層的成員，他們也許願意幫助你，但你不能完全指望他們會如你所願。還有，另一個選擇是讓老板覺得你會做他吩咐的事，但並不去執行。你可以舉出理由說明價格並不能被鎖定，因爲其他公司不會跟隨。在這種情況下，你只能希望經理會「買你的帳」，或忘記過問此事；總之，你還是要爲此冒險。這個選擇的另一面是，你仍在做不道德的事——對你的老闆撒謊。

假設你的老闆繼續對你施壓，你還是可以有另一種選擇，不過，這是最極端的作法。如果老闆的要求明顯地和你的信念背道而馳，你又不能從組織中的其他人那裡得到幫助，你可能必須考慮辭職，甚至到組織外去報告在這公司發生的事。當然，這麼做有很多弊端，但至少你因爲做了正確的事而感到安慰。在涉及道德因素的情況中，無法預測即將面對的事。提前準備並思考如何處理道德難題是有益的（見「實務上的應用：道德行動的指引」）。你準備得越充分，「違背準則」的事情眞的發生時，就越懂得應付。

總複習

本章小結

閱讀本章後，你能夠：

1. **解釋全球化對主管的影響**。全球化在很多方面對主管產生影響，最重要的關鍵是分辨不同文化背景的人所存在的差異，以及了解這些差異可能造成的溝通障礙。
2. **描述科技對於主管工作的改變**。科技以不同的方式影響主管的工作，主管透過即時渠道獲得資訊，從而幫助他們制定決策。對於那些部屬在偏僻地方居住的主管，科技進步幫助他們減少直接與這些員工面對面交流的需要。另一方面，與這些員工的有效溝通以及確保目標的實現，將成為主管面臨的主要挑戰。
3. **區別電子商業及電子商務的差異**。「電子商務」特指商務電子化的銷售活動，涉及到使用網際網路來達成商務交易；「電子商業」則是指以網際網路為基礎的企業所有相關的營運活動。電子商業包括執行整體組織的發展策略、改良與供應商及顧客端的協調機制、透過電子化方式與夥伴策略聯盟以設計及生產、找到獨特的領導者來建立「虛擬」的組織，並找到專才來建立內部網路和公司網站，以期控制後台或管理端的運作。
4. **辨認勞動力出現的顯著變化**。相較於六十年前，白人男性是勞動力的重要組成部分，如今則變得越來越多樣化，並繼續朝這個方向發展。人口統計的變化、商業全球化及禁止雇用歧視的聯邦法律，在在影響到勞動力的變化。勞動力的變化意味著主管要與不同的人交流，而這些人在性別、種族、民族、基本能力、性觀念和年齡方面都不盡相同。他們有不同的生活方式、家庭需要和工作方式。對於主管來說，最重要的任務是對每個不同的個體保持敏感性，亦即改變以同樣的方式對待每個人的管理風格。主管必須努力識別每個人的不同並解決存在的差異，從而留住人才並提高生產力。
5. **解釋組織縮編的原因**。組織縮編於全球化競爭；這是公司為了對客戶做出更快速的反應，並提高運作效率的一種嘗試。管理效果包括兩方面；首先，主管必須確保自己和員工的技能跟得上潮流，那些技能陳舊的員工最可能成為裁員的候選人；其次，留下來的員工會做相當於兩、三個人的工作，因此可能會產生失望、焦慮的情緒和積極性減低的情況。

6. **瞭解持續改善的概念及目標**。在持續改良計劃中，「顧客」一詞的解釋與傳統的定義有所不同，它包括了組織內外所有相互合作的人──員工、供應商以及那些購買公司產品和服務的人，其宗旨就是建立一個以不斷改善來提高為使命的組織。持續改善的五個主要目的為：(1)重視顧客；(2)持續改善；(3)提高組織從事每件事的品質；(4)精確測量；(5)員工參與。
7. **描述主管必須「亂中求勝」的原因**。主管將在瞬息萬變的環境裡工作，所以必須具有更彈性化的管理風格；在工作中變得更精明、更快地做出決策、更有效地控制稀少性資源，使顧客更加滿意，還要更自信地面對大規模的革命性變化。當組織面臨重大災害時，主管必須有所準備，並且敏銳地察覺員工的需求。這項敏銳觀察來自於傾聽員工的聲音、了解他們所處的壓力，以及在員工需要時，適時地予以幫助。
8. **解釋「道德」的定義**。道德是指用來判定正確與錯誤行為的準則或方針。在一個組織裡，這些準則和方針可能會被列入道德規範──陳述組織的基本價值觀和期望員工遵守之道德的正式文件。

問題討論

1. 你是否認為全球化已經對美國公司產生影響，使它們變得更要快速回應客戶的要求？請解釋原因。
2. 你是否同意「科技進步有時會妨礙主管的影響力」這個觀點呢？請舉例說明。
3. 電子商業為主管在管理方面帶來什麼影響？
4. 什麼是多樣化的工作團隊？它給主管帶來哪些挑戰？
5. 如果你的朋友不明白什麼是組織縮編，但他知道公司在未來三個月會裁員，你會提供他什麼建議？
6. 解釋持續改善計劃和工作流程改造之間的差異。
7. 掌握處理混亂局面的技巧能對主管提供怎樣的幫助，使他們在新世紀裡更能勝任本身的工作？
8. 公司能否在承擔社會責任的同時也獲利呢？如果你同意，請舉例說明，敘述他人是怎麼做到這一點的。
9. 假如你知道考試作弊並不會影響其他學生的成績，而且也保證不會被抓到，你認為這樣做道德嗎？請說明原因。
10. 你認為有哪些性格的特點和行為，是做為一個有道德的主管應該具備的？

實務上的應用

道德行動的指引

對主管來說，道德的選擇通常很困難。我們必須遵守法律，但行爲道德遠不僅於守法，而是在對與錯之模糊不清的「灰色」地帶，對自己的行爲負責。怎樣才能加強道德方面的管理技能呢？我們在此提供了一些指引。

實務作法

步驟一：了解你組織的道德政策

公司的道德政策（如果有的話）描述了組織對道德行爲的理解，以及它期望你做的事。這個政策能幫助你了解什麼可以做——你所擁有的自主管理權限，而且將成爲你要遵守的道德規範。

步驟二：瞭解道德政策

僅僅拿到公司的道德政策，並不能保證它能生效，你必須要完全地理解它。道德行爲通常不是「常規」。政策的指引可以幫助你在決定組織的道德時有所依據。即使政策存在，遇到困境時仍可以採取下列措施。

步驟三：三思而後行

試問自己，爲什麼要做這件事？導致問題產生的原因是什麼？你採取這些行動的眞實目的是什麼？是否有明確的原因，還是背後隱藏了動機，例如證明對組織的忠誠？你的行爲會傷害他人嗎？你能向經理或家人透露你要做的事嗎？記住，這是在你的行動中看得到的行爲。你需要確保自己做的事不會損害身爲主管的形象、組織或自己的聲譽。

步驟四：問自己「如果……」的問題

當你考慮做某件事的理由時，應該先問自己「如果……」的問題。以下問題可能對你在決定行動上有所幫助：如果決策錯誤會怎樣——會對你造成什麼影響？對工作有何影響？如果你的行爲在當地新聞或報紙中被詳細報導出來，又會怎麼樣？是否使你或你周圍的人感到被打擾或困窘？如果你被發現正在做不道德的事，你會怎樣？是否準備好處理這些後果？

步驟五：詢問他人的意見

如果必須做某件重要的事，卻又對這件事情沒把握，你可從其他主管那裡獲得建議。也許他們經歷過相似的情況，你就可以從他們的經驗中獲益；如果不是，他們還是可以當你的好聽眾。

步驟六：做你真正認為對的事

你有良心並對自己的行爲負責。不管你做什麼，如果你眞的認爲這麼做是對的，那麼不管其他人說什麼（或公認「週一早報」說的）都不重要。你要對自己的內在道德標準誠實。問問自己，你能忍受自己所做的事嗎？

有效溝通

1. 對於電子商務（如亞馬遜網路書店或eBay拍賣網站）及對於企業營運的影響，寫下二到三頁的論述。請強調企業在面對電子商務時必須做的改變，以及因此產生的利益，並討論電子商務對於組織中主管的影響。
2. 面臨突發危機時，主管可能會被要求制定出特殊因應方法。請說出曾經歷過災害的企業，討論其所受的災難性質，以及組織在當時如何幫助那些受到災害波及的員工。

個案

個案1：自助式銀行

凱莉．詹金斯(Kelly Jenkins)在北卡羅來納州的第一聯邦國家銀行(First Union National Bank of North Carolina)工作了六年。當凱莉開始爲第一聯邦國家銀行工作時，她還只是個高中生，當時她是利用暑假擔任路邊出納員。凱莉加入銀行的原因眾多；首先，這是她獲得的一份工作，更重要的是，只要她每週工作至少二十小時，銀行將幫她支付大學期間的學費。辛勤向學使她認識了許多朋友，其中包括其他員工和客戶。事實上，客戶都十分了解及信任她，他們來銀行時總是先找她幫忙。

凱莉總是爭取銀行提供的每個培訓機會。當銀行需要實施新程序或採用新科技時，凱莉總是第一個去參加培訓的人。此外，她每個學期都修十五個學分，確保她在四年內取得經濟學學位。凱莉讓銀行經理留下了深刻的印象，因此她獲得參加銀行管理計劃的機會。令人驚訝的是，在畢業後很短的時間內，凱莉接受了一家競爭對手提供的工作——職位相同且薪資相近。以前那家銀行一直是凱莉夢寐以求的公司，但當時那家銀行不願幫凱莉支付學費。

在新的工作崗位上，凱莉無意間讓新老闆獲悉她擁有第一聯邦國家銀行的資料。老闆的反應讓凱莉知道他對這些訊息很有興趣，而這些訊息是關於第一聯邦國家銀行在未來五年內的方向。事實上，凱莉提供的一份數據顯示，第一聯邦國家銀行正計劃建立一種獨一無二、創新的電子銀行服務。知道這個消息後，凱莉所在的銀行不願失去競爭機會，高層管理當局於是決定建立與第一聯邦國家銀行相同的設備。

案例討論

1. 你認為凱莉之所以選擇加入第一聯邦國家銀行，是因為該行願意支付她的學費嗎？這樣的行為道德嗎？請論述你的立場。
2. 案例中的凱莉，無意間讓新老闆知道她擁有第一聯邦銀行的計劃。老闆要求她提供這些訊息，並將之用於試圖打敗對手上，你認為老闆的做法道德嗎？為什麼？
3. 如果你知道凱莉之所以被銀行錄取，是因為她知道第一聯邦國家銀行的內幕，那麼你第二題的回答會因此改變嗎？凱莉提供訊息的做法道德嗎？請論述你的立場。

PART

計畫、組織、用人與控制

領導的基礎以下列幾項爲重點：有效率地計畫並完成工作；將工作與員工適當地配對；雇用具備適當技術、知識及能力以完成任務的人員；以及對這些工作的執行進行監控。在第二部分，我們將會針對促進建立和達成組織與部門目標的主要因素進行討論。一旦建立目標，員工必須適當地與工作配對，以支援目標的達成。接下來，在決定要完成哪些工作之後，主管必須尋找能夠勝任該項任務的合格人選，對他們進行訓練，使他們擁有最新的技能。在計畫、組織及人事都確立之後，主管就必須著手設計和執行控制，以確保目標的實現。無論是計畫、組織、用人或控制，每個部分都需要高度決策力和解決問題的技巧，因此，我們也將審視這些關鍵的管理技巧。

第二部分包含五章：

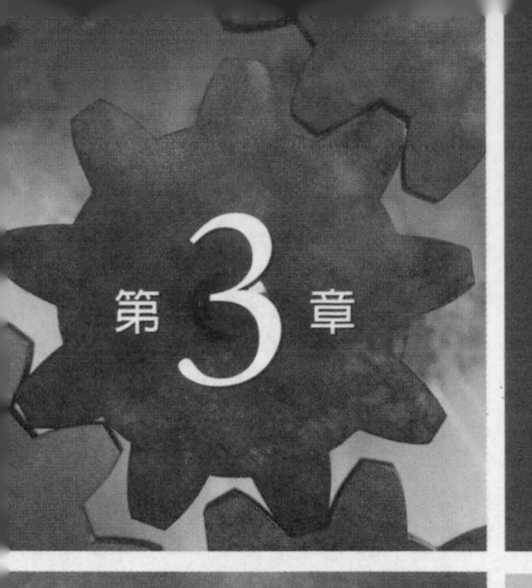

第3章

建立目標

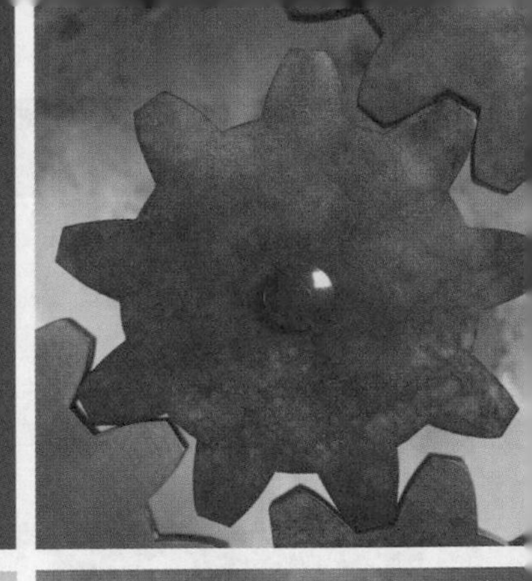

學習目標

關鍵詞彙

讀完本章之後，你應該能夠：

1. 定義「生產力」。
2. 描述組織從高階到基層之間，怎樣進行計畫方面的溝通。
3. 確認「標竿管理」、「ISO 9000」及「六個標準差」等三個專有名詞的涵義。
4. 比較「政策」和「規則」的異同點。
5. 描述甘特圖。
6. 說明繪製計畫評核術網絡圖所需要的資訊。
7. 描述目標管理(MBO)方案的四個要素。
8. 定義「企業家精神」，並說明它如何影響主管的管理風格。

讀完本章之後，你應該能夠解釋下列專業名詞和術語：

- **作業**
- **標竿管理**
- **預算**
- **營運計畫書**
- **要徑**
- **企業家精神**
- **事件**
- **甘特圖**
- **中期計畫**
- **ISO 9000**
- **長期計畫**
- **目標管理**
- **計畫評核術網絡圖**
- **政策**
- **程序**
- **生產力**
- **方案**
- **規則**
- **排程**
- **短期計畫**
- **單一性計畫**
- **六個標準差**
- **經常性計畫**
- **策略性計畫**
- **戰術性計畫**

有效能的績效表現

克莉絲特·雪芙艾爾文(Kristen Schaffner-Irvin)是一位能在瞬息萬變的世界中洞悉機會的企業家。過去她只是個家庭主婦，在加州杭汀頓海邊土生土長，但由於當時家中現金短缺，因此她認爲自己應該工作，希望找到一份能邊照顧孩子、邊爲家中賺些外快的差事。由於從小生長在從事燃料運輸的家族，克莉絲特非常瞭解該產業的經營模式，然而她卻不願意爲她父親工作，而是希望能夠靠自己的力量完成畢生的夢想——經營自己的事業，管理自己公司的員工。因此，只靠著一台筆記型電腦和一支電話，1992年她成立了Team Petroleum石油公司。

由於曾經在燃料運輸業工作過，雪芙艾爾文知道燃料運輸系統是可以更具效率的，儘管並未擁有任何油井、儲油槽、甚至是載油卡車，她仍認爲只要證明Team Petroleum可以爲顧客帶來附加價值，那麼她的事業就能夠成功。爲了實現這樣的願景，克莉絲特替顧客向供應商購買燃料，並負責運送。然而單純只有運輸的

導言

如第1章所提及，計畫工作包括確定一個組織的目的或目標、建立能實現這些目標的全面性策略，以及發展出一個綜合功能階層來統一及協調作業。在此我們認爲「目的」(objectives)和「目標」(goals)兩詞可互換使用，兩者表達的都是組織、部門、工作小組或個人所希望取得的成果。

什麼是正式的計畫工作？

計畫工作是否要求目標、策略和計畫必須書面化？理論上是這樣要求的，但通常不這樣做。在正式的計畫工作中，特定目標應該化爲文字有系統地表述，並讓其他組織成員知道；此外，確切的行動方案應寫在正式計畫裡，並闡明達成每個目標

服務並不足以成爲「附加價值」，因此她提供了一項其他競爭者無法提供的特殊服務項目——將顧客的儲油槽與Team Petroleum的電腦系統連結，這個系統可以監控顧客的燃料使用狀況，並在需要補充時自動通知Team Petroleum。憑藉著她所建立的80家國內燃料供應商網絡，她的燃料運輸系統可以比顧客自己安排來得更有效率。除此之外，她還提供全年無休的服務。

從1992年到現在，克莉絲特．雪芙艾爾文已經創造出一個興盛的事業，現在她雇用並管理八名員工，Team Petroleum的年收入更接近4千萬美元。她的熱情、專注以及有效規劃並善用科技的能力，已然實現了她的夢想。現在她擁有更多的時間陪伴小孩、丈夫，並能盡情享受她的收入所帶來的優渥生活！

資料來源：Adapted from "TeamFuel Raises $5.5 Million to Challenge Fuel Procurement Supply Chain," http://www.teamfuel.com/corporate/index.html (January 23, 2001), p. 1; and "The Top 500 Women-Owned Businesses," *Working Woman* (June 1999), pp. 52–54.

的途徑。

許多主管經常會忙於進行非正式計畫，他們的想法在腦中成形但並未寫下來，也從不與人分享。這種情況大多發生在小型企業，其企業主通常都會在心裡盤算他想得到什麼以及怎樣得到。在這一章，當我們用「計畫」(planning)這個詞時，指的是正式的計畫活動，因爲多數情況下幫助企業提高生產力的都是正式計畫工作（參考「號外！計畫工作的負面影響」）。

生產力

在大多數關於組織行爲的討論中，焦點最終都會落在生產力的話題上。在本質上，生產力成了競爭的代名詞！生產力可以指生產一種產品，如電腦晶片；或者提供一種服務，如修理故障的電腦硬碟驅動器。然而，對於許多組織，特別是對那些

計畫工作的負面影響

號外！

正式的計畫工作從六〇年代開始變得很流行，在目前大多數的情況下仍然非常重要，因此，制訂一些指導方針是有意義的。畢竟，就像笑笑貓(Cheshire Cat)在「愛麗絲夢遊仙境」(Alice in Wonderland)中對愛麗絲說的一樣，你應該走的路「絕大部分取決於你想去的地方」。不過批評家們卻開始對一些跟計畫有關的基本假定提出質疑。下面讓我們來看一些反對正式計畫工作的主要爭議。

- **計畫工作可能會造成僵硬**。正式的計畫工作可以使一家企業在特定的時間表裡把自己鎖死在特定的目標中。當目標被設定後，人們也許會假設在向目標前進的那段時間裡，周圍環境是不會變化的。如果假設錯誤，執行計畫的主管就有麻煩了，若不能靈活應變，甚至放棄原計畫，堅持原目標既定方向的主管將難以應付環境的變化；而在環境不穩定時強迫執行計畫，可能會導致災難性的結局。
- **在動態環境中不能制訂計畫**。如上所述，當今大多數組織都必須面臨變化多端的動態環境，如果計畫的基本假設（假設環境不會變化）是錯誤的，那究竟要如何做計畫呢？我們已經闡述了當今商業環境的混亂，顯然是隨意而不可預測的。應付混亂，以及把災難化爲機會，需要具備靈活性，這或許就意味著不要被正式計畫綁住。
- **正式計畫不能取代直覺和創造力**。成功的組織通常都是某人高瞻遠矚的結果，但洞察力發展下去就會有格式化的傾向。正式的計畫工作通常都有一套固定的方式，包括對企業能力和機會進行徹底的調查和分析，這種做法會將創見抹煞爲常規行爲，爲企業招致災難。例如，蘋果電腦(Apple Computer)在七〇年代末和八〇年代的銷售量暴增，部分歸功於公司創始人之一史蒂文．喬布斯(Steven Jobs)的創造力和反組織的態度。但當公司繼續擴張時，喬布斯覺得公司需要更正式化的管理——這是他不擅長的部分，所以他請來了一位最終將自己逐出公司的總裁。隨著喬布斯的離去，公司更加正式化。喬布斯對此不以爲然，他認爲正式化阻礙了創造力。到了1996年，這間曾經是業界龍頭的公司就因爲完全喪失創造力，而只能爲生存掙扎。
- **計畫工作使主管把注意力放在今日的競爭，而不注重明日的生存**。正式的計畫工作強調成功，卻可能導致失敗。我們經常被教導成功孕育成功，這已是美國人的「傳統」——沒有破就不要修理。這樣對嗎？可能不對！實際上，在動蕩的環境下，成功可能孕育失敗。更換或者拋棄已經成功的計畫，就像離開舒適的環境去爲未知的事情煩惱一樣，是很困難的。然而，成功的計畫可能會製造安全的假像，誤導人們過度自信。主管通常不會刻意思考未知的因素，直到他們被環境變化逼到不得不那樣做，但到那時通常爲時已晚！

資料來源：H. Mintzberg, *The Rise and Fall of Strategic Planning* (New York: Free Press, 1994); K. Rebello and P. Burrows, 漸he Fall of an American Icon," *Business Week* (February 5, 1996), pp. 34–42; and D. Miller, "The Architecture of Simplicity," *Academy of Management Review* (January 1993), pp. 116–138.

提供服務的組織來說，要定義生產力是非常困難的。在某些情況下，生產力變得無法定義。在當今的組織中，主管必須能夠明確定義出生產力的構成要素。

什麼是生產力？

以最簡單的形式，**生產力**(productivity)可用下列公式表示：

$$生產力=\frac{產量}{人工+資金+原料}$$

每勞動小時每人的產出，是最常用的生產力衡量方式。在工廠裡進行「時間與動作」研究的工程師，關注的焦點是勞動生產力的成長。IBM公司設在德州奧斯汀的自動化廠房，就是用資金（也就是機器和設備）代替勞動力，從而增加生產力的一個例子。原料生產力關心的則是物料投入和供給有效使用率的增加，舉例來說，一個肉類產品包裝廠即可透過將以前被當成廢物的副產品進一步加工，來提高其原料生產力。

生產力可用於三種不同的層面──個人、小組和整個組織。文字處理軟體、傳眞機和電子郵件在日常工作中提高了行政助理的生產力，使工作更有效率。團隊工作方式的應用提高了許多公司工作小組的生產力，如啤酒加工之Coors Brewing公司和安泰人壽(Aetna life)。西南航空公司(Southwest Airlines)的生產力比其競爭對手，如美洲航空公司(American Airlines)或美國航空公司(US Airways)來得高，因爲其花在每個座位哩程數上的成本，比上述兩家公司低了30%～60%。

生產力 (productivity)
每勞動小時每人的產出，最佳計算公式為：生產力＝產量／（人工＋資金＋原料）。生產力衡量可用於個人、小組和整個組織。

爲什麼生產力對美國而言很重要？

近幾年來，美國的生產力都是由聯邦政府所統計，統計出來的結果是生產力停滯，有時甚至下跌。不到二十年前，美國的生產力在工業國家中還排得上第八位或第九位。這個結果確實反映出美國今日的發展狀況嗎？據調查顯示，美國的生產力正在上升，重新奪回了在工業國家中的領先位置，不過這些成長主要歸功於九○年代初期的組織縮編和流程再造。透過提高效率、嚴格要求品質和導入改善技術，美國的企業在減少員工人數的情況下仍然能夠保持甚至增加產量，也藉由提高產品品質和滿足顧客的要求來提高生產力。美國工業比其他工業國遙遙領先的領域，如圖表3-1所示。

這些被人重視的生產力究竟代表什?呢？從本質上說，增長的生產力使美國的經濟更強大，所有的經濟指標基本上都是針對美國工業在本土和全球的製造及銷售量而言的。因此，當一個像美國那樣的工業國家擁有強大的生產力基礎時，就可以創造就業機會，增強其在各工業國間的生產優勢，加深員工的安全感，並可支援研究和開發工作，以繼續謀求進一步提高生產力的方法。

組織計畫和層級

所有的主管人員，不論在組織中處於什麼層級，都應該做計畫。但因為其所處的層級差異，計畫的類型就會有所不同，方法也不太一樣。在下面的討論中，我們將從計畫的寬度和時間範圍兩方面，來探討不同類型的計畫。

圖表3-1 美國生產力排名第一的產業

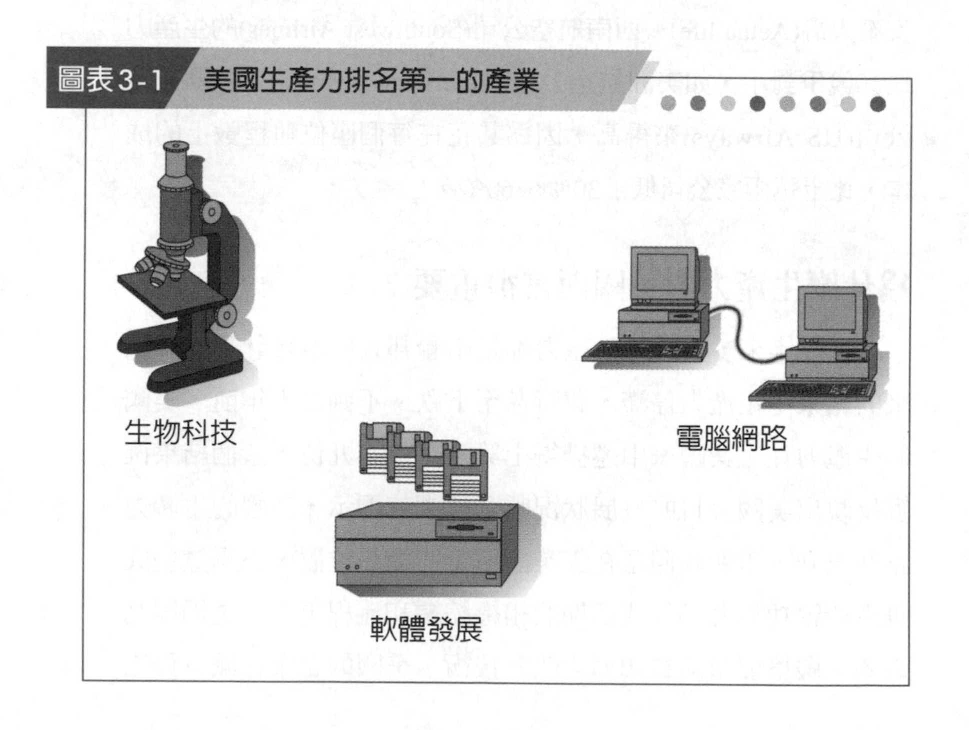

計畫的寬度爲何？

描述計畫工作最好的方法，是將其分爲策略性計畫和戰術性計畫兩部分。**策略性計畫**(strategic planning)涉及整個組織，包括建立整體目標以及確定組織的產品和服務在競爭中所處的位置（參考「問題思考：搜集競爭對手的情報」）。例如，沃爾瑪(Wal-Mart)的策略就是在鄉村地區建立大型的商場，提供種類繁多、價格最低的商品，進而吸引周邊小城鎮的顧客。

戰術性計畫(tactical planning)則涉及「怎樣達到目標」等具體細節。在阿肯色州的Fayetteville，沃爾瑪(Wal-Mart)的經理在做每季費用預算或每週員工工作時間表時，都要擬定戰術性計畫。

在大多數情況下，策略性計畫是由高階經理來做，而基層主管則多把時間用來制訂戰術性計畫。這兩種計畫對組織的成功來說都很重要，不同的是，策略性計畫關注的是大方向，戰術性計畫則強調大方向裡的細節。

策略性計畫
(strategic planning)
建立整體目標以及確定組織的產品和服務在競爭中所處位置的組織計畫。

戰術性計畫
(tactical planning)
確定怎樣達到目標等具體細節的組織計畫。

如何區分計畫工作的時間範圍？

計畫通常分爲三種時間範圍，即短期、中期和長期。**短期計畫**(short-term plan)不超過一年，**中期計畫**(intermediate-term plan)是一至五年，**長期計畫**(long-term plan)則超過五年。基層主管的計畫工作傾向於強調短期計畫，準備下個月、下週或明天的計畫。中層管理人員，如地區銷售經理，一般會將注意力集中在一至三年的中期計畫上。長期計畫則傾向於由高階主管制訂，如副總裁或以上的高階經理人員。

短期計畫
(short-term plan)
時間不超過1年的計畫。

中期計畫
(intermediate-term plan)
時間在1～5年的計畫。

長期計畫
(long-term plan)
時間超過5年的計畫。

計畫和管理層級有什麼關聯？

切記：有效的計畫工作在整個組織中是統一而協調的，這一點很重要。長期策略性計畫爲其他計畫確立了方向，一旦高階明確定義出組織的總體策略、目標和大略計畫內容，組織中

解決難題

收集競爭對手的情報

「知己知彼，百戰百勝」是商界的金科玉律，但獲取資料的行爲限度是什麼？在過去幾年當中，企業間相互競爭的情報搜集活動很明顯地增加了，然而有的時候，這些原本立意良善的活動卻逾越了法律的界線，變成商業間諜戰。舉例來說，若公司所購買的情報是透過駭客入侵其他公司的電腦系統所獲得的，那麼取得這些資訊將是違法的行爲。隨著新千禧年的開始，已有將近一千五百家美國公司曾是商業間諜活動的受害者，造成的損失超過三兆美元。

大部分的人的確了解法律的界線，因此這並不是討論的重點。反而是一些競爭情報活動儘管合乎法律，但卻違背道德規範時，才是引起爭議的焦點。讓我們思考以下的情境：

- 你取得一些已經被拿來遞狀控告競爭者的訴訟案件資料，縱使這些資訊是公開的，你還是可以利用其中一些驚人的發現，來對付你的競爭者。
- 你假裝成一位想報導某家公司故事的記者，打電話到該公司的辦公室，企圖讓對方透露關於其公司未來計畫的資訊，並利用這些資訊設計出一套比對手更具競爭力的策略。
- 你到其中一家競爭企業應徵工作，藉由面試的機會提出一些關於該企業的問題以及經營方向，然後將結果報告給主管。
- 你從競爭對手的垃圾桶中搜出了跟某項新產品發表有關的敏感文件，並利用這份資料比競爭者早一步推出更具競爭力的產品。
- 你是一家糖果工廠的主管，公司要你搜集競爭對手的情報，那麼你獲取資料的行爲限度是什麼？假如你知道獲得關鍵性的資料會得到25,000美元的獎金，你的立場會改變嗎？
- 你購買競爭公司的股票，以便獲得該公司所公佈的年度報表和相關資料，並利用這些資料建立你的行銷計畫。

以上有沒有任何一個事件是不道德的？你覺得是否應該建立道德準則，來因應獲得競爭對手寶貴情報的行爲？請解釋。

其他的管理層級將由上而下逐步開展計畫。

圖表3-2說明計畫從組織高階到基層的傳遞。總裁、副總裁和其他高級主管人員制訂組織的總體策略，然後由地位較高的中層主管，如地區銷售經理，規畫出較詳細的計畫，再逐層向下傳遞到第一線的主管。在理想的情況下，這些計畫是經過各部門的聯合參與而取得協調。以圖表3-2爲例，土桑市地區的主管應和其他地區的主管一起提供資訊和意見給亞利桑那州地區的經理，讓他爲整個地區制訂計畫。假如計畫能適切地相互聯繫，那麼所有地區主管目標的達成也將使亞利桑那州地區經理達成他的目標；假如各地區經理達成他們的目標，那麼區域銷售經理的目標也就能順利完成了。這種情況將在組織各層級間依次上傳。

圖表3-2　組織計畫和層級

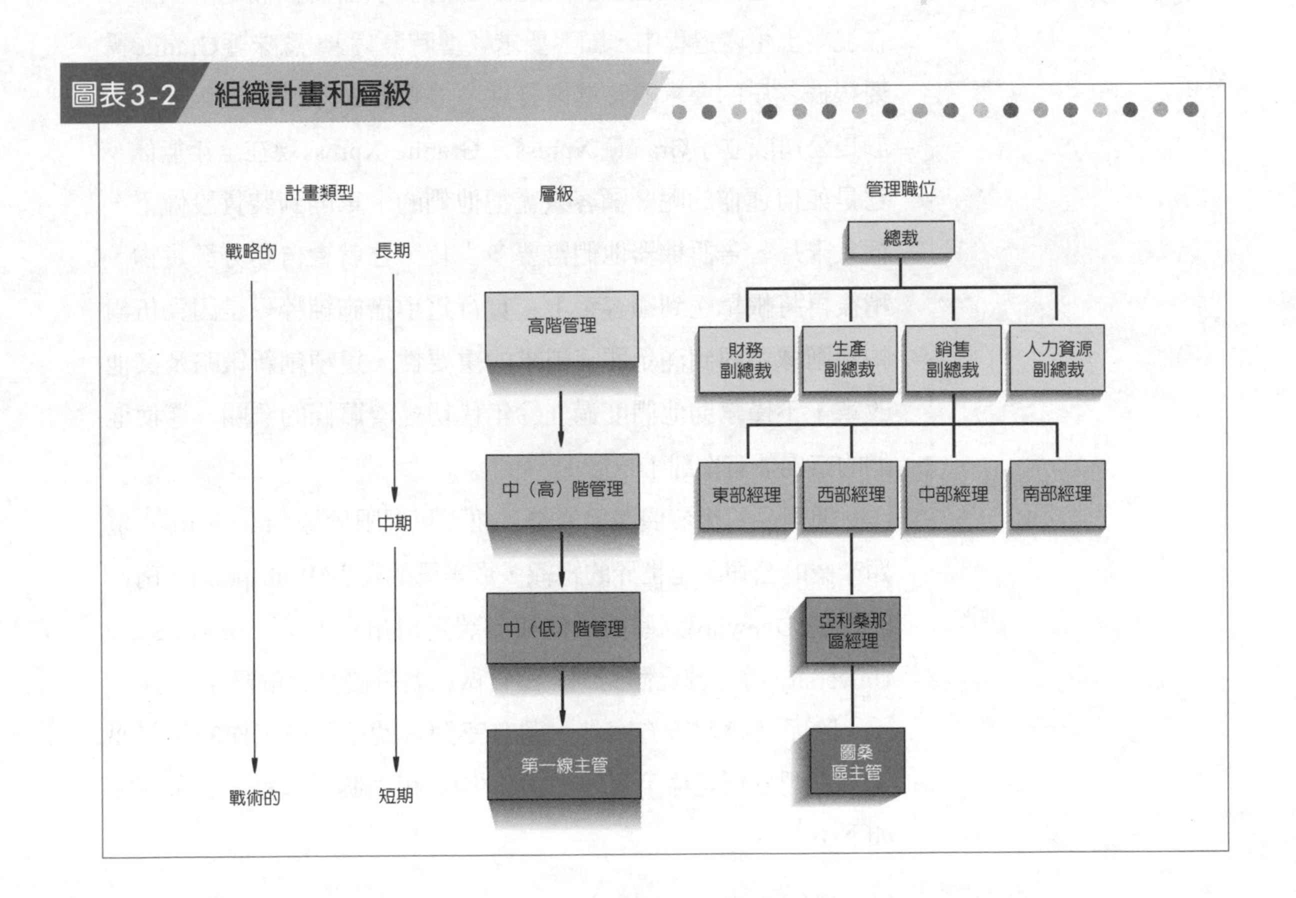

持續改善方案是否對計畫工作有幫助？

有越來越多的組織運用品質管理來建立其競爭優勢（註1）。正如我們在前章所討論的，如果組織能在品質方面滿足顧客的需求，就能在競爭中脫穎而出，吸引並擁有一批忠實的顧客（註2）。爲了說明持續改善方案可如何做爲策略性工具使用，讓我們來看看位於加州Watsonville的花崗岩石材(Granite Rock)公司，它曾獲美國一項頗具威望的品質獎。

Granite Rock公司是一家生產及銷售碎石塊、混凝土和瀝青的公司，看起來似乎沒有改變運作的迫切需要，但該公司由布魯斯和史蒂夫・伍爾帕特(Bruce and Steve Woolpert)所帶領的管理團隊卻不這麼認爲，他們知道他們必須不斷地去了解客戶眞正需要的品質爲何。而他們的發現令他們十分驚訝：他們了解到每一條產品生產線都有特定的顧客要求需要被滿足。例如，在混凝土生產過程中，顧客要求「準時發貨」，意味著Granite需要根據客戶的要求隨時準備發貨，這需要24小時全天候運作，於是公司成立了Granite Xpress。Granite Xpress現在全年無休，它是如何運作的呢？顧客只需把他們的卡車開到裝貨設備下，插入卡片，告訴機器他們需要多少貨，它就會自動分發貨物，稍後再將帳單送到顧客手上。實行這項措施純粹只是因爲伍爾帕特團隊體認到滿足顧客需求的重要性，這項創新策略及其他改革，不僅幫助他們度過九〇年代初經濟蕭條的難關，還使他們的市場佔有率翻了一倍！

運用品質來發展競爭優勢，並不只侷限於像Granite Rock這類產業的公司。全世界的組織，從美國的惠普(Whirlpool)、南韓的大宇(Daewoo)到學術機構如奧瑞崗州州立大學(Oregon State University)等，都已體認到以品質做爲競爭優勢的重要性。

除了持續改善方案外，還有三個有助於計畫工作的品質要素，它們分別是標竿管理、ISO 9000和六個標準差。簡單描述如下：

✿ 什麼是標竿管理？

標竿管理(benchmarking)意即在眾多競爭或非競爭對手中，找出表現最傑出的模範設為標竿（註3）。基本的概念是讓主管能夠透過分析、模仿各領域標竿企業的做法，達到改善品質的目的。

✿ 什麼是ISO 9000系列？

在八○年代，全球有越來越多的企業開始重視改善產品的品質，企業主知道要在國際間競爭，就必須向顧客提供產品與服務的品質保證，而且必須達到消費者所預期的程度。在這之前，買主只得接受個別商家「掛保證」承諾產品能符合他們的需要和標準，直到1987年，位在瑞士日內瓦的國際標準組織(International Organization for Standardization)制訂了**ISO 9000系列**(ISO 9000 series)，才改變品質保證的方式（註4）。ISO標準藉由「獨立稽核員測試一家公司的工廠、實驗室或辦公室的作業程序是否符合品質管理的要求」（註5），反映出一個中立的檢驗過程；一旦符合這些標準，就能向消費者保證該家公司使用特定的程序檢驗其銷售的產品，持續訓練員工以確保他們具有最新的技術、知識和能力，維持良好的作業狀態，並且在錯誤發生時立即校正。目前已有一些多國企業及跨國組織符合ISO所設立的標準，如德州石化(Texas Petrochemical)、英國航空(British Airways)、上海福克斯波羅公司(Shanghai-Foxboro Company, Ltd.)、Braas公司、貝茨醫藥公司(Betz Laboratories)、香港大型鐵路運輸(Hong Kong Mass Transit Railway Corporation)、英國化工貿易(BP Chemicals International Ltd.)、Cincinnati Milacron's Electronic Systems Division、博格華納(Borg-Warner Automotive)及台灣橡膠(Taiwan Synthetic Rubber Corporation)等。

一家獲得ISO認證的公司，可以對通過如此嚴格的國際品質標準、成為國際中的特選組織感到自豪。通過認證不只是一項競爭優勢，甚至是進入某些特定市場的許可證明。舉例來說，

✿ 標竿管理 (benchmarking)
在眾多競爭或非競爭對手中，找出表現最傑出的模範設為標竿。

✿ ISO 9000系列 (ISO 9000 series)
由國際標準組織所制訂的標準，藉由獨立稽核員測試一家公司的工廠、實驗室或辦公室的作業程序是否符合品質管理的要求，反映出一個中立的檢驗過程。

全球已有八十九個國家採用ISO認證標準，因此沒有通過ISO認證的企業要在這些國家經營，可能就無法和已經獲得認證的企業競爭。世界各國有許多消費者都希望看到認證，這已經成爲一項不容忽視的消費者需求。1997年，ISO 14000正式生效，企業如果通過此項認證，即證明該企業對生態環境會負起應有的責任。

如何達到六個標準差所表示的品質標準？

當你身在奇異電器(General Electric)、Middle River Aircraft或柯達伊士曼(Eastman Kodak)等公司時，可能會對辦公室裡一些綠色和黑色的腰帶感到好奇。應該不是空手道教學課程吧？其實這些綠色和黑色的腰帶，代表的是每位成員在六個標準差計畫中的訓練階段（註6）。

六個標準差(six sigma)是一種哲學態度，也是一種測量過程，最早是在八〇年代由摩托羅拉(Motorola)公司所發展出來的，背後隱含的意義是「設計、測量、分析及控制生產過程的

六個標準差 (six sigma) 是一種哲學態度，也是一種測量過程，其目標在製造產品的同時就設定好品質標準。

圖表3-3 六個標準差的12項步驟

- 挑選出對產品品質具有重大影響力的要素
- 定義績效標準
- 確認測量系統、方法及程序
- 建立目前流程的產能
- 訂出績效表現的上限和下限
- 找出導致變異的原因
- 篩選出可能導致變異的潛在原因，並針對這些少數重要變項進行控制
- 找出這些重要變項與變異程度之間的關係
- 建立每個重要變項在操作中能容許的誤差
- 確認測量系統具有製造可重複性資料的能力
- 決定控制重要變項的流程產能
- 針對這些重要變項進行統計數據方面的流程控制

資料來源：Cited in D. Harrold and F. J. Bartos, “Optimize Existing Processes to Achieve Six Sigma Capability,” reprinted with permission from *Control Engineering,* March 1998, p. 87, ©Reed Business Information. www.controleng.com

輸入端」（註7）；也就是說，與其在製造完成後再測量產品的品質，六個標準差傾向在製造產品的同時就設定好品質標準（見圖表3-3）。六個標準差就是使用統計模型，配合特定的品質工具及高精確度，再加上改善流程的「竅門」(know-how)而完成。實行六個標準差對確保品質究竟多有成效？讓我們用這個問題來回答：你認爲99.9%的正確率是否足夠呢？可能不一定。但再考慮以下的狀況（註8）：假設在99.9%的正確率之下，每天會有12個新生嬰兒被抱錯父母、每小時會有22,000筆支票從錯誤的帳戶中被轉出，芝加哥O'Hare國際機場每天也會有兩班飛機無法安全降落，這些絕對不是大家樂見的結果。因此，設計六個標準差的用意，就是將瑕疵品的比例降到百萬分之4以下。這是一個重大的進步，想想看十年前，三個標準差是大多數企業都認爲相當合理的目標，但是三個標準差的不良率卻高於百萬分之六萬六千。

關鍵計畫指引

一旦確立組織的策略及總體目標後，公司的管理階層就會制訂相關計畫來指導決策者。其中有些是經常性計畫，這類計畫一旦確立，當管理者遇到循環性活動時就會不斷被拿來重複運用；另外有些是單一性計畫，這類具體而微的計畫則是用來一次解決或偶爾處理一些不常發生的問題。接下來我們就來看看各種常見的計畫類型。

什麼是經常性計畫？

經常性計畫(standing plan)讓主管可以用預定的、一致的方式來處理相似的情況，從而節省時間。例如，當主管遇到一個出勤記錄愈來愈糟的員工時，如果預先已經建立了一套規章程序，處理這些問題就會更有效率及一致性。讓我們來看看三種主要的經常性計畫：政策、程序和規則。

經常性計畫
(standing plan)
主管運用預定的、一致的方式來處理相似的情況，從而節省時間。主要的經常性計畫有政策、程序和規則。

政策 (policies)
引導管理行為的基本準則。

政策

「我們從內部不斷改進」、「做任何能滿足顧客需求的事」、「支付更具競爭力的工資給我們的員工」，這三句話就是**政策**(policies)，也就是引導管理行爲的基本準則。政策一般都由高級管理階層建立，並限定其他管理者進行決策時的權限。

基層主管極少制訂政策，多半都負責解釋和運用這些政策，在政策設定的範圍內，基層主管必須依靠自己的判斷。舉例來說，「支付更具競爭力的工資給我們的員工」這個公司政策並沒有告訴主管該支付多少報酬給新進員工，然而，如果這項工作在該地區的時薪界於16.20～19.50美元之間，那麼公司政策就不會接受時薪界於14.75～26.00美元的起薪。

程序

假設採購主管收到一份來自工程部門的申請，需要五台協助設計的電腦工作機台，那麼這位主管就要檢查採購申請是否經過批准。如果沒有，她會把申請退回，並附上說明，解釋不足之處；如果申請的各項手續已完成，就可以大致估算費用。若總費用超過15,000美元，就需要三家廠商投標；若總費用少於15,000美元，則只要選擇一家下單就可以了。

程序 (procedure)
處理反覆出現的問題的標準方法；限制管理者遵守決策的規定。

上述用來處理反覆出現的問題的一系列步驟，即在舉例說明何謂**程序**(procedure)。如果有現成的程序，主管只需認清問題爲何，一旦確認，接下來就是按程序來處理問題。與政策不同的是，程序更爲具體；但相似的是，它們都表現出一致性。藉由確定應採取的行動及實施順序，程序爲解決重複出現的問題，提供了一條標準途徑。

主管遵循由高階管理人員所制訂的程序，同時自己也制訂程序讓他們的部屬執行。隨著情況的轉變和新問題的浮現，有些情況會不斷重複，主管需要建立一套標準程序來處理問題。例如，當某家雪佛蘭(Chevrolet)的地方代理商的服務部門開始接受信用卡付款後，這個部門的主管就必須建立一個進行交易的

當你看到這樣的一個標誌，它對你具有什麼樣的意義？它是一個建議？還是一般性的指引？兩者都不是答案。它是宣告什麼該做或什麼不該做。因此，我們稱這類的「標誌」為「規則」。

程序，然後認眞訓練服務人員和出納員處理這種交易。

規則

規則(rule)是一種明確的闡述，告訴員工什麼應該做、什麼不應該做。主管面對重複出現的問題時，經常運用規則來解決，因爲它便於執行，而且能確保一致性。在前述例子中，15,000美元的簡單規則，簡化了採購主管對於是否進行多方詢價的決策過程。同樣地，關於遲到和曠職的規則，也讓主管能更加迅速公正地處理問題。

規則 (rule)
告訴員工什麼應該做、什麼不應該做的明確闡述。

什麼是單一性計畫？

與經常性計畫相反，**單一性計畫**(single-use plan)是爲了某特定活動或時期而設定。這類計畫中最常見的有方案、預算和排程。

單一性計畫 (single-use plan)
為了某特定活動或時期而設定的計畫，常見者有方案、預算和排程等。

方案

傑克．奈許(Jake Naish)在星期一早上的會議上得知，他所任職的美洲航空公司將裁員1,000人。身爲達拉斯中心行李托運

方案 (program)
在組織的整體目標下，針對特定前提所進行的一套單一性計畫；可能由高階管理人員或基層主管制訂及監督。

部的主管，公司要求他提出重組計畫，讓部門在裁員20%的情況下能夠照常運作。傑克所要做的就是提出**方案**(program)，指的是在組織的整體目標下，針對特定前提所進行的一套單一性計畫，其中包括最可裁撤的人員名單、關於新設備的計畫、重新設計操作區域的計畫，以及建議可以考慮合併的工作選項清單。

每個主管都會提出方案，主要方案，例如建造新工廠或合併兩個公司並安置原公司領導班底的方案，一般都由高階管理人員制訂及監督。這些方案有可能延續數年，而且可能需要相對應的政策及程序給予支援，主管還必須勤於設計新的方案，以因應所在部門的需要。這方面的例子包括前述美洲航空公司的部門重組計畫、廣告帳目主管準備用來爭取一位新客戶的綜合廣告策略，或是Hallmark公司的地區銷售主管所發展出的教導其員工使用電腦存貨管理系統的培訓計畫。這些例子都有一個共通點：它們都是不會重複發生的事件，而且需要一系列的計畫來實現目標。

預算

預算 (budget)
以貨幣形式來表達某特定時期的期望成果的數字化計畫；既是計畫的準則，也是控制的工具。

預算(budget)是數字化的計畫，基本上是以貨幣形式來表達某特定時期的期望成果。例如，某部門今年可能撥了30,000美元做為員工的電腦職訓費。預算也可以不用金錢來衡量，例如員工工時、產能利用率或單位產量。此外，預算可以天、週、月、季、半年或年度來做為週期。

預算在這裡是計畫的一部分，但它仍是一種控制工具。在制訂預算的過程中要將計畫考慮在內，以確保方向正確。預算說明哪些是重要活動以及如何分配資源，而當預算被當作標準來衡量資源的消耗程度時，它就成了控制工具。

如果說有一種計畫是每位管理者或多或少都會接觸到的，那指的就是預算。主管原則上必須準備一份部門的開銷預算呈交上級審核（見圖表3-4），也可視需要對員工工時、收益預測或資本支出如機器或設備等進行預算，一旦獲得上級批准，這份

圖表3-4 部門支出預算

2003年度部門支出預算

項目	季度			
	第一季	第二季	第三季	第四季
固定薪資	$ 33,600	$ 33,600	$ 33,600	$ 33,600
變動薪資	3,000	5,000	3,000	10,000
績效獎金				12,000
辦公用具	800	800	800	800
影印費	1,000	1,000	1,000	1,000
電話費	2,500	2,500	2,500	2,500
郵寄費	800	800	800	800
差旅費	2,500	1,000	1,000	1,000
員工培訓費	600	600	600	600
每季總支出	$ 44,800	$ 45,300	$ 43,300	$ 62,300

預算就會成爲主管和該部門全體員工必須達到的明確標準。

排程

如果你觀察一組主管或部門經理數天，會發現他們會定期詳細安排有哪些工作要做、完成這些工作的順序、由誰做、什麼時候完成等，這些行爲就稱爲**排程**(scheduling)。

有兩種常見的排程技術能幫助你排出工作的優先順序並準時完成工作，即甘特圖和計畫評核術(PERT)網絡圖。**甘特圖**(Gantt chart)早在二十世紀初就由一位名叫亨利・甘特(Henry Gantt)的工程師所發明，原理非常簡單，但事實證明在實際排程工作上非常管用。甘特圖主要是由代表時間的橫軸及代表待排程活動的縱軸所構成的條狀圖，橫條代表一定時間內的產出，包括計畫中的產出和實際產出。甘特圖可明白顯示工作何時必須完成並與實際進度做對比，是一個簡單但非常重要的工具，可幫助管理者判定各種工作的輕重緩急及其進度。

圖表3-5以一個簡化的甘特圖描述一家出版公司的部門主管

排程 (scheduling)
安排具體活動的詳細計畫，說明工作完成的順序、由誰做、什麼時候完成等。

甘特圖 (Gantt chart)
以橫軸代表時間、縱軸代表待排程活動的條狀圖；明白顯示工作何時必須完成並能與實際進度做對比。

出版一本書所須的工作流程，圖的上方以月份來計算時間，主要工作列在圖的左側。計畫的制訂包括決定工作項目、各項工作的完成順序，以及每項工作的預定時程。框架內的時間表示排序，陰影則代表實際進度。該圖也可做爲主管衡量工作實際完成情況的控制工具。

只要排程活動的數量較少、關聯性也較小，甘特圖就會顯得比較有效。但若主管打算完成一項大型專案，如重組部門、實施節約成本運動或安裝新設備的主要零件時，甘特圖就不太適用。這類專案往往涉及數百個活動，其中有些必須同時完成，有些必須等其他活動完成後才能開始；就好比你要蓋一棟樓房，在鋪好地基之前顯然不能先砌牆，那麼該怎樣安排一個如此複雜的活動呢？這時就可以使用計畫評核術(Program Evaluation and Review Technique, PERT)網絡圖。

圖表3-5 甘特圖

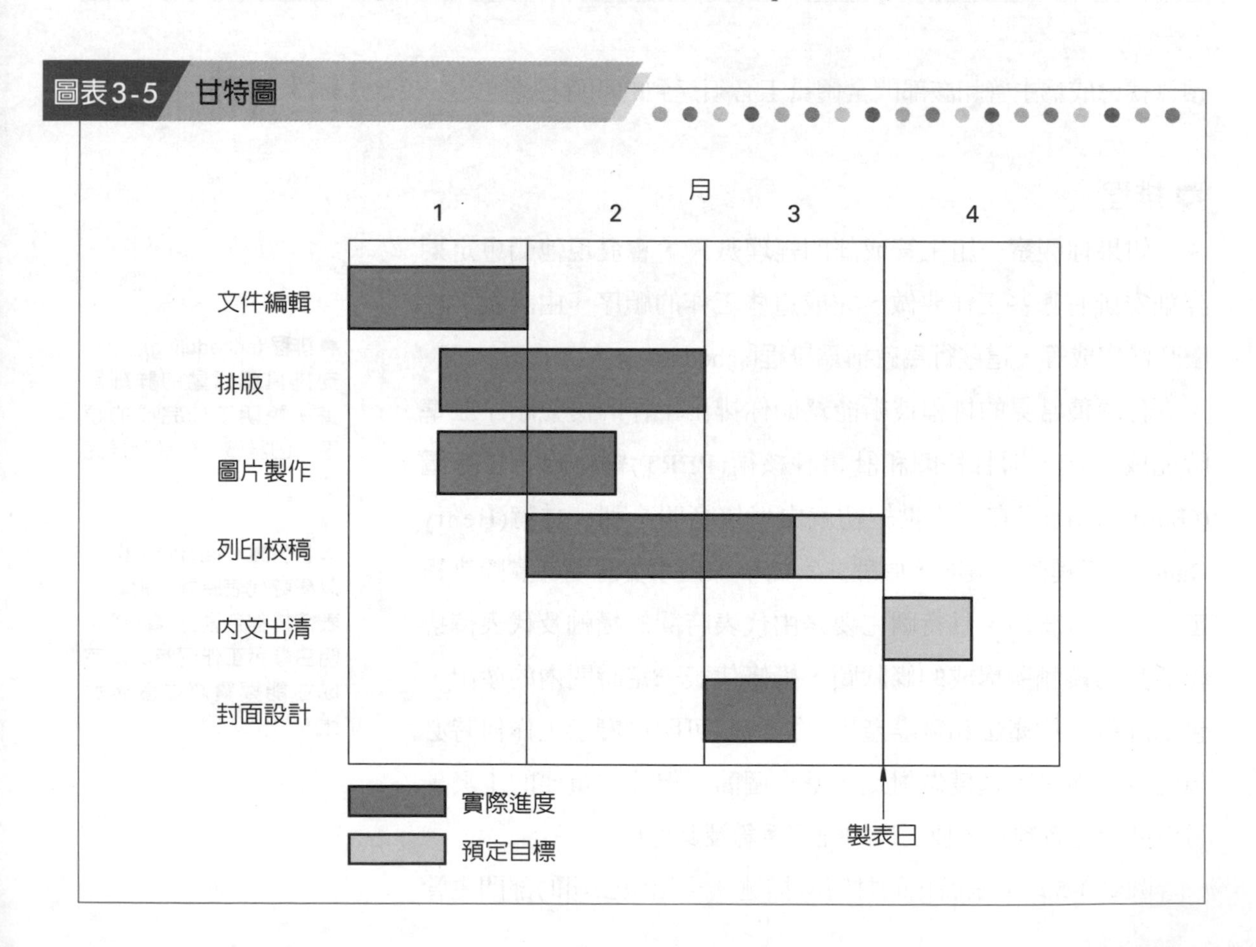

計畫評核術網絡圖(PERT chart)是描述完成一個專案所需要的各項活動的前後順序，並標明每項活動的時間或成本的一種圖形。計畫評核術網絡圖最初是在五〇年代末，開發北極星潛艇武器系統的過程中，為了協調三千多個承包商及研究機構而開發出來的。這個專案需要協調成千上萬種活動，複雜得令人難以想像。據說歸功於計畫評核術網絡圖，北極星專案才能提前兩年完成。

計畫評核術網絡圖在主管手中能成為非常有價值的工具，要運用計畫評核術網絡圖，主管必須清楚思考哪些活動必須先完成、哪些活動必須在其他活動完成後才能開始，並識別出潛在的困難。計畫評核術網絡圖使主管能輕易比較出各項工作在排程和費用上的影響，因此可以讓主管監督專案的進度，找出可能遭遇到的瓶頸，以便更合理地分配資源，使專案能按計畫進行下去。

要知道如何建立計畫評核術網絡圖，必須了解三個要素：事件、作業和要徑。下面我們先定義這些名詞，並概述建立計畫評核術網絡圖的步驟，再舉例具體說明。

事件(events)代表主要活動的完成點。**作業**(activities)代表從一個事件到另一個事件所需的時間或資源。**要徑**(critical path)則是計畫評核術網絡圖中花費時間最長或最耗時的事件和作業的序列。要建立一個計畫評核術網絡圖，必須要求主管能夠識別整個專案的關鍵作業、排列這些作業的順序，並估計每項作業的完成時間。這些工作可歸納為下列五項具體步驟：

步驟一：辨識出為了完成專案所必須達到的每個重要作業。每個作業的完成都是一連串事件或成果的開端。

步驟二：確定完成這些事件的順序。

步驟三：畫出從開始到結束的作業圖，分辨清楚每個作業與其他作業之間的關係。用圓圈表示事件、箭頭表示作業，畫出來的圖即稱為計畫評核術網絡圖。

步驟四：估計完成每項作業的時間。

計畫評核術網絡圖 (PERT chart)
描述完成一個專案所需要的各項活動的前後順序，並標明每項活動的時間或成本的一種圖形。

事件 (events)
代表主要活動的完成點。

作業 (activities)
從一個事件到另一個事件所需的時間或資源。

要徑 (critical path)
計畫評核術網絡圖中花費時間最長或最耗時的事件和作業的序列。

步驟五：最後，根據包含每項作業完成時間的計畫評核術網絡圖，訂定每項作業及整個專案的起迄日排程。要徑上有任何延誤情況發生都要特別注意，因爲它們會延誤到整個專案；也就是說，要徑沒有緩衝空間存在，因此要徑上的任何延誤都會立即拖延到整個專案的最後期限。

現在讓我們舉一個簡單的例子來看：假設你是北卡羅來納州Lowell Metal鋁工廠鑄造部門的生產主管，從公司總部接到指令，批准你用最先進的電子爐替換三個大熔爐中的一個。這個專案會嚴重影響你所在部門的運作，所以你想盡量快速且順利地完成這項工作。你謹慎分析整個專案的作業和事件，如圖表3-6所示，標出熔爐現代化專案中的主要事件，以及你預估完成每項作業所需的時間。圖表3-7的計畫評核術網絡圖即依照圖表3-6的資料繪製而成。你的計畫評核術網絡圖顯示，如果一切按計畫進行，整個專案的完成需耗時21週，這是依照圖上的要徑計算出來的：開始-A-C-D-G-H-J-K-結束，這條要徑上的任何延誤都會影響整個專案的完成。例如，如果六週而不是四週後才得到建設許可（作業B），是不影響最後期限的。爲什麼呢？因爲

圖表3-6 火爐現代化專案的相關數據

事件	說明	期望時間（週）	先前事件
A	批准設計	8	無
B	獲得建造許可	4	無
C	火爐及其裝置投標	6	A
D	訂購新火爐及其裝置	1	C
E	移走舊火爐	2	B
F	准備安裝	3	E
G	安裝新火爐	2	D、F
H	測試新火爐	1	G
I	培訓工人操作新火爐	2	G
J	公司和政府官員最後驗收	2	H
K	投入生產	1	I、J

圖表3-7　火爐現代化專案的PERT網絡圖

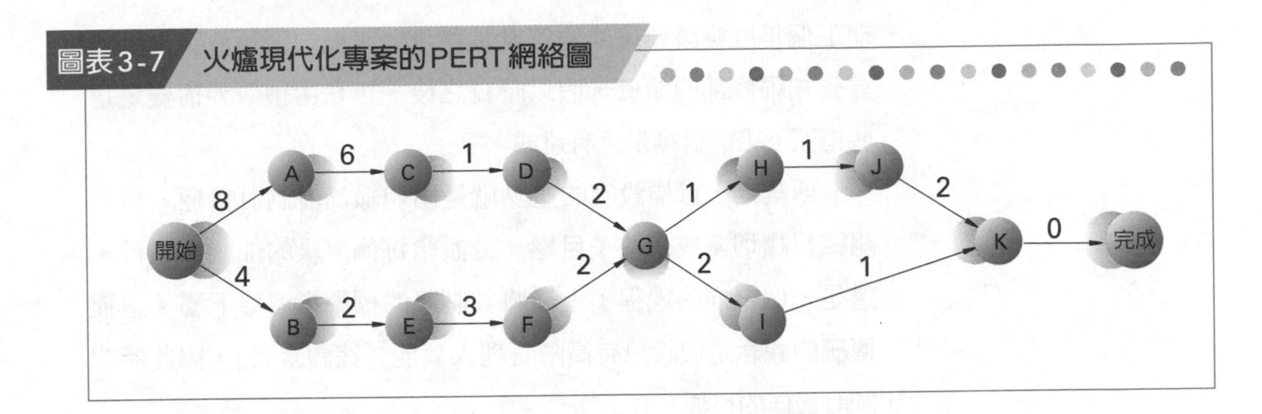

開始-B＋B-E＋E-F＋F-G只需11週，而開始-A＋A-C＋C-D＋D-G是17週；但是，如果你想縮短21週的時間，就必須想辦法加快要徑上的作業速度。

設定目標：目標管理經驗談

許多主管會幫助他的部屬設定工作目標，以期達到部門及組織的要求，其中一種方法就是**目標管理**(management by objectives, MBO)。在這個系統中，員工與其主管共同決定具體的工作目標，定期檢討進程，並根據進度來分配獎酬。MBO是以目標激勵員工，而不是控制員工。

目標管理 (management by objectives, MBO)
員工與其主管共同決定具體的工作目標，定期檢討進度，並根據進度來分配獎酬的一套系統。

MBO使目標透過在組織中不斷向下分解的過程來操作，組織的整體目標被各管理階層依次具體化（例如從分部到部門，再到個人）。由於基層主管也都共同參與、設定了屬於自己的目標，因此MBO不論是由下往上或由上往下施行都可以，結果使目標逐層傳遞、層層相關。這和過去組織成員的運作方式大異其趣。

傳統目標是如何設定？

組織目標的傳統角色，是高階管理者使用的一種控制手段。例如，一個製造公司的總裁通常會告訴他的生產副理，他期待下個年度的製造成本是多少；同樣地，他也會告知行銷副理下個年度應該要達成的年度銷售量。工廠的廠長會將部門預算告知維修部的領班，假以時日之後，再藉由績效評估檢定這些指派下來的目標是否有達成。

傳統上，目標設定的重點就是由組織高層制訂目標，再將組織目標切割成一些子目標，分派給每個層級的部門去執行。這是一個單向的過程：上級將其制訂的標準指派給下屬。這種傳統的觀念是假設只有高階管理人員能「綜觀全局」，因此能夠制訂最佳的目標。

除此之外，傳統目標設定常常不夠具體，難以執行。若高層使用一些空泛的字眼來訂定組織目標，例如達到「足夠的利潤」或「市場上的領導地位」等，在將目標傳達給部屬時，就必須以具體的指示取代模稜兩可的語句，以避免每個層級的管理者都依各自的詮釋和偏見，賦予組織目標不同的解讀，造成分歧的狀況。圖表3-8便說明了不明確或不一致的目標由上而下傳遞時逐漸失焦的情形。

圖表3-8 傳統目標設定可能發生的情況

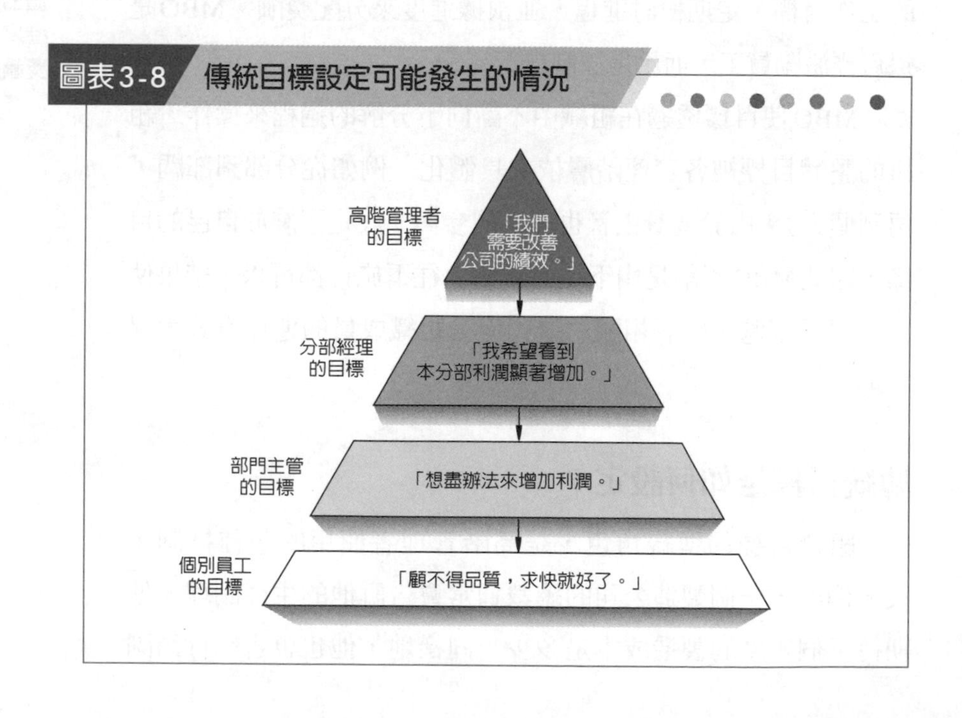

有效運用MBO的關鍵是什麼？

MBO方案通常有四個要素，即目標明確性、參與度、時間限制及績效回饋。我們來看看每個要素的說明。

✿目標明確性

MBO裡的目標應該清楚說明預期達到的成果。例如，降低成本、改善服務或提升品質等用語，用以設定目標是不恰當的，必須轉換成能被測量、被評估的具體目標。降低7%的部門成本、保證所有電話訂單都會在24小時之內處理以改善服務品質、提高品質使退貨率低於銷貨額的1%等，都是具體目標的例子。

✿參與度

MBO中的目標並不是由老闆單方面的設定，再指派員工去執行，這和傳統的目標設定不太一樣。MBO以共同決定的目標取代了強加於人的目標，不論是實現途徑和評估標準，都是由主管和員工共同商議的（參考本章末：「實務上的應用：設立目標」）。

✿時間限制

每個目標都必須在一定的時間內完成，例如三個月、半年或一年，所以每個人不但有具體的目標，也有完成目標的具體時間限制。

✿績效回饋

MBO方案的最後一項要素是績效回饋。MBO力求持續不斷地回報實現目標的進度，從理論上來講，不斷回饋目標完成的情況，可以讓個人監控並調整自己的行動。這類回饋還包括定期召開正式的評估會議，主管和員工可在會上共同回顧目標實現的進度，並提供更多的回饋。

爲什麼MBO可能對你有用？

有幾個理由可以說明爲什麼MBO，或是目標設定，可能對你有用，以及爲什麼它可以讓你成爲更有效率的主管。首先，它可以讓你和員工更清楚目標何在，員工知道他們做的哪些工作對你是重要的，還有他們的報酬將由哪些績效來決定。其次，目標設定可以增加員工的責任感、參與感和工作動力，他們會感到更有自主權，因爲他們可以自由選擇適當的方法來達成目標；也就是，對你來說，目標才是最重要的，至於員工如何達成目標，在此不是重點。此外，定期提供績效回饋並採取績效與報酬聯結的做法，可以增加員工的工作動力。最後，目標設定可以減少政治因素對績效評估及報酬分配的影響。一些主觀因素，如員工的努力及態度，或者你個人的偏見等，都可以因採用客觀衡量標準而得到克服。

計畫的特殊案例：具有企業家精神的管理者

這樣的故事你可能聽過很多次了：某人只憑一個點子和幾百塊錢，利用家裡的車庫工作，最後竟創立了幾億美元資產的國際企業。正式的計畫往往帶有「大企業」式的偏見，彷彿意味著拘泥形式恰好適用於規模龐大、擁有充足資源的組織，然而許多學生對於管理大企業並不感興趣。這樣的渴望，加上不斷變化的科技、經濟和社會條件，例如雙薪家庭等，造就現今新興企業越來越多的現象（註9）。諸如經營溫蒂連鎖速食店(Wendy's)的大衛・湯瑪士(Dave Thomas)、思而文學習系統(Sylvan Learning Systems)的道格拉斯・貝克(Douglas Becker)、亞馬遜網路書店(Amazon.com)的傑夫・貝索(Jeff Bezos)，或是開創宏碁電腦(Acer Computer International)的施振榮，這些人都對藉由一個點子開創屬於自己的事業感到很興奮，我們將這樣的行爲稱爲企業家精神。

什麼是企業家精神？

我們無法用三言兩語解釋**企業家精神**(entrepreneurship)的內涵（註10）。舉例來說，有些人認爲企業家精神意指開創任何新的事業；有些人則著重於意圖，認爲企業家企圖創造財富，這和把開公司當作另一種所得的持有形式明顯不同（也就是說爲自己工作，而不是替其他人工作）。大多數人在定義企業家精神時，會使用一些形容詞，如勇敢的、創新的、有前瞻性的、喜歡冒險的以及承擔風險的（註11），而且常會將企業家精神和小型企業聯想在一起。在此我們定義企業家精神的方式，是將它視爲一種過程，一種個人從掌握機會到透過創新來滿足需求和欲望的過程，無論他目前掌握了多少資源。

企業家精神
(entrepreneurship)
是指一個人或一群人在不受既有的資源限制下，透過有組織的努力及方法，尋求創造價值的機會，並藉由創新、差異化來滿足消費者需求與達到成長。

將管理一間小公司與企業家精神區分清楚是很重要的。爲什麼呢？因爲並不是所有小公司的管理者都是企業家，許多管理者並沒有創新的精神，而且絕大多數只是大型組織和公家機關中守舊的、循規蹈矩的官僚縮小版而已。對於那些具有企業家精神（擁有強烈的感情和創業精神），卻在大型組織內任職的人，我們稱內部創業者(intrapreneurs)，在組織當中，內部創業者並沒有權力去實踐他們想做的事，也不像企業家必須承擔那麼大的風險。不過，儘管不常具備獨立支配財務的能力，他們勇敢嘗試的精神和創意，往往還是在他們的職場生涯上，提供了很大的幫助。

企業家是否具有相似的人格特質？

在有關企業家精神的主題中，其中一個熱門的題目是：企業家們是否具有一些相同的心理特質。目前已經找出幾個相似的特性，包括工作勤奮、有自信、樂觀、果決、精力充沛，甚至好運等等。其中有三項因素最能清楚描述企業家的人格特質：第一，企業家都具有高度的成就動機；第二，他們深信命運是由自己所掌握；第三，只承擔適度的風險。這些研究可讓

營運計畫書 (business plan) 闡述企業家的願景、描述策略和執行方案的文件。

我們描繪出企業家的輪廓，他們傾向於獨立解決問題、設定目標，並靠自己的力量達成這些目標；他們會作全面性的計畫，陳述他們的理想和行動方案，也就是我們常說的**營運計畫書**(business plan)。所謂的營運計畫書，就是「闡述企業家的願景、描述策略和執行方案」的文件（註12)。企業家同樣也重視自主性，尤其不喜歡受到他人的干涉。他們面臨機會時並不畏懼，但並不表示他們是風險喜好者；也就是說，他們偏好預期內的風險，如此一來才能掌控最後的結果。

證明企業家具有相似的人格特質，讓我們獲得以下的結論：第一，具有類似個性的人，在一般的民營企業或是政府機構上班不太可能感到滿足，也不會是個生產力高的員工，因爲這些官僚組織內的規則、法條和控制手段，會使這些具有企業家特質的人感到挫折。第二，在創業時所面臨的挑戰和條件，往往與企業家性格相互契合，因爲創業就必須承擔風險並主導自己的命運，這正投其所好，但由於企業家們相信未來是操縱在自己的手中，因此他們所願意承擔的合理風險，在其他人眼中看來往往是較高的。最後，不同的文化脈絡也會對企業家的性格造成影響，例如前東德的文化環境即呈現出階級權力殊異和高度規避不確定感（請參考第2章中關於格瑞特·霍弗斯蒂德的討論)，因此在這個環境下所孕育的企業家，往往缺乏洞燭先機和冒險的特質。

企業家和傳統主管之間有什麼不同？

圖表3-9總結出企業家和傳統主管之間最主要的幾個差異。傳統主管傾向保守，而企業家往往會主動尋找機會，而且常在找機會的同時，將個人的財務安全投注在風險之上；大型組織的層級則通常會引導傳統主管們避免拿金錢做賭注，並在他們降低風險和規避錯誤的作爲上給予獎勵。

圖表3-9　企業家和傳統主管之間最主要的差異

	傳統主管	企業家／內部創業者
主要動機	晉升或其他傳統的獎勵方式，例如辦公室、員工和權力	自主性、創造機會、增加財富
時間導向	達成短期目標	讓企業達到五到十年的持續成長
作業方式	授權和監督	親自參與
風險偏好	低	適中
對失敗和錯誤的看法	避免錯誤發生	接受

資料來源：Adapted from *Intrapreneuring* by G. Pinchot, 1985, New York: Harper & Row.

總複習

本章小結

閱讀本章後，你能夠：

1. **定義「生產力」**。以最簡單的形式，生產力可用下列公式表示：產量÷（人工＋資金＋原料）。生產力亦可用於三種不同的層面──個人、工作小組和整個組織。
2. **描述組織從高階到基層之間，怎樣進行計畫方面的溝通**。長期的策略性計畫一般都是由高階經理制訂，再由組織中其他的管理層級由上而下逐步開展計畫。每個層級的計畫都應該有助於完成上一層級的目標，並爲下一層級訂立方向。
3. **確認「標竿管理」、「ISO 9000」及「六個標準差」等三個專有名詞的涵義**。標竿管理指的是在眾多競爭或非競爭對手中，找出表現最傑出的模範設爲標竿。ISO 9000系列是由國際標準組織所制訂的標準，藉由獨立稽核員測試一家公司的工廠、實驗室或辦公室的作業程序是否符合品質管理的要求，反映出一個中立的檢驗過程。六個標準差是一種哲學態度也是一套測量過程，傾向在製造產品的同時即設定其品質。
4. **比較「政策」和「規則」的異同點**。政策和規則都屬於經常性計畫。政策是爲主管保留自行斟酌空間的概括性宣言；相對地，規則是告知主管什麼該做、什麼不該做的明確規範，不允許主管自行判斷。
5. **描述甘特圖**。甘特圖是一種簡單的排程工具，是以橫軸代表時間、縱軸代表待排程活動的條狀圖。它顯示已計畫及實際完成的作業情況，使主管能輕易識別工作或專案進度。
6. **說明繪製計畫評核術網絡圖所需要的資訊**。要建立一個計畫評核術網絡圖，你必須能夠識別完成專案所需的所有關鍵作業、排列這些作業的順序，並估計每項作業的完成時間。
7. **描述目標管理(MBO)方案的四個要素**。MBO是員工與其主管共同決定具體的工作目標，定期檢討進度，並根據進度來分配獎酬的一套系統。MBO方案通常有四個要素， 即目標明確性、參與度、時間限制及績效回饋。
8. **定義「企業家精神」，並說明它如何影響主管的管理風格**。企業家精神是一種創業、整合必要資源、承擔風險並享受最終成果的過程。企業家透過先尋覓機會，再依努力使美夢成眞的步驟，安排計畫；而傳統主管則往往先考量自己能運用的資源有多少，再據此決定他們能採取的行動。

問題討論

1. 爲什麼生產力對組織及其成員如此重要？
2. 比較高階管理者和基層主管的計畫工作。
3. 什麼情況適用短期計畫？什麼情況適用特定計畫？
4. 爲什麼公司會選擇相同產業中的其他機構做爲標竿？
5. 你認爲獲得如六個標準差或ISO 9000的認證，是否眞能爲組織帶來競爭力？請說明你的立場。
6. 請解釋預算爲何同時可做爲計畫及控制工具。
7. 你會如何運用甘特圖來爲大學課程的小組學期報告排程？
8. 計畫評核術分析中的要徑，指的是什麼？
9. 爲什麼MBO在組織中如此盛行？
10. 一家小公司的傳統主管和一位具有企業家精神的主管有何不同？和內部創業者又有什麼差異？

實務上的應用

設立目標

我們想將一些基本MBO概念轉化爲一些具體的目標設立技巧，以便你可以應用於實際工作中。有效的設定目標技巧可以歸納爲八個具體的步驟，當你依照下面八個步驟去做，便能掌握這種技巧。

實務作法

步驟一：識別員工的核心工作

設立目標要從確定你想要員工完成什麼工作開始。如果可以的話，這方面資訊的最佳來源就是每位員工最新的工作內容，詳細描述了員工被賦予什麼樣的工作期望、如何做到、應取得何種成果等。

步驟二：給每項任務設立明確且富於挑戰性的目標

這點不言自明。不過要補充的是，有可能的話應該將這些目標在小組或告示上公開，讓其他員工知曉，藉此提高員工的使命感。

步驟三：為每個目標設定最後期限

如前所述，目標應該包括完成時間的限制。

步驟四：允許員工積極參與

對員工而言，一個可以積極參與的目標，比一個強加到他們頭上的目標更容易接受及投入。

步驟五：目標排序

當員工同時接受多項目標時，依目標的重要性排序是非常重要的，目的在於鼓勵員工按照每個目標的重要性分配時間和精力。

步驟六：評估每個目標的難度和重要性

設立目標時不應該鼓勵員工為了保證成功而挑選簡單的目標，因此應估算難度並考量員工是否選擇了正確的目標。若結合這些因素綜合考慮目標的實際完成情況，你會對整體目標有更全面的評估。這項程序也是為了嘉獎那些有心挑戰困難目標的員工，即使他們不能完全達成目標也沒關係。

步驟七：建立一套回饋機制來評估目標進度

理論上來講，目標進行中的回饋機制應該由內部自行產生，而不是由外部提供。如果員工能夠監控自己的進度，那麼回饋就會減少一點威脅性，也比較不會讓員工感覺這是管理控制系統的一部分。

步驟八：根據目標達成狀況給予報酬

根據目標達成狀況給予金錢、升遷、表揚、休假或其他類似的報酬，都是強化員工使命感、努力達成目標的有力措施。員工在實現目標的過程中若遇到困難往往會自問：「這對我有什麼好處？」把目標的實現與報酬串聯在一起，可以解答員工這方面的疑問。

有效溝通

1.「無法訂定正式計畫的主管容易失敗」，請問你同不同意這樣的論點？請解釋你的立場。
2.以二至三頁的報告回答下列問題：假設你是個員工，你認為在哪些情況下，目標設定（如MBO）對你最有效？假設你是個主管又會是怎樣的光景？

個案

個案1：Kinko公司的計畫

莉莎．蒙哥瑪利(Lisa Montgomery)在Kinko公司工作五年了，手下有五名全職員工和二十名每週工作2～15個小時的兼職員工。Kinko公司正打算在一年中生意最平淡的七、八月份推出能吸引更多顧客上門的促銷活動，將提供半價的複印服務、八折的彩印服務及名片印製，以及九折的特殊材質或紙板印刷。爲了提高電腦繪圖及桌面程式的使用率，顧客若購買30分鐘的桌上型電腦使用時間，均額外再贈送30分鐘免費使用。

七、八月的促銷活動重點也會集中在彩色影印機的創新用法，以及爲顧客量身訂做的電腦桌面程式。莉莎計畫讓員工展示一小段有創意的彩色程式和軟體的使用方法，她認爲每隔15分鐘進行一次7分鐘的展示，會是吸引顧客入店參觀最好的辦法。根據這個計畫，莉莎在這四天促銷期的每個小時都可以展示三種不同的彩色程式，每兩個小時還會有八種不同軟體的使用示範。另外還有兩台觸摸式電腦會播放5分鐘關於Kinko公司一般產品的影片，她打算把它們設置在策略性的顯眼位置，讓顧客隨時都能使用。

莉莎手下的七名兼職人員分別接受多種應用程式的示範訓練，但他們的班表卻不同。其中有五個人每週工作15個小時，而另外二位每週只工作10個小時。店裡最忙的時間是上午11:00到中午1:00、下午4:00到傍晚6:00，以及晚上7:30到8:30。莉莎認爲在這些尖峰時間，至少要有三個人來進行展示工作。

排出員工展示時間表本身就是一大挑戰。莉莎知道工作安排要有彈性，因爲每位員工的工作時間不同；但她也知道，要求同一個人展示八種不同軟體中的三、四種是不明智的。此外，她還得安排看店的員工。

案例討論

1. 列出並簡要說明莉莎在準備促銷工作時必須考慮的計畫要素。
2. 在莉莎的促銷計畫排程中：
   a. 決定在尖峰時間進行展示所需的員工數量。
   b. 確定每位員工的時間表以及每次展示的內容。
   c. 如果你發現在促銷活動中有其他更重要的工作，請修改問題1的答案。
3. 知道了可動用的員工及排程計畫後，你認爲莉莎有哪些其他的選擇可以考慮？
4. 在莉莎的促銷計畫中，還有哪些要素也很重要？是否忽略了一些要素沒考慮到？若有，是哪些要素？

個案2：美國郵政管理局的MBO方案

對雷金納・馬丁(Reginald Martin)來說，在華盛頓首府的美國郵政管理局工作是一段全新的經驗。雷金納三年前開始在美國郵政管理局工作，從馬里蘭州的Glyndon地方辦公室做起，從賣郵票、在櫃檯處理郵務，到在後勤郵務室分發郵件及包裹，各式各樣想像得到的工作他都做過。他幾乎認識Glyndon所有的郵局員工，包括郵差們他也都熟！

在華盛頓首府，他發現他的工作更為專業化，但他有職業流動的機會，甚至有可能成為主管。他的上級克莉絲・麥卡弗蒂(Chris McCafferty)給了他很多支援，她告訴他學著瞭解自己有多麼重要：自己喜歡做什麼樣的工作、如何完成工作，以及為何他認同某些價值觀等。克莉絲看起來是真誠地想幫助她的員工獲得專業的成長和發展，並打算對她的小組實施目標管理方案。事實上，下星期雷金納和克莉絲將一起討論他明年的個人及職業發展計畫。

雷金納並不確定會議中將有什麼成果或結論，但他對於即將設定出一些能幫助他在職業上更加進步的目標，感到非常興奮。因此，他開始考慮自己究竟想得到什麼，以及他的直屬主管該如何幫助他實現這些目標。

案例討論

1. 請列出麥卡弗蒂小姐為了確保MBO進展順利，必須追蹤雷金納的具體步驟。
2. 作為好的主管，克莉絲應該在會議前給雷金納哪些建議？
3. 你認為在會中和會後，雷金納將可望會有什麼進展？
4. 以三人為一組，分角色扮演這個會議，一人扮演麥卡弗蒂小姐，一人扮演雷金納，另外一人做會議記錄員；再依觀察員、雷金納及克莉絲的順序，先後分享結果。從這個練習中，你得出那些與MBO方案相關的結論？

建立效率化的組織

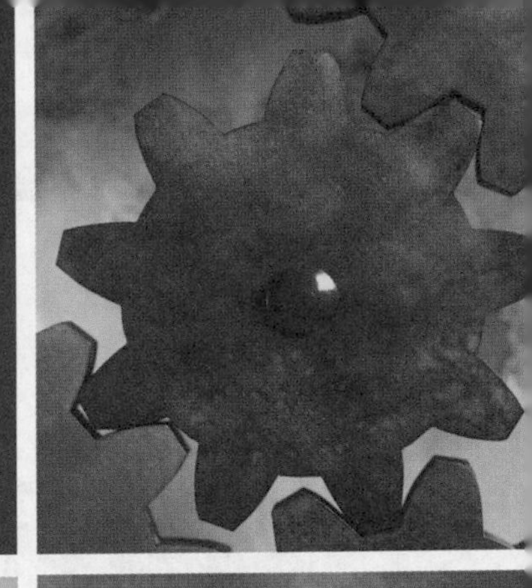

學習目標

讀完本章之後，你應該能夠：

1. 定義組織的含義。
2. 說明為何專業分工能提升經濟效益。
3. 解釋控制幅度如何影響組織結構。
4. 對照直線與幕僚職權的差異。
5. 解釋為何組織愈來愈趨向分權化。
6. 說明為什麼扁平化的組織架構能使組織獲益。
7. 解釋學習型組織的概念，並且說明它是如何影響組織架構的設計和主管的工作。
8. 評述工作說明書的價值。
9. 確認授權程序的四個步驟。

關鍵詞彙

讀完本章之後，你應該能夠解釋下列專業名詞和術語：

- **職權**
- **無疆界組織**
- **集權**
- **指揮鏈**
- **客戶別部門劃分**
- **分權化**
- **授權**
- **部門化**
- **賦權**
- **功能別職權**
- **功能別部門劃分**
- **地理區域別部門劃分**
- **工作說明書**
- **學習型組織**
- **直線職權**
- **矩陣式**
- **程序別部門劃分**
- **產品別部門劃分**
- **職責**
- **簡單式結構**
- **控制幅度**
- **幕僚職權**
- **團隊結構**
- **專業分工**

有效能的績效表現

位於美國康乃狄克州蘇菲德市(Suffield)的眞鮮(Trufresh LLC)，是一家擁有獨特的商品和特殊的企業結構，以生產與運送爲主的公司。眞鮮公司養殖、銷售「新鮮冷凍」的大西洋鮭魚，因爲採用日本引進的專利冷凍技術，使得它賣出的鮭魚就像剛捕獲的一樣新鮮。有個例子可應證這一點，當眞鮮公司將鮭魚送到美國餐飲學院檢驗新鮮度時，專家們根本無法區別哪些是冷凍過的，而哪些又是剛捕獲的。眞鮮的鮭魚養殖場位於緬因州，鮭魚自魚塭撈起的幾個小時內，會先經過剔骨、去鱗、清洗的手續，接著，密封在塑膠盒中，然後，再投入華氏零下40度的低溫鹽水專利儲存槽。眞鮮將魚冷凍的速度之快，使得它的鮭魚水分不會流失，有別於傳統方式處理的冷凍魚。因此，眞鮮公司的鮭魚成爲高級餐廳的桌上佳餚和員工餐廳的一道料理。

爲了經營這家公司，眞鮮公司的股東選擇一種特別的組織結構，有點像是「無結構」的結構。它沒有企業總部，只有一些銷售人員和少數分散在五個州的區經理。公司主要的股東是幾位不

導言

在1920至30年代間，隨著組織規模日增和正式化(formalization)，主管感到有必要提供更多的協調活動和對營運實行更緊密的控制。早期的商業研究人員宣稱，正式化的官僚體制是最適合公司發展，因此，官僚體制的組織蓬勃發展。然而，到了1980年代，世界發生了劇烈的變化。全球化市場出現、技術快速革新、勞動力多元化，以及社會經濟環境的變化，使得這些制式化的官僚體制在所處的商業環境缺乏效率。於是，從1980年代末期開始，許多組織進行組織重組，更趨於顧客和市場導向，並且提高生產力。

今天，對一個組織來說，擁有合適的結構是至關緊要。雖然，設立組織結構基本是由高層管理負責，但是讓所有的員工理解組織如何運作也是非常重要的。爲什麼呢？因爲你若知道

動產經理人，在位於紐約的不動產公司監管著企業的財務狀況；而在緬因州的生產過程則是由一位退休的油輪船長負責，這個租用場地過去曾經是沙丁魚罐頭工廠；銷售主管在匹茲堡的家中管理五個特約的業務人員；唯一的辦公室是在蘇菲德市，辦公室裡有幾張二手的桌子、一台電腦、傳真機、電話和檔案櫃。此外，眞鮮的組織裡還有一間位於麻州的租賃倉庫，還有委外給一家小型卡車公司的配銷網絡。

眞鮮的「虛擬式組織」，使得它無須分散資源，而聚焦在科技和銷售，並在降低成本的同時，還能達到高度彈性。在今日不斷變化的商業世界，許多的主管老在談要將公司的非核心業務外包，而像眞鮮這樣的公司，就是實際的執行者。

資料來源：Based on "Trufresh Wins American Tasting Award for Their Protein Perfect Salmon Servings and Farm Raised Atlantic Salmon Portions," http://www.trufresh.com, January 2000; and G. Sandler, "Trufresh: A Company That's Truly Virtual," *Business Week Enterprise* (April 28, 1997), pp. ENT 8–9.

爲何被「安排」到現職，對工作就會更加瞭解。比方說，你能有效地管理多少人？什麼時候擁有決策的權力，而何時只能提供建議？什麼工作能委託其他人去完成？你將要管理生產特殊產品的員工嗎？你所屬部門的服務對象是個別客戶或地理區域，還是兩者兼有？諸如此類的問題，你都將在本章中找到答案。我們將會討論發展一個組織結構所投入的傳統要素、組織員工的不同方式，以及組織結構如何與時俱進。

何謂組織？

組織(organizing)是對工作進行安排與分組、分配資源，以及在部門裡分派工作，以便工作能按照計劃完成。正如前面所提到的，組織的整體結構基本上是由組織內的高層管理建立的。比方說，他們會決定組織由上至下一共分成多少個層級，以及在正式的章程中規範基層經理的工作權限。在美國，大型公司裡從上到下擁有五至六個管理層級、上百個部門，以及大量的手冊（如採購、人力資源、會計、工程、維修和銷售）對部門之間的工作程序、規章制度和政策加以定義，是非常普遍的情況。一旦整體組織結構成形，主管就需要對各自的部門進行管理。在本章，我們會告訴你如何做到這些。

注意，我們在這裡討論的主要是對工作和群體工作的制式化安排，是符合管理定義的。另外，個體和群體之間還會發展出沒有正式結構又非組織決定的非正式聯繫。幾乎所有組織中的成員爲了滿足對社交的需要，都會形成這樣的非正式聯繫。

基本的組織概念

每個組織——無論大小，營利性的或是非營利性的——都有一個結構。有些組織，例如豐田、IBM等，較爲制式化，其他像是許多高風險性的創投公司(entrepreneurial venture)，相對來說，就比較不正式，而且還非常簡單。究竟我們置身其中工作的這個「物體」是由什麼所構成的呢？讓我們來研究一下所謂的組織結構。

早期的管理學者開發出許多基本的組織法則，這些法則至今還爲主管提供非常有價值的指導，包括專業分工(work specialization)、控制幅度(span of control)、指揮鏈(chain of command)、權威與職責(authority and responsibility)、地方分權化與中央集權化(centralization vs. decentralization)，以及部門劃分(departmentalization)。

什麼是專業分工？

專業分工
(work specialization)
將工作細分成一系列步驟，並由不同的人負責不同的步驟，而不是由同一個人來完成整項工作。

專業分工(work specialization)是指將工作細分成一系列步驟，並由不同的人負責不同的步驟，而不是由同一個人來完成整項工作。事實上，專業分工就是個體被明確指派，去完成整項工作中的一個步驟而非整個過程。在產品組裝生產線上，每位作業人員重複地做著相同的標準化作業，這就是專業分工的一個例子。

一直到最近，組織設計人員都還認爲，專業分工能增加經濟效率這一個結論是無庸置疑的。在許多組織裡，有些工作對技能的要求很高，有些則可由未經培訓的人完成。如果所有的員工都參與製造過程中的每一個程序，那麼所有人都要具備必要的技能，去完成技能要求最高和最低的工作。結果是除了在進行高技能要求或者高度複雜的工作之外，員工將會從事低於他們技能水平的工作。由於高技能員工的工資要高於低技能員工的工資，以反映出他們較高的技能水平，因此，讓有高技能的員工去完成簡單的工作，會造成資源的浪費。

然而，時至今日，主管已體認到專業分工雖然能提高經濟效率，但並不能無限量地提高生產力。這裡有一些由專業分工導致的問題，如厭倦的情緒、疲勞、壓力、低生產力、劣質、不斷增加的曠職率和高流動率。當代主管在設計工作時，依然使用專業分工的概念，同時，也注意到在愈來愈多的情形中，讓員工從事不同工作，允許他們去完成一項完整的工作，以及將他們組成團隊，可以提高生產力、產品品質和員工士氣。

什麼是控制幅度？

一名主管指揮一、兩名員工並不是一件有效率的事；相反的，如果他或她試圖直接指揮幾百名員工，很顯然的即使是最好的主管也不堪負荷。因此，這就帶來了**控制幅度**(span of control)的問題：主管能有效率且有效能地管理多少名員工呢？

控制幅度
(span of control)
主管能有效率且有效能管理的員工人數。

遺憾的是，這個問題不存在普遍適用的答案。對大部分的主管來說，最佳的人數可能在5至30個人之間。在這個範圍內，確切的幅度應該取決於一系列的因素。主管的經驗與能力如何？主管的能力愈強，所能管理的人員數目就愈多。員工所受培訓及他們的工作經驗如何？他們的能力愈強，對主管提出的要求就愈少，如此一來，主管就能直接監督更多的員工。員工工作任務的複雜程度如何？工作愈複雜，管理的幅度就愈窄。主管直接管理多少種類型的工作？工作的種類愈多，管理的幅度就愈窄。部門正式的規章制度規範的權限有多大？當員工能夠通過組織手冊找到解決問題的方法，而不必去尋求上司的幫助時，主管就能夠指揮更多的人。

近來，有一種重要的趨勢在組織裡發生，即各種組織幾乎不約而同地擴大管理幅度，見圖表4-1，原因是這樣能讓組織降低成本。例如，成倍擴大管理的幅度，所需的主管就能減少一半。記住，這是組織縮編(downsizing)的一個基本前提。當然，這時組織面臨的問題是，如果工作安排和員工技能水平沒有相對應的改進和提高，就不能有效地增加管理幅度。爲了使得較廣的管理幅度能夠運作起來，組織可能需要在主管和員工培訓上花費更多的心力。他們也可以來重新設計團隊的工作，使員工在解決問題時能互相幫助。舉例來說，鈦星公司以團隊形式運作，該公司員工每年花費至少5%的工作時間進行培訓，以促進團隊問題的解決。

圖表4-1 控制幅度的比較

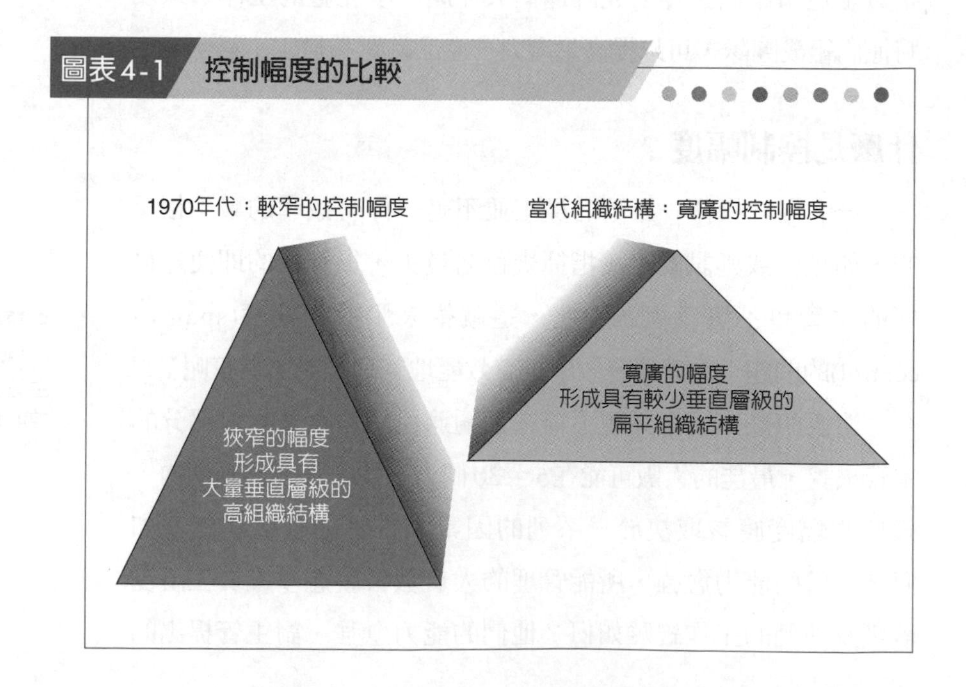

另外一些與控制幅度有關的重要趨勢也在組織裡發生了，就是不斷增長的遠距電訊工作（見「問題思考：回到過去」）。遠距電訊工作允許員工通過連接到他們辦公室的電腦在家工作。近年來，超過600萬人——在美洲銀行、太平洋貝爾和J.C.彭尼等公司——進行遠距工作。遠距工作的最大好處，就是它爲員工提供了更大的靈活性。它使人們從來回往返和固定的工作時間中解放出來，而且增加了承擔家庭責任的機會。對主管來說，遠距工作意味著他們要管理那些很少見面的員工。在遠距工作被應用的地方，主管通常都有相當廣的控制幅度。這是因爲遠距工作者多爲擁有高技能的專家和職員，如電腦程式員、營銷專家、財務分析員和行政支援人員，也就是那些通常很少需要得到他們上司援助的員工。而且，主管的電腦與員工的電腦是連線的，主管常常能與遠距工作者進行溝通，就像和那些在辦公室裡工作的員工一樣，甚至更爲方便。

什麼是指揮鏈？

指揮鏈(chain of command)原則表明，一名員工應該對一名且只對這名主管直接負責。員工不應該對兩個或更多的上司報告工作，否則他可能在同一時間需要處理來自幾位主管的互相衝突的命令或優先順序。這種情況如果發生，可能置員工於全輸局面，無論做什麼，都極可能得罪某人，而動輒得咎。

指揮鏈
(chain of command)
一名員工應該對一名且只對這名主管直接負責。

有時組織也會故意干擾指揮鏈，這可能是必要的。例如，成立一個專案小組去解決一個特殊問題，或安排好工作以提高協調性。在這樣的情況下，團隊成員可能需要同時向他們的直屬上司和專案小組主管報告工作。又如，一個業務代表可能要同時向地區直屬主管和總公司裡負責協調新產品導入的行銷專員報告工作狀況。不過，這些都是例外情況，它們在特定的環境下使用，而且通常在特殊的員工群體中使用。然而，對大多數情況而言，當你在部門裡分配任務給個人或任務小組時，你應該確定每個員工都有，並且只有一位直屬的上司。

問題思考（或用於課堂討論）

回到過去

如果回到150年前的美國，你會發現工人在戶外工作是非常正常的事情。實際上，那時大部分的工人都是自行完成任務，他們生產出完整的產品，然後拿到市場上賣。但是，工業革命改變了一切。傳統的職業伴隨著這個巨變而來，它要求員工在公司出現且從事8至12小時的工作，而這又發展出需要某位人士，也就是主管，驅使員工工作。

企業規模縮編和工作流程再造(engineering)再次改變了這一切，我們上一輩人所熟悉的工作已經不復存在，而過去幾十年來的技術變革，甚至使我們的工作地點也改變了。電腦、數據機、個人數位助理(PDA)、無線技術、傳真機，甚至電話，使得工作地點分散化，且深具吸引力。爲什麼呢？原因有許多，包括遠距工作使員工可以在地球上的任何地點工作，這種可能性使雇主不再需要考慮，將工作地點設置在靠近勞動力的地方。例如，位於愛達荷州的進步保險公司(Progressive Insurance)發現，在當地很難找到符合資格的申請人，而在科羅拉多州泉市(Springs)有大量符合資格的人，那麼，進步保險公司就不必在科羅拉多州設立辦公室。相反的，公司可以提供給員工電腦設備和適當的輔助設施，使工作可以在幾百公里之外完成，然後傳回總部。

遠距工作也使高人力成本地區的工作機會，可以轉移給低工資成本地區的人員。例如，在紐約市的出版商發現稿件編輯的成本直線上升，而由在西維吉尼亞州帕頓(Parkton)的適任編輯完成上述工作，可以降低人力成本。此外，出版商不用提供辦公空間給這位編輯，所省下的每平方英尺房地產租金也可節省成本。

工作地點分散化也可滿足不同勞動力的需求。那些需要承擔家庭責任（如照顧小孩）的人，或是殘疾人士，可能更希望在家工作，而不是到公司去上班。其次，遠距工作爲工作時間安排提供了彈性，而這些正好是很多來自不同勞動階層的人所渴望的。最後，政府的鼓勵也促使公司考慮這種可能的工作安排。比方說，致力於環境議題的美國聯邦政府，可能會根據各州紓解居民密集區交通擁擠狀況的能力，來調節州際高速公路建設基金，爲達到這個目的，方法之一就是對商業機構提供誘因，例如稅收減免、實行工作地點分散化等。諸如此類，州政府的勞動部門也可能提供商業機構誘因，誘使它們重新設址，從繁華地區轉向經濟蕭條地區。

然而，作爲一個主管，你將要承受變革所帶來的衝擊。你要與遠距工作的員工保持聯繫，必須監督和評估他們的工作。遠距工作顯然使你的工作變得更困難，事情眞是這樣嗎？你對這種現象席捲美國公司的看法爲何？

什麼是職權？

職權(authority)是指管理職位所擁有下達命令和要求命令被執行的權力。每個位居管理職位的人都擁有特殊的權力，並透過其職位等級和頭銜表現出來，因此，組織的職權是與某個人的職位相聯繫，不需考慮個別主管的個性。人們服從擁有職權的人，不是因爲喜歡或尊敬他們，而是因爲他們職位上擁有的權力（見「號外！服從威權」）。

職權 (authority)
管理職位所擁有下達命令和要求命令被執行的權力。

職權關係有三種不同類型，即直線、幕僚和職能，詳見圖表4-2，最直接且容易理解的是**直線職權**(line authority)。這種職權使主管得以指揮他的部屬工作，並在不需考慮他人意見的情況下做出某些決策。

直線職權 (line authority)
主管擁有指揮部屬工作，毋需考慮他人意見，便可做出決策的權力。

圖表4-2　描述直線、幕僚、功能職權關係的組織結構圖

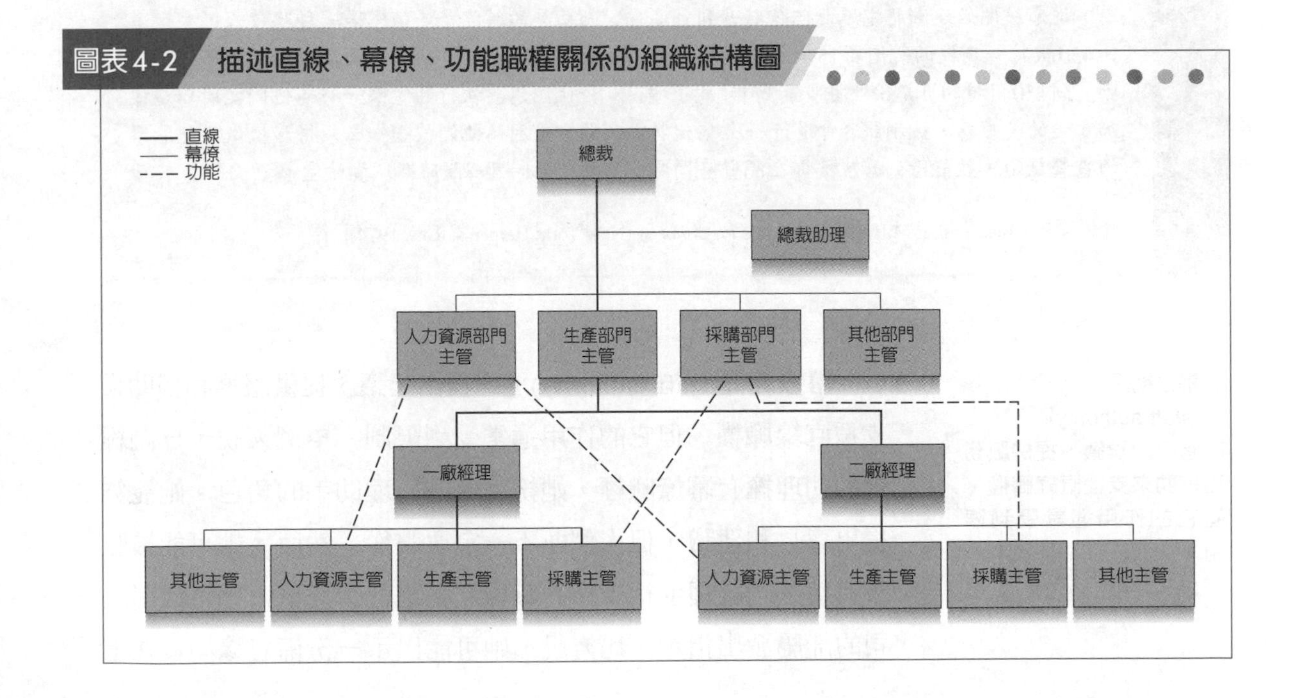

服從威權

號外！

人們是否只按指示做事而不會懷疑那些擁有職權的人呢？許多年前，那確實是商業活動的一個營運準則。對很多主管來說，即使他們沒有明確要求，但那確實是他們所期望的！但一個人服從命令的程度如何？關於這個問題，最好的答案可能在多年前由耶魯大學的社會心理學家所進行的一項研究計畫。順帶一提的是，如果你記得1980年代中期上演的一部電影《魔鬼剋星》(Ghostbusters)，你就會對這份研究有所領悟。

被測試者扮演實驗課老師的角色，測試者告訴他們，在學生每次犯錯時給予電擊的懲罰。而問題是，被測試者會服從測試者的命令嗎？隨著電擊強度的不斷增加，他們服從的意願會下降嗎？爲了測試這些假設，研究人員雇用了一批被測試者。每一位被測試者都會被告知，實驗的目的是要調查懲罰在記憶中的效果。他們的工作就是要扮演老師，並處罰那些在學習測試中出錯的學生。在個案中使用的處罰辦法是電擊。

被測試者坐在有30個強度等級的發電機前，從零級開始逐漸將電壓由15伏特升到最高的450伏特。調校的範圍由15伏特的「輕微震動」到450伏特的「危險！嚴重震動」。爲了增加實驗的眞實感，被測試者會進行一次45伏特的電擊試驗，並能看到學生被綁在隔壁房間電椅上的情形。當然，這個學生是個演員，而且電擊也只是假的，但被測試者不知道這些。

被測試者被命令去電擊那些犯錯的學生。連續出錯將會導致電擊強度的增加。整個實驗過程中，被測試者都會從學生那裡得到口頭上的回應。在75伏特時，學生開始咕噜並發出呻吟的聲音；在150伏特時，他要求從實驗室中放出來；在180伏特時，他會大喊再也忍受不了；在300伏特的時候，他會堅持因爲心臟問題而要求放出去；在300伏特之後，學生就再也不能回答進一步的問題了。

大部分被測試者提出抗議，害怕如果上升的電壓可能會導致心臟病突發而殺死那名學生，而且堅持不能將實驗繼續下去。但實驗者告訴他們必須繼續下去，這是他們的工作。大部分的被測試者持異議，但持異議不等於能違抗命令。62%的被測試者將電壓提高到最高一級450伏特。剩下的38%的被測試者執行的平均電壓接近370伏特——足以殺死一個人，哪怕是最強壯的人。

我們能從實驗中推斷出什?來呢？一個顯而易見的結論是，職權是一種驅使人們去做事的強大力量。實驗中，被測試者執行了遠遠高於他們想要執行的電擊等級。他們之所以這樣做，是因爲他們被告知必須得這樣做，儘管事實是他們可以隨時離開實驗室。

資料來源：Based on S. Milgram, *Obedience to Authority* (New York: Harper & Row, 1974).

幕僚職權
(staff authority)
透過提出建議、提供服務和輔助來支援直線職權，但它的作用通常受到限制。

幕僚職權(staff authority)透過提出建議、提供服務和輔助來支援直線職權，但它的作用通常受到限制。舉例來說，部門經理的助理擁有幕僚職權，她扮演部門經理助手的角色。她能夠提出意見和建議，但人們並不一定要服從，然而，她可能被賦予代替部門經理進行工作的職權。在這種情況下，她可以對上司的部屬發出指示。比方說，她可能出示一份備忘錄，並在上面簽上「瓊・威爾遜代理R. L. 道爾頓」。在這種情形下，威爾遜只是扮演著輔助道爾頓行使管理職能的角色。幕僚職權使道爾頓有一名可以代表自己行動的助手，以便讓他完成更多的工作。

第三種職權是**職能職權**(functional authority)，控制個人直接負責的區域以外其他人的權力。比方說，製造廠的主管常常發現，不但直屬上司擁有對他的直線職權，而且公司總部的某些人對他的一些行動和決策也擁有職能職權。在阿拉巴馬州雷諾金屬製造廠(Reynold Metals)負責採購的主管，需要對部門主任和位於維吉尼亞州列治文市(Richmond)的公司總部採購總監負責。你也許會驚訝，爲什麼組織會產生職能職權的職位？畢竟，它要求一個人向兩個上司報告的行爲打破了命令一致的原則。答案是，它能夠通過使用特殊技能和改善協調合作關係來提高工作效益。它的主要問題是交叉關係。這種問題可以透過清楚地指明個人的哪些活動受直線上級控制，以及哪些活動受到職能職權的控制而得到解決。仍以採購爲例，在列治文市的採購總監負責對公司的一般採購原則及程序作出決策，而其他採購行爲則由部門主任負責。

職能職權 (functional authority) 控制個人直接負責的區域以外其他人的權力。

如何區別職權與職責

管理工作與職權分不開，也與**職責**(responsibility)相關聯。主管要爲實現部門的目標、使成本保持在預算範圍、執行組織的政策，以及激勵員工等負責。沒有責任的職權會爲濫用職權創造機會。比方說，如果主管沒有激勵員工的責任，他就可能對員工提出過度要求，導致員工在工作中受到傷害。相反的，沒有職權的責任就會產生挫敗感和無權的感覺。如果你有責任提升管轄區域的銷售績效，那麼你就應該有權雇用、獎勵、約束和解雇爲你工作的銷售人員。

職責 (responsibility) 主管的義務包括要為實現部門的目標、使成本保持在預算範圍、執行組織的政策，以及激勵員工等。

為什麼職權和職責必須對等

先前的分析揭示了職權與職責對等的重要性。高階管理者劃分了事業部、區域、領域和部門等組織單位後——並且指定給每個主管具體的目標和責任一同時也要給予這些主管足夠的權力去履行他們的職責。主管要實現的目標愈具野心、愈遠大，需要賦予他的職權就愈大。

誰來做決策？

集權 (centralization) 決策權在管理高層。

分權 (decentralization) 決策權下放到組織的基層。

哪一個管理層級可以進行決策呢？任何組織的設計都要求高層經理回答這個問題。**集權**(centralization)和決策權掌握在管理者的集中程度有著密切的關係。然而，集權與**分權**(decentralization)並不是二選一的概念，而是一種程度現象。這意味著，沒有組織是完全集權和分權。如果世界上眞存在這樣的組織，那麼它們定能因將決策權集中在特定人士手上而有效地營運（集權），或是將所有決策權下放到最接近問題的層級而有效地營運（分權）。以下就讓我們來看看，早期的管理學者如何看待集權，以及時至今日，它以何種形式存在。

早期的管理學者提出，一個組織的集權程度因勢制宜（註1），目的是讓人員達到最適和最有效的運用。傳統的組織是建構在一個權力和權威都集中在組織高層的金字塔上。過去，在這樣的組織結構下，由中央集權所制定的決策是最好的。但是，時至今日，組織的結構愈來愈複雜，而且必須對瞬息萬變的經營環境快速回應。有鑑於此，許多人相信，必須由最接近問題的個別人員自行作出決策，不論這個人在組織的層級爲何。事實上，過去30年來，組織已朝向分權化發展。

今天，主管和基層員工比起過去任何時候都更積極地參與決策過程。隨著組織削減成本和重新設計更靈活的結構，以更能滿足顧客需要，他們已經將決策權下放到組織基層。通過這種方式，那些最熟稔問題的人——他們通常是最接近問題的人——能夠很快判斷問題並解決它。

部門劃分的五個方法為何？

早期的管理學家認為組織活動應該專業化分工，並且按照部門分類。專業分工造就了需要協調的專家，而促成協調的方式便是在主管的指引下，將不同部門的專家湊在一起。這些部門的設置主要是依據工作的職能、產品或服務別、目標顧客與市場、所涵蓋的地理區域，或是將投入轉變為產出的過程。早期的管理學者並沒有針對**部門劃分**(departmentalization)提出特別的方法，然而，所選定的方法應該使劃分後的部門，能夠對實現組織目標和個人目標，做出最大的貢獻。

部門劃分 (departmentalization) 部門分類主要是依據工作的職能、產品或服務、目標顧客與市場、地理區域，或是將投入轉變為產出的過程。

組織活動如何進行分類？

最常見的一種將活動分組的方法就是按照功能劃分，即**功能別部門劃分**(functional departmentalization)。管理者可能會發現他或她的公司是分成以下幾個工作單位，例如工程、會計、資訊系統、人力資源，以及採購部門等（圖表4-3）。功能別部門劃分可以用於各種型態的組織，只要這些功能反映出組織的目標和活動。例如醫院會使用這種方法，而將部門區分為研究、看護、會計等；同樣地，職業足球隊也會利用功能基礎將部門分為球員、票務、旅行和住宿。

功能別部門劃分 (functional departmentalization) 按照功能，將活動劃分為不同的單位。

圖表4-4說明加拿大企業龐巴迪(Bombadier)使用**產品別部門**

產品別部門劃分 (product departmentalization) 依和產品有關的問題和議題，來劃分業務活動。

圖表 4-3 功能別部門劃分

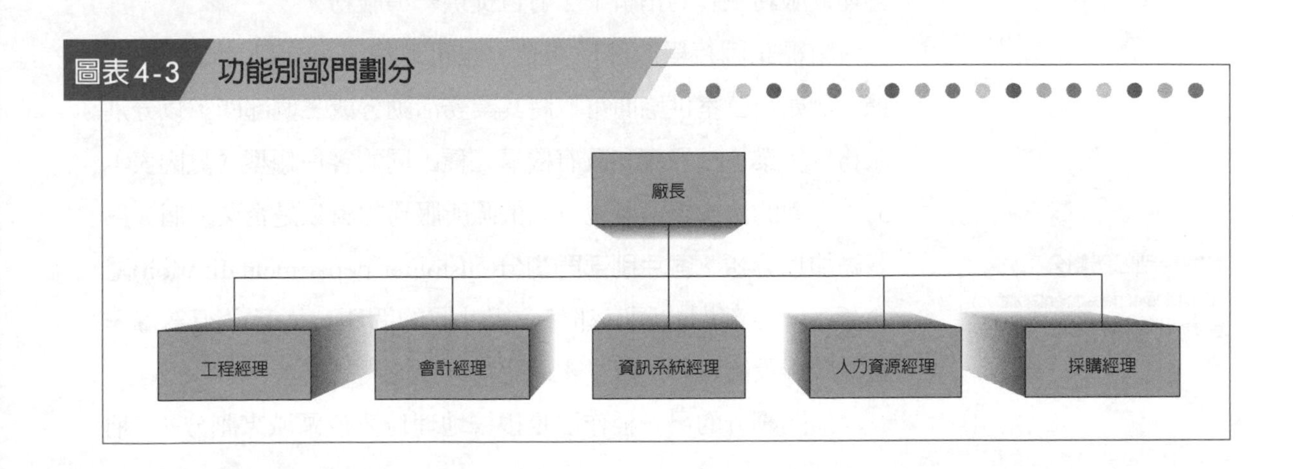

圖表4-4 產品部門化

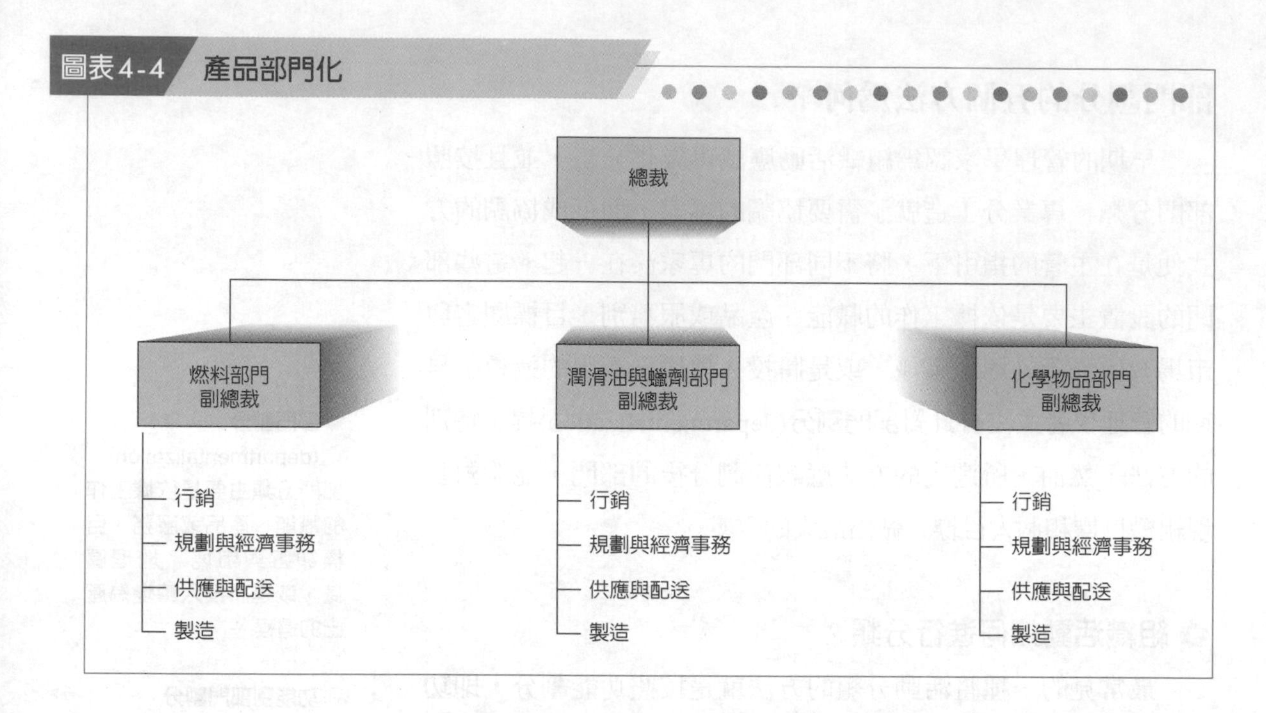

劃分(Product departmentalization)的情形。每一個主要的產品區域都由一名主管全權管理，他是這方面的專家，並且對產品線上的所有工作負責。另一個同樣使用產品別部門劃分的公司是洛城裝備(L.A. Gear)，它的組織架構是建立在它多元的產品線上，其中包括女用鞋、男用鞋、服飾、配件。如果企業的活動是與服務相關，而不是如同龐巴迪和洛城裝備一樣與產品相關，每個服務項目會自動地分類。舉例來說，會計公司的部門可能分成稅務、管理顧問、查帳等，也就是說，每一個部門都在產品經理或服務主管的指引下，各自提供一項服務。

組織試圖接觸的客戶類型，也可以用來當作劃分部門的依據。例如辦公室供應商可以將其業務活動分成三個部門，以分別服務零售業、批發商和政府機構三種不同的客戶類型（見圖表4-5）；大型的法律事務所也可以依照所服務的對象是企業或個人爲基礎加以分類。**客戶別部門劃分**(customer departmentalization)隱含著每一個部門的顧客都有一組共同的問題，而且必須爲每一組客戶群設置專門人員，才最能夠符合他們的需求。

客戶別部門劃分
(customer departmentalization)
業務活動依客戶類別劃分。

部門劃分的另一種作法是根據地理位置或區域來劃分——稱

圖表4-5 客戶別部門劃分

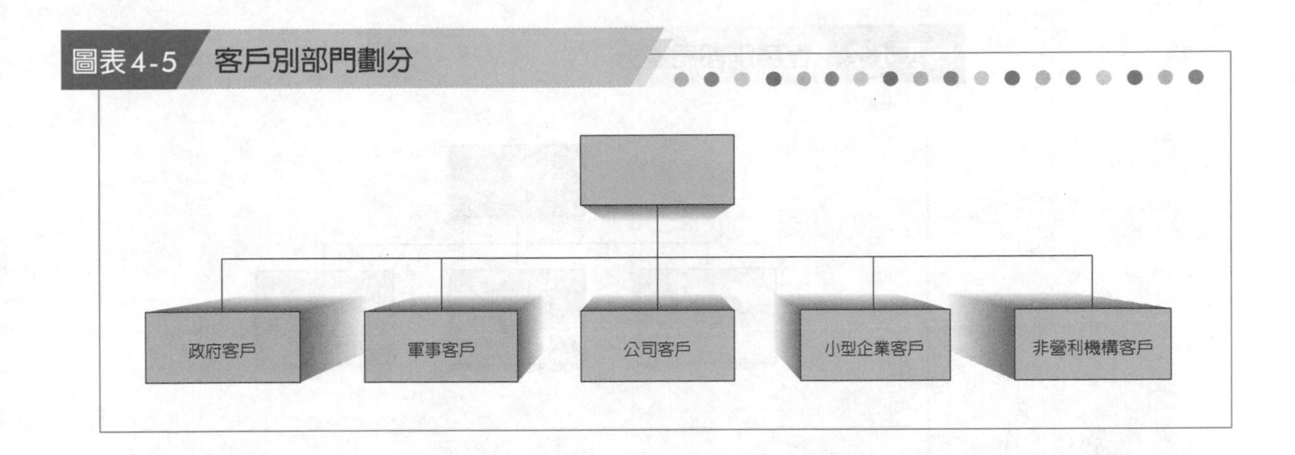

爲**地理別部門劃分**(geographic departmentalization)。銷售地點可能分爲西部、南部、中西部和東部(見圖表4-6),同樣的,一個大型學區內可能有六所高中,以供學區內每個主要地理區域所需。如果企業的顧客是分散在一個大的地理區域時,那麼這種形式的部門劃分就具有優勢。譬如說,可口可樂公司的組織架構反映出該企業在兩大地理區域上的營運情形——北美洲事業區與國際事業區(包括泛太平洋區、歐洲集團、東北歐、非洲集團,以及拉丁美洲)。

最後一種部門劃分方式稱爲**程序別部門劃分**(process departmentalization),亦即將組織活動按照工作或服務顧客的流程進行分組。圖表4-7顯示汽車公司依照程序別部門劃分將組織

地理別部門劃分
(geographic departmentalization)
根據地理位置或區域來劃分業務活動。

程序別部門劃分
(process departmentalization)
即將組織活動按照工作或服務顧客的流程進行分組。

圖表4-6 地理別部門劃分

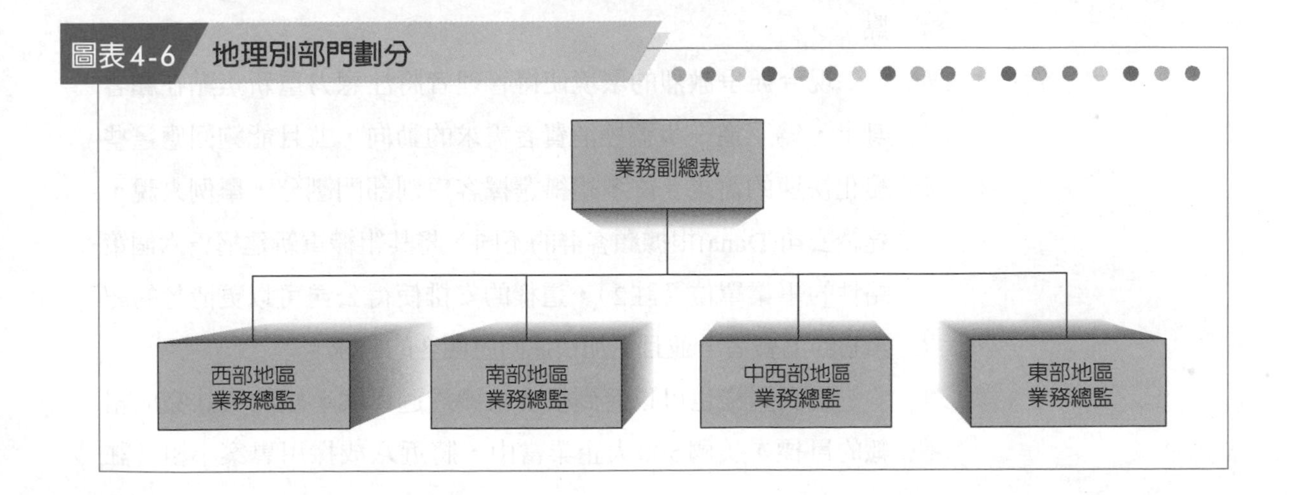

圖表4-7 程序別部門劃分

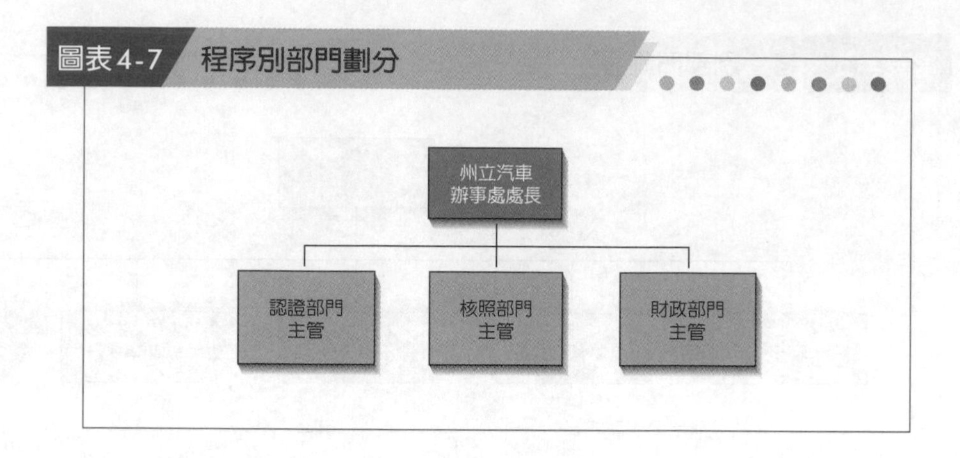

區分爲不同部門的例子。如果你曾經到州立汽車辦事處領取駕駛執照，在拿到駕照之前，你可能要和幾個部門打交道。在某些州，申請人必須經過三個步驟，每一個步驟由一個獨立的部門來處理：(1)認證——由汽車部門負責；(2)處理——由核照部門負責；(3)收費——由財政部門負責。

從部門化到組織架構

大多數的大型組織仍然沿用早期管理學者所建議的部門分類方式。例如美商百工(Black & Decker)便是依照功能、產品製造流程、銷售區域，以及消費客群整合其部門。但是我們也必須對新的趨勢有所瞭解，也就是跨越傳統組織部門界線所組合而成的團隊，已經彌補了傳統部門劃分可能造成組織僵化的缺點。

現今競爭激烈的環境使得管理者將注意力重新焦點在顧客身上，爲了進一步監控消費者需求的動向，並且能夠回應這些變化快速的需求，許多組織選擇客戶別部門劃分，舉例來說，達納公司(Dana)根據顧客群的不同，將其組織重新建構爲六個策略性的事業單位（註2），這樣的安排使得公司可以更清楚的認識它的消費者，並且更加快速回應顧客的需求。

我們同樣也可以看到很多組織透過專案小組的方式完成組織的目標，美國500大企業當中，將近八成採用專案小組（註

3)。由於任務的複雜度愈來愈高，而且需要更多不同的技術才能完成，因此更多的企業開始利用專案小組和任務導向的方式。

那麼像東芝、利茲客來幫(Liz Claiborne)、賀喜食品(Hershey foods)和永明人壽保險(Sun Life Assurance)這些公司，到底是採用何種型態的組織結構？接下來介紹不同結構的組織設計。

✿簡單式結構

大部分的組織在企業成形之初都是**簡單式結構**(simple structure)。這種組織結構當中，企業所有人與總裁是同一個人，而且所有的員工都直接聽從他（或她）的管理。

簡單式結構往往是從反面去定義，它並不是個精心設計的結構。如果你發現一個組織看起來幾乎沒有結構，那麼它很有可能是簡單型組織。也就是說，簡單式結構的專業分工程度很低，很少有營運管理的規定，而且所有的權力都集中在企業所有人一個人手裡。這種簡單式結構是「扁平」的組織，它常常只有二～三個層級，員工的組織鬆散，而且決策的方式是集權式。

這種簡單式結構被廣泛應用於小型企業，在那裡，主管和企業主是同一個人。簡單式結構的優點應該顯而易見，包括快速回應市場需求、具有彈性、不需要以大筆開銷維持經營，而且責任清楚。而最主要的缺點就是，它的效率僅適用於小型組織，隨著組織的成長，簡單式結構的低度正式化和高度集權化，導致資訊在高層負載過多，因此簡單型結構變得愈來愈不適當。當規模增大，決策的制定變得更緩慢，而且因為個人試圖完成所有決策，最終導致停頓。如果結構不改變，並且維持原本的組織規模，那麼公司很有可能會因為失去動能，最後失敗。簡單式結構的另一個缺點就是高風險，因為所有的事情都依賴某一個人，如果這位企業主兼管理者發生任何意外，組織就喪失了資訊與決策中心。

✿簡單式結構
(simple structure)
沒有精心打造的結構、簡單而不複雜，低度正式化和高度集權於一人之手；為一個扁平的組織，只有二～三個層級。

許多組織不會維持簡單式結構，這種結果通常是經由決策產生，或是一些偶發的因素造成組織結構的改變。例如，當產量與銷售量顯著增加，公司通常會考量哪些部門需要更多的員工，當員工的數目上升，就必須制定規則和章程，設置部門和管理層級，以協調部門的活動。到了這個程度，一個官僚體制就成形了。官僚體制當中，兩種最流行的結構分別來自功能別部門劃分和產品別部門劃分，也就是功能結構和事業部結構，分別敘述如下：

功能式結構

前面我們曾介紹過功能別部門劃分，而**功能式結構(functional structure)**只是將功能導向延伸成爲整個組織內的主要形式。如之前圖表4-3所示，公司根據相似或相關連的職能將員工分組，功能式結構的優點就是專業分工的益處，把相似的專業活動放在一起會產生規模經濟、降低人員與設備重複的情形，並且會讓員工更加舒適和滿意，因爲他們有機會在同儕之中用「共通的語言」彼此溝通。然而，功能式組織最顯而易見的缺點就是，組織經常在追求各個功能目標時，使組織整體的利益遭受損失。由於沒有一個功能部門能爲最終的結果擔負完全的責任，所以每個部門的成員間相互隔絕，甚至根本不瞭解其他部門員工的工作內容。

事業部結構

事業部結構(divisional structure)是指組織經由各自控制的單位或事業部所組成。賀喜食品(Hershey Foods)和百事可樂(PepsiCo)就是實行事業部結構的例子（見第148頁圖表4-4），每一個事業部都是自治的營運單位，由事業部經理爲績效負責，並且完全握有策略上及作業上決策的權力。在大部分的事業部結構當中，企業總部爲各事業部提供支援的工作——例如財務和法律上的服務。當然，總部也扮演外來的監督者的角色，以協調和控制不同的事業部，而事業部則是既定限制範圍內獨立的營運單位。

事業部結構最主要的優勢，在於它著重結果，由事業部經理爲一項產品或服務負完全的責任。事業部結構也使得總部的員工免於每日的繁文褥節，轉而專注在制定長期且策略性的規劃。反之事業部結構最大的缺點，就是重複設置活動和資源。譬如說，每一個事業部都需要一個行銷研究部門，如果事業部之間不是各自獨立的話，所有的行銷研究工作就會被集中，統一由組織內某個部門依照事業部不同的需求進行，因此，事業部的形式有如組織功能複製，造成組織成本增加、效率降低。

矩陣式組織

功能式結構的優勢來自於專業化分工，而事業部結構雖重視成果，卻有活動和資源複製的缺點。是否存在一種組織形式，能夠將功能化的專業分工優勢與產品別部門劃分重視成果和責任明確的特點結合起來呢？是的，那就是**矩陣式**(matrix)結構。

矩陣式 (matrix)
將功能型和產品型部門劃分的元素組合在一起，而創造出雙元指揮鏈的結構。

圖表4-8舉例說明一家航空公司的矩陣結構。注意，圖表的頂端由左到右是我們熟悉的功能，例如工程、會計、人力資源、製造等等；而由上而下垂直的方向則增加了航空公司正在運作的各個不同的任務。每一個任務由一名主管直接指揮，他從功能部門當中爲任務挑選員工。這種在傳統的功能式部門上增加垂直方向的做法，實際上是將功能型和產品型部門劃分組合在一起，因此命名爲「矩陣」。

矩陣式組織有一項獨特的性質，那就是每位員工至少有兩位以上的主管：功能部門的經理和產品或任務的經理。任務主管有權管理任務小組中來自功能部門的員工，但是兩位主管都具有管理的權力。一般而言，組織賦予任務經理管理員工的權力是與任務目標相關部分，然而，像晉升、薪水建議和績效評估等方面的決策仍然是功能主管的責任。爲了有效地工作，任

圖表 4-8 航空公司的矩陣結構

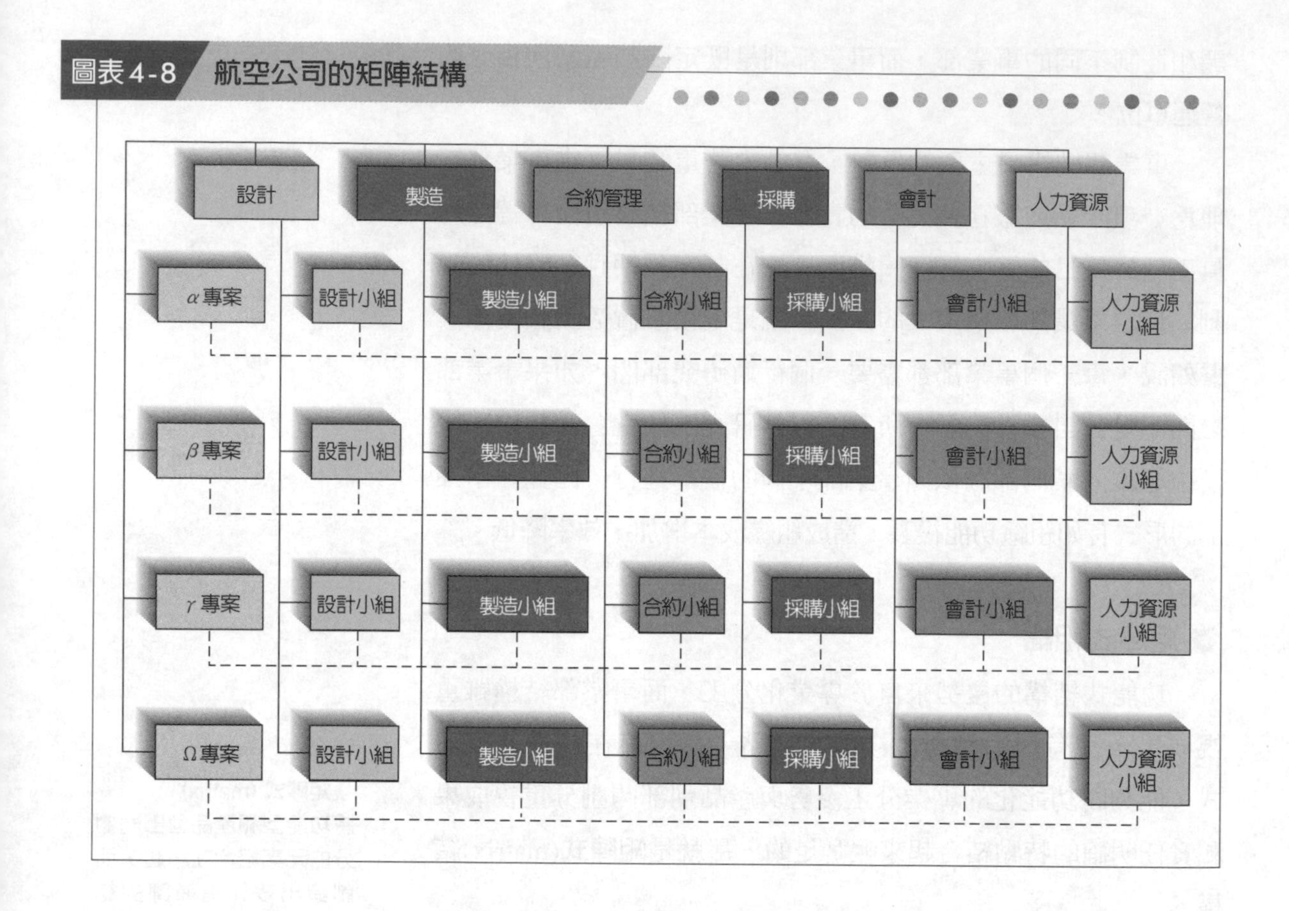

務主管和功能主管必須定時溝通和協調他們對其共同管理的員工的要求。

矩陣型組織優點是能夠促進多個複雜且獨立的任務之間的協調性，同時藉由將相似的專家放在一起，維持經濟效益。其主要的缺點就是結構容易混淆，以及員工必須對多個主管負責的局面。當你打破了指揮鏈的法則，就會使員工產生模稜兩可的困擾，因爲不清楚誰應該對誰負責（見「解決難題：矩陣結構是否讓員工感到困惑？」）。這些困惑和不明確會爲權力角逐埋下爭端。

團隊結構
(team-based structure)
整個組織是由工作群或團隊所組成。

團隊結構

在**團隊結構**(team-based structure)當中，整個組織是由工作群或團隊所組成（註4），在這樣的組織運作當中，並沒有所謂團

解決難題

矩陣結構是否讓員工感到困惑？

矩陣結構裡的員工面臨著一個在傳統的組織結構裡不曾遇到的問題，那就是他們至少有兩個上司。他們要對負責評估他們的績效和決定加薪的職能主管負責。同時，這些員工又要對他們的專案主管負責。

在這種情形下，誰的職權優先呢？員工是否應該對他們的職能主管的要求給予優先權呢？因爲畢竟他是管轄員工行政和人事的人；或者是給予專案主管──因爲他接觸更多員工的日常工作──優先地位呢？員工沒有完成專案指定的任務可能會被調離專案小組，這可能會對員工職業生涯造成危害；又或者是給予兩者同等重要的地位呢？員工能夠簡單地接受他們必須服務「兩個主人」的現實嗎？你怎麼認爲呢？

隊成員是否擁有決策的權力之類的問題，因爲在這種工作分配方式裡，並沒有僵化的指揮鏈。那麼組織採行團隊結構會獲得什麼好處呢？讓我們看看在伊利諾州的膳魔師公司(Schaumburg Illinois, bottle and lunch box company)所發生的情形，來解答這個問題。

公司決策當局逐漸意識到官僚結構使得決策的速度遲緩，並且創新受到限制，尤其是設計新產品的部分。膳魔師爲了解決這些問題，決定重組公司結構。透過設置跨部門的團隊結構將結構扁平化，這些團隊成員是從工程、行銷、製造和財務等部門挑選出來的，除此之外，每一個團隊也有來自公司外部的成員，例如供應商或消費者。最主要的目的就是「傾聽消費者的聲音，並且依照顧客需求設計產品。」如此一來，公司就能夠滿足顧客，績效也因此提升。事實上，自從膳魔師公司轉變成團隊結構，銷售量大幅提升，而且它的烹調器具的市場佔有率亦從2%提高到20%。

Kimberly-Clark公司的員工發覺到學習型組織對工作的正面意義。經由學習一起工作、資訊分享，已經轉換了他們原本故步自封的工作態度，使得整個公司邁向改善的成功之路。

✿ 無疆界組織

✿ **無疆界組織**
(boundaryless organization)
結構型態無法定義或限定其疆界，也不能以傳統的結構型態加以分類的組織。

無疆界組織(boundaryless organization)的結構型態無法定義或限定其疆界，也不能以傳統的結構型態加以分類。它加深和周遭環境相互依存的關係，模糊了傳統上組織的界線。有時候我們稱它爲網絡型組織、學習型組織，或是無疆界、模組化組織，抑或虛擬式組織，無疆界結構超越組織的所有層面（註5）。無疆界組織將員工分組，是爲了實現組織的核心競爭力，而不是將各功能的專家集中於一個部門當中，以完成不同的任務。

但是無疆界組織並不只是比較扁平的組織而已，它企圖減少垂直、水平和組織內部的界線。主管必須打破存在幾十年的傳統階級觀念。水平式的組織需要具備多種才能的工作小組執行工作上必要的決策，並且爲可衡量的結果負責。是什麼因素造成無疆界結構的盛行？無疑地，許多我們在第二章曾經討論過的議題都有影響，特別是全球化的市場和競爭者扮演了重要的角色。無疆界組織能夠因應組織的需求，回應和適應這個複雜的動態環境；科技的變化同樣也促成企業採行無疆界結構（註6），電腦能力的進展、有智慧的軟體和通訊讓無疆界的電子商務組織能夠生存。上述的每一項支援資訊網絡的因素，都使得虛擬辦公室成爲可能。

✲ 學習型組織

學習型組織(learning organization)是一種具有持續適應和改變能力的組織結構，因爲所有的成員都在確認問題和解決工作的相關議題上扮演著主動積極的角色（註7）。在學習型組織當中，員工透過不斷汲取和分享新知識來演練知識管理，並且樂意將知識運用在決策或工作表現上。

✲ **學習型組織**
(learning organization)
具有持續適應和改變能力的組織。

哪些是促成組織當中發生學習不可或缺的組織要素呢？在一個學習型組織當中，讓所有成員彼此分享資訊，而且合力完成工作是很重要的，也就是說必須跨越不同的部門和層級，這可以透過減少或廢除目前存在的組織疆界。在這種無界線的環境當中，員工們可以自由地一起工作，盡力去完成組織的任務，並且互相學習。因爲必須要合作，因此工作小組也成爲學習型組織結構當中重要的特徵，無論是負責哪一個活動的工作小組，小組當中的員工都被授權自行制定決策或解決問題。也因爲員工和工作團隊被充分授權，因此不太需要主管的指揮和控制，反之，主管的角色是輔助者、支援者和擁護工作團隊。

組織你的員工

一旦部門結構開始生效，你就要爲每一位員工安排具體職務。你應該怎樣做呢？首先確定要完成的任務，並將任務組合成職務，然後透過建立工作說明書(job description)來規範工作程序。

如何釐清需要完成的任務？

首先，你要將所屬部門要負責的任務全數列成一張清單。這些任務要能有效執行，你的部門才能成功實現目標（註8）。

圖表 4-9 圖書生產部門的部分任務清單

- 參加第一次企畫會議，與執行編輯商討新書發行
- 聯繫執行編輯
- 聯繫作者
- 聯繫行銷人員
- 聯繫廣告小組
- 聯繫採購人員
- 為每本書訂定生產進度表
- 設計內頁版型和製作樣張
- 為電腦設計詳細的規格，用以開啓新頁面
- 繪製圖表
- 設計書本封面
- 為每本書組織和召開每週工作協調會議
- 校對

圖表4-9舉例說明某大型圖書出版公司生產主管所列出部分任務的清單。

所有任務不可能全由一個人來完成，因此，這些任務必須要組合成個人職務。專業分工尤其能促進職務的劃分。當任務按員工進行分工和組合後，每個人都會專精於自己的職務。因此前述的生產主管將會建立一系列具體的職務分工，如審稿、校對、圖像編輯、生產協調和設計。

除了對類似任務進行分組外，你還要保證在部門裡的工作負荷是平衡的。如果某些員工的職務比其他員工困難得多，或者花費更多的時間，那麼員工的士氣和生產力將會受到損害。你應該充分考慮完成不同任務對體力、精神和時間的不同要求，並用這些資訊去幫助平衡部門內員工之間的工作負荷。

工作說明書有什麼用途？

工作說明書(job description)是描述職務擔當者的職務內容、完成職務的方式，以及爲什麼要這樣做的書面陳述。它主要描述職務的職責、工作條件和操作責任。圖表4-10舉例說明出版

工作說明書
(job description)
描述職務擔當者的職務內容、完成職務的方式，以及為什麼要這樣做的書面陳述。

圖表4-10 出版公司圖書編輯的工作說明書

職務名稱：圖書編輯
部　　門：大專用書編輯部
工資級別：免稅
直屬主管：商業團隊生產部門主管
職務級別：7-12B
職務陳述：
執行和監督圖書規格說明、設計、寫作、印刷和裝訂等編務工作。可能在同一時間要負責多本圖書的編輯工作。接受主管督導；在完成指定任務時，可以進行初步的獨立判斷。
職務職責：
1. 確定要完成的工作，決定工作順序，以及準備一份為期六個月的流程進度表。
2. 完成初稿的校對工作或將工作外包出去。
3. 協助指定的設計人員完成圖書規格制定（尺寸、顏色、紙張及封面）和設計（字體和美術設計）。與書籍商品採購人員和排版人員協調，編製內頁樣張。
4. 向執行編輯和其他相關人員報告遞交進度報告。
5. 就所有製作問題與作者聯繫。
6. 審核完整性和準確性。
7. 負責按初始發行會議制定的入庫日期執行任務。
8. 履行團隊主管所交派的相關職責。

公司圖書編輯的工作說明書。

為什麼要為你管轄的每一件工作編寫工作說明書呢？原因有二：首先，它為你提供了一份正式文件去描述每個員工應該做什麼，也為你評定員工的績效提供了比較標準，因而可以應用在員工的績效評估、回饋、薪金調整和培訓需求的決策上；其次，工作說明書幫助員工瞭解他們職務的責任，並清楚你對他們工作成果的期望，這樣的資訊是關鍵的，尤其是當你授權員工去履行本來應該由主管完成的某些職責時。

透過授權賦予他人權力

當今的主管需要學會賦予他人權力。**賦權**(empowerment)意味著藉由讓員工有更多機會參與控制他們工作的決策制定和增

賦權 (empowerment)
提高員工對決策的參與。

加員工對工作成果的責任，以提高員工參與工作的程度。賦權有兩種方法，分別是授權（delegation，見「自我評估」）和工作設計(job design)。在這一節，我們將重點放在陳述授權。在第9章，我們將會向你展示如何透過工作設計來賦權。

什麼是授權？

毫無疑問的，要具有效能，主管需要懂得授權。然而，許多主管發現，要做到此點，對他們來說非常困難。爲什麼呢？特別讓他們害怕的是失去控制。「我喜歡自己去完成，」倫敦人壽(London Life)公司的蒙羅(Munro Sharp)說，「因爲那樣，我才知道事情做完、做對了。」DFM廣告公司(Della Femina, McNamee)的弗利赫蒂(Lisa Flaherty)提出相似的觀點：「我必須學會信任別人，有時我害怕將較重要的專案委託給別人，全因我喜歡控制局面。」在本節，我們希望讓你知道，授權確實能提高效率，而且在正確完成任務的情況下，仍然能保證你的控制權力。

授權 (delegation) 通常被描述為四個步驟，即分派職責、授予權力、確定責任，以及建立責信。

授權(delegation)通常被描述爲四個步驟，即分派職責、授予權力、確定責任範圍，以及建立行政責任。以下讓我們來看看每個步驟。

1. **分派職責**：職責是經理人希望別人完成的任務和活動。在授權之前，你必須向員工分派該職權範圍內的職責。

2. **授予權力**：授權過程的本質，是賦予員工代表你行動的權力，這是向員工轉移代表你行使正式權力的過程。

3. **確定責任範圍**：授權之後，你必須要指定責任。那就是說，當你給予某人權力的時候，也必須指定這個人相對應的義務。試問你自己：我是否給了員工足夠的權力去獲得材料、使用設備，以及爲完成工作而要求他人的支援？

4. **建立行政責任**：爲完成授權的過程，你必須建立行政責任(accountability)，那就是說，你必須讓員工爲適切合宜的履行職責而承擔責任。因此，職責意指員工必須履行指定的責任，而行政責任意指他必須以令人滿意的態度完成任務。員工有責任完成被交派的任務，而且要以令人滿意的表現以示負責。

授權不是讓位嗎？

如果你將任務推給員工，而沒有清楚界定應該做什麼、員工的決策範圍、你期望的績效水平、完成任務的時間及類似的問題，那麼你等於放棄了責任，而且是自找麻煩。但也不要誤認爲爲了避免失去權力，就應盡量少授權；不幸的是，這是許多新上任和缺乏經驗的主管所採取的方式。由於對員工缺乏信心，或害怕因員工犯錯誤而受到責備，他們試圖自己去完成每一件事情。

也許你自己有能力把那些授權給員工的任務做得更好、更快，或者犯更少的錯誤，問題是時間和精力是有限資源，你不可能自己去完成每一件事。因此，如果你希望工作更有效能，你就需要學會授權（見「實務上的應用：授權」)。這表明了兩點。首先，你應該預料到且接受員工犯一些錯誤；這是授權的一部分。如果犯錯的成本不是太大的話，那錯誤對員工來說，常常是很好的學習經驗。其次，爲了確保出錯的成本不會超過學習的價值，你需要正確地實施充分控制。在發生嚴重問題的時候，如果沒有恰當的事後控制(feedback control)讓你及時儆醒，這樣的授權就相當於讓位。

總複習

本章小結

閱讀本章後，你能夠：

1. **定義組織的含義**：組織就是安排部門工作和劃分工作，以便按計畫完成任務。
2. **說明為何專業分工能夠提升經濟效率**：專業分工是藉由將最難、最複雜的任務分配給具有高技能的員工，以及支付較少工資給那些從事難度和技能要求較低的員工，來增加經濟效率。
3. **解釋控制幅度如何影響組織結構**：控制幅度愈窄，直接監督活動所需的管理層級就愈多。較廣的控制幅度會產生更少的管理層級和扁平的組織結構。
4. **對照直線和幕僚職權的差異**：直線職權是指直接控制員工工作的權力；另一方面，幕僚職權提出建議、提供服務，輔助直線職權完成任務。只有直線職權允許個人獨力決策和不需要諮詢其他人。
5. **解釋為什麼組織愈來愈趨於分權化**：組織變得愈來愈分權化，是希望通過專業和快速的決策過程，來面對競爭的挑戰。
6. **說明為何較扁平的結構能讓組織獲益**：較扁平的組織結構意味著與工作相關的活動跨越組織的所有層級。他們與其他擁有不同技能的員工組合起來形成工作團隊，而不是讓員工從事專業化的工作，並與共同從事類似工作的人在同一部門工作。較扁平的組織結構優勢在於它們更有彈性，而且對組織外部環境更容易適應。
7. **解釋學習型組織的概念，並且說明它是如何影響組織結構的設計和主管的工作**：學習型組織是一種具有持續適應和改變能力的組織結構，因爲所有的成員都在決策和工作表現上扮演主動積極的角色。它影響組織結構的設計，因爲藉由結構性界線的降低和合作性工作數目的增加，使得組織的學習能力增強了。學習型組織當中的主管的角色同樣地也和其他組織不一樣，主管變成員工的輔助者、支援者和擁護者的角色，而不是「老闆」。
8. **評述工作說明書的價值**：工作說明書爲主管提供正式的文件，描述員工應該做什麼，幫助員工瞭解他們的工作職責，並清楚界定管理者期望的結果。
9. **確認授權程序的四個步驟**：授權包括分派職責、授予權力、指定責任範圍和建立行政責任。

問題討論

1.什麼是勞動力劃分的限制？
2.較廣的控制幅度如何幫助組織削減成本？
3.什麼是職能職權？爲什麼組織會使用它？
4 當權力和責任失去平衡時，會發生什麼事情？
5.產品、地理、顧客和程序別部門劃分的優點各是什麼？
6.爲什麼組織會使用矩陣結構？
7.工作說明書的用途是什麼？
8.授權與讓位同義嗎？請討論。
9.你是否同意，在學習型組織當中，主管是不必要的。請說明你的立場。

實務上的應用

授權

學習授權，首要之務，是清楚明白，授權不等於參與式管理。參與決策是一種權力的分享。而授權則是員工擁有屬於自己的決策權。所以授權對賦權之下的工作者而言，是多麼地重要！以下是我們建議採取的行動，讓你成爲有效的授權者。

實務作法

步驟一： 確定要委派的任務

從決定什麼應該授權和授權給誰開始，你需要找出最能勝任的人，然後決定他是否有時間和動機去做這份工作。假設你有一個有意願且有能力的員工，你的責任就是向他解釋清楚他被授予什麼樣的權力，你期望的結果是什麼，以及你對時間和績效所抱持的所有期望。除非有使用特殊方法的特別需要，否則你應該只指定最終結果。換言之，在要完成的工作和期望的最終結果上取得一致意見，但是讓員工決定實現的方式。通過對目標的關注和允許員工自主判斷如何實現目標，你將增加與員工之間的信任感，提高員工的士氣和對結果的責任感。

步驟二：指定員工可以自主判斷的範圍

授權的每一個行爲都伴隨著約束，你授予行動的權力，但並非無限制的權力。你所授予的權力是對某些議題採取行動的職權，而且就那些議題在某些規範內行動。你授予員工的是在一定條件下解決一定問題的自主權。你需要明確限制條件是什麼，毫不含糊地讓員工瞭解他們能夠自主判斷的範圍是什麼。透過成功的溝通，你和員工都會對授權的限制、他在多大範圍內決策，並向你彙報，形成一致的看法。你應該給予員工多大的權力？換句話說，你應該把限制條件縮減得多緊？最佳的答案是你應該爲個人成功地完成任務，下放足夠的權力。

步驟三：允許員工參與

要決定完成任務需要多大權力，有個最好的資訊來源，就是將要負責完成任務的員工本身。如果你允許員工參與決定什麼應該授權，完成工作需要多大的權力，以及他們將被評估的標準，那麼你將會提升員工的士氣、工作滿意度和完成任務的責任感。然而，要注意，讓員工參與可能會引發一些潛在問題，這些問題是由於員工在評估自己的能力時，考慮自身利益及存在偏見造成的。舉例說，一些員工由於自我激勵，希望把他們的權力擴展到他們的需要和能力範圍之外。允許這些人過度參與決定他們應該承擔什麼任務，以及爲完成任務需要多少權力，可能會破壞授權的效用。

步驟四：通知其他人授權已經生效

授權不應秘密進行，不但你和員工需要明確知道授權的內容和程度，而且所有可能受到授權行爲影響的人都需要被告知。這包括組織內外的人。實際上，你需要傳達的訊息，包括授權內容（任務和權力範圍）和授權給誰。如果你沒有做到這一步，那麼你向員工授權的合法性，就可能會有問題。沒有通知其他人很可能會造成衝突，而且降低員工有效地完成指派任務的可能性。

步驟五：建立事後控制

授權但不建立事後控制的機制，等於自找麻煩。員工錯誤使用被授予權力的情況，總是可能存在的，建立監控員工活動過程的控制機制，增加了及早發現重大問題，以及按時和按預定標準完成任務的可能性。最理想的控制是在開始委派任務時就應該決定，訂定進度表，規定員工彙報進度、是否發現重大問題的時點。可以利用定期的現場檢查，作爲輔助方法，來確保權力沒有被濫用、組織的政策方針得到落實和程序恰當等等。但是，物極必反。如果控制過緊，員工就失去了建立自信的機會，而授權的激勵作用也會被嚴重削弱。良好的控制系統允許員工犯輕微的錯誤，而如果會引致大錯，你又能很快覺察。

步驟六：當問題出現時，堅持從員工那裡獲得建議。

許多主管陷入了員工歸還授權的陷阱中，因爲員工碰到問題時，就到主管那裡尋求建議和解決辦法。要避免員工歸還授權的現象，必須從一開始就堅持如果員工希望和你討論問題，他們必須是帶著建議而來。當你向下授權時，員工的工作就包含了進行必要的決策。不要讓員工將決策權推回給你。

有效溝通

1. 在週一到週五的中午時段造訪麥當勞餐廳，第一次點餐時，要求一個大麥香堡或是吉士大漢堡，記錄下服務人員所花費的時間。再進行第二次點餐，點一個大麥香堡或是吉士大漢堡，但要求：(a)不加萵苣；(b)酸菜加倍；(c)不放乳酪，記錄服務員完成這次特殊點餐的時間。比較這兩次的服務時間，並透過專業分工的角度，來探討這兩次點餐服務時間的差異，也請注意第二次點餐的食品是否正確符合要求，而這個產品專業化的簡單實驗，其意涵爲何呢？
2. 討論一個學習型組織的利與弊。你是否相信學習型的組織環境適合於某些組織呢？請討論。

個案

個案1：國家檔案局確保組織有效運作

吉朋(Robert Gibbons)是國家檔案局(National Archives)環境控制部的主管。他的主要工作職責是確保大樓裡的光線和空氣品質維持在預設的、適於存放無價寶藏的標準。他也負責確保員工能夠在辦公室內舒適地工作。事實上，他在從事一種有趣的平衡工作，以確保光線、通風、空氣流通、溫度和濕度維持在一個適宜歷史文物和員工、庫房，以及設備存放或工作的水平。

這座多層建築物有些地方需要更多的空氣調節，一些地方的濕度和溫度必須嚴格控制，而另外有些地方則需要嚴密監測，以確保空氣品質和光線是非常適宜保存歷史文獻。

羅伯特常常監督溫度控制器，以確保它們工作正常。他也監測其他負責安裝、維護檔案室特別收藏品所必須的光源、加熱器和空氣調節器系統的員工。他的工作常常需要與大廈保衛科的經理合作。

案例討論

1. 解釋專業分工對作爲大廈環境控制主管羅伯特的重要性？
2 檔案局的組織結構屬於何種類型？這種結構的優點與缺點分別是什麼？
3. 討論決定羅伯特的控制幅度大小的因素。
4. 爲什麼指揮鏈原則對羅伯特和檔案局來說都同等重要？

個案2：邦諾大學書店的部門劃分

莎蘿·崔維斯(Sarah Travis)是邦諾(Barnes & Noble)大學書店的小主管。她的直屬主管是書店經理，主要工作是負責管理三名員工，他們負責在店內銷售附屬商品，包括服飾、禮物和新奇小玩意。莎蘿的工作涉及許多活動，包括爲書店訂購這些商品。每個學期，她的部門都必須決定哪些傳統的商品應建立庫存，以及哪些特殊產品或季節性商品可能有需要。他們必須塡寫採購單，列明訂購商品的數量和成本。然後採購訂單就會被存檔，直到莎蘿收到附有發貨票的銷售清單。當商品從各個賣主運到達書店時，莎蘿所屬部門的一名員工就會將它們記錄在書店的存貨系統。然後，另一名職員就會檢查商品是否與訂單相符。當證實商品與訂單內容相符後，莎蘿就會在發票上簽字，並將它轉發到負責書店所有款項的財務部門。然後，莎蘿的一名員工就會將這些商品拆封，並擺放在倉庫內預定的地方。

然而，單純將商品放入庫房不等於銷售。莎蘿的部門必須在店面內安置商品展櫃。他們必須持續監測貨架和在必要的時候爲缺貨的貨架重新進貨。在這段時間，莎蘿還必須追蹤哪些商品已經出售。她要將這些資訊載入她的存貨系統，以免正在銷售中的商品缺貨。爲了追蹤存貨，莎蘿每天在她值班時間內會收到兩次現金登記收據。當剩餘庫存到達訂貨的臨界點時，她就要完成另外一張採購訂單，並且重新開始整個流程。

每週，莎蘿還要與其他主管會面，協調各種活動。舉例來說，她和負責教科書的人開會討論空間利用的問題。有時，如開學期間，教科書需要更多的銷售空間。開學後一個星期，教科書的銷售空間減少，莎蘿的員工所陳列附屬商品就得騰出更多空間。她也要與負責暢銷商品、個人衛生用品、辦公用品和文具銷售的人員舉行類似的會議。

案例討論

1. 在莎蘿的部門，員工分組的方式顯然是哪種部門劃分的類型？引用具體的例子來支持你的觀點。
2. 這種分組方法的優缺點是什麼？
3 如果要求你來決定書店員工的組織方式，使它從顧客（學生）的立場來看更有效率，那麼組織型態將會是怎麼樣的？請解釋你的安排。

雇用稱職的人

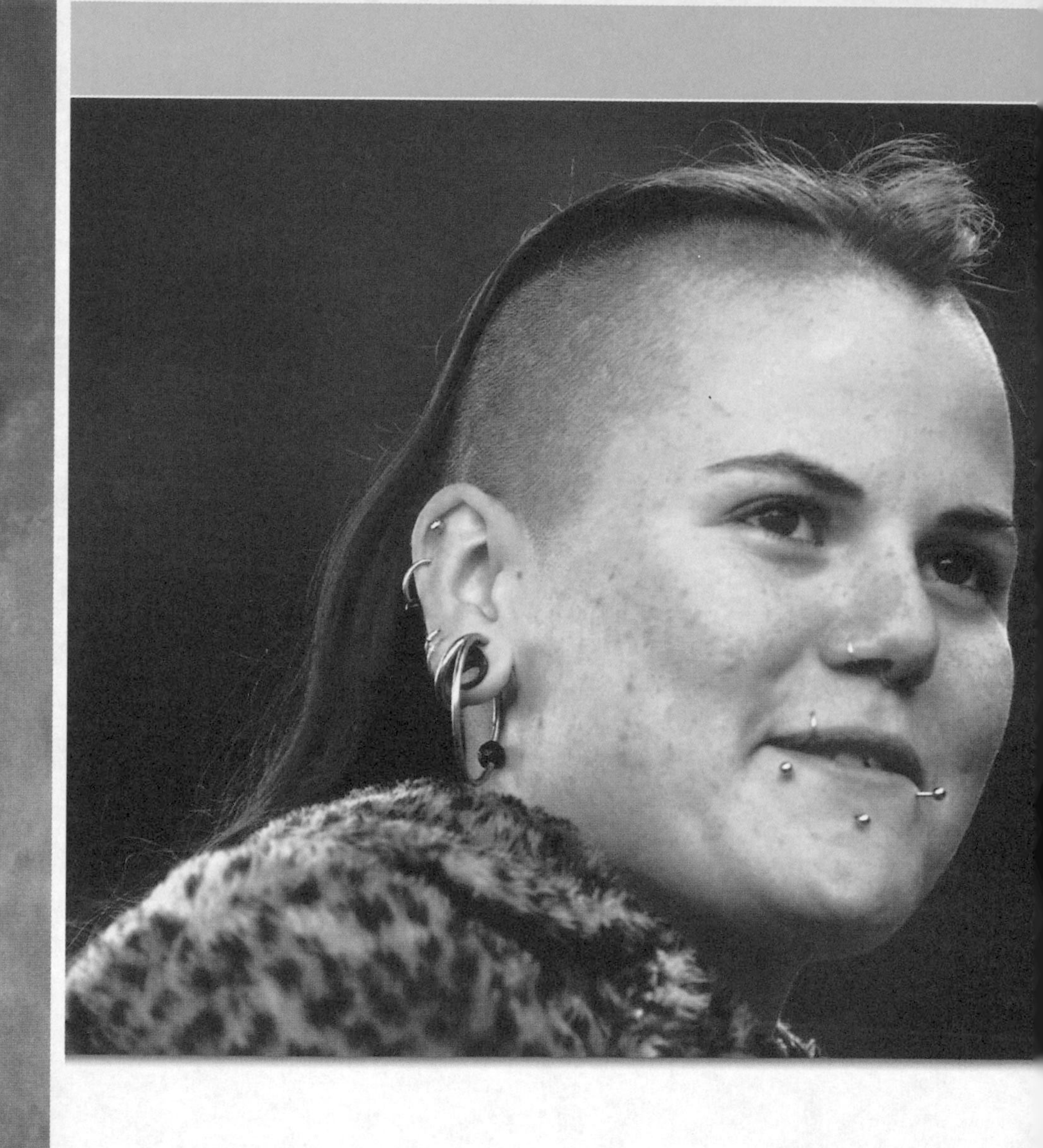

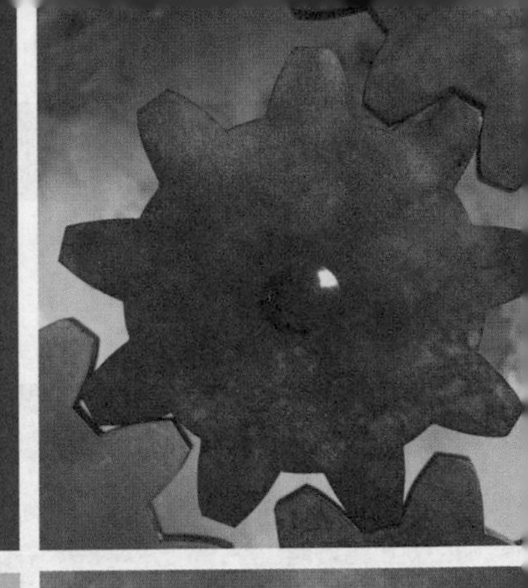

學習目標

讀完本章之後，你應該能夠：

1. 描述人力資源管理的流程。
2. 說明政府的相關法規對人力資源決策的影響。
3. 比較員工招募和縮編的方式。
4. 解釋甄選的效度與信度之重要性。
5. 說明各類工作的最佳員工甄選方法。
6. 辨別不同的員工訓練方法。
7. 描述薪酬管理的目的和影響薪資結構的因素。
8. 解釋性騷擾和裁員倖存者症候群的涵義。

關鍵詞彙

讀完本章之後，你應該能夠解釋下列專業名詞和術語：

- **承諾行動**
- **薪酬管理**
- **員工福利**
- **員工訓練**
- **人員規劃**
- **人力資源庫**
- **人力資源管理**
- **裁員倖存者症候群**
- **導覽**
- **績效模擬測驗**
- **實際工作預覽**
- **招募**
- **信度**
- **甄選過程**
- **性騷擾**
- **效度**
- **網路履歷**

有效能的績效表現

「大千世界，無奇不有」，儘管大家對這句諺語看法不一，但是將它用在甄選員工的作業上時，就毫無異議了。因爲任何一個曾經參與過甄選過程的人——特別是檢閱簡歷、履歷，或參與面試——通常都有許多引人入勝的故事。舉例來說，思考以下幾則來自眞實面試情境所發生的事件。爲了方便理解，我們將重點，以黑體字型表示：

- 應試者在面試時**睡著了**。
- 你是否會雇用具備**WordPurpose**和**Locust技能**的應徵者。
- 應徵者解釋高中肄業的原因，是因爲他曾經**被綁架**，而且還**被關在衣櫃裡**。
- 想像一個必定會讓應徵者感到尷尬的情況，當他回頭看自己的簡歷時，發現自己寫著「**由於被起訴**〔indicted，爲indicated（值得一提）**的筆誤**〕，我有五年的投資分析經驗」。
- 另一位應徵者則不是筆誤，她在自己的履歷上註明這只是草稿。
- 一位應徵者面試時穿著非常時髦——一套深藍色細直條紋的訂

導言

一個部門或一個企業的素質好壞，有絕大部分是取決於它所雇用的員工素質。大部分主管的成功必須仰賴尋找對的員工，這些員工須具備必要的技能，以成功地完成任務，進而達成組織的策略性目標。員工管理和人力資源管理的決策和方法，對於確保組織雇用和留住適當的人員非常重要。

你可能會想「相關人員的決策當然重要，但是這些決策還不是多由處理人力資源議題的特定人員所作出的？」實際上是這樣的，在許多的組織當中，會將一些相關的活動整合起來，統稱爲**人力資源管理**（human resource management，簡稱HRM），並且由人資專家來負責進行；在其他的企業當中，人力資源管理活動則可能是外包給其他公司進行的。但是並不是所有的主管都有人資專家支援，例如小型企業的主管就是很明顯

人力資源管理（human resource management） 組織中招募、雇用、訓練、留住員工的過程。

製亞曼尼西裝、白領的埃及毛料襯衫、大紅色的領帶、黑的發亮的皮鞋，**再加上臉上有許多個環，包括四個耳環、一個舌環，外加一個在左邊鼻孔上的鼻環**——而他所要應徵的公司卻是出了名的保守企業。

- 應徵者要求和面試主考官來比一場**腕力比賽**。

如果甄選過程都這般明確，那不是很好嗎？一定會讓事情簡單多了，上面這個故事只是在說明甄選過程中會牽涉的基本議題。當然這些都比較誇張，負責人力資源的人員通常沒有這麼幸運，他們必須自己作決策，而且所有甄選活動的存在目的，只是為了作更有效率的甄選決策——試圖去預測哪一位應徵者在被雇用之後會有成功的工作表現。

資料來源：Based on vignettes cited in Stephen Mraz, "Job Interview Weirdness," *Machine Design* (September 7, 2000), p. 152; Vivian Pospisil, "Résumé Gaffes," *Industry Week* (March 1996), p. 10; Rochelle Sharpe, "Checkoffs," *Wall Street Journal* (August 8, 1995), p. A-1; and Tom Washington, "Selling Yourself in Job Interviews," *National Business Employment Weekly* (Spring/Summer 1993), p. 30.

的例子，說明主管個人必須時常在沒有人資專家輔助下，自行雇用新進人員。甚至在比較大型企業的主管也都得常常參與人員招募，檢視應徵者的履歷、面試、輔助新進員工任職，決定員工訓練的方式，提供員工職場建議，並且評估員工的表現。因此，無論一個組織是否設置人力資源管理部門，以處理相關活動，每個部門的主管都會參與該單位的人力資源決策。

圖表5-1介紹人力資源管理過程當中的關鍵要素，其中有八個活動或步驟（圖中淺灰色方框的部分），如果執行得當，會使得整個組織具有競爭力，並且使績效優良的員工長期保持他們的績效水準。

前面的三個步驟代表員工規劃：藉由招募以增加新的員工、透過人事縮編減少員工數目，以及甄選員工。如果適當執行，這些步驟將會使主管獨具慧眼，選擇具有競爭力的員工，這些步驟對於輔助組織達成目標非常重要（註1）。因此，一旦

圖表5-1 人力資源管理流程

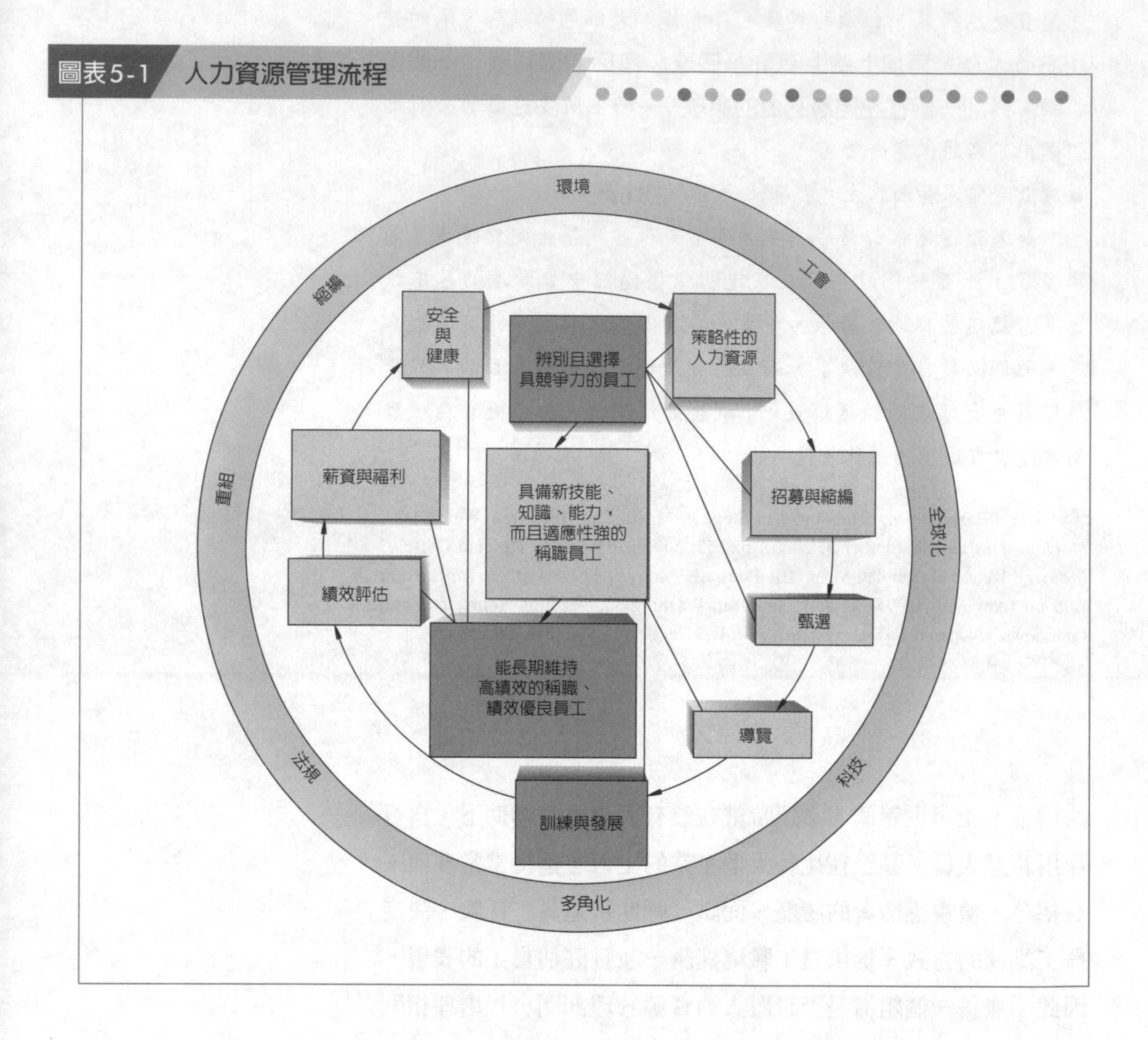

組織制定了計畫，而且組織的架構已經被設計完成了，就該是「增加」人員的時機了。這是主管所扮演最重要的角色之一。

一旦選定了一位稱職的人員，你就必須協助他們適應整個組織，而且確保他們的工作技能和知識能夠跟得上工作需求。上述的事項必須透過新進人員導覽(orientation)、訓練(training)和培育來完成。人力資源管理的最後一個步驟是用來確認績效目標，必要的時候矯正工作表現上的問題，並且協助員工在整個職涯中，維持高績效的表現。這些活動包括績效評估、薪資和福利，以及工作安全和健康。

注意圖表5-1當中，整個過程都受到外在環境的影響，許多在第2章曾經介紹過的因素（包括全球化、縮編和多角化經營）都直接影響所有的管理活動，但是影響最劇烈的應該就是人力資源的管理，因爲任何發生在組織上的轉變，最終都會影響到它的員工。所以每位主管都必須對目前相關的法律和平等就職機會的規章有基本的瞭解（見「問題思考：它安全嗎？」）。

人力資源管理的法律環境

從1960年代中期，聯邦政府就透過制定大量的法律和規章（見圖表5-2），大幅度地拓展其對人力資源管理決策上的影響力，因此，現代的管理者必須確保應徵者和員工之間存在著平等就業機會。例如：會關係到誰將被雇用或哪些員工得以接受訓練課程的決策，必須與種族、宗教信仰、年齡、膚色、國籍或殘疾等狀況無關，除非在特殊狀況下才有例外發生；舉例來說，一個社區的消防組織可以拒絕坐輪椅的人前來應徵消防隊員的工作。但是這位身心障礙者改爲應徵辦公室內的工作，例如消防部門的調度人員，那麼殘疾就不能作爲拒絕錄用的理由。然而，這些相關的議題卻非如此單純，譬如說，勞工法案保障大部分員工的宗教信仰，及其特殊的生活型態和服飾——神職人員的外袍、長的上衣、留長頭髮等等。然而，如果那個人的工作牽涉到操作機器，並且特殊的型態和服飾將會造成工作上的危險，那麼如果他不肯接受安全的服裝要求，公司就可以拒絕錄用。

試圖在「應該或不應該」參與這些法律條文之間折衝，通常屬於**承諾行動**(affirmative action)的範疇。許多的組織具有承諾行動計畫，以確保弱勢族群的員工，例如少數族群或女性員工，其升遷和留任的決策和行動受到保障，也就是說，主管不但要避免歧視發生，更試圖主動地強化受保護的團體成員的地位。

承諾行動
(affirmative action)
立法當局要求雇主應積極保障對弱勢團體的招募、篩選、訓練和升遷。

問題思考（或用於課堂討論）

它安全嗎？

今天，大多數的主管都知道他們的聘雇行爲必須符合勞動法的要求，因此，你很少見到主管會明顯拒絕一些人。然而，這並不意味著歧視不會發生。事實上，一些看起來沒有傷害性的招聘活動，卻可能讓一些人失去平等的機會。爲了瞭解這種情況，請閱讀下面可能在招聘過程中出現的情形，想想你覺得組織出現這些情況是安全的？還是有風險的。請不要考慮你是否認爲這是合法的行爲，只要考慮你認爲這是否可以接受，或者是否會給組織造成問題就可以了。

	安全	危險
1.「招聘：應屆大學畢業生，任教本地公立小學一年級。」	☐	☐
2. 一名在高級餐館工作的服務生，因其主管發現他在HIV測試中呈現陽性反應而遭解雇。	☐	☐
3. 你希望在最忙的工作年度申請12個星期的無薪假期，來照顧新生嬰兒，但主管拒絕了你的請求。	☐	☐
4. 一間百老匯電影院雇用了一名婦女擔任男洗手間的服務員。	☐	☐
5. 一名坐輪椅的人在應聘電腦程式員工作時遭到拒絕。這家擁有75名員工的公司位於一棟大樓的三樓，該大樓沒有扶手電梯，而且辦公室的門口太小，不足以讓輪椅安全通過——因此會對這個人造成危險。	☐	☐
6. 公司政策規定：「凡參加本公司應聘的求職者，必須要大學以上的文憑。」	☐	☐
7. 歐洲航空公司的一名機師慶祝他60歲生日。第二天，主管就不允許他繼續已從事23年的商務客機飛行工作。	☐	☐
8.「招聘：銷售代表；負責向地區醫院銷售醫藥用品。求職者必須有五年的銷售經驗。」	☐	☐

圖表5-2 與人力資源管理有關的美國聯邦法律與法規

年別	法律或法規	說明
1963	《公平薪資法案》	禁止因性別不同而產生同工不同酬的性別歧視。
1964（1974年修訂）	《權利法案》權利條款VII	禁止一切在雇用、解雇和晉升員工時，對員工種族、宗教、膚色、性別或者國籍方面的歧視行為。
1967（1978年修訂）	《就業年齡歧視法案》	禁止對員工進行年齡歧視；禁止對大多數員工實行強迫退休。
1973	《職業復健法案》	禁止歧視身體或心理殘障的員工。
1974	《隱私權法案》	給予員工檢視有關自我紀錄的權利。
1978	《懷孕歧視法案》權利條款III	禁止因員工懷孕而開除員工，並在產假期間確保員工的工作保障。
1978	《強制退休法案》	禁止在員工70歲以前強迫員工退休，後來修法時調降此年齡上限。
1986	《移民改革及控制法案》	禁止與非法勞工和與移民有關的不公平的勞工事務。
1988	《員工測謊保護法案》	限制雇主對員工測謊的權力。
1988	《勞工調適及再訓練通報法案》	要求雇主在關廠或大舉裁員的60天以前，必須事先告知員工。
1990	《美國殘障人士法案》	禁止歧視身體或精神殘疾的員工或慢性病患者；同時要求組織合理地規劃這些員工的工作地點。
1991	《權利法案》	重新確認和更加嚴格禁止歧視政策的法案；允許個人在蓄意歧視案件中進行懲罰性索賠。
1993	《家庭及醫療假期法案》	批准員工每年因新生或收養嬰兒、照顧配偶或小孩或身患重病的父母而申請12週的無薪假期；這項法案在員工數15人以上的組織生效。

我們的結論是，主管並不是可以完全自由的選擇他們想要雇用、升遷或開除的人員。當這些相關的規章大幅地使得組織當中，員工受歧視和不公平待遇的情形減少的同時，也降低了管理者在人力資源管理上的行動自由。

人員規劃

主管確保有適當數量和類型的人，在適當的時間，位於適當的職務，而且這些人必須兼具效能和效率，幫助組織完成整體目標，這個過程我們就稱之為**人員規劃**(employment

人員規劃
(employment planning)
評估當前人力資源狀況和未來的人力資源需求狀況；發展滿足未來人力資源需求的計畫。

planning)。如此一來，人員規劃才能將組織和部門的目標，轉變成爲達成這些目標的個人計畫。我們可以將人員規劃簡化爲兩個步驟：(1)評估當前人力資源狀況；(2)評估未來的人力資源需求狀況，並且發展滿足未來人力資源需求的計畫。

主管如何進行人員評估？

人力資源庫（human resource inventory） 列有組織內每一名員工的姓名、學歷、培訓、工作經歷、語言能力，以及其他相關資訊的資料庫。

主管透過重新檢視目前人力資源狀態著手，這個重新檢視的過程通常是透過**人力資源庫**(human resource inventory)完成。在這個擁有尖端系統的資訊時代，對大部分的主管而言，製作一份人力資源庫報告並不是件困難的事。資料來源是員工所填寫的表格，這份報告一般包括組織內所有員工的姓名、學歷、培訓、工作經歷、語言能力、專業能力和特殊技能。完成後，這份報告能夠使主管評估目前部門當中，或其他部門具有哪些才華及技能的員工。

如何評定未來的人員需求？

未來人力資源需求取決於部門的目標。對人力資源的需求是根據對部門產出的需求所決定的，主管根據必須完成的總工作量預估值，可以試著推算出爲達成目標收益，所需人力的數量和組合。

管理者評估目前的產能和未來的需求狀況之後，就能更清楚地計算兩者之間的差距──包括人員的數量和種類──而且更能看出部門中存在冗員的部分。接著，就可以發展一份配合未來員工預期需求量的計畫。所以人員規劃不只提供目前人員需求的指南，而且爲未來的人員需求和如何獲得提出規畫。

招募和甄選

主管一旦知道目前的人事狀況──無論是人員不足或是過多──他們就可以開始針對這些情況作一些改變。如果公司內部出現一個或多個職缺，他們可以透過工作分析（job analysis，見第4章）所獲得的資料作爲**招募**(recruitment)人員的指導原則——即尋找、確認，並吸引適任應徵者的過程。另一方面，如果人員計畫顯示員工過多，管理者可能會想要減少組織內員工的人數，這個活動就驅策了組織精簡或裁員等活動。

招募 (recruitment)
即尋找、確認，並吸引適任應徵者的過程。

主管從何處招募員工？

尋找求職者可以透過幾種來源——包括網際網路，圖表5-3提供了指引。選用的來源應該要反映本地的勞動市場、職位的型態或層級，以及組織的規模。

某些招募來源是否比其他管道佳？

是否有某些招募來源可以吸引比較優秀的求職者？答案通常是肯定的，大多數的研究都顯示，由現任員工推薦通常會有

圖表5-3　傳統人才招募來源

來源	優點	缺點
內部搜尋	成本低；建立員工士氣；應徵者熟悉組織環境。	來源有限；無法增加被保護團體的受雇比例。
廣告	散佈廣可以鎖定特定團體。	會有許多不合格的應徵者。
員工推薦	由現任員工提供應徵者有關組織的資訊，可以吸引較佳的求職者，因為好的求職人反映推薦人的素質。	不能增加員工的多樣性。
政府就業服務機構	免費或支付基本的費用。	雖然有具備高度技能的應徵者透過此管道，但是通常應徵者所具備的技術能力較低。
民營就業服務機構	接觸範圍廣泛；謹慎篩選；通常會有短期保證。	成本高。
校園徵才	大量且性質集中的應徵人群。	僅限於入門位階的職位。
臨時人員協助服務	滿足臨時的需要。	昂貴。
員工租賃或獨立承包商	滿足臨時的需求，但是通常是為了某些長期或特定的計畫。	除了對計畫之外，對組織無向心力。

最好的人選（註2）。這個結論可以用直覺推理來解釋：第一，這些由現任員工推薦的人選，已經由員工們預先篩選過了，因爲員工不僅知悉這個工作，而且瞭解被推薦人選的工作能力和爲人，因此會試圖推薦一個合乎職缺所需的人選。第二，現任員工通常會認爲自己所推薦的人選關係著他們在組織內的名譽，所以除非員工相信某人能夠勝任，否則就不會推薦這個人。但是這些結論不應該被解讀成，主管一定得經由現任員工推薦的管道來招募員工，因爲經由這個管道，員工的多元性和異質程度就會降低。

特殊案例：網路招募

報紙廣告和類似管道已不再是公司招募人才的主要來源，原因只有一個：網路招募。目前將近五分之四的公司利用網路招募新的員工──即在公司的網頁上增建一個招募專區（註3）。幾乎所有的組織，無論規模是大或小，都會製作專屬的網站，因此從網路上招募新血，很自然地就成爲新的招募來源。計畫大幅地由網路招募的組織，通常會設計一個專門用於招募的網站，網頁上會顯示一些典型的資訊，就像在求人廣告上會看到的一樣，例如：資格要求、資歷要求，以及提供的福利。不僅如此，網頁上還可以讓組織展現它的產品、服務、企業文化和願景。這些資訊能夠使應徵者的素質提高，而使得那些認爲與企業文化不契合的應徵者自行剔除。最好的招募網站包含了線上求職的格式，所以應徵者不必另外再將自己的履歷透過郵寄或傳真送出，只需要填寫網頁上的履歷格式，並且點選「傳送」的按鈕。許多商業網路招募服務公司，例如Monster.com也提供這些服務項目。

網路履歷 (websume) 被用來當作履歷表的網頁。

有企圖心的應徵者也會利用網路，他們設立自己的個人網頁，「推銷」他們的工作經歷，我們通常稱此爲**網路履歷** (websume)。當他們知道一個可能的職缺，就會鼓勵雇主「到我的網頁來看看」，而網頁上會有標準的履歷資訊，輔助說明的文件，有時還會有自我介紹的影片。

網路招募爲企業提供了一個成本低廉的辦法，且前所未有地獲得接近全球潛在員工的管道。舉例來說，舊金山的Joie de Hospitality公司在網路上公布了職缺的廣告，花費50美元；然而相同的廣告刊登在傳統的地方報紙求職欄上則必須花費2,000美元（註4）。另外，透過網路招募亦可增加組織的多元性，而且可以找到具有特殊才華的員工，例如具備雙語能力的員工、女性律師或非裔美籍的工程師。

最後，網路招募不僅是尋找高科技工作員工的選擇。當電腦價格下跌，使用網路的成本低廉，而且大多數的工作者都很習慣使用網際網路時，線上招募也適用於所有的非科技性的職缺——從週薪幾千美元到時新七美元的工作。

主管如何處理裁員？

過去十年當中，大多數的美國企業，包括許多的政府機構和小型公司，都被迫要減少人力或重新改變組織結構，將組織規模變小。縮編已經成爲符合動態環境需求的辦法之一。

縮編的辦法有哪些？很明顯地，可以請員工「走路」，但是其他的選擇會對組織更有利，圖表5-4就總結了主管將規模減小的主要辦法，但是請注意，不管選擇哪一種辦法，員工都會感

圖表5-4 縮編的方式

選項	說明
解雇員工	永久性非自願地終止勞資關係。
遇缺不補	在組織面臨自動離職或退休員工的職位空缺時，不遞補缺額。
調任	將員工調任，水平轉調或降級；這樣通常不會降低成本，但是可以減少組織內部供需不平衡的狀態。
減少工作時數	讓員工每週的工作時數減少，以工作分攤或是以兼差的方式，提供工作機會。
提早退休	針對年紀大或年資長的員工提供提早退休的誘因。
工作分攤	讓員工們分擔一份全職的工作。

覺不適，我們將會在本章的後段討論這些員工的現象，包括被裁員和留任的員工。

甄選員工有無基本假設？

甄選過程
(selection process)
為一個雇用過程，用來增進組織對應徵者的背景、能力和動機的瞭解。

一旦透過招募程序找到了一批應徵者，接下來的步驟就是識別出最合適的人選。重要的是，**甄選過程**(selection process)是一種預測過程，它的目的在預測哪一位應徵者一旦被雇用後，將會是最成功的；而這裡所說的成功指的是，能按照組織用於評估員工的標準，出色地完成任務。例如：在填補網路主管的職缺時，遴選程式應該能夠預測哪些應徵者能夠順利地安裝、偵測錯誤，並且管理整個組織的電腦網絡；對甄選銷售代表的職缺而言，甄選過程應該能夠預測哪個應徵者能為公司帶來高銷售量。仔細思考會發現，任何的甄選策略都可能導致四種結果，如圖表5-5所示，其中兩種結果表示正確的決策，而另外兩種則表示錯誤的決策。

正確的決策：(1)當預測應徵者能夠勝任工作，而且日後證明確實如此，或是(2)當預測應徵者不適任這個工作，結果該名應徵者的確無法勝任工作。在前一種情形中，我們成功接受了

圖表5-5 甄選決策的結果

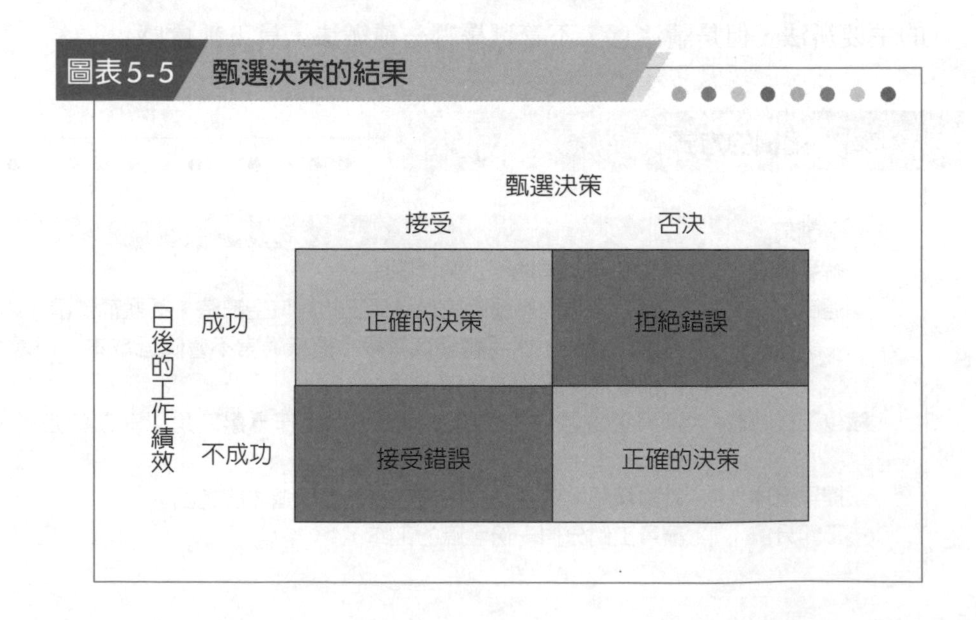

應徵者；在後一種情形當中，我們成功的否決應徵者。然而，當我們錯誤地拒絕了在工作上能夠成功完成任務的應徵者（稱爲拒絕錯誤），或是接受了那些上任後績效很差的應徵者時（接收錯誤），問題就出現了，而且不幸的是，這些問題非常嚴重。從過去的經驗來看，拒絕錯誤只是導致甄選成本增加，因爲必須要篩選更多的候選人；然而，今天甄選技術導致的拒絕錯誤，會使組織遭受有關歧視的控訴，尤其是當求職者來自受保護群體，而遭到不適當拒絕時。另一方面，接受錯誤對組織來說有非常明顯的成本，包括培訓員工的成本、生產力損失成本、解除僱用關係的成本，和進一步招募與甄選的後續成本。因此所有甄選活動的關鍵就是提高正確決策的機率，同時還要減少發生拒絕錯誤或接收錯誤的機率。我們可以透過具有效度和信度的甄選活動來達成這些目標。

什麼是信度？

信度(reliability)表示同一個甄選工具能否對同一個目標，進行連續一致的評估。例如：如果一項測試是可靠的，那麼在個體特徵保持不變的前提下，同一個人在不同時間測試結果應保持相當穩定。信度的重要程度是很明顯的，如果甄選工具的可靠性低，那麼這個甄選工具不可能有效。這相當於每天以穩定的秤來爲自己量體重，如果秤不可靠——隨機變動，每次你站上去時誤差10到15磅——那麼測量結果將沒有什麼意義，對甄選工具也是一樣的，爲進行有效地預測，它們必須具有可接受的穩定性。

信度 (reliability)
同一個甄選工具能否對同一個目標，進行連續一致的評估指標。

什麼效度？

主管所使用的任何一種甄選工具，如申請表、測試、面試或體能測驗，都必須證明其具有**效度**(validity)，也就是說，在甄選工具和一些相關的標準之間，存在可證明的關係。舉例來說，前述一位乘坐輪椅者想要應徵消防員的職缺，由於消防員

效度 (validity)
在甄選工具和一些相關的標準之間，存在可證明的關係。

體能上的要求，乘坐輪椅者無法通過體能耐力測試，然而，使用相同的體能耐力，以測驗應徵調度工作的人選，這項甄選工具就和工作內容沒有關聯。因此，法律上禁止主管使用和成功的工作績效沒有直接關聯的甄選工具。而這項限制同樣適用在應徵測驗上，主管必須證明，在測驗當中，獲得高分的人會比低分的人工作表現出色。因此，法律上的規定對主管和組織而言，要能夠證明選拔員工的甄選工具和工作績效成正相關。

測驗和面試的效果如何？

主管可以使用大量的甄選工具來減少接受錯誤和拒絕錯誤。最廣爲人知的工具包括筆試、績效模擬測驗和面試。讓我們來看看每一種工具，在特別針對它們預測工作績效的效度後，我們將會探討每種工具的使用時機。

筆試的目的？

典型的筆試包括智力、性向、能力、興趣測驗。雖然這些測驗的受歡迎程度有著週期性變化，但是長期以來，還是一直被用來當作甄選工具。在二次世界大戰後的二十年間，筆試被廣泛運用，然而，從1960年代末期開始，它們的使用顯著減少。因爲這些測驗常常被認爲是歧視行爲，而且許多組織已經不能證明它們是與工作相關。但是，自1980年代末期開始，筆試測驗重新流行，因爲管理者已經深刻體認到錯誤雇用決策的成本損失，而且適當地設計測驗方式，將有助於避免在決策時犯下相似的錯誤。除此之外，針對特定工作，還發展了一套有效的紙筆測驗，降低成本的效果非常顯著。

績效模擬測試
(performance-stimulation tests)
根據實際工作行為、工作抽樣、評鑑中心的甄選工具。

什麼是績效模擬測試？

要判斷申請人是否適合擔任微軟的技術工程師，除了讓他實際操作以外，還有其他更好的測驗方法嗎？這個問題自然導致使用**績效模擬測試**(performance-stimulation tests)的情況不斷增加。毫無疑問地，這些測試之所以受歡迎，是因爲它們根據工作分析數據而判斷，也因此會比紙筆測驗更符合工作內容的相關需求。績效模擬測試是根據實際工作行爲，而非其他的替代形式。最著名的績效模擬測試就是工作抽樣（work sampling，小規模的複製工作內容）和「評鑑中心」（assessment center，模擬工作上可能會遇到的眞實問題），前者是爲了日常性工作而設計的，而後者則是爲甄選經理人員而設計的。

面試有效嗎？

面談就像申請表一樣，幾乎是全球通用的甄選工具。我們大多需要經過一關或多關面試才能夠獲得工作（見「難題解決：壓力式面試」）。諷刺的是，以面試作爲甄選工具的價值一直存有相當大的爭議（註5）。

面試可以是兼具信度和效度的甄選工具，但是，實際情況卻常常並非如此。當面試的內容經過組織、審愼整理，而且面試官是提問共同的問題時，面試是有效的預測方式（註6）。但是這些條件往往不在多數的面試當中出現，最常見的情形是，每一位應徵者被問的問題都是隨機的，如此一來，便無法提供有用的資訊。

所有面試可能犯的錯誤可以分爲兩種：第一，內容未經過組織；第二，提問沒有標準化的問題。爲了說明，將過去相關研究整理成以下的結論：

- 對應徵者的成見會導致面試官的錯誤評估。
- 面試官常常對什麼是「好的」求職者有先入爲主的印象。
- 主考官常常會傾向於認同那些與面試官本人觀點相同的求職者。
- 求職者面試的順序常常會影響評估結果。
- 提供資訊的順序也會影響到評估結果。
- 負面資訊被賦予過高的權重。
- 主考官在面試過程當中的前四到五分鐘之內就作出了應徵者是

解決難題

壓力式面試

面試的日子終於來臨了。你已盛裝打扮，準備給面試官難忘的第一印象。終於，你見到部門主管藍佛女士(Ms. Langford)，她誠懇地與你握手，並請你放輕鬆。面試開始了！這是你期待已久的時刻。

一開始非常地客套，這個階段的問題似乎相當簡單。你的信心漸增，心裡有個聲音不斷說著，你表現得不錯——繼續保持下去。突然，面試問題有了難度，藍佛女士將身體向後靠，開始問起你離開目前工作的原因——那個你只做了18個月的工作，當你開始解釋離職理由是個人因素造成時，她又更進一步詢問，不但臉上笑容消失了，肢體語言也產生變化。於是你想：「好吧，那就實話實說吧！」因此，你告訴藍佛女士，離職是因爲你認爲前任老闆不太道德，且你不希望自己的名聲因爲老闆個人的行徑而受到影響，這個問題引起了一些爭執，而你已經厭倦了應付這種情形。藍佛女士看著你且回答道：「如果你問我，這是不是離職的充分理由，對我來說，你應該對當時的情況更加有自信。你確定有足夠的自信和待在這家公司的本事嗎？」

她怎麼這樣跟你說話！她以爲她是誰？因此你語帶憤怒的回應。結果如何？你正成爲一個求職陷阱的受害者——壓力式面試。

現今企業當中使用壓力式面試的情況愈來愈普遍。每份工作都有壓力，而且每位員工都會面臨難以應付的時刻。因此，這樣的面試成爲預測你在職場上不良條件之下如何反應。爲何如此？面試官想要觀察你在壓力之下如何反應，那些表現堅強、化解壓力的人，表示某種程度的專業和自信。壓力式面試就是要評估應徵者的這些特質，在壓力式面試當中，反應出正面態度的人，顯示出他們比較能夠處理工作上日復一日令人惱怒狀況，反之就……。

另一方面，壓力式面試也是分段進行的，面試官謹慎的引導應徵者對安全誤判——先能夠自在的應對，接著突然之間，面試氣氛驟然改變了。他們開始攻擊，而且通常是針對應徵者的弱點作人身攻擊，很可能會令人難堪，至少有蔑視的意味。

所以應該使用壓力式面試嗎？面試官是否被容許將應徵者置於一個對立的情境當中，藉以評估應徵者的專業、自信，以及他是如何面對每日的麻煩工作？人力資源管理者是否應該提倡這種可能會失控的面試方式呢？你的意見如何？

否適任的結論。

- 面試官會在得出結論後忘記大部分的面試內容。
- 面試對於確認求職者的機智、動機層次和人際處理技巧是最爲有效的。
- 有條不紊和井然有序的面試具有較高的信度（註7）。

主管如何增加面試的效度和信度（見「號外！預覽眞實工作情況」）？這幾年來，已經有許多相關的建議，我們將在本章最後的「實務上的應用」部分列出部分建議。

導覽、訓練和發展

如果你正確完成了招募和甄選任務，那麼你應該已經雇用

實際工作預覽
(realistic job preview, RIP)
包括有關工作和公司的正反兩面的資訊。

預覽眞實工作情況

號外！

那些將招募和雇用看成是向應徵者推銷工作且片面強調組織優點的主管，他們延攬進來的人，在加入組織後常會感到不滿，且有很高的流動率。

在雇用過程中，每個職位應徵者都會對公司及其面試的工作產生一系列期望。當求職者獲得的資訊過度誇大時，一系列問題就會發生，並可能對公司造成負面影響。首先，那些符合條件、但可能對工作不滿和迅速離職的應徵者不能及早從應聘過程中退出。其次，缺乏精確的資訊會導致不切實際的期望。結果是，新員工會清醒過來，很快產生不滿情緒，導致過早辭職。第三，當面對「嚴峻的」工作現實時，新員工對組織的忠誠會減弱。在許多情況下，這些人感到他們在招募過程中受騙或被誤導了，因此可能變成問題員工。

爲了提高員工的工作滿意度和減少員工流動率，主管應該提供**實際工作預覽**(realistic job preview, RJP)。實際工作預覽包括有關工作和公司的正反兩面的資訊。例如，除了在面試過程中總會提到的公司優點外，還要告知應徵者公司存在的缺點。他可能被告知在工作時間與同事交談會受到限制、晉升是緩慢的，或者工作時間很不穩定，員工可能被要求在非工作日加班（晚上和週末）。那些得到更實際工作預覽的求職者會對他們將要完成的工作抱持更低或更貼近現實的期望，而能夠更適切地處理工作和不利的因素。因此，員工意外辭職的現象將會減少。

對主管來說，實際工作預覽使他們對甄選過程有了重大的認識，那就是，留住好員工和優先雇用他們同樣重要。僅向應徵者提供有關工作的積極資訊，可能在剛開始能吸引他們加入組織，但是這樣可能導致雙方都很快後悔的結局。

資料來源：Based on S. L. Premack and J. P. Wanous, "A Meta-Analysis of Realistic Job Preview Experiments," *Journal of Applied Psychology* (November 1985), pp. 706–720.

了能夠出色完成任務的適任員工，但是要出色完成任務不僅需要某些技能。新員工必須調整自己以適應組織的文化，以及被訓練以與組織目標相一致的態度來完成工作。為了做到這些，你需要著手進行兩個過程——導覽和訓練。

如何把新員工引進組織？

導覽 (orientation)
擴增員工在招募和甄選階段所獲得的資訊；讓新員工熟悉新職務、新單位，以及組織整體面貌的活動。

人選一旦確定後，就要向他們介紹工作內容和組織概況，這個引見過程稱為**導覽**(orientation)。導覽的主要目的是減少新員工在開始一項新工作時都會有的焦慮情緒，使他們熟悉新職務、新單位，以及組織的整體面貌，並且讓交接工作順利進行。職務導覽擴增員工在招募和甄選階段所獲得的資訊，新員工可以從中明確地瞭解自己的任務和責任，以及工作績效的評估方式，同時，這也是修正新員工對工作抱持不切實際的期望的適當時機（見前頁「號外！預覽眞實工作情況」）。工作單位導覽使員工熟悉工作單位的目標，清楚瞭解自己的工作對實現工作單位目標會有什麼貢獻，以及同事間的相互認識。組織導覽告訴新員工有關組織的目標、歷史、哲學、程序和規章制度。這還應該包括相關的人事政策，如工作時間、薪資發放程序、加班要求和紅利。參觀組織的硬體設備，常常是組織導覽的一部分。

主管有責任協助新員工儘可能平穩和放鬆地融入組織中。無論是正式或是非正式的，成功的導覽都會使新員工在工作轉換中覺得更舒適，並得到有效的調整、降低工作績效不佳以及減少只工作一、兩個星期就突然辭職的可能性。

什麼是員工訓練？

一般來說，導致航空事故的元凶多半是人，不是飛機。大多數碰撞、墜毀，以及其他不幸都是由於駕駛員或空中交通指揮人員的錯誤，或是維護不善所造成；天氣和結構性錯誤引起的事故，反而只占其中很小的一部分。 這些資訊說明了在航空

大部份的飛行員是如何訓練的？透過密集的飛行模擬課程，讓飛行員宛如經歷各式各樣不同的狀況，有些甚至危及性命，不過模擬情境訓練不會因拙劣的誤判而導致嚴重的損傷。於是，飛行員接受大量的模擬訓練，絕大部分的事件在他們職業生涯中從未遇過，即使一旦碰上，他們也早已做好準備。

業中訓練的重要性。這些維修和人爲方面的失誤，可以透過增進員工訓練，而獲致遏止或顯著減少。

員工訓練(employee training)是追求員工的永久改變，以提升工作績效的一種學習經驗，因此訓練內容涵蓋技能、知識、態度或行爲。這可能意味著改變員工的知識，改變他們工作的方式，或改變他們對工作、同事、老闆和組織的態度。以美國爲例，光是商業團體每年花費在發展員工技能的正式課程和訓練方案上的費用（註8），據估計就高達三百億美元。至於員工何時該接受訓練和需要接受何種訓練，絕大多數是由主管決定。

員工訓練
(employee training)
改變員工的技能、知識、態度或行為；訓練需求由主管決定。

是否需要訓練，取決於幾個問題的答案（見圖表5-6）。圖表5-6的問題主要顯示出，可以用來提醒主管訓練幾種必要的警訊。比較明顯幾個問題是與生產力直接相關的現象，也就是工作績效下滑，包括實際產量下降、品質低劣、工安事故增多，以及不良品和報廢率上升。當你看見其中一種情形時，它通常暗示工人的技能需要調整。當然，我們在此假定員工績效的下滑與員工不努力無關。你也要認知到訓練可能是在爲「將來」作準備。工作設計或者技術突破所帶來的變革，同樣地促使員

圖表5-6 決定訓練的需求

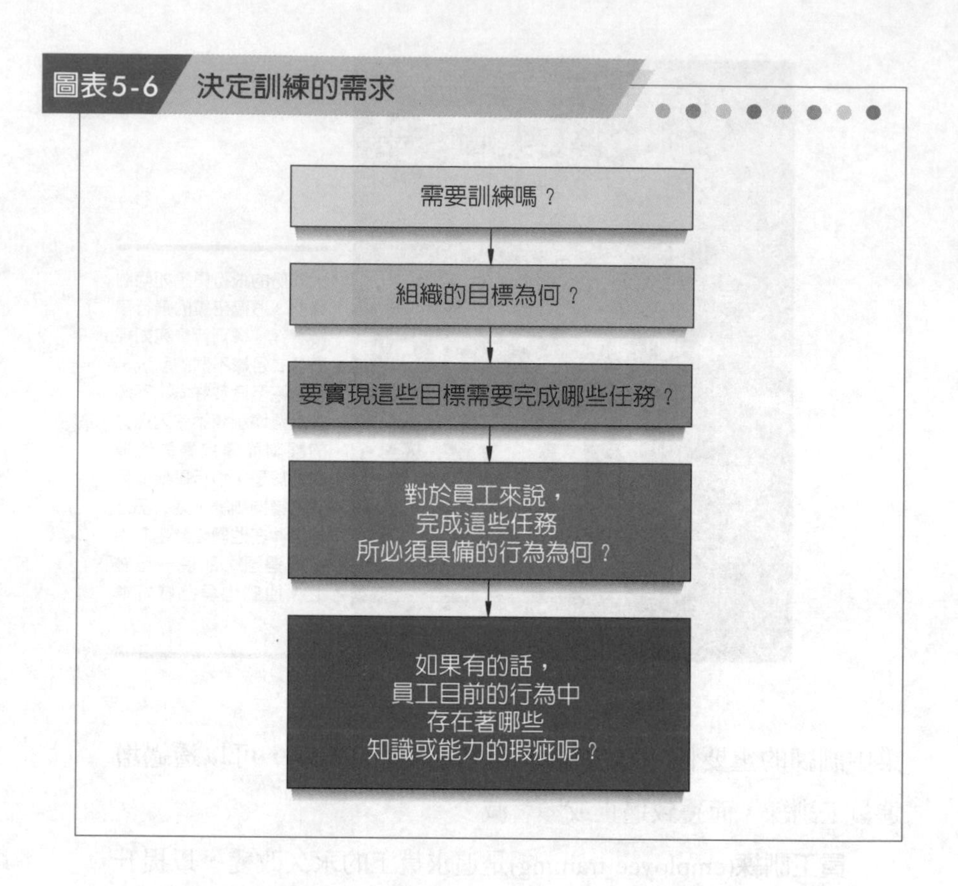

工需要接受訓練。

如何訓練員工

大部分的訓練是在工作期間進行。這是因爲在職訓練(on-the-job)的方法較簡單，成本通常也較低。然而，在職訓練會擾亂工作的秩序，並導致錯誤增加。而且，某些技能的訓練過於複雜，以致不能在工作時間內進行，此時，訓練應安排在非工作時間進行。

有哪些傳統的訓練方法？

員工訓練的方法有很多種，然而，在大多數情況下，我們可以將它們分爲兩類，即在職訓練和職外訓練(off-the-job)。我們在圖表5-7中，彙整了其中一些較爲普遍的訓練方法。

如何確保訓練是有效的？

提供一個新的訓練計畫是相當容易的，但若未對訓練所需耗費的人力和財力加以評估，那麼任何員工訓練所耗費的心力都可能被合理化。評估訓練計畫是否有常用的方法？以下情況極可能在各個組織都會出現：徵詢數名主管、極可能還有來自人力資源部門的代表，以及一群剛完成訓練計畫的員工的意見。如果整體評估結果是正面的，訓練計畫就會受到肯定，訓練計畫也就持續下去，直到某人爲了某個理由而決定計畫更改或取消。

儘管這些參與者或經理人的回應容易取得，但是他們的意見並不具效度。參與者的意見常常受到與實際培訓效果無關的因素極大影響，例如困難程度、娛樂性，或指導者的個性等。顯然，那不是我們討論的評估項目。撇開那些一般性的反應，你要做的評估是，參與者學到了多少、他們是否將所學到的新

圖表5-7　典型的培訓方法

在職訓練	描述
學徒制	一段時間內——一般是二至五年——員工在師傅的指導下學習專業技術。
職業指導訓練	一種系統的在職培訓方法，包括透過向受訓員工解釋工作相關事宜，使受訓者做好準備；提供工作指引；讓受訓者試作，反應他們對工作的理解程度；以及將受訓者安排在資深員工手下工作。

職外訓練	描述
講座	利用講座以培養人際、技術或解決問題的專業能力。
多媒體	使用各種媒體產品來展示專業技能和傳播特殊資訊。
模擬練習	透過實際演練工作任務進行訓練。這可能包括案例分析、經驗指導、角色扮演和群體決策制定。
以電腦為介面訓練	模擬工作環境，編寫程式，由電腦上模擬某些工作中的真實情形。
技工訓練	使用工作中的實際裝備進行訓練，但訓練遠離工作地點進行——模擬工作場所。
程式化指引	將訓練內容濃縮成高度結構化、邏輯化的系列課程。可能包括電腦方法、互動式影碟或虛擬現實情境。

技能運用在工作上（他們的態度是否改變了？），以及這個訓練計畫是否確實達到了預期結果（降低流動率、提升顧客服務等等）（註9）。

績效評估

對主管而言，能夠讓員工依照組織的期望表現是很重要的。管理者如何確保員工有預期的績效表現？在組織當中，評估員工工作表現的正式辦法就是透過系統性的績效評估流程，我們將會在第12章更加深入介紹這個主題。

薪酬和紅利

你打開報紙，發現一則引人注目的徵才廣告「我們徵求：努力工作的人，願意每週工作60小時，工作環境佳。這份工作沒有任何薪水，但是可讓你有機會說『我做到了』。」有興趣嗎？應該還不至於！事實上，儘管偶有例外，大部分的人都還是爲了錢而工作。工作所支付給我們的，和我們從中獲得的利益，就是所謂的薪酬和福利。決定薪酬和福利的條件無疑地不是件簡單的事情──而且常常不在部門主管的控制範圍內。雖然主管很少有機會制定薪資標準，瞭解薪資率的來源還是相當重要。

如何決定薪資水準？

一個組織是如何決定某名員工時薪14.65美元，而另一位年薪325,000元呢？這個答案可以透過**薪酬管理**(compensation administration)回答。薪酬管理的目標是設計出一個具有成本效率的薪資結構，既能夠吸引和留住有競爭力的員工，並且能提供誘因讓員工努力工作。薪酬管理也試圖確保薪資水準對每一個員工而言都是公平的。所謂的公平意指，建立能滿足需求而

薪酬管理
(compensation administration)
設計出一個具有成本效率的薪資結構的過程，這個薪資結構既能吸引、留住有競爭力的員工，且能提供誘因讓員工努力工作。

且具一致性的給付水準。因此，主要的決定準則就是依據員工的工作表現。不同的工作需要不同層次的技術、知識和能力——並且根據他們對組織的價值而有所變化，當然工作職位不同，也會有不同的責任與權力。簡而言之，愈是需要高度技術、知識和能力，以及掌握愈大的權力和擔負愈多得責任的職位，薪水就愈高。

儘管技術、能力和類似的相關因素都直接影響給付水準，然而其他的因素也會造成影響。給付水準也會受到企業、環境、地理位置，以及工作層級、年資的影響。例如：相同的職位通常在私人企業比在公家機關的薪資高；而在危險條件下工作的員工（例如在空中建造兩百呎長的橋的工人）、特殊工作時段（譬如說大夜班），或是在物價水準比較高的地理區域（好比紐約市比起亞利桑那州的Tucson市），通常都會有較高的薪資。同樣地，在組織當中年資歷較高的員工薪水，也會每年調增。

不考慮這些因素，另一個最爲重要的因素是——企業的薪酬給付哲學。舉例來說，某些企業會給予員工超出必要程度的薪資水準，相對地，某些企業則只會給予公司大部分的員工最低程度的薪資水準。另一方面，某些組織則承諾員工在表現優良的時候，給予高過原本薪資的水準。

爲什麼組織會提供員工福利？

當一個組織設計其整體報酬組合，應該不僅止於時薪、年薪的設計，而應該考量另一個要素：**員工福利**(employment benefits)。員工福利是非財務上的獎賞，用以豐富員工的生活。在過去的幾十年當中，員工福利的重要性和多樣性不斷增加。曾經僅被視爲津貼的員工福利組合，現在則可反映出每個員工不凡的身價。

員工福利
(employment benefits)
非財務上的獎賞，用以豐富員工的生活。

組織所提供的福利隨著範疇不同變化很大，大部分的組織都受到法律上規範，必須提供社會平安保險和勞工、失業補貼，但是企業也提供一系列的福利，比如：年假、殘疾生命保險、退休計畫，以及健保等，這些成本，比如說退休和健康保險的福利，通常是由員工和雇主共同負擔。

人力資源管理的新議題

我們以幾個現今主管所會面臨的人力資源管理議題作爲本章的結尾，這些議題包括：工作團隊的多樣性、性騷擾，以及裁員倖存者症候群。

主管如何面對工作團隊的多元性？

我們在本書前面曾經談過工作團隊面貌轉變的情形。接下來讓我們看看工作團隊的多元化如何影響人力資源管理的基本議題，包括招募、甄選，以及新進員工訓練（導覽）。

增加工作團隊的多元性需要主管擴大其招募網絡，舉例來說，目前流行由內部員工推薦人選的方式，將會導致員工之間的特性過於相似，因此主管必須透過以往不曾利用過的來源，尋找應徵者。爲了增加多元性，愈來愈多的主管進而使用非傳統的招募來源，這些包括：女性工作網絡、50歲俱樂部、市區的人力銀行、殘障人士職業訓練中心、特定族群的報紙，以及同性戀權益組織。這種向外接觸應徵者的方式，使得組織能夠增加應徵者的多樣化。

一旦有了一組多樣化的應徵者，就必須注意確保甄選過程沒有歧視，除此之外，必須讓應徵者對組織文化感到自在，而且主管必須接納他們的需求。

最後，對女性和弱勢族群而言，新進員工訓練通常是很難進行的。許多現代組織，例如Lotus公司和惠普（HP），都提供特殊的工作空間，以包容員工之間的異質性，這些努力都是爲了增進每個人對其他人的瞭解程度。

什麼是性騷擾？

無論是私人或公家機關，性騷擾都是一個嚴肅的議題。美國聯邦平等就業機會委員會(EEOC)每年都會接獲超過15,000件的投訴（註10），在這些案件中，不只因爲訴訟爲這些公司帶來龐大的訴訟費用，性騷擾也被評估爲公司當前最大的單一經濟威脅——甚至可以造成公司的股價下滑30%以上。舉例來說，三菱爲了公司內300名婦女頻頻受到的性騷擾情況，付出3,400萬美元（註11），不過，還不僅止於審判的賠償，性騷擾還會造成曠職、低生產力、人員流動率高的損失，估計可達數百萬美元，可說是損失慘重（註12）。此外，性騷擾不僅是美國獨有的現象，它已是個全球性議題。舉例來說，在日本、澳大利亞、荷蘭、比利時、紐西蘭、瑞典、愛爾蘭和墨西哥（註13），也有雇主性騷擾的指控。儘管大家討論的焦點都放在性騷擾案件中法院所判決巨額的賠償金，但對主管而言，還有其他值得關心的事——性騷擾爲團體成員帶來一個不愉快的工作環境，並使他們無法在工作上發揮所長。但是，到底什麼是性騷擾呢？

性騷擾(sexual harassment)可以被視爲任何影響個人在工作中的非自願且有關於性的本質的活動，它發生在組織的員工中，或是員工和非雇員之間——在異性或同性間都可能發生。很多關於性騷擾的問題影響了何者要爲這種違法行爲作規範，在1993年，聯邦平等就業機會委員會設定了三種可能發生性騷擾的情況，這些是口語上或身體上會發生於個人的情況：

1. 製造一個脅迫性、侵略性或有敵意的環境；
2. 沒有理由的干擾一個人的工作；或
3. 蓄意地影響一個勞工的受雇機會。

性騷擾
(sexual harassment)
任何影響個人在工作中的非自願且有關於性的本質的活動，它發生在組織的員工中，或是員工和非雇員之間——在異性與或同性間都可能發生。

對於許多組織和他們的管理者來說，工作環境存在侵略性或具有敵意是個很棘手的問題（註14），到底是什麼原因造成了這樣的環境呢？舉例來說，在辦公室裡，有性暗示的言語是否會造成一個有敵意的環境呢？那黃色笑話呢？全裸的圖片？答案是肯定的！這和在這個環境中工作的人有關，這告訴了我們什麼？重點是我們要知道是什麼原因讓員工心裡不舒服，如果我們不知道，那我們應該向員工問明白。

如果性騷擾對組織帶來潛在的支出，主管能爲他們自己和組織做些什麼呢？法院通常想要知道兩件事情——主管是否對這項行爲知情？還有他們做了什麼補救措施？今天，在公司面臨大筆的賠償金額時，主管更需要教育他們的員工關於性騷擾的問題。更甚者，在1998年六月，高等法院判定性騷擾在雇員沒有承受任何負面的工作影響下仍然成立（註15），高等法院在這件案子的判決書中指出，「騷擾被定義爲主管醜陋的行爲，而不是隨後發生在員工在身上的事」（註16）。

最後，無論任何時候涉及性騷擾事件，主管應該要記得，騷擾者也擁有他們的權利，這表示，在徹底的調查之前，不應該有任何的行動，再者，在對任何有騷擾嫌疑的人作處置前，調查結果應該交由獨立且客觀的個體作檢視。就算是如此，騷擾者應該有機會對指控作回應，而且如果需要的話，有接受紀律聽證的機會，此外，對於騷擾者而言，上訴到較高層、但未涉入此案件的管理層級的途徑，應該要存在。

「倖存者」如何面對裁員？

如同我們在第2章所討論的，在過去十幾年間的組織發展趨勢中，其中一個最顯著的現象就是組織縮編。很多組織對於協助被裁員者的處理方式作得相當完善，像是提供多樣的求職服務、心理諮詢、支援團體、急難救助金、延長的健保福利，以及一些細節的溝通。雖然有些員工對於被裁員具有相當負面的反應（在最嚴重的案例中，有人返回公司並犯下某些形式的暴力行爲），但提供這些協助顯示出組織眞正關心以前的雇員。不幸的是，組織對於留下來、要使組織繼續營運或甚至振衰起敝的員工，往往做得很少。

你也許會驚訝，被裁員者和沒有被裁員者同樣都有挫折、焦慮，以及失落感（註17），但是被裁員的人能夠重新開始一個新的紀錄，並且有一個開朗的心境，而沒有被裁員的員工並非如此，一個新的併發症在愈來愈多的部門出現──「**裁員倖存者症候群**」(layoff-survivor sickness)，它是一個在非自願性裁員後所留下來的關於態度、感知能力，及行為的組合，症狀包括：工作上的不安定感，對於不公平的洞察、罪惡感、情緒低落、增加了工作負擔所帶來的壓力、害怕改變、失去忠誠度和承諾、減少在工作上的努力，以及不願意在最低的工作需求以外作任何事。

裁員倖存者症候群 (layoff-survivor sickness) 在組織非自願性裁員中倖存員工的態度、感知、行為組合。

要處理這個裁員倖存者併發症，主管必須要提供員工與諮商人員談論他們的罪惡感、憤怒和焦慮的機會，團體討論同樣可以提供倖存者宣洩他們的感覺，有些組織將在縮編上所作的努力，當作是激發員工、貫徹實行新增的員工參與課程，像是賦權和自我管理工作團隊等。簡言之，為了維持高昂的士氣和高度生產力，任何方法，只要能使留任的個人瞭解自己是珍貴且被需要的資產，都應該要嘗試。

總複習

本章小結

閱讀本章後，你能夠：

1. **描述人力資源管理的流程**：人力資源管理流程試圖處理組織的人事問題，並且透過策略性的人力資源規劃、招募或人事縮編、甄選、導覽、訓練、績效評估、薪酬及福利、安全和健康，以及處理最新的人力資源管理議題，以維持員工的高績效表現。
2. **說明政府的相關法規對人力資源決策的影響**：從1960年代中期，美國聯邦政府就透過制定大量的法律和規章，大幅度地拓展其對人力資源管理決策上的影響力。由於政府對於提供平等工作權利的努力，管理者必須確保關鍵的人力資源管理決策——像是招募、甄選、訓練、晉升和裁員——並非依據個人的種族、性別、宗教、年齡、膚色、國籍和殘疾而決定。如果組織違反相關法律，將會被判處罰鍰。
3. **比較各種招募和組織縮編的方式**：招募是為了尋找一群潛在的工作候選人，典型的來源包括內部搜尋、廣告、員工推薦、人力仲介、教育機構，以及臨時工作協助服務。人事縮編通常是為了減少組織內員工人數，方法包括解雇、人事自然縮減、調任、降低工作時數、提早退休和工作分攤。
4. **解釋甄選的效度和信度之重要性**：所有的人力資源管理決策都必須依據具有效度和信度的因素或準則。如果甄選方法不可靠，那麼它就不是個穩定的衡量方法。如果甄選方法未奏效，那麼就無法證明甄選方法與工作表現之間呈相關性。
5. **說明各類工作的最佳員工甄選方法**：甄選方法必須與工作性質相配合。工作抽樣通常適合基層的工作，評鑑中心則適合經理人員的職位。而以面試作為甄選工具的話，其效度隨著職位的層級愈高就愈顯著。
6. **辨別不同的員工訓練方法**：員工訓練辦法分為在職訓練和職外訓練，常用的在職訓練包括工作輪調、職業指導訓練、學徒制。而常用的職外訓練則包括講座、多媒體和模擬演練。
7. **描述薪酬管理的目的和影響薪資結構的因素**：薪酬管理試圖確保薪資水準對每一個員工而言都是公平的，無論報酬水準如何。而所謂的公平意指的是，建立能滿足需求，而且具一致性的給付水準。因此，主要的決定準則就是依據員工的工作表現。

8. **解釋性騷擾和裁員倖存者症候群的涵義**：性騷擾可以被視爲任何影響個人在工作中的非自願且有關於性的本質的活動——例如製造一個具有敵意的環境；干擾他人工作；或蓄意地影響一個勞工的受雇機會。裁員倖存者症候群代表的是一個在非自願性裁員後所留下來的關於態度、感知能力，及行爲的情形。

問題討論

1. 討論爲什麼主管需要瞭解員工招募和甄選方面的常識？
2. 對主管來說，爲什麼瞭解平等就業機會法是重要的？
3. 比較職務說明和職務規範。
4. 利用廣告作爲招募來源，要如何發揮其作用？
5. 爲什麼員工推薦被認爲是一種最佳的職位應徵者來源？它會造成什麼問題？
6. 請解釋甄選工具的信度和效度的重要性？
7. 爲什麼工作抽樣作爲甄選工具會比書面測驗更爲有效？
8. 解釋爲什麼主管要給候選人提供現實的工作預覽，並且花時間爲新員工導覽。
9. 員工訓練和員工發展的區別表現在什麼地方？

實務上的應用

面試

每位主管都需要培養面試求職者的能力，以下步驟清楚指出相關技能的關鍵方法。

實務作法

步驟一：重新翻閱職務說明和職務規範

翻閱與職務相關的資訊，可以讓你知道，需要對求職者進行哪些方面的評估，並且相關的職務要求有助於消除面試中的偏見。

步驟二：準備要向所有求職者提問的一系列系統化的問題

準備好提問內容，可以確保你獲得想知道的資訊。而且通過詢問相似的問題，你可以更適切的將所有求職者的答案，按照同一個基準進行比較。

步驟三：在會見求職者之前，重新檢查他的申請表和履歷

這樣做能夠幫助你根據履歷或申請表所提供的資訊比對職務要，描繪出求職者的完整輪廓。你也會開始發現，需要在面試過程中，進一步蒐集資訊的方向。在履歷或申請表上沒有清楚闡述，但對職務有重要影響的方面，應該成爲你和求職者進行討論的焦點。

步驟四：開始面試時，讓求職者放鬆心情，使之瞭解面試的主要內容

面試會給求職者造成壓力，以閒聊的方式開始，例如天氣，可以給求職者時間進行調整，以適應面試的氣氛。透過簡要陳述即將討論的主題，可以讓求職者瞭解面試過程安排，這有助於應徵者構思答案，以回應你的問題。

步驟五：提問且仔細傾聽求職者的回答

從求職者的回答中，自然地引出問題。留意求職者的回答，因爲你可以從中瞭解相關資訊，以確保候選人符合職務要求。對於你不確定的任何方面，應該繼續提問，以獲取更深入的資訊。

步驟六：結束面試時，要向求職者說明你的下一步行動

求職者急於知道你的決定，預先告訴求職者還有哪些人將會接受面試，以及在甄選過程中還剩下哪些步驟。如果你打算在兩週後作決定，請讓求職者瞭解你的想法。此外。告訴求職者你會如何傳達最後的決定。

步驟七：在記憶猶新時記下你對應徵者的評估

不要等到一天結束，面試完幾個應徵者之後才記下你的分析。靠回憶也許會判斷錯誤！你在面試後，愈早完成紀錄，就愈有機會對面試中發生的事情，作出準確的紀錄。

有效溝通

1. 造訪貴校的學生輔導中心，並預約和職涯諮詢人員的面談。在面談中，詢問諮詢人員如何在面試中脫穎而出，特別注意校園招募人員當天關心的重點、你應該如何準備面談，以及你預先設想的可能問題中，有哪些出現在面試中。面談結束後，撰寫三至五頁的面談摘要，並歸納整理出有助於你未來求職的重要資訊。
2. 瀏覽EECO的網站(http://www.eeco.gov)，研究向EECO申請付費的流程，評估EECO所收集有關性騷擾的數據和統計報告，記錄過去三年仍未和解的個案數目、已和解的個案數目，以及和解金額。

個案

個案1：網路求職

當你已經有效做出計畫，並且組織好員工之後，你就應該把注意力轉向雇用合適的人選。將確定的工作和與之相關的技能對應於特殊類型的員工，但這些員工不會自行出現。你必須主動尋找、雇用和保留合格人員的程序。

當你告知「公眾」存在職位空缺的時候，這個程序就開始了。通常，你會公布資訊以便許多潛在的職位應徵者作出回應。然後，在與最有希望的應徵者交流幾次之後，你就可以雇用那些最能適切地展示技能、知識和出色完成工作的應徵者。

幾年前，整個過程主要是由書面和面對面交流方式占主導地位。如今，技術正在使這個過程發生改變。對於我們即將探討的個案主角亨利・魯(Henry Lu)這樣的人來說，求職已經走向了網路時代。今天組織中的許多工作受到技術的重大影響。相應地，求職者必須能夠證明具有工作所要求的技能，並且能夠爲組織做出特殊貢獻。通過書信，向雇主陳述能力通常不如向潛在雇主當面展示有效。當賓夕法尼亞大學的四年級學生亨利想讓雇主知道他懂的技術時，他選擇了電子簡歷。透過在網際網路上建立個人網頁，亨利能夠向未來的雇主提供他所設計的網頁。然而，電子簡歷只是一個開端。透過連結其他網頁，像亨利這樣的求職者將可提供個人重要資訊的各類網站提供給未來雇主參考。例如，亨利可以提供他所就讀的大學的詳細情況和主修課程。他還可以展示一些已完成的作品或以圖表的形式強調其他能夠表明他適合這個組織的相關資料。

運用網際網路求職的趨勢方興未艾，而且愈來愈多的雇主也在利用這種技術，它肯定還會持續獲得增長的動力。而就目前來說，爲獲得高技術要求的工作，而使用網際網路作爲一種展現個人技能的方式肯定可以獲得競爭優勢。

案例討論

1. 描述求職者將簡歷放在網路上的意義。
2. 電子簡歷怎樣才能幫助你確認求職者擁有的技術？如果你發現另一個人建立求職者的個人網頁，會有什麼反應？請解釋。
3. 請描述一個甄選過程，證明像亨利・魯這樣的求職者確實擁有網際網路相關工作所要求的技能。

個案2：美國人力銀行

當安潔妮·潘陶(Anjali Patel)在高一暑假到一家臨時服務機構工作時，她決不會想到自己會成爲美國人力銀行的一名長期員工，更不用說成爲主管了。起初，她的目標是賺錢買衣服和滑雪旅行。不久，她的目標轉向攢錢上大學，先是半工半讀，然後轉成全日制。當成爲美國人力銀行的主管時，她的目標則是獲得一份長期的好工作。

透過在美國人力銀行指派的各種臨時工作，她得以對臨時雇主的工作環境進行多方面評估。她很快地瞭解出自己喜歡的工作環境和喜歡接觸人群的特質。她喜歡與不同個性的人共事，也喜歡結識新員工。她特別喜歡那些能夠相互交流、積極性高和創造力強的人。她對日新月異、繁忙瑣碎的工作情有獨鐘。她還喜歡開發新的應用軟體，並尋找更好、更有效率的工具來完成工作。

美國人力銀行要求安潔妮長期爲他們工作並不奇怪，因爲安潔妮的工作風格非常適合這家公司。在從事監督臨時工人與臨時工作間的速配過程這項新工作中，她發現自己需要良好的評估技能，評估求職者的技能和評估業務需求的技能，以及有效監督一小群就業速配專家的工作能力。

案例討論

1. 對安潔妮來說，爲什麼瞭解影響人力資源的法律和規章是重要的？爲什麼她應該從員工和雇主的雙重角度來理解它們？
2. 對安潔妮來說，爲什麼懂得如何確定員工的需求是重要的？
3. 安潔妮可以使用哪些招募方法，以確保獲得合適的人選，滿足社會要求？請解釋爲什麼是這種方法而不是其他？
4. 在你所住的社區裡進行調查至少五家企業的員工甄選過程。提出諸如此類的問題：他們需要什麼類型的員工，以及多少次的測試？是否需要申請表、工作抽樣，或者其他類似的名目？如果需要，是哪一類型？目的爲何？如何預測應徵者的成功可能性？面試有多重要？簡歷有多重要？追蹤信件和電話呢？誰負責面試及需要多長時間？雇用新員工的最終決定權在誰手中？新員工需要何種類型的導覽和訓練？

第6章

設計和執行控制

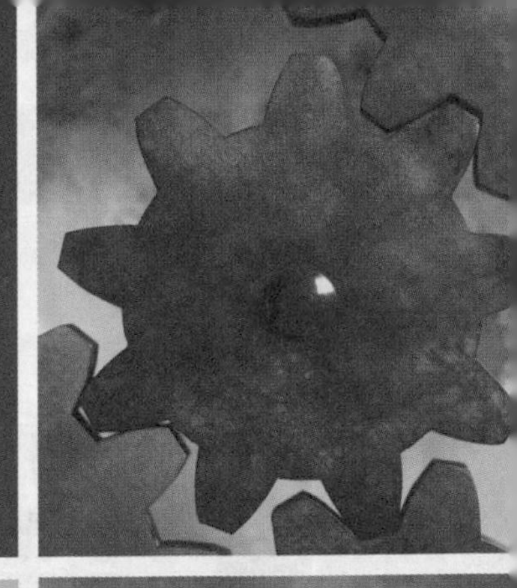

學習目標  關鍵詞彙

讀完本章之後，你應該能夠：

1. 描述控制過程。
2. 比較兩種改正行為。
3. 比較預防控制、同步控制和改正控制。
4. 解釋主管如何降低成本。
5. 列出有效控制系統的特徵。
6. 解釋控制所引起的潛在負面的影響。
7. 解釋「即時庫存系統」(just-in-time inventory systems)的意義。
8. 描述「供應鏈管理」(supply chain management)的定義。
9. 舉出監督員工道德上兩難的困境。

讀完本章之後，你應該能夠解釋下列專業名詞和術語：

- **基本改正行動**
- **因果圖**
- **同步控制**
- **例外控制**
- **管制圖**
- **控制程序**
- **改正控制**
- **流程圖**
- **即時改正行動**
- **即時(JIT)庫存系統**
- **看板**
- **預防控制**
- **品質管制**
- **變異範圍**
- **散布圖**
- **供應鏈管理**

有效能的績效表現

美國最大的咖啡商港——紐奧良(New Orleans)，有一家企業正以嶄新的手法經營過時的產品。福瑞德可．帕克瑞尼(Frederico Pacorini)的SiloCaf是全面電腦化的大型咖啡倉儲處理及加工機構，在這裡，傳統產業與尖端技術產生交會，「控制」展現出全新的風貌。

SiloCaf成立於1933年，以貨運起家。貨運公司的工作，就是把產品從甲地運送到乙地。SiloCaf以運送咖啡為主，它在控制及監督整個處理過程的運作方式上，與其所發展出來的技術有關。為什麼SiloCaf要為看似簡單的產品作技術方面的投資呢？主要的原因是為了讓顧客每次購買的咖啡，口感都一樣。咖啡是一種天然的產品，每批採收的咖啡豆在口感上會有些差異，如果沒有一些控制咖啡混合的方法，要維持口感的一致性是非常困難的，這對佛吉斯(Folgers)這樣的大客户來說，尤其重要。此外，在美國，有將近三分之一的咖啡是在紐奧良的工廠完成加工，如果沒有技術方面的支援，沒有任何一家公司可以滿足顧客對品質的要求。最後，SiloCaf以完善的資訊系統及先進的電腦技術解決了這些難題。

摩西摩．塔瑪(Mossimo Toma)是SiloCaf的系統及資源的基層主管(supervisor)，他負責監督咖啡混合的過程。在SiloCaf的倉庫裡，每個禮拜都有上千萬磅的咖啡豆從世界各地送來，進行加工。經過加工之後，這些咖啡豆會被裝袋或是用大型貨櫃運送到咖啡烘焙公司。在加工過程中的任何時點，約有三千五百萬磅至

導言

你擬好了計劃，也釐清了部門目標，你的部門將被組織起來，全力達成目標。你聘請優秀的員工，並且為部屬們設定工作目標。而部門的預算和重要的進度表也配合計劃應蘊而生。下一步，你要關心的是，這些計劃是否都已完成？除非你像SiloCaf的主管一樣，也能控管這些計劃，否則你不會知道它們是否都已完成！

正如第1章所描述，控制是管理功能中的監控作業，用以確

四千萬磅的咖啡在SiloCaf的設備裡，如果你仔細思考每磅咖啡的價格，SiloCaf所擁有的是極有價值的資源。事實上，SiloCaf根本不曾坐擁這些咖啡，其實，咖啡的所有權是屬於烘焙公司或是把咖啡送到烘焙公司的經銷商。

SiloCaf紐奧良廠的所有機械設備都是從義大利買來的——這家企業最早就是在義大利發展這些技術。創辦者的兒子也就是紐奧良廠的廠長佛瑞德 (Frederico Pacirini)提到技術對他們這行相當重要，因爲有了技術的支援，他們才能夠提供客户（烘焙公司）需要的所有混合方式，並讓不同的混合過程發揮最大的效益。SiloCaf的員工拿到各種咖啡混合比例的連續統計報表，依照報表檢視出口感一致的混合比例，這種技術對於維持產品品質的穩定性相當重要，也符合了顧客最根本的要求。此外，也有助於員工們管理咖啡原豆在運送到烘焙公司之前的清潔、分類及裝袋等工作。

你可能會認爲，高科技的控制作業所費不貲。其實不然！SiloCaf解決咖啡口感一致性的技術，不但簡單，而且不貴。事實上，該企業在技術上的投資只佔所有工廠設備投資額的百分之一而已。

資料來源：Based on company Web site information: "SiloCaf," "Quality," "Technology," and "History," www.silocaf.com (August 14, 2002); and *Small Business 2000,* Show 109.

保各項工作能按照計劃完成，並且改正任何明顯的偏差。本章中將提到，主管如何有效地進行控制，也會特別詳述控制的程序，討論控制的最佳時點，訂出重點控制的主要範圍，和描述有效控制的特徵。我們還會指出主管應該避免哪些由控制所引起潛在的負面影響。

控制程序

控制程序(control process)包括三個的步驟：(1)衡量實際績效

控制程序 (control process)
三步驟的程序：(1)衡量實際績效；(2)比較實際績效和標準；(3)採取改正行動。

圖表6-1 控制程序

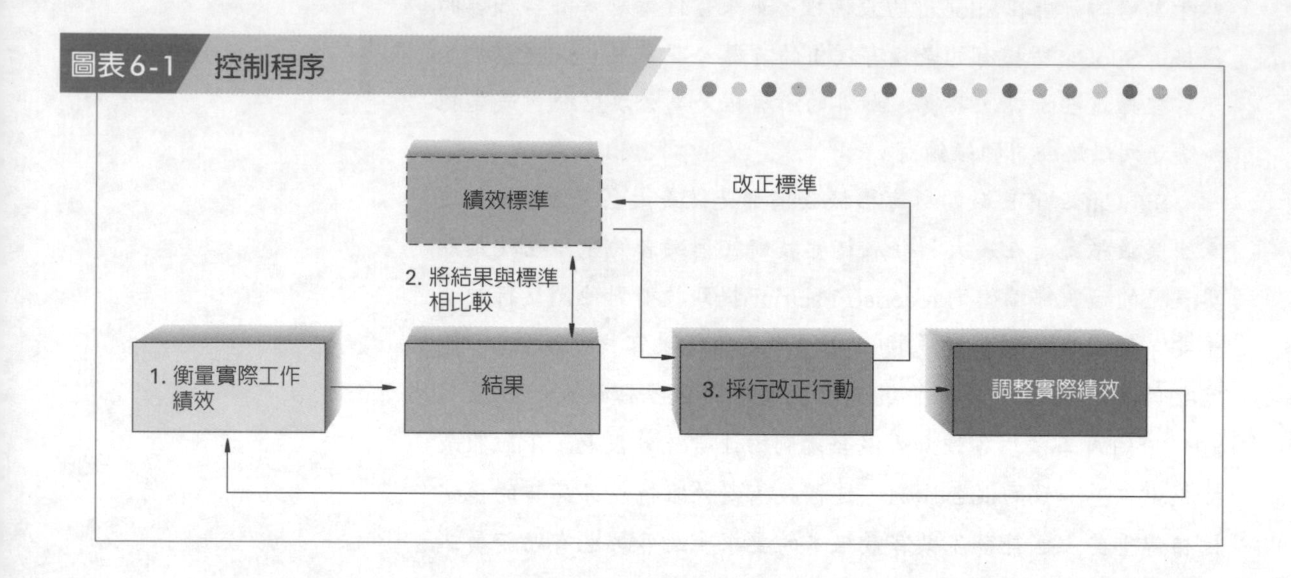

(actural performance)；(2)比較結果與標準(standard)之間的差異(variation)；(3)採取改正行動（請參考圖表6-1）。在分別討論這三個步驟之前，你應該清楚，控制程序的前提是假設先績效衡量標準已經存在。這些標準就是在計畫程序中所設定的目標，再加以展開。所以，計畫必須發生於控制程序之前。

如果公司內部實施目標管理(Management by Objectives, MBO)，則該目標就是衡量實際績效的標準。這是因爲目標管理整合了計畫和控制，提供一套管理者所要達成的目標或標準。即使未採用目標管理，那麼標準仍然是衡量設備使用、資源使用，以及品質、員工生產力等的特定績效指標。標準也可以應用於個人、團隊、部門或整個組織。常用的績效標準包括工廠生產力、每小時產品生產量、平均每單位產品耗費量、因工傷耗費的工時、缺勤率、投資報酬、單位銷售成本、毛利率和各區銷售總額等。

如何衡量實際績效？

爲了掌握實際績效，我們必須取得相關資訊。因此，控制的第一步就是衡量(measuring)。讓我們來思考如何衡量？以及衡量些什麼？

衡量方式

主管常用來衡量實際績效的四種資訊來源包括：個人觀察、統計報告、口頭報告和書面報告等。

個人觀察(personal observation)提供實際工作表現的第一手直接資料，所以，個人觀察可能是主管使用最多的評估方法。實際上，它已經被定名爲走動式管理(MBWA；management by walking around)。走動式管理所觀察的範圍極廣，無論是次要的還是主要的工作績效，它都能觀察到，而且主管也藉機得到一些弦外之音。運用個人觀察，還能從語言信息、面部表情和語音語調等方面得到一些其他方法可能會忽略的訊息。

目前，電腦的普及使主管越來越依賴*統計報表*(statistical reports)來衡量員工的績效。這些衡量工具當然不是僅僅侷限於電腦的輸出報表，同時它還包括圖表、長條圖，以及數字化的各種可能格式。

資訊也可以透過*口頭報告*(oral reports)來傳遞，例如會議、協商、一對一的談話等等。口頭報告的優點在於它傳遞速度快，可以立即得到回應，而且除了語句本身之外，語言的表述方式和講述時的語調也能透露某些訊息。

實際績效還可以透過*書面報告*(written reports)來衡量。書面報告的正式化特質，使得它比起口頭報告來說，更爲簡明易懂，也便於歸檔和檢索。書面報告經常與統計報表合併使用，也可在口頭報告前後使用。

衡量指標

在控制過程中，衡量什麼或許比如何衡量更重要。因爲選擇錯誤的衡量指標會導致嚴重的偏差結果（本章稍後會提到），更會誤導員工努力的方向重點。

舉例來說，假設你是某大型醫院資訊部的主管。你希望部屬早上八點鐘上班。每天早上八點一到，你就在辦公室四處巡視，看看員工們是否到齊。通常你會發現，放在桌上的錢包和午餐盒、打開的公文包、掛在椅背上的大衣，以及其他物品，表示他們已經來了，只不過大部分的人還在樓下的餐廳喝著咖啡。你的員工只是保證在八點鐘能進到辦公室，因爲上司說過，這是嚴格控制的衡量指標，但是，「到辦公室」並不代表他們確實在工作。

請記住，有些控制的衡量指標適用於絕大部分的管理工作，有些僅適用於特定工作。比如說，所有的主管管理工廠裏一切的作業，因此，諸如員工滿意度、出勤率等衡量指標是普遍適用的。又如，幾乎所有的主管在其權責範圍內，必須管理部份的預算，所以，控制成本在預算額度內，也是一般性的控制衡量項目。然而，控制的指標也有因主管工作性質不同而異。製造業生產部門的主管可能會使用日生產量、單位人工小時產量、癈品率，或者顧客退貨率等作爲衡量指標；政府行政部門的基層主管可能會使用每天處理文件的頁數、處理各項指示的數量，或者處理服務電話所需的平均時間等作爲衡量績效的指標；銷售部門的經理則會經常使用市場占有率、客單價，或銷售人員拜訪客戶數量等作爲衡量的指標；關鍵是你所衡量的必須符合你的部門目標。

如何將結果與標準做比較？

透過比較(comparing)，可確定實際績效與標準之間的差異程度。可以預期的是，績效和標準之間都會呈現某些差異，因此，訂出可接受的**變異範圍**(range of variation)相當重要。

變異範圍
(range of variation)
存在於所有活動中，可預期的績效差異。

確定可接受範圍

當績效和標準之間的差異很明顯地超出可接受(acceptable range)的範圍，則表示主管需要特別注意。在比較階段，你必須留意差異的大小和及方向。以下的例子可以讓我們更清楚這個概念。

法蘭克・賽普(Frank Sapp)是奔馳一保時捷(Mueller

Mercedes-Porsche)在美國馬里蘭州(Maryland)的銷售主管。法蘭克在每月的第一個星期都要準備上前個月的營業報表，並按照型號進行分類。圖表6-2顯示的就是上月的銷售標準（目標）與實際銷售量。

圖表6-2 奔馳—保時捷七月份的銷售績效

車款	目標數量	實際數量	超過（不足）
賓士			
C220	2	3	1
C280	4	7	3
E320	6	11	5
E320C	1	0	(1)
E420	3	5	2
S320	2	3	1
S420	5	3	(2)
S500	2	0	(2)
S600	1	0	(1)
SL320	2	1	(1)
SL500	2	1	(1)
總銷售量	30	34	
銷售總額	1,962,000	1,686,000	
平均單位銷售額	65,400	49,588	
保時捷			
Carrera 2 Coupe	4	2	(2)
Carrera 2 Targa	1	1	—
Carrera 2 Cabriolet	3	2	(1)
Carrera 4 Coupe	1	0	(1)
928 Coupe	2	0	(2)
968 Coupe	4	1	(3)
968 Cabriolet	3	1	(2)
總銷售量	18	7	
銷售總額	1,055,000	515,000	
平均單位銷售額	58,611	59,286	

究竟法蘭克需不需要擔心七月份的銷售業績呢？如果他只關心奔馳車的銷售量和保時捷的單位銷售額的話，他並不需要擔心業績表現不佳。但是，與業務目標有較大出入的是，奔馳車的單位銷售額遠低於所預期的目標。我們仔細觀察圖表6-2就會得到解答。價格比較昂貴的S系列銷售不理想，而價格相對較低的C和E系列就比預期賣得要好。而保時捷全系列的銷售情形則不盡理想。

哪一項績效的變異情況應該受到重視呢？這取決於法蘭克和他的老板所設定可接受的變異範圍，一旦績效的變異超過界限，他們就應採取改正行動。有些型號的銷售變異情況是很小，銷售量與目標只差一輛，毫無疑問則毋須關注的。像另外像奔馳S420和S500、保時捷2、保時捷928和968型、保時捷968，這些型號的滯銷情況就非常明顯，這時，法蘭克必須做個判斷。

此外，銷售額過低和過高一樣麻煩。比如說，奔馳C和E系列的高銷售量到底是這個月的異常現象，還是因爲這些車型越來越受歡迎？根據法蘭克的推斷：由於印第安納波利斯地區的經濟發展充滿不確定性工作的保障有如風中殘燭，大受影響，導致人們向購買價格低廉的車種。所以，保時捷汽車銷售量全面下滑，反映了全國經濟衰退的趨勢。這個例子說明了，不論正差異或負差異，都需要採取改正行動。

運用特殊的衡量工具

如果不利用統計技術對控制變異進行基本的分析，任何關於控制的探討都是不完整的。以下幾項比較常用的流程控制統計工具。

因果圖
(cause-effect diagram)
一種描述問題和成因的圖形，並依機械、材料、人事、財務、管理等常見類別，歸納原因。

(1)**因果圖**(cause-effect diagram)。因果圖有時也稱爲「魚骨圖」(fishbone diagram)，通常用於描述引起問題的原因，並將這些原因以機械、材料、人事、財務、管理等常見類別，加以分類。

圖表6-3　因果（魚骨）圖釋例

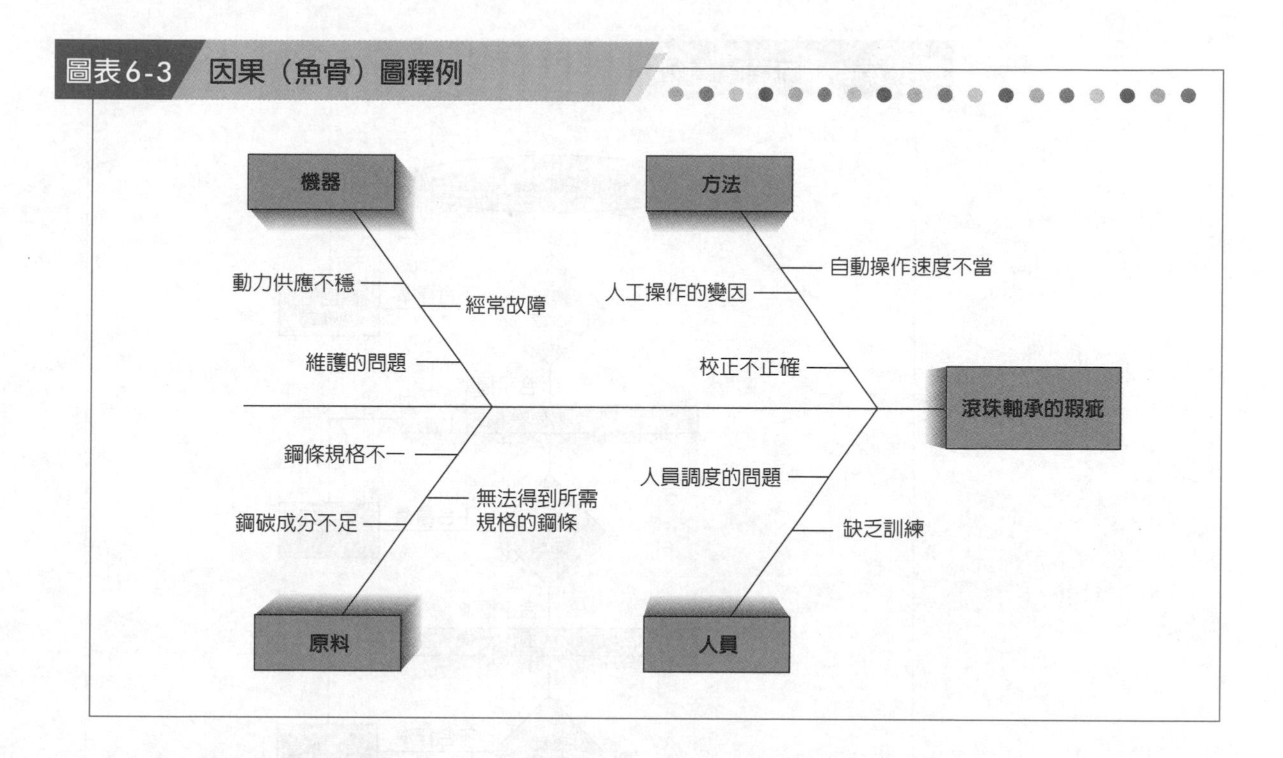

在圖6-3中，這個看起來有點像魚骨圖，魚頭表示的是問題，也就是影響。至於「骨頭」，從「魚脊骨」引出問題的可能原因，依照可能發生的因果關係予以列出。因果圖能指引我們去分析不同的行動方案對問題可能產生的影響。

(2)**流程圖**(flowchart)。流程圖是以圖像來呈現某一特定作業中，各事件的順序關係。它可以準確地描述事件的完整過程，讓人從中找出美中不足之處，並對流程加以改善。請參考圖表6-4的釋例。

(3)**散布圖**(scatter diagram)。散布圖用於說明兩種變數之間的關係，例如高度和重量，球的直徑與硬度等（請參考圖表6-5）。這些圖描述了兩個變數間的相關性及可能的原因和影響。比如說，利用散布圖發現到，生產規模擴大時，不良率也隨之提高，如此一來，可能需要降低生產規模，或者重新評估工作流程，以提高產品品質。

(4)**管制圖**(control chart)。管制圖是我們所介紹過最復雜的統計工具，用來反映系統內的變異情況。從管制圖中，我們可以

流程圖 (flowchart)
以圖像來呈現某一特定作業中，各事件的順序關係，能清楚得知，接下來會發生什麼事，因此，可以找出無效率的部分，改善整個流程。

散布圖 (scatter diagram)
說明兩種變數之間的關係，包括相關性、可能的原因和影響。

管制圖 (control chart)
一種統計技術，用於測量系統的變異情形，統計出標準差的平均值，推論出上限和下限。

圖表6-4 流程圖釋例

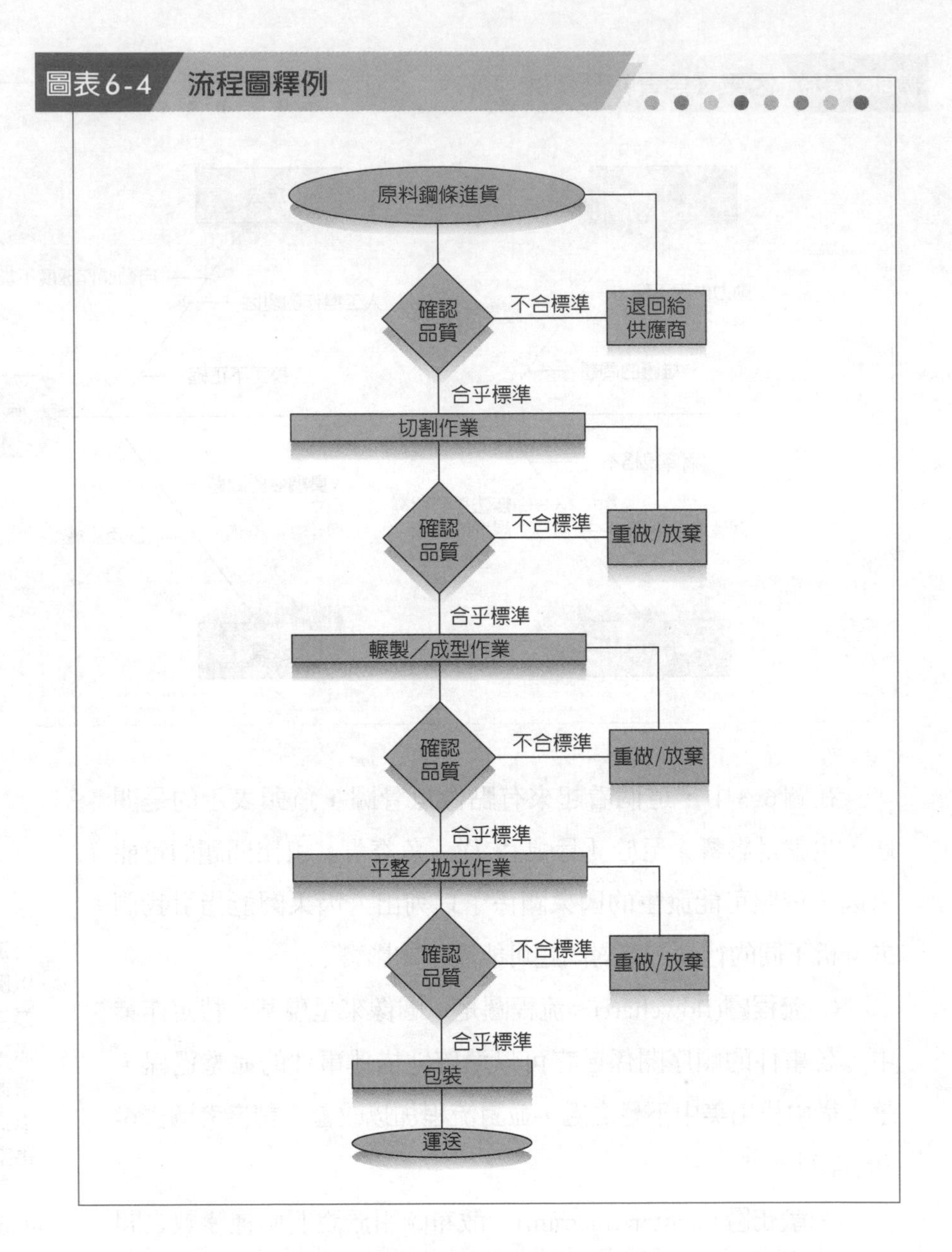

看到產品樣本的平均變異數，以及可接受範圍的上限和下限。例如，百事可樂以兩公升瓶裝飲料作樣本，裝滿後，檢測飲料的實際容積。所測出每一瓶飲料的容積數據都畫在控制圖上，提醒經理什麼時候設備該做調整。只要變異程度落在可接受範圍內，整個製程系統就可以稱為是「受控制」的，請參考圖表6-6。當數刻據落在界限之外，這個變異情況就不被接受。將常見因素予以消除，產品品質量會因而提高，上下界限的範圍也隨

圖表6-5 散布圖釋例

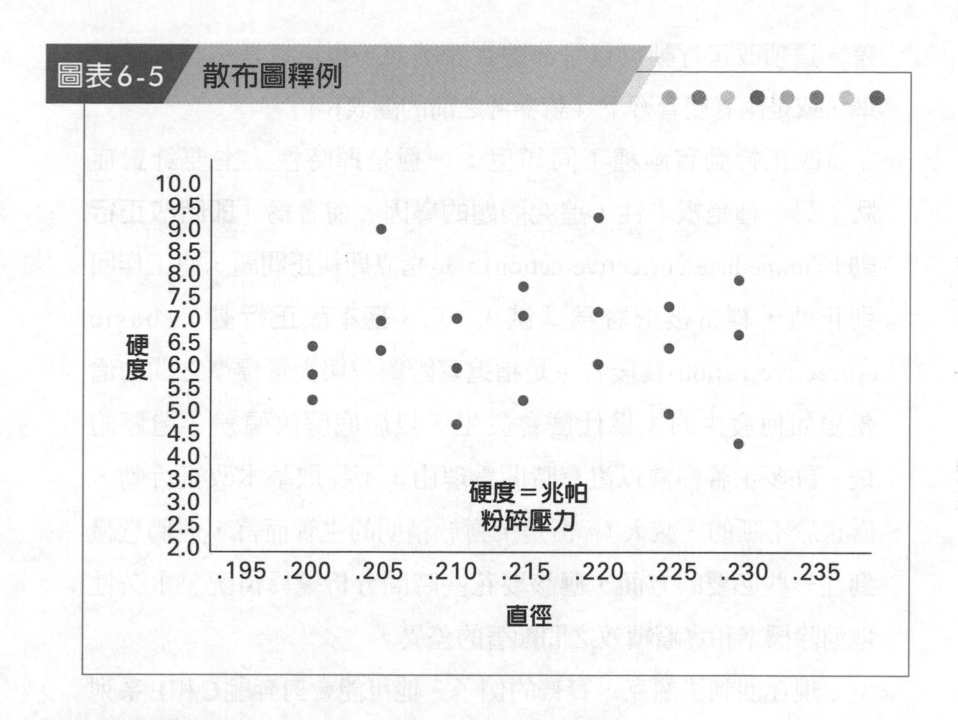

圖表6-6 管制圖釋例

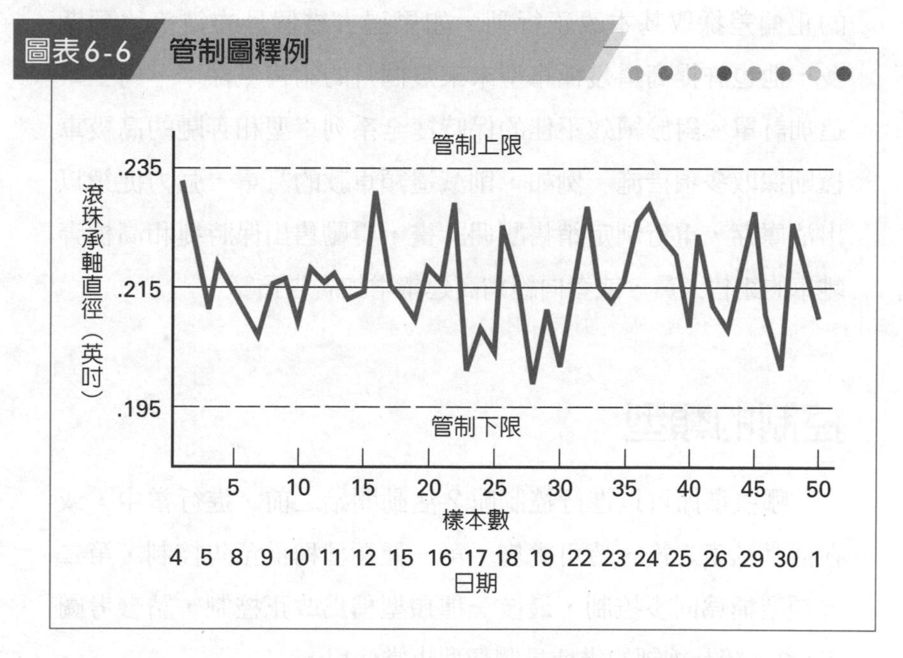

之變窄。

何時採取改正行動？

控制程序的第三步，也是最後的步驟：採取行動、改正偏差。這項改正行動可以是改善實際績效，也可以是調整衡量標準，或是兩者雙管齊下（請參考之前的圖表6-1）。

改正行動有兩種不同類型：一種是即時性，主要針對症狀；另一種是根本性，追究問題的導因。前者為**「即時改正行動」**(immediate corrective action)，是指立即糾正問題，使工作回到正軌，經常被形容為「滅火」。**「基本改正行動」**(basic corrective action)為後者，是指追實際績效與衡量標準之間的偏差是如何發生的，為什麼會發生，以徹底解決偏差。遺憾的是，許多主管經常以沒有時間為理由，不採取基本改正行動，僅止於不斷的「滅火」。但是，對於精明的主管而言，他們意識到在一些必要的方面，應該要花些時間分析變異情況，永久性地消除標準和實際績效之間顯著的差異。

即時改正行動
(immediate corrective action)
立即的調整行動，讓工作回到正軌。

基本改正行動
(basic corrective action)
追查偏差的原由，徹底調整差異。

現在回到法蘭克·賽普的例子。他可能會對奔馳C和E系列的正偏差採取基本改正行動。如果過去幾個月的銷售比預期多，他也許提高這幾種車型未來幾個月的銷售量標準，向工廠追加訂單。對於績效不佳的保時捷全系列車型和奔馳的高級車種則採取多項措施。例如，削減這類車款的訂單，強力促銷以出清庫存，重新制定銷售酬佣計畫，獎勵售出保時捷和高檔奔馳車的銷售人員，或者向經銷商建議增加廣告預算。

控制的類型

哪些環節可以進行控制呢？活動開始之前、進行當中，或在活動結束之後，皆可實施。第一種類型稱為預防控制，第二種類型稱為同步控制，最後一種類型稱為改正控制，請參考圖表6-7。統計控制的幾種具體類型也常使用。

什麼是預防控制？

所謂「預防重於治療」這句話應用在消除偏差最好的辦法，就是不要讓偏差發生。大多數主管都知道最佳的控制類型就是**預**

預防控制
(preventive control)
能預先防止不良結果的控制類型。

圖表6-7 控制的三種類型

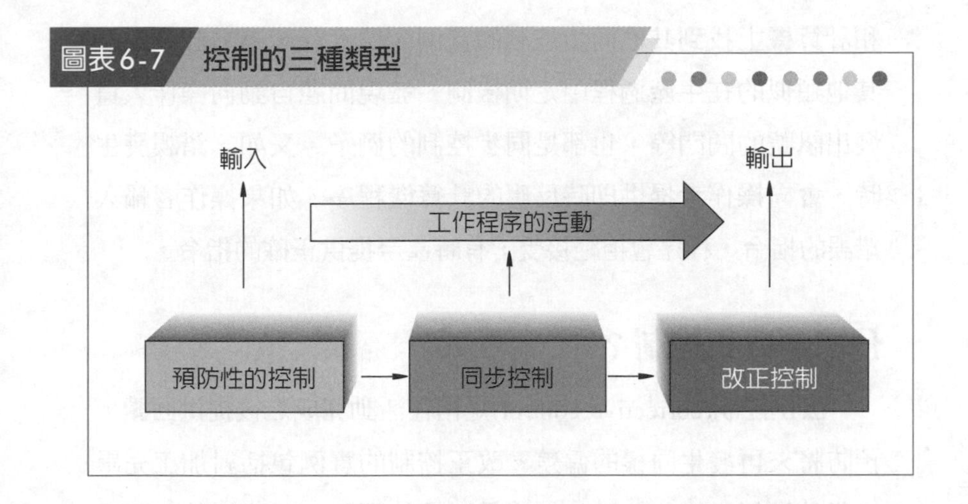

防控制(preventive control)，因爲它能防止不良後果的產生。

哪些是預防控制的例子？以下公司，如麥當勞、Seagrams和西北航空，每年都在設備的預防保養計畫上花掉幾百萬美元，這樣做的唯一目的，就是避免設備在運送過程中發生故障。國際大學體育協會(The National Collegiate Athletic Association, NCAA)要求他們所有的大學教練，入會時一律參加招募和違紀行爲考試，而且考試成績至少在八十百分位數以上，否則不能參加運動員的甄選。預防控制的其他例子還包括，爲新業務提前雇用和培訓人員，檢驗原材料，進行消防訓練，提供大小可以放進皮夾的公司「道德準則」卡，讓員工隨身攜帶。

什麼時候採用同步控制？

從其名稱可以看出，**同步控制**(concurrent control)發生在活動進行階段。在工作進行當中施以控制，可以在問題變得不可收拾或造成更大損失之前，予以改正。

同步控制
(concurrent control)
在活動進行階段所採取的控制類型。

主管的多數日常活動與同步控制有關。當主管直接觀察員工的行爲，監控員工的工作並改正發生的問題時，就是在進行同步控制。雖然員工行爲和主管採取改正活動兩者之間，會有時間上的延遲，但時差非常短。你還可以在工廠裡使用的機器和計算機上找到其他同步控制的實例。溫度計、壓力計，以及其他類似的在生產過程中定期檢測、發現問題自動向操作人員發出訊號的閥門等，也都是同步控制的例子。又如，錯誤發生時，會向操作者提供即時反應的計算機程序。如果操作者輸入錯誤的指令，程序會拒絕接受，有時甚至提供正確的指令。

什麼是改正控制？

改正控制
(corrective control)
在活動完成之後提供回饋，預防將來再發生同樣偏差的控制類型。

改正控制(corrective control)是指在活動完成之後提供回饋，預防將來再發生同樣的偏差。改正控制的實例包括對加工完畢的貨品進行最後的檢驗；年度員工績效評估、財務審計和每季預算報告等。本章前面提到的法蘭克·賽普的每月銷售報告也是一項改正控制。

改正控制的主要缺點在於訊息的時效性不足，往往損失或錯誤已經發生。例如，由於訊息控制不力，也許要到八月份，你才發覺部屬已經用完部門年度複印預算的110%。要在八月份改正過度支出顯然是不可能的。但是，改正控制卻使你意識到問題的存在，查明發生什麼錯誤，並提出根本改正措施。

控制的焦點

主管都控制些什麼呢？他們控制的重點主要集中在四方面：成本、庫存、品質和安全。員工的績效也同等重要（見圖表6-8），因為績效評估是管理員工的關鍵。我們將在第八章對績效評估詳加介紹。

哪些成本需要控制？

對於平時飽受壓力，要求控制成本維持在既定水準的你，最有可能碰到的成本類型有哪些？讓我們一起將成本分類，並整理出降低成本的一般通則。

圖表6-8 控制的焦點

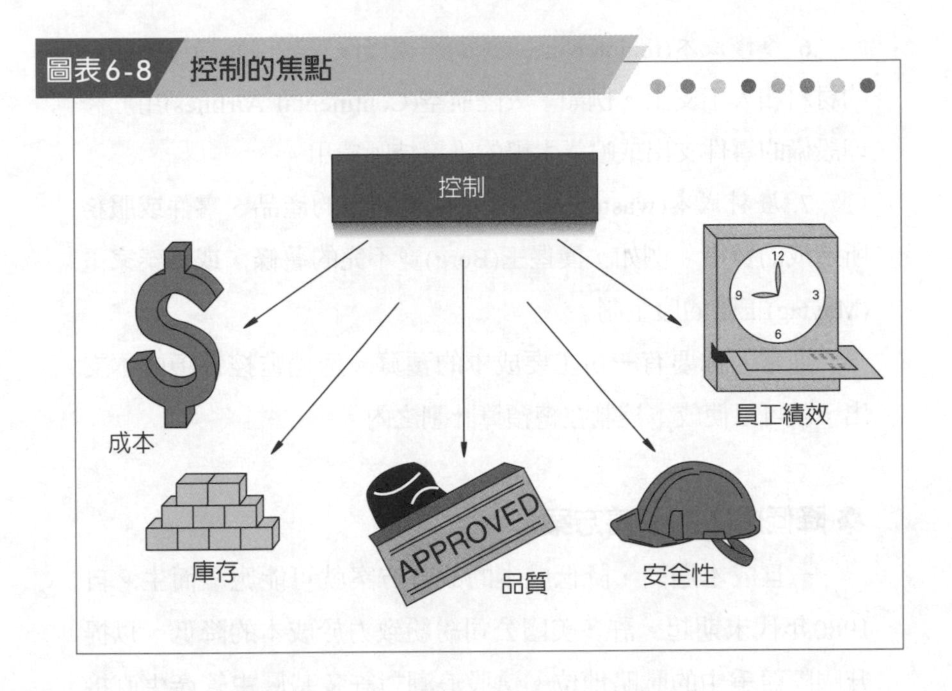

主要的成本類型

以下是主管最常經手和需要監控的成本類型。

1. 直接人工成本(direct labor costs)一直接投入製造或配送產品或服務的人工支出。例如，工廠的機器操作人員或學校教師。

2. 間接人工成本(indirect labor costs)一非直接投入製造或配送產品或服務的人工支出。例如，成本會計人員、人力資源招聘人員和公關專員。

3. 原材料成本(raw materials costs)一直接投入製造成為產品或服務的原材料支出。例如，豐田(Toyota)工廠的薄鋼板或溫蒂(Wendy) 漢堡用來做漢堡的圓麵包。

4. 支持系統供應成本(supportive supplies costs)一用於購買必需的、但不成為最終產品或服務一部分的支出項目。例如，豐田工廠(Toyota)所使用的清潔劑，安泰人壽(Aetna Life)複印文件的開支等。

5. 公用事業設施使用成本(utility costs)一電力、煤氣、供水和其他公用設施的支出。例如，地區辦事處每月的電費。

6. 維修成本(maintenance costs)—維修保養設備與設施所發生的材料和人工支出。例如，大陸航空(Continental Airlines)用於修理設備的零件支出或噴氣引擎的維護技師費用。

7. 廢料成本(waste costs)—不能再利用的產品、零件或服務所造成的費用。例如，漢堡王(Berg)賣不完的薯條，或美泰家電(Maytag)工廠的廢金屬。

通常，你要有一份主要成本的預算。透過監控每項成本支出，就可以使成本控制在總預算計劃之內。

降低成本的改善方案

一旦成本過高，降低成本的改善方案就可能應蘊而生。自1980年代末期起，許多美國公司紛紛致力於成本的降低，以提升國際競爭中的戰略地位。這股浪潮對許多基層主管產生直接的衝擊。例如，利用高生產力的自動化和團體工作方式取代人力，以降低直接人工成本；大幅裁併研究、財務、人力資源和總務等部門的後勤人員，以減少間接人工成本；明顯削減人才培訓、員工旅遊、電話通訊、沖片影印、電腦軟件和辦公用品等相關費用的預算。

下面是降低部門成本的六項指導原則（註1）：

1. 改善工法。廢除不必要的工作，引進能提高工作效率的新工法。

2. 均衡工作量。工作量出現高峰和低谷都是工作效率不高的表現。透通過均衡工作量，不但能以較少的人員完成工作，又可以裁減加班時數。

3. 浪費最少化。在沒必要的地方開燈、濫用辦公用品、無所事事的員工、設備使用不當和浪費原材料等，都將大大增加部門成本。

4. 設備現代化。編列預算購置新設備，取代那些過時、損壞的機器、電腦或其他設備。

5. 注重員工培訓。如果不讓員工學習新的技能，他們就會和機器一樣變得過時。

6. 選擇性地削減開支。有些人或小組比其他人有更重要的貢獻，所以在削減開支時，要避免一刀切的做法，應選擇削減後能產生最大效益的環節，來進行開支的削減。

爲什麼要重視庫存？

主管有責任定期檢查材料的庫存及供應是否足夠，以確保自己的責任範圍內工作可以正常進行。以漢堡王的輪班主管爲例，他必須留意紙製品、麵包、漢堡肉餡、薯條、調味品、廚房和清潔用品，甚至每個櫃台是否有足夠的零鈔。對於醫院護士長來說，則注意藥物、手套、皮下注射針頭和亞麻床單等。管控庫存的挑戰在於如何在倉儲成本和缺料損失之間取得平衡。於如果庫存過量，就會造成不必要的資金積壓和倉儲費用，還會增加保險費用、稅費，當然還有材料過期的潛在危險。之前提到的法蘭克．賽普，如果他的保時捷汽車庫存過多，而新車型又陸續運到，他就可能要以低價出清舊車款。如果庫存過低又會影響生產作業，造成銷售上的損失。如果印刷商的紙張庫存用光了，其生產線就會癱瘓。如果漢堡王的主管沒有管控好冷凍薯條的庫存，很可能就會招致客訴。法蘭克．賽普可能會發現，很多奔馳和保時捷的顧客都會指定顏色和車款，要求代理商限期交車，否則他們將轉向其他代理商購買。

有一種目前在企業中流行的庫存管理工具叫即時(JIT)庫存系統(just-in-time inventory system)。像波音、豐田和通用電器這樣的大公司，大概有數十億美元的庫存，就算是小型的公司，高達百萬美元的庫存量也很常見，所以，如果管理者可以有效地縮減庫存量，對組織的生產力將會有顯著地影響。**即時(JIT)庫存系統**改變了庫存管理的技術。在JIT管理下，庫存品是在生產過程中需要的時候才送達，而不是一直放在倉庫裡。即時(JIT)庫存系統最終的目標是手邊僅存當天工作所需的數量，因而公司的前置時間、庫存量以及相關成本降至近乎於零（註2）。

即時庫存系統 (just-in-time(JIT) inventory system) 在生產過程中需要的時候才送達，而不是一直放在倉庫裡的存貨管理系統，和看板同義。

看板 (kanban)
看板是日語中「卡片」或者「指示」的意思，它放在集裝箱裏面，當工人打開集裝箱時，就會將卡片拿出來送回給供應商，下一箱的貨物就開始運出。理想狀態下，生產工人在上一箱貨物用完之後，馬上就收到下一個集裝箱。

在日本，JIT系統叫做**看板**(kanban)。這個詞的起源於即時庫存的概念（註3）。看板是日語中「卡片」或者「指示」的意思。日本的供應商用集裝箱爲製造商運載貨物，每個集裝箱都有一張卡片或看板，放在箱旁邊的袋子裏。工人打開集裝箱，將卡片拿出來送回給供應商，下一箱的貨物就開始運出。理想狀態下，生產工人在上一箱貨物用完之後，馬上就收到下一個集裝箱。JIT的最終目的就是通過生產和供應的密切合作，消除原材料的儲存。當系統按照計劃運作時，製造商會得到無數的好處，如減少庫存，減少準備時間，設定更合理的工作量，縮短生產時間，減少空間的占用，甚至會有更好的產品品質。當然，首先必須要找到可靠的、有品質保證的供應商。因爲在JIT系統中沒有庫存，所以沒有任何措施可以補救材料品質或長期延誤所引發的問題。

我們可以透過檢視雷藍可．米勒公司(Lemco-Miller)（精密定製機械零件製造商）與伊頓(Eaton)鋼鐵及北極星鋼鋁(Northstar Steel and Aluminum)公司（註4）之間的關係，來描述JIT系統在美國的運作方式。這幾家公司針對雷藍可．米勒公司爲整個製程應該準備多少存貨達成了一項協議，包括數量、流程以及何時該補充庫存也都建立起一定的規則，各項原物料的價格也經過彼此的同意。執行這套系統的副產品是透過與雷藍可．米勒公司共同採行經過設計的「看板(kanban)管理系統」，雷藍可．米勒公司生產力因而增加50%，而整個物流的時間也從12週縮短爲一天或兩天，而供應商之一的伊頓鋼鐵公司，也減少了將近50%的庫存。

JIT系統的最終目標是透過精準地協調生產與供應的物流，減少原物料庫存。當這套系統正常運作時，對製造商會產生許多正向的益處，例如減少庫存、減少換線工時、更好的工作流程、縮短製造時間、節省空間，還可能產生更好的品質。因爲沒有存貨的後援，所以JIT系統也沒有任何緩衝的空間可以彌補原物料不良或是延遲送達，當然，必須找到能夠即時提供高品質原物料的供應商，將監控的焦點放在供應鏈的管理上，才能成功地落實這套JIT系統。

什麼是供應鏈管理？

組織(organization)爲了製造產品或提供服務，他們常常必須將原料轉化成製成品。這些原料來自於供應商，如果供應商交貨遲延，或者提供一些品質很差的原料，那麼最終的產品或服務就會受到影響。於是乎，有些組織像是麥當勞(McDonald)、IBM及荷蘭的軟體製造商Baan就發展出供應鏈管理(supply chain management)原則（註5）。

供應鏈管理指的是從供應商（和他們的上游供應商）到顧客（和他們的下游顧客）之間生產及運送產品或服務的過程中，所包含一切的設備、功能及活動等的管理。供應鏈管理包括了從產品企劃到運送的所有活動，也就是說，供應鏈管理的重點在於「找出產品或服務的需求；計畫並管理供給與需求；取得原料；生產並安排產品或服務的時程表；入庫、管理庫存和配送；交貨和服務客戶」。在這整個過程中，都是爲了提供顧客成本最低、最高品質的產品這樣的信念而努力，供應鏈管理推行成功的企業將會發現，這類的管理活動有助於建立競爭能力（註6），而有效的供應鏈管理，更是供應商與組織之間，做好溝通的附帶條件。

供應鏈管理（supply chain management） 從供應商（和他們的上游供應商）到顧客（和他們的下游顧客）之間生產及運送產品或服務的過程中，所包含一切的設備、功能及活動等的管理。

組織用來推展供應鏈管理的一個方法是流程的垂直整合（註7），此時，企業必須擁有或能掌握主要原料的供應商。比方說，莫斯科(Moscow)的麥當勞公司，爲了確定當地的麥香堡跟美國的麥香堡口味一致，它對於麵包廠、肉品工廠、雞肉工廠、生菜工廠、鮮魚廠、和配送中心都有特定的安排。每家供應廠商只限服務麥當勞，而且，所供應的食材都必須符合麥當勞所規定的標準（註8）。

供應鏈管理使組織往來的販售商家數減少，簡化了採購過程的監督作業。也就是說，與其用十或十二家販售商，並強迫他們彼此競爭，以取得組織的生意，倒不如只和三家或數量更少的販售商往來，與他們緊密地合作，以改善效率和品質。例如，摩托羅拉(Motorola)把設計和製造工程師外派到供應商那邊，協助解決問題。現在，其他的公司也會固定派遣檢驗團隊，評比供應商作業情形，如供應商的生產和運送技術、能否運用統計製程管控，找出不良品產生的原因，以及電子化處理資料的能力。在日本，與供應商發展長期的關係是一項傳統，而北美和世界各地的企業正群起仿效。身爲合作夥伴，甚至是競爭對手，業者發現他們因著這些夥伴而得到品質更好的產出、瑕疵較少，而且成本更低。此外，當供應商遇到困難時，開放溝通管道有助於發展出更快速的解決方案。

爲什麼要重視品質？

除了控制成本外，如何提高品質也成爲現今企業關注的焦點。過去幾年，很多美國的產品因爲比日本或德國的同類產品品質較差而受到批評。也有一些公司，如美泰家電、摩托羅拉、福特等，在過去的十多年來，因著重視產品和服務的品質而迅速茁壯。這股重視品質的新趨勢，要求第一線的主管更注重品質控制的工作。

沿襲過去的說法，品質是指產品或服務達到企業預定的標準。如今，品質有了更廣泛的涵義。我們曾在第二章介紹過持續改善程序(continuous-improvement program)，它簡單易懂，而且以顧客導向的步驟，持續地改善，以提高企業的製程、產品、服務等的品質。持續改善程序強調的是防止錯誤的發生，而**品質管制**(quality control)則強調找出那些可能已經出現的錯誤。品質管制對品質進行連續監控，包括重量、強度、耐久度、顏色、味道、可靠性、成品和任何一項品質特性，以確保品質達到預定的標準。

品質管制
(quality control)
定義可能發生的錯誤，和監控品質以符合預定標準。

在生產過程中有許多地方需要品質管制。從投入生產的階段開始，原材料是否令人滿意？新員工能否勝任？接下來進入製程，一直到最終產品或服務的完成，品質管制伴隨著其間的每一個步驟。在製程轉變的中間階段進行評估，是品質管制重要的一環，可藉此及早發現不良的部分或不當的製程，以避免其所引起的進一步損失或成本。

廣義的品質管制程序應包括預防、同步和改正控制。例如，控制程序可以檢查購入的原材料，監控工作過程中的行動，以及指導最終的品質檢驗，將不合格的產品剔除。同樣地，這項廣義的程序也可應用於服務業。例如，國家農場的客戶投訴部主管可以雇用和培訓員工，使他們能夠完全理解自己的工作；監控他們的日常工作量，以確保能及時地完成工作；檢查已經處理的投訴是否處理得當，以及追蹤客戶的反應和滿意程度。

什麼是有效控制的特徵？

有效的控制系統一般具有某些共同的特色。這些特徵的重要性依情況而定，下面的內容可幫助主管設計他們的控制系統。（請參見圖表6-9）

✿時效性

及時注意各種異常現象，以避免發生嚴重的違章行為。即使是最好的訊息，一旦失去了時效，也就沒什麼價值。因此，有效的控制系統應該提供具有時效性的訊息。

✿經濟性

控制系統必須符合經濟效益。任何控制系統都應該在收益和成本之間，取得平衡。為使成本最小化，你應該嘗試使用最少的控制措施，達到預期的結果。電腦能被廣泛使用，絕大部份是因為它們的效率極高，能提供及時且正確的訊息。

圖表6-9 有效控制的特徵

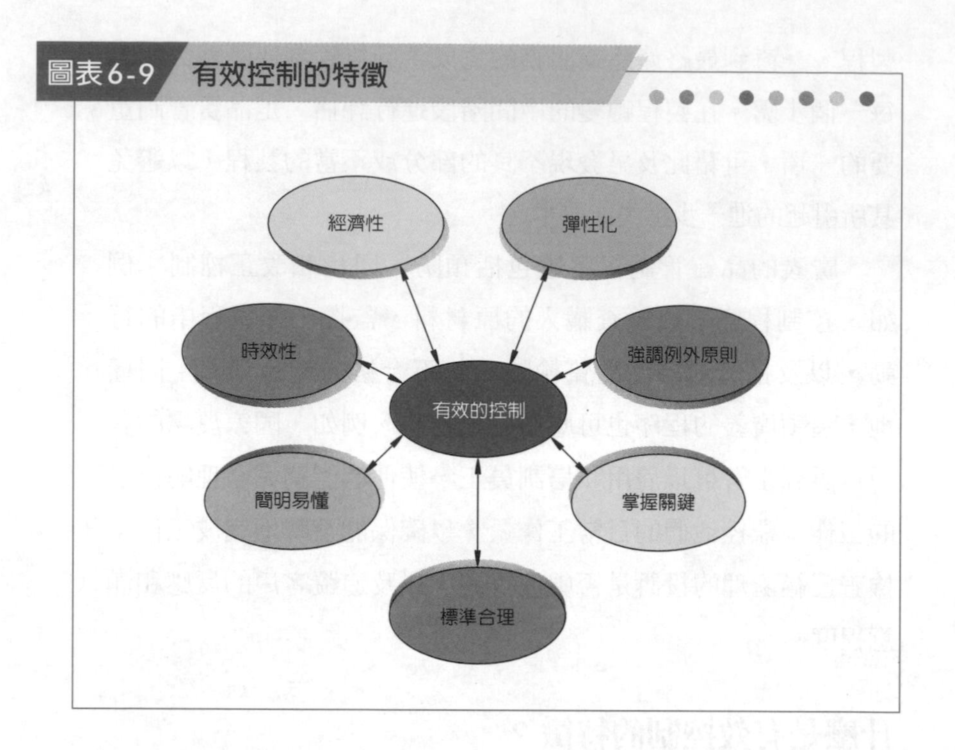

✲ 彈性化

有效的控制必須是具有足夠的彈性，以調整、因應不利的變化，或者利用新機會借力使力。在當今詭譎多變化的世界裡，你應該設計一套可調整的控制系統，以適應部門目標、工作指示和工作內容的多變性。

✲ 簡明易懂

如果控制程序無法讓使用者理解，那它的價值幾近於零。因此，應該採用複雜度較低的控制系統，來代替令人迷惑的系統。不易理解的控制系統容易引發不必要的錯誤，使員工心情沮喪，終究會被逐漸淘汰。

✲ 標準合理

綜合前幾章對目標的討論，控制的標準必須是合理的，並且容易達到。如果標準太高或不合理，員工就會失去工作動機。大部分員工並不希望因爲老板的高標準而被貶低，因而可能導致員工走上旁門左道，恐有觸法之虞。因此，控制標準應合情合理，兼具挑戰性，促使員工達成更高的工作績效，又不至於使員工灰心或誘發欺騙行爲。

掌握關鍵

你無法控制在部門內發生的所有事情，即使你行，獲益也不及代價。所以，你應該對實現組織目標有重要影響的因素進行控制。控制應該涵蓋組織內重要的活動、作業和事件。換句話說，你應該重視最可能發生偏差的地方或偏差危害最大的部分。例如，勞動力成本爲一個月20萬美元，而每月的郵費爲50美元，前者開支超過5%的影響遠比後者開支超出20%來得嚴重，因此，你應該針對勞動力開支建立控制系統。相反，郵費的開支就顯得不那麼重要。

強調例外原則

因爲你不能控制所有活動，所以你應該建立只針對例外情況的控制系統。**例外控制**(control by exception)系統確保你不會被大量的偏差信息所困擾。例如，假設你是西爾斯(Sears)百貨公司的負責應收賬款的基層主管，你指示部屬只就拖欠15天以上的款項進行報告。實際上，有90%的顧客按時或在兩周內就付訖了，這意味著你可以將精力集中在10%的例外情況上。

例外控制
(control by exception)
只針對例外情況的控制系統。

控制是否會滋生問題？

當然，控制也會產生問題。介紹控制的同時，也要提到其所帶來潛在負面的影響，包括員工的抵制、對員工努力的誤導和主管選擇控制策略時所面臨的道德困境。以下分別扼要說明。

員工的抵制

很多人都不喜歡被人指揮，也不喜歡被人監督。當工作表現不佳時，鮮少人樂於接受批評和指正，造成員工經常性的抵

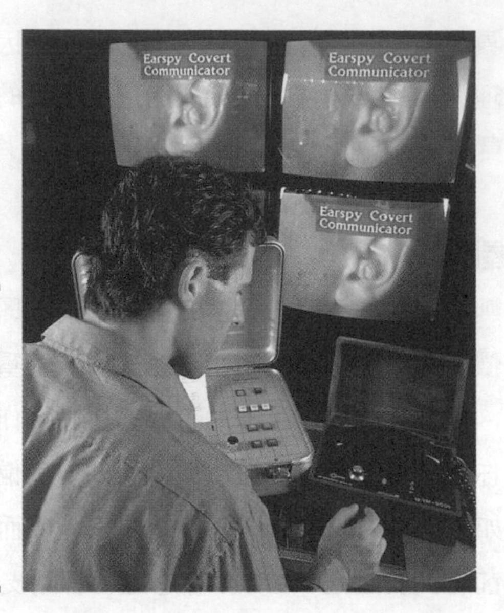

到底主管監視員工的範圍有多大？法律賦予他們極大的權限。換言之，主管可以讀取員工的電子郵件或電腦檔案，甚至把他們拍攝下來，當然那必須是在公司裡才可行。無論如何，真正的問題是，員工的隱私權被侵犯了多少？

制。他們認爲與主管見面、每日生產報告、績效評估以及類似的控制措施，是雇主對他們不信任的表現。

事實上，控制是組織生活的一種形式，因爲我們有責任去確保各項行動按著計劃進行。那麼，該如何消除這些抵制行爲呢？

首先，儘可能鼓勵員工自我監督。一旦員工確立了自己的目標，讓他們獨立作業、自我檢查和改正。同時，經常與員工溝通，讓他們有機會說出所遇到的困難和解決方法。自我監督的假設條件是員工有責任心，値得信賴，並有能力對自己工作的嚴重偏差進行改正。只有在這個假設不成立時，你才需要引入正式的外部控制機制。

當需要引入外部控制時，有幾種方法可以用來使員工抵制情緒降至最小。讓員工參與制定標準，可以去除他們覺得標準不切實際或過高的可能情況。向員工解釋評估的方法，因爲出乎人們意料的是，抵制的導因並非控制的本身，而是員工不瞭解訊息的收集和運用所引起。經常向員工提供回饋訊息，因爲處境不明朗會導致壓力和抵制，所以要讓人們知道他們做得怎樣。最後，大多數人都想把工作做得更好以得到滿足感，並希望避免因懲罰而帶來的痛苦和困窘。因此，主管應該將控制看成是幫助員工改進的措施，而不是懲罰。

✿ 對員工努力的誤導

在密歇根州福林特市(Flint, Michigan)，三位在通用汽車(General Motors)公司卡車廠工作的主管，秘密地在辦公室裡安裝了一個控制器，使控制裝配流水線速度的控制板失效（註9）。該裝置可使他們提高裝配流水線的速度，這一行爲嚴重違反了通用汽車公司與美國汽車工會的協議。事發之後，他們辯稱，雖然他們知道這樣做是錯的，但來自上層的、對生產目標不切實際的要求，自己所承受的壓力太大了，在別無選擇的情況下，只能在流水線上安裝了這個秘密的控制設備。其中一位主管，通用汽車公司的上層行政管理人員就高生產目標發表過這樣的言論：「我不管你怎麼做到，你只要做到就行了。」

你曾經注意過在政府機構工作的人嗎？例如，發放汽車執照和建築許可證的部門，他們是否關注納稅人的實際問題？他們太執著於遵守所有的規則，卻忽視了他們的工作是爲公眾服務，而不是給人們增加麻煩。

這兩個例子顯示了另一個由控制引發的問題：人們可能會爲了讓自己的行爲看起來更符合標準，而將精力用在錯誤的方面。因爲任何控制系統都有不完善之處，當個人或組織只以控制標準來衡量工作是否出色時，問題就會產生，對實現組織目標造成障礙。這樣的問題大部分是由於對績效的衡量不夠周全。如果控制系統只根據產量來評估，人們就會忽視品質。同樣，如果系統只衡量活動而不關注結果，人們就會將時間花在活動的表面功夫上。

你應該如何消除這個問題呢？可以從兩方面著手。首先，保證控制水準是合理的。重要的是，這不能僅憑你個人的感覺。你的員工也必須相信，這些標準是公平的，而且是在他們的能力範圍內。其次，選擇和評估的指標應與員工實現工作目標有直接相關性。如果發放汽車執照部門的主管對員工的評估指標，是他們遵守規章的程度，而不是他們滿足顧客需要的效率，那麼員工就不會太注意滿足顧客的要求。選擇一種正確的評估指標，經常意味著綜合運用多重標準。例如，「顧客滿意」的目標，可能需要執照發放部門主管，從員工的幾個方面來評估：「以微笑和親切的問候迎接顧客」，「毋須外援即可答覆客戶」，「顧客的問題一次解決」。另外，主管還可以在部門裡設立顧客意見箱，以便收集到對個別員工工作情況的批評或讚賞，然後將這些回饋訊息納入評估員工績效的的一部分。

道德標準與控制的方案

與管理者在設計效率和效果兼備的控制系統一樣，設定道德標準也會遭遇到一些問題，例如，電腦硬體與軟體技術上的進步使得控制的流程簡單許多（請參考「解決難題：主管侵犯了員工隱私嗎？」），但是，這些優勢也爲他們帶來一些難題，像是相關管理人員擁有知悉員工隱私的權利，以及控制員工的工作與工作以外的行爲之權限範圍，以及員工監督等值得特別注意的議題。

在第2章，我們簡短地介紹了科技如何改變組織，許多這類的改善可以讓組織變得更具生產力；幫助成員更敏捷，而非更辛苦；而且將十年前沒辦法達成的效率帶進組織裡（註10）。但是，技術上的進步，雖然提供給管理者一個更通情達理的監督方法，大部分的監督也都是爲增強工作者的生產力而設計，不過，監督方法卻可能、也一直是影響員工隱私的來源之一。

主管可以在員工身上發現什麼呢？你可能會對這個答案感到驚訝！在其他事物中，主管可以閱讀員工的電子郵件（甚至是機密訊息），竊聽員工們的工作電話，決定員工的電腦活動，在公司裡的任何一個地方監視員工（註11）。

在員工工作場所的隱私權方面，電子郵件的溝通這個領域已經成爲爭論的熱門話題，電子郵件的使用在全球性的組織裡非常盛行，而員工也會擔心他們可能因爲所寫的電子郵件或所

解決難題

主管侵犯了員工隱私嗎？

如果你是一位日產汽車公司(Nissan Motors)的主管，你每天需要花費一定時間，例行性地閱讀員工的電子訊息（特別是過去他們曾在給同事的電子郵件中對你的稱呼不尊重）。或者你是波士頓(Boston)希爾頓酒店(Sheraton Hotel)的主管，你可能會查看一盤關於兩位員工的秘密錄影帶，它是在男廁所內拍攝的。當然，你查看錄影帶的唯一用意只是監督員工的行爲，希望杜絕員工的浪費和吸毒行爲。

現代技術使主管監視員工成爲可能，甚至很容易。很多人這樣做是希望幫助組織提高生產力和品質，而這方面存在的問題是，在什麼情況使用這種控制方法是不道德的？

這種監視員工的行爲倒底有多流行？詳細的數據無法獲得，但猜測可能應有數百萬起。例如，在大部分顧客免費諮詢電話中，如Gateway 2000，你將可能聽到一段電話留言，告訴你這是品質監督電話。互聯的電腦可能被管理中心監視，以對其實際工作效率進行評估。然而在這種狀況下，公司通常有一套員工監督政策，詳細規定監視的內容、時間及訊息的用途。在這種情況下，員工顯得較能容忍監視行爲。但是相比沒有受到監視的員工，這些人還是顯得受到更大的壓力。

主管的行爲是否超越了正當行爲和尊重員工的界限呢？監聽手機裡的對話或者中途截下並複印傳真文件，就像是小孩的惡作劇行爲。看看奧利維特(Olivetti)的例子，他讓員工帶上「聰明的徽章」，這些設備可以讓主管了解員工行動的路線，有利於將訊息傳遞到員工所在的地方，但也意味著你會知道員工的每一步行動。

你認爲對員工進行監視的控制手段是對個人隱私的侵犯嗎？此外，你認爲主管在什麼時候對員工行爲進行無聲（甚至是秘密的）的檢查，是超越了正當範圍呢？

資料來源：Based on L. Smith, "What the Boss Knows about You," *Fortune* (August 9, 1993), pp. 88–93.

寄送的電子郵件而被開除或懲罰。許多企業可以而且確實在監視著電子郵件的傳輸。

電腦監視是極佳的控制工具，電腦監視系統可以用來收集、處理和提供有關員工工作績效反饋的資訊，將有助於主管們提出績效改進或是員工發展的建議。這套系統也有助於主管們找出員工工作執行上不道德或是太過奢侈的部分。舉例來說，許多醫院和其他健康照護組織裡的護理部門主管，就利用電腦監視系統來控制醫療程序的成本，及管制治療藥物的取得。同樣地，許多商業組織的主管們也利用電腦監視系統來控制成本、控制員工的工作行爲，及許多其他領域的組織活動。電話行銷組織常常監聽他們服務專員的電話，其他的組織也會監聽處理顧客抱怨的員工，以確保顧客抱怨得到適當的處理，不幸地是，因爲過度使用與濫用的情形，電腦監控常令人質疑。

許多人覺得電腦監督只不過是一種以技術精密來竊聽的形式，或是，一種用來發覺員工在工作上是否敷衍塞責的監視技術。評論家也主張這些技術增加了員工與壓力有關的抱怨，員工在經常性的監視下倍感壓力大。不過，支持增加監視者則反駁電腦監督系統是一種有效的員工訓練方案，也是改善工作績效的一種方法。

主管能夠從電腦監控系統所提供的控制資訊得到什麼好處呢？又能夠將潛在行爲上的及規定上的缺點降到最低嗎（註12）？專家建議組織應該從事下列事項：

- 告訴現職與新進的員工，他們可能會被監視。
- 把監視這個政策白紙黑字的寫下來，公告在員工看得到的地方；把這份書面的政策分發給每一位員工，讓所有員工也以書面的方式承認已經收到政策影印的副本，也瞭解政策的內容了。
- 只在基於保障合法的商業目的，像是訓練、評估員工或控制成本的情況下，才對員工作監視。當我們依這個方法運用監督系統時，電腦監督系統才算得上是一種有效的——道德的——管理控制工具。

在最後的部分，我們要檢視與控制、關心員工工作之外的行爲有關的道德問題，主管對員工的私生活該有多少的控制權呢？主管的規定及控制應該到什麼地方爲止呢？主管有權命令你在你的閒暇時間、在你自己的家裡該做些什麼嗎？在本質上，你的老闆可以不讓你參加騎摩托車、跳傘、抽煙、喝酒或吃垃圾食物嗎（註13）？再一次，這些答案可能會令你大吃一驚，甚至有雇主干涉員工工作以外的生活已有數十年之久。例如，1900年代早期，福特汽車公司派社工人員到員工的家裡視察，以決定員工們工作以外的行爲及財務狀況是不是可以領取年終獎金。有些其他的企業會確認員工有沒有經常上教堂作禮拜。今日，許多組織在尋找控制健康平安保險的成本時，也會再次地探訪員工的私生活。

雖然，控制員工的一舉一動是不恰當或不公平的，但是，在我們法定的系統裡卻沒有任何一項條款禁止雇主這麼做。甚至，法律還以「如果員工不喜歡這些規定，他們有權辭職。」這樣的前提爲基礎，只是，法定的權力並沒有讓某些事項在道德上變得正當！

總複習

本章小結

閱讀本章後，你能夠：

1. **描述控制程序**。控制程序由三個獨立明確的步驟組成：(1)衡量實際績效；(2)比較結果與標準；(3)採取改正行動。
2. **比較兩種改正行動**。兩種改正行動：即時的和基本的。即時改正行動主要處理表面症狀。基本改正行動尋求偏差產生的原因，找出永久解決偏差的方法。
3. **比較預防、同步和改正控制**。預防控制是在行動開始之前對意外事件進行預測和防範；同步控制是在行動進行中實施；而改正控制則是在行動完成以後實行，以期規避未來可能發生的偏差。
4. **解釋主管如何減少成本**。主管可透過以下的方法來降低成本：改善工法；平衡工作量；減少浪費；設備現代化；重視員工培訓；選擇性地削減開支。
5. **列舉有效控制系統的特徵**。有效的控制系統應該具備時效性、經濟性、彈性化、簡明易懂、標準合理、掌握關鍵，重視例外原則。
6. **解釋控制可能導致的潛在負面影響**。潛在的負面影響包括員工的抵制、員工努力方向被誤導和先進的控制技術所帶來的道德困境。
7. **解釋「即時庫存系統」的意義**。即時庫存系統改變了存貨管理的技術，在生產的過程中，需要用到的原物料時，才將這些品項送達工廠，而非像往常一樣囤積大批數量在倉庫裡，等候取用。
8. **描述「供應鏈管理」的定義**。供應鏈管理指得是從供應商（和他們的上游供應商）到顧客（和他們的下游顧客），生產及傳送產品或服務的過程中，所包含一切的設備、功能及活動的管理。供應鏈管理包括了從產品企劃到運送的所有活動，例如：找出產品或服務的需求；計畫並管理供給與需求；取得原料；生產並安排產品或服務的時程表；入庫、管理庫存和配送；交貨和服務客戶。
9. **指出監督員工道德上兩難的困境**。監督員工所面臨的道德上的兩難，主要是繞著員工的權利與雇主的權力打轉。員工關心的是保護自己在工作場所的隱私權，同時不讓自己的私人生活被侵犯。相反地，雇主主要的考量是增加生產力，並確保工作職場的安全。

問題討論

1.爲什麼在控制過程中衡量的對象比衡量的方法重要？
2.可接受的變異範圍是由什麼組成？
3.哪一種控制類型最佳，預防控制、同步控制，還是改正控制？原因爲何？你認爲哪一種控制類型使用得最廣泛？
4.控制庫存成本面臨什麼樣的挑戰？即時訂貨系統又面臨的挑戰又是什麼？
5.參考有效控制系統的特徵，你認爲大多數控制系統的敗筆在哪裏？原因爲何？
6.爲什麼主管應針對例外情況進行控制？
7.主管應如何減少員工對控制的抵制？
8 主管如何減少員工因力求表現而衍生的問題？

實務上的應用

預算的建立

預算是部門實際營運時相當重要的部分。如果你從來沒看過預算（除了個人的財務之外），想要實際編列出一份，其實很困難──特別是頭幾次。以下這些步驟可提供給你，在編列預算時，有跡可循。

實務作法

步驟一：重新檢視組織整體的策略與目標

瞭解組織的策略與目標，有助於你將重心放在組織整體前進的目標，以及所屬部門在計畫中所扮演的角色。

步驟二：決定部門目標，及達成目標的方法

你會採取哪些行動來達成部門目標，並協助組織達成整體的目標？爲了達成目標，你需要哪些資源？就所需的人才、工作量、原物料和設備這些項目來思考，這也正是你爲你的部門規劃新計畫、擔負新責任的機會。

步驟三：收集成本資料

你必須對第二個步驟中所列出的資源做正確的成本估計，此時，取得前幾年度的預算表，可能對你有點幫助。不過，和你的直屬上司、其他部門的主管、相似職位的同事、公司重要的員工，以及你在組織內外所發展出關係來的相關人士聊一聊，也會有所助益。

步驟四：與你的老闆分享你的目標和估計成本

你的預算必須經過你直屬長官的同意，所以長官的支持是很重要的。在編列預算之前，和主管及組織裡的關鍵人士討論你的目標、成本估計和其他的想法，這麼作可以確保主管及組織裡的關鍵人士等較高階的管理願景與你的部門角色一致，也能夠爲你所提出的看法建立共識。

步驟五：試編預算

一旦你的目標及成本都確認了，建構確實的預算就是相當機械化了。確認在你所編列的預算中，表現出你的預算項目及部門目標之間的連結性，你必須要合理化你的要求，準備向你的直屬上司和其他管理階層的人作解釋，並推銷你的預算。如果其他的管理人員也想和你爭取相同的資源，你的合理性就必須要更強。

步驟六：準備協商

管理高層決不可能對你的預算照單全收、一律准奏，所以你必須準備與管理階層協商必要的改變，並修正原來的預算，同時，還要瞭解爭取預算過程中的利害關係，並從爲未來的預算建立信任的角度來作協商。如果有些計劃這次沒有被批准，可以在爭取預算的過程中，要求在下年度預算可獲得優先編列的承諾。

步驟七：監督預算執行狀況

一旦你的預算被許可且付諸執行，旁人會以預算執行的狀況來評斷，監督一些例外的狀況，設定不同的目標，包括百分比及金額。，舉例來說，你可以訂定準則：調查每月差額超過15%以上的部分，或是實際金額差異超過兩百美元以上者。

步驟八：讓老闆知道預算執行的進展

讓直屬上司及其他相關的部門能就預算執行狀況，對你提出建議。這麼做有助於在某項不能控制的原因而超支預算時，發揮保護功效。還有，不要期望當你執行預算而有結餘時，你會得到報酬獎賞。預算有結餘，可能意味著你所需要的費用，比你原先估計的還少，發生這種情形反而會影響你下一次爭取預算的額度。

有效溝通

1. 「控制必須經過複雜地調整才能發揮效用。」請呈現支持及反對這個說法的兩個論點。在你的報告裡，提出一個具說服性的論點，說明你爲什麼同意或不同意這樣的說法。
2. 描述你如何在你自己的生活中運用控制這個觀念，請在你所舉的例子裡明確地表達，思考一下預防控制、同步控制及改正控制在你生活中的不同運用。

個案

個案1：福斯汽車的供應鏈管理

在汽車業界，供應鏈管理被描述爲一項革命，在未來，很可能會改變全世界製造汽車的方式。福斯(Volkswagen)汽車在位於巴西(Brazil)里約熱內盧(Rio de Janeir)郊區的瑞森岱(Resende)卡車工廠已經作了供應鏈的管理。

汽車裝配傳統上都是依循著既定的流程，在裝配線上將許多零配件組裝在一起，這些零件都來自供應商。供應商把這些零配件運送到裝配廠的材料存放處，再從這個地方利用人工或是自動化的方式，搬運到裝配線上需要用到的工作站，最後，進行人工或自動化組裝作業。

福斯汽車將瑞森岱卡車工廠最重要的整個車輛的裝配線外包給它的供應商。這一座兩億五千美元的廠，能夠裝配七噸到三十五噸的卡車，只透過七個終端的裝配商引進上百個供應商的原物料。每一個裝配商負責製成可以組合成最終卡車成品的七個標準化單位之一。舉例來說，德國的儀表器械製造商VDO Kienzle從卡車駕駛室的鋼製車體開始作，約有兩百名VDO的員工把卡車內部從駕駛座到儀表板的每一樣物品裝置好，然後，他們把完成的駕駛室裝到底盤上，透過不同的供應商移往裝配線的下一個廠商。總計有超過1400名員工參與這個裝配的工作流程。不過沒有一位是福斯汽車的員工。

實施供應鏈管理的，讓福斯汽車在很多方面都達到節省的成果，主管管轄的直接人工也減少許多。而供應商方面，則須支付自己員工的薪資，也必須負擔自己的工具和設備，供應商還必須自行負責存貨成本的損失。此外，透過複雜的即時庫存系統：零件在需要前一小時抵達，最後，福斯的主管也會從善如流，與供應商合作以降低成本，並使生產力大幅增加。福斯汽車單純的期望，Resende廠能和傳統的卡車裝配線的運作媲美，裝配每輛卡車能減少12%的工時，而福斯汽車在完成並通過品質檢查之前，不用給付或負責完成品的運送！這套福斯方案的價值在於它讓企業作它所相信的事，這也就是它主要的核心競爭優勢——設計並監督車輛裝配的工程，而不是裝配車輛，裝配車輛這項工作其他廠商可以做得更好、更快、更省成本！

福斯汽車的成功經驗，引發其他的汽車製造商也開始採用福斯的執行方案。舉例來說，戴姆勒克萊斯勒(DaimlerChrysler)與製表商斯沃琪(Swatch)之間發展出策略夥伴的關係，就是仰賴標準化單位方法來製造Smart汽車——售價10,000美元的城市生活車。這輛車是由法國西部一個新的工廠所製造，它也分解爲七個標準化的單位，這七個完成單位的每一個都在法國西部的新廠，由供應商負責裝配。在美國，戴姆勒克萊斯勒也運用這種方法與它的供應商一起生產道奇的Dakota卡車。

案例討論

1. 請描述本個案中，供應鏈管理和即時庫存系統的構成是如何呈現？
2. 以標準化單位來製造汽車很明顯地節省了許多成本，你相信這樣的流程能夠提高品質嗎？請說明你的論點？
3. 「福斯與戴姆勒克萊斯勒的總部都設在歐洲，也深受歐洲文化的影響，同樣的過程不見得可以運用在像通用汽車這種異國文化的汽車製造商。」你同不同意這樣的觀點？請爲自己的立場申論之。

個案2：弗利圖列食品公司的控制衡量

每星期的每個工作日，弗利圖列(Frito-Lay)食品公司的銷售人員都會將訊息輸入手提電腦。在每天的工作結束之前，這些銷售人員會在當地的銷售辦公室或自己家中將這些訊息傳送到位於德克薩斯州(Texas)達拉斯市(Dallas)的總部，讓需要查看這些訊息的人便可以24小時之內得到資料。40萬家分店的100條弗利圖列產品線的訊息將會以易讀易懂的彩色圖表，呈現在電腦螢幕，紅色代表銷售下降，黃色代表銷售量增加趨緩，綠色代表銷售量上漲。這一系統讓問題立即浮現，也得以迅速獲致解決。

弗利圖列食品公司的控制系統最近幫助公司解決了發生在聖安東尼奧市(San Antonio)和休斯頓市(Houston)的問題。在這一地區超級市場的銷售量暴跌，一位主管奔向電腦，查看了德克薩斯州南部的訊息，迅速找出原因，一個地區性的競爭對手開發了一種名爲厄爾．加林多(El Galindo)、由白玉米製成的圓形玉米薄片。這種薄片的口碑很好，商店的經理樂意給它比弗利圖列食品公司傳統的土司玉米薄片更多的貨架空間。

根劇此一訊息，這位主管立刻採取行動。他與產品開發小組合作研發出一種白玉米製的土司薄片。三個月後，新產品上市了，公司成功奪回失去的市場佔有率。引人注意的是，弗利圖列公司這套控制設備是比較現代化的。在安裝之前，主管要花三個月的時間才發現到問題；但是新系統每天從超市收集訊息，發掘當地銷售趨勢的重要線索，並就弗利圖列公司的市場機會與威脅發出警告。

案例討論

1.請描述弗利圖列食品公司的控制系統屬於何種類型。你認爲他們選擇這類控制系統的理由爲何。

2.請指出在弗利圖列食品公司的案例中，有關預防控制和改正控制的部份。

第7章 問題解決與決策

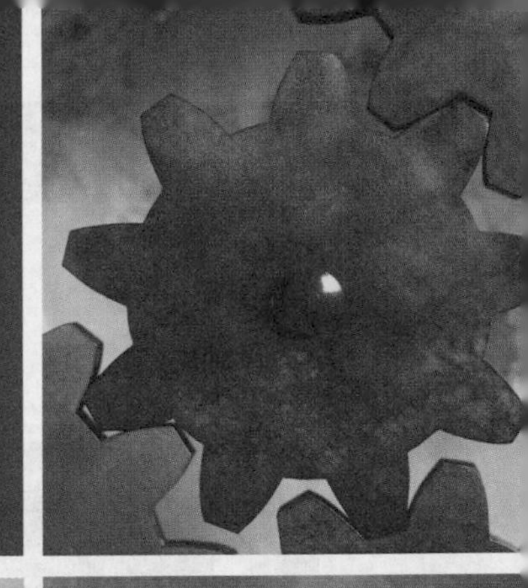

學習目標

關鍵詞彙

讀完本章之後，你應該能夠：

1. 列出決策制定過程的七個步驟。
2. 描述期望價值分析。
3. 描述四種決策類型。
4. 指出並解釋決策程序中常犯的錯誤。
5. 描述兩種問題類型及兩種解決這些問題的決策類型。
6. 比較群體決策與個別決策。
7. 列出三種改善群體決策效果的技術。
8. 解釋三種不同的道德觀點。

讀完本章之後，你應該能夠解釋下列專業名詞和術語：

- 便利性的啓發方式
- 腦力激盪法
- 決策程序
- 決策樹
- 電子會議
- 承諾升高
- 期望值分析
- 群體迷思
- 非完整結構的問題
- 邊際分析
- 道德的正義觀
- 名目群體技巧
- 非預設的決策
- 問題
- 預設的決策
- 代表性的啓發方法
- 道德的權利觀
- 道德的功利觀
- 完整結構的問題

有效能的績效表現

當顧客們連連抱怨你的員工水準奇差、服務品質低劣時，身爲主管的你該怎麼辦？當你決心改革，但是你的預算卻一點一滴地被刪減，你心裡又做何感想？這個狀況就和雪麗・德利貝柔(Shirley DeLibero)剛接任紐澤西運輸局(New Jersey Transit Department)時所面臨的挑戰一樣。

在德利貝柔接任之前，使用運輸局火車及公車通勤的乘客們，常常憤怒地抱怨這些交通工具經常誤點。除外，負責管理該部門預算的政府官員只編列了少許的預算，供其營運和維修大眾運輸設備之用。

長久以來，紐澤西運輸系統每年都調高票價，但是設備保養卻維護得很差，經常發生故障、誤點的情況，結果顧客付了更高

導言

決策，決策，決策！某位員工最近經常遲到，而且工作品質低落，你該麼辦？部門的職位有空缺，公司人力資源部爲你篩選了六名候選人，你該挑哪一位遞補？業務代表反應，競爭者引進了新的改良產品，搶走了公司的業務。你又該如何應變呢？

身爲主管的你經常會遇到問題，需要做出決策的。例如，幫助員工選擇目標，計劃工作量，並決定傳遞什麼樣的訊息以及傳遞多少給你的上級（註1）。你如何學習做出好的決策？你有這方面的天分嗎？很可能沒有！當然，有些人憑藉著本身的智慧、知識及經驗，直覺地分析問題，這是他們經過長時間的淬鍊所得。然而，也有一些任何人都能應用、理性的決策擬定技巧，可以讓決策更有效率。本章，我們將學習這些技巧。

決策程序（decision-making process）
以理性分析來擬定決策的七個步驟，其步驟為：確認問題；收集相關資訊；發展解決方案；評估解決方案；選擇最佳方案；執行決策；追蹤與評估。

決策程序

我們將以理性分析的方法來討論決策。這個方法稱爲**決策**

的票價，卻得到更令人不滿的服務。而且，因爲這些廣泛性的組織問題，運輸工會的成員，也就是火車跟巴士的駕駛員，他們的士氣也很低落。這是另一個德利貝柔要處理的難題：如何消除該局駕駛員的顧慮、不滿和不安。

德利貝柔並沒有被這些挑戰所擊倒，在她決定接任這項職務之前，她就已經想好如何面對這些問題了。她知道要解決該運輸部門問題的關鍵在能否妥善地處理問題、作出正確的決策，並且，認眞地處理問題的癥結——員工的士氣。

資料來源：Based on P. M. White, "Wonder Woman," *Black Enterprise* (April 1997), pp. 115–116.

程序(decision-making process)，它包括七個步驟，見圖表7-1。

1. 確認問題；

2. 收集相關資訊；

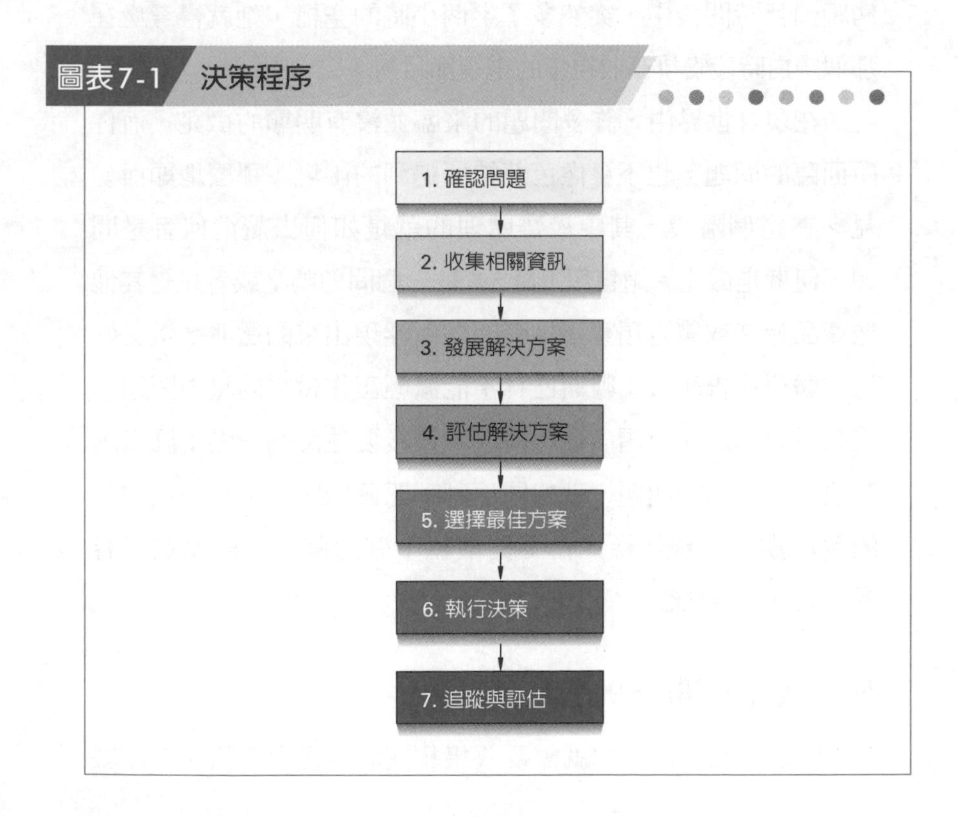

3. 發展解決方案；

4. 評估解決方案；

5. 選擇最佳方案；

6. 執行決策；

7. 追蹤與評估。

以下，我們以卡洛・琳得雪(Carol Lindssay)的問題爲例來說明決策程序。卡洛是WNUV的營運部經理，她服務於馬里蘭州(Maryland)巴爾迪墨(Baltimore)的一家福克斯(Fox)的分支機構。她剛剛知悉，在她負責的時段中，有一個晚間7：00～7：30播出的節目「奇異年代」，已經被辛迪加(syndicator)集團取消了。讓我們來看一看卡洛怎樣利用決策程序來處理這個問題。

如何確認問題？

問題 (problem)
事件的現實層面與理想層面之間的差距。

決策程序始於**問題**(problem)的存在，更明確地說，決策過程是起因於現實與理想間的差距。對卡洛・琳得雪來說，在她的傍晚節目時間表中，突然多了半個小時的空檔，她就得考慮在那個空白時段安排高收視率的電視節目。

在現實世界中，許多問題的來臨並沒有明顯的徵兆，而你所面臨的問題，也不會像芭芭拉所遇到的困境，那麼地顯而易見。在這個階段，其中最難處理的就是如何去釐清何者是問題、何者是徵兆。銷售額下降5%是一個問題嗎？或者只是其他像產品過時或廣告預算不足等問題所浮現出來的徵兆？這又好比，醫學報告所云：阿斯匹林不能減輕工作帶來的壓力問題，它只是有助於減輕頭痛症狀而已。最後要注意的一點：圓滿地解決一個錯判的問題，就如同爲判斷正確的問題提出一個錯誤的解決辦法一樣糟糕，甚至更糟糕！確認眞正的問題並不容易，尤其不可輕忽。

如何收集相關資訊？

問題一經確認，你就需要收集相關的事實與資訊。爲什麼會這個時候發生這樣的問題？它對你部門的工作產生多大的影響？如果有任何影響，在處理問題時，哪些組織政策可茲運用？時效上有何限制？需要多少成本？

在卡洛的個案中，她必須找到以下問題的答案：爲了「奇異年代」這個節目，她付了多少給辛迪加集團？辛迪加還能提供多久的存檔節目？競爭對手在晚上7：00～7：30同一時段的節目是什麼？這些節目的收視率有多高？就合約的規定上，如果安插其他節目墊檔，卡洛要負什麼?的責任？

如何發展解決方案？

當你收集完相關資訊，接下來就是發展出所有可能的解決方案，探索任何不同於現有或以往的解決方案。

記住，在此階段，只需找出各種可能性，不要放棄任何解決方案，不管它看起來有多麼的不尋常或者奇特。假如一個方案不可行，你將會在下一階段發現。同樣地，不要在確定一兩個解決方案之後，就不再尋找其他方案。如果你只找到了兩三個方案，表示你還沒有認眞思考。一般來說，解決方案愈多，最後雀屛中選的解決方案就會愈好。爲什麼呢？因爲你最終、最佳的選擇，只能來自你所發展的解決方案之中。

卡洛能找到什麼解決方案呢？以下是她的發現：

1. 爲這個時段購買一段辛迪加小報新聞節目，例如「娛樂今宵」(Entertainment Tonight)。

2. 購買辛迪加的節目「財富之路」(Wheel of Fortune)。

3. 向辛迪加購買喜劇重播版，例如「安迪．格里菲思脫口秀」(The Andy Griffith Show)。

4. 將7：30的「朋友」(Friends)調離原時段，改由「今日里士滿」(Richmond Today)這類的本土節目墊檔，這是卡洛之前在維吉尼亞(Virginia)電視台工作時所製作的節目。

5. 發展一個全新的、關於當地大學和專業運動團體的表演節目。

如何評估解決方案？

接下來的決策過程是評估每個解決方案的優缺點。每個方案的成本如何？每個方案的實施時間要多長？你預期每個方案的最佳結果是什麼？最糟的結果又是什麼？

在這一步驟要特別注意防止偏見的發生。毫無疑問，有些方案乍看之下比其他方案更有吸引力，而其他方案則顯得不切實際或者風險太大。結果是，你也許過早內定好某個方案，繼而將偏見帶入分析當中。你應努力摒棄偏見，盡量客觀地評估每個方案。當然，沒有人能做到完全理性，然而，如果你能坦承偏見，全力摒除，就有可能改善最終結果。

圖表7-2摘錄了卡洛對五個解決方案評估的主要內容。寫下主要的考慮因素（在卡洛的例子中，成本和收視率是主要的考慮因素），以利於決策者比較各個解決方案。

圖表7-2 評估解決方案

解決方案	每週成本預估值	收視率預估值＊	優點	缺點
1. 小報式新聞	$25,000	15～25	「硬拷貝」和「美國雜雜」在這個時段頗具競爭力。	成本高。潛在利潤極低。可能進一步分割小報市場。
2. 財富之路	$16,000	8～12	具知名度。	市場潛力低
3. 喜劇重播	$30,000	20～30	強力吸引觀衆回流的八點檔節。聯播型態。可與友台小報式節目相互較力。	成本高。幾乎無利可圖。
4. 本土節目	$12～15,000	8～12	權宜之策。	低潛力。非長期的解決辦法。
5. 新型態體育節目	$6,000	6～20	具獨特性。市場上沒有同類型的節目。在社區內樹立親善形象。低成本。在18～39歲的男性市場上具有強大的吸引力。	具風險性。半小時的本土體育節目是否會有市場？

如何選擇最佳的方案？

經過對每個解決方案優劣兩面的分析，現在是選擇最佳方案的時候了。當然，什麼是「最好」將反映出你在決策過程中的設限和偏見，包括你在第二步驟所收集訊息的廣泛性和精確性，第三步驟中所發展出的解決方案是否具有創造性和所能承受風險的程度，以及你在第四步驟中分析品質。

卡洛的分析將引導她去選擇創作一個新的、關注當地大學和專業運動隊伍的節目（解決方案5）。她思考的邏輯是這樣的：「首先，辛迪加組織成員通知我，他們所製作的『奇異年代』這個節目到本季爲止。這表示我還有十個月的時間來善後。我希望做出長遠的打算，因此我放棄了發展本地新聞這個選擇；播出「財富之路」的收益不足以彌補支出；小報新聞的市場在這個時段已經達到飽和，因此我否決了購買「娛樂今宵」這個節目的解決方案；雖然重播喜劇能取得最高收視率，但是這個節目的成本太高了，公司無法從中獲得利潤；那樣就只剩下製作新型態體育節目的解決方案可供選擇，這個體育節目將會使我們在更低的成本下，取得更高的潛在收視率。

如何執行決策？

即使你已經選擇了一個正確的解決方案，如果沒有正確地執行，決策依然有可能失敗。也就是說，你必須將決策傳達給相關人員，並且得到他們的承諾；你還要將責任明確劃分，分配必需的資源，以及訂定工作的截止期限。

卡洛在節目組裡召開了一個會議，解釋這項決策，說明決策的緣由，並鼓勵組員就預測到的任何問題進行討論。她隨即成立了一個三人特別工作小組，去發展這個概念，建立雛型，以及提報節目主角人選。她指派了其中一名成員擔任小組長，兩人協議，特別工作小組將在三週內，向卡洛提出正式的報告。

如何追蹤與評估方案？

決策程序的最後階段就是要追蹤和評估決策的結果。你是否實現了預定的目標？你在步驟一所找出來的問題是否已經解決？在卡洛的案例中，她是否爲這個時段安排了一個高效益的節目呢？她希望能做到，但必須等到節目播出幾個月後才會知道答案。

如果追蹤和評估的結果顯示預期目標沒有達到，你就要回顧決策的過程，到底是哪裏出錯。實際上，你面對的是全新的問題，而你應該以全新的角度去重新思考決策的整個過程。

決策工具

經過多年的努力，人們已經開發出許多的工具和技術，來幫助主管提高決策的能力，本章中，將介紹幾種常用的工具和方法。

什麼是期望值分析？

在丹佛(Denver)的迪克運動用品店裏，滑雪部主管正在挑選幾款滑雪夾克的新品。在他的預算權制下，只能選其中一種，他應該選擇哪一種呢？

期望值分析 (expected value analysis)
允許決策者為選擇特定行為可能導致的不同結果分別賦予貨幣價值的衡量過程。

期望值分析(expected value analysis)能爲這類決策提供幫助。它允許決策者爲選擇特定行爲可能導致的不同結果分別賦予用貨幣衡量的價值。這個過程很簡單，計算某一項解決方案的預望值，是將各種可能發生結果的達成率（由0到1.0，其中1.0代表肯定會發生）做爲權數(weight)，然後再將全部加權計算，即可得出每個特定方案的期望值。

我們假定，迪克運動商品店的主管正在觀看的是三條製造滑雪夾克的生產線，分別是耐吉(Nike)、愛迪達(Adidas)和一款貼有迪克標誌的滑雪夾克生產線。他製作圖表7-3來摘錄他的分

圖表7-3　滑雪夾克的決策分析

解決方案	可能收益（美元）	達成率	期望值（美元）
耐克	$12,000	0.1	$1,200
	8,000	0.7	5,600
	4,000	0.2	800
			$7,600
愛迪達	$15,000	0.1	$1,500
	10,000	0.2	2,000
	6,000	0.4	2,400
	2,000	0.3	600
			$6,500
迪克標誌	$12,000	0.4	$4,800
	8,000	0.4	3,200
	4,000	0.2	800
			$8,800

析。根據以往的經驗和個人的判斷，他已經從每個解決方案中估算出每年的預期利潤及利潤達成率。各方案的期望值在6,500～8,800美元的範圍內之間。基於這樣的分析，這位主管預期可以由「迪克」標誌的夾克的採購案上，獲得最大的收益。

決策樹如何發揮作用？

決策樹(decision tree)是一種非常有用的決策分析方法，適用於租賃、銷售、投資、設備採購、訂價和其他等等連續性的決策過程。它之所以被稱爲決策樹，是因爲畫好的圖形很像一棵枝葉紛歧的樹。傳統的決策樹所構成的期望值分析，是指定機率給每一個分枝上的可能結果，並計算每條決策路徑的報酬。

決策樹 (decision tree) 用於分析租賃、銷售、投資、設備採購、訂價和其他等等連續性決策的圖形。決策樹所構成的期望值分析，是指定機率給每一個分枝上的可能結果，並計算每條決策路徑的報酬。

圖表7-4舉例說明了邦諾(Barnes and Noble)連鎖書店負責中西部地區拓展據點業務的主管邁克．福林(Mike Flynn)，他在選擇新店位址時的決策過程，在他旗下有一小群分析潛在位置，

圖表 7-4 營業面積租大或小的決策樹和期望值

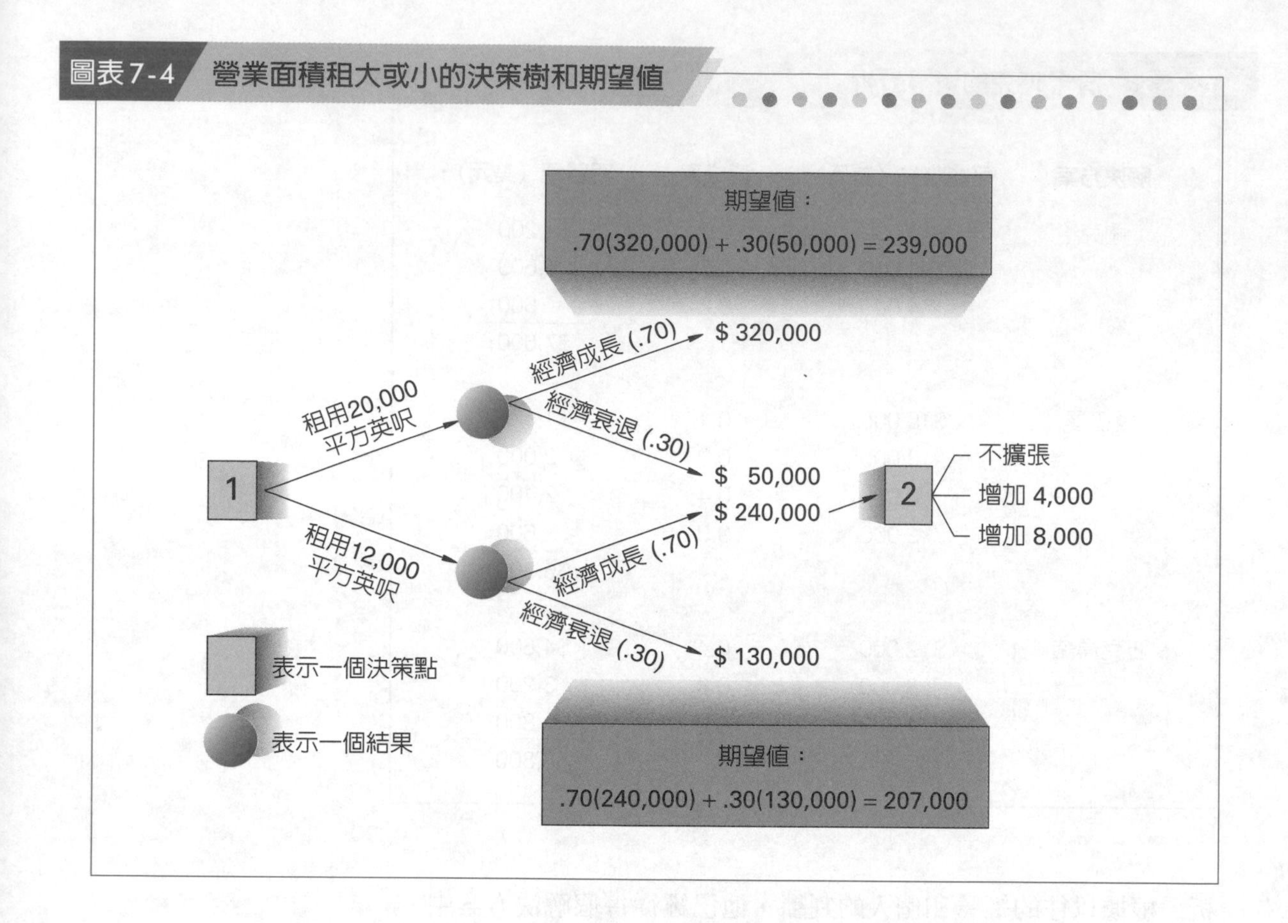

並向中西部地區主任提出店址建議的專家們。有一家位於俄亥俄州(Ohio)克利夫蘭市(Cleveland)的書店，租約即將到期，而地主不打算再續約，邁克及其工作小組必須向區域主任提出新址的建議。

邁克的工作小組在北奧姆斯坦特(North Olmsted)一個購物中心附近，找到一處非常棒的點，購物中心的主人提供給了兩個位置，一處的面積爲12,000平方英尺（和他現有的一樣大），另一個較大一點，有20,000平方英尺的空間。邁克必須初步決定推薦租用店面面積是大的好，還是小的好。如果選擇大店面，而且經濟繁榮的話，他估計這個書店將會獲得320,000美元的利潤。然而，如果經濟趨於衰退，高昂的營運成本將導致公司未來只能獲得50,000美元的利潤。至於小店面，他估計經濟繁榮時將會獲得240,000美元的利潤，而經濟衰退時預計會有130,000美元的利潤。

正如你在圖表7-5中所看到的，大店面的期望值是239,000美元〔(0.70×320,000)+(0.30×50,000)〕，而小店面的期望值爲207,000美元〔(0.70×240,000)+(0.30×130,000)〕。根據條件所計算的結果，邁克計劃向上級部門推薦租用較大的店址。但是如果邁克考慮先選擇小店面，然後在經濟發展時再擴大店面面積，結果會怎樣呢？他可以通過擴展決策樹來增加第二個決策點。他需要計算三個選項：不擴展、增加4.000平方英尺或增加8,000平方英尺營業面積。沿用第一個決策點的計算方法，他可以透過擴展的決策樹分枝，和計算不同選項之間的期望值，來計算出預期利潤。

什麼是邊際分析？

邊際或遞增的分析概念能幫助決策者達到收益最佳化或成本最小化。**邊際分析**(marginal analysis)在處理一些特定問題時，以邊際成本替代平均成本做爲分析對象，例如，假定一間大型商業乾洗公司的生產主管正在思考是否應該接受一個新客戶，她所考慮的不是接單之後的總收益和總成本，而是考慮新訂單所增加的收益（邊際收益）和成本（邊際成本）。如果邊際收益超過邊際成本，則接受新訂單就會使總利潤增加。

邊際分析
(marginal analysis)
邊際或遞增的分析概念能幫助決策者達到收益最佳化或成本最小化。在處理一些特定問題時，以邊際成本替代平均成本做為分析對象。

決策風格

每個人都會將他的個性和經歷帶進決策。例如，你基本上是一個保守的、對不確定性缺乏安全感的人，你所做出的決策可能和那些喜歡多變、勇於風險的人截然不同。這些情況引發了個人決策風格的研究（註2）。

決策風格有哪四種？

決策風格的基礎是人們有兩個構面的不同。第一個構面是思考的方式，有些人是有邏輯而且理性的，他們處理訊息相當有次序性。相反地，有些人憑直覺、富創意的，他們把事物看成一個整體。另一個構面是人們對不確定性的忍耐力。有些人極需要結構化的訊息，讓不確定性降至最低；另外一些人則可以同時處理多元的想法。如果把這兩個構面列成表格，它們就形成四種決策風格（如圖表7-5）：命令型、分析型、概念型和行為型。

命令型

屬於命令型的人對不確定性的忍耐度較低，並且訴諸理性。他們具有高效率和邏輯性，但是，往往過份重視效率可能導致他們僅憑極少的訊息和些微的解決方案，便倉促決策。命令型的人決策速度快，而且只看重短期。

分析型

分析型的人比起命令型的人對於不確定性具有較強的容忍

圖表7-5 決策風格模型

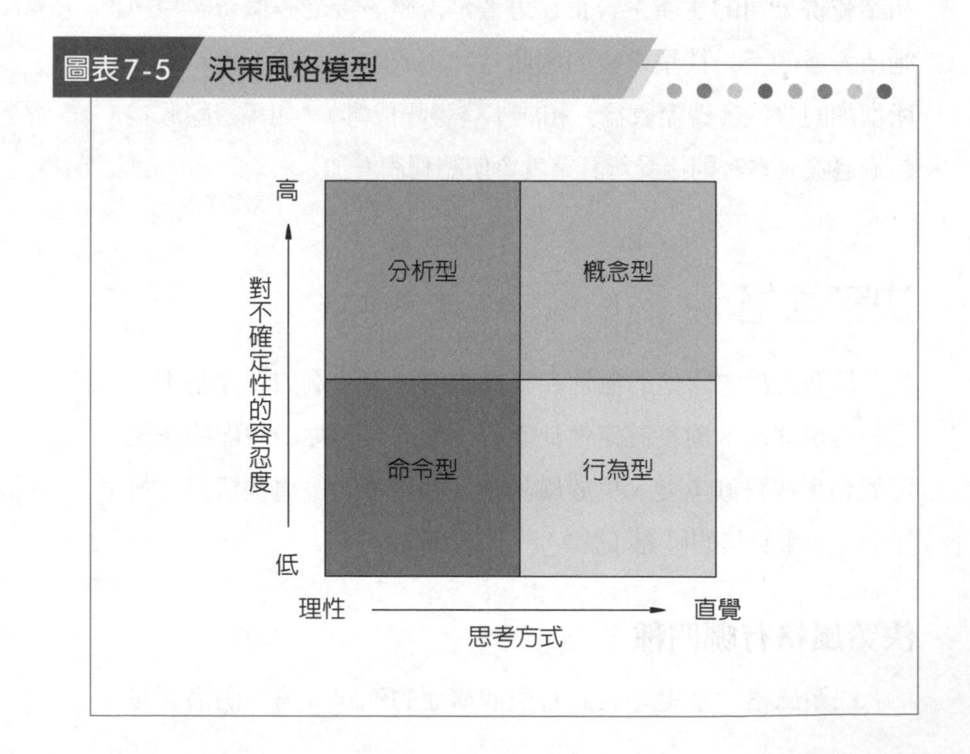

力，也命令更願意去收集更多的訊息和考慮更多的解決方案。分析型的主管最能代表決策者細心的特性，他們具有因應新環境的能力。

✿ 概念型

概念型的人視野廣闊，而且會考慮數種解決方案。他們目光長遠，而且擅於發現解決問題、創新手法。

✿ 行為型

行爲型的決策者能夠與人和睦、一起工作，他們重視員工績效，總是廣納建言，而且非常依賴會議進行溝通。這類決策者總是試圖避免衝突，以尋求認同。

各種決策風格的要點有哪些？

雖然四種類型的決策風格截然不同，但是大部分人都同時擁有不止一種的決策風格，因此，最好是從個人的主導風格和輔助風格的角度來考慮。雖然某些人幾乎表現出一種主導風格，但更多的人會隨著環境靈活轉變風格。在「自我評估」的測試中，最高分的方格代表你的主導風格。如果在每類風格上的得分越接近75，就表示這個人越有靈活性。

商學院的學生、主管和高層經理在分析型的風格中得分最高，想想他們所受的正規教育，尤其是商業培訓課程，你就不會對此感到驚奇了。舉例來說，會計、統計和財務的課程全部都強調分析的思維能力。

對決策風格的研究，有助於瞭解，二個聰明絕頂的人，獲得相同的訊息，卻以不同的決策方式，得出不同的結果。這也可以用來解釋發生在你和同事（或者是其他你要接觸的人）之間的衝突。舉例來說，如果你是一個命令型的主管，你期待迅速完成工作，你可能會對概念型或分析型的部屬，過於緩慢或者過於審愼的行爲而感到沮喪。同樣，如果你的風格是分析型，那麼你可能會對一個命令型員工尚未完成的工作或者操之過急的行爲予以批評。作爲分析型的人，你可能在面對行爲型的對手時會感到棘手，因爲你不能理解爲什麼可以憑感覺，而不是理性邏輯作爲決策的基礎。

不論你的決策風格如何，任何人都必須注意一些共同的決策錯誤，讓我們一起來探討這些錯誤的共同之處。

決策程序中常犯的錯誤是否層出不窮？

當管理者作決策時，他們必須要作出抉擇。但是，要作出抉擇則需要縝密的思考和大量的資訊。不過，完整的資訊對管理者來說負擔太大了，結果，管理者常會採取一些行動來加速這個流程，也就是說，爲了避免資訊過多，管理者通常仰賴判斷性的捷徑，稱爲啓發方法(Heuristics)（註3）。我們發現啓發式的應用方法通常以兩種形式呈現——資訊取得的便利性與代表性，這兩種形式在決策者的判斷裡都產生了一些先入爲主的觀念。另一個偏見是管理者傾向逐漸增加對失敗的行動過程的向心力。

便利性的啓發方法

便利性的啓發方法
(availability heuristic)
管理者傾向以能輕易取得的資訊為根據來下判斷。

資訊取得的**便利性的啓發方法**(availability heuristic)是管理者傾向以能輕易取得的資訊爲根據來下判斷，能誘發強烈的情緒、具有鮮明的想像空間、或是最近發生的事件，才能夠對管理者留下深刻的印象。結果，管理者可能會高估事件的發生率，舉例來說，許多人都害怕乘坐飛機，雖然統計上乘坐客機比開車還安全，但是，之前的意外卻吸引了更多的注意力。飛機的不幸意外，透過媒體的報導，過分誇大搭乘飛機的風險，而卻將駕駛汽車的風險輕描淡寫地帶過。對主管來說，資訊取得的便利性的啓發方法，也可以用來解釋爲什麼及什麼時候應該進行績效評估（見第12章），他們傾向於重視員工最近的行爲，勝於六個月或九個月以前的行爲。

看遍任何一場小聯盟的足球賽，你會發現到一個共同點，就是總會有某一個人穿著費爾(Brett Favre)的球衣。為什麼呢？這是因為許多球員希望像費爾一樣有傑出的表現，一圓他們的美夢——在順利結束大學生涯或和至少一場國際錦標賽之後，進入國家足球聯盟(NFL)。這個夢想就是我們所稱的代表性的啓發方法。

代表性的啓發方法

數百萬業餘聯盟的球員夢想著有一天可以成爲職業的足球選手，實際上，除了成爲國家足球聯盟的球員外，這些年輕人多數有更好的機會可以成爲醫生，這些夢想就是我們所稱的**代表性的啓發方法**(representative heuristic)的例子。代表性的啓發方法讓個人可以把發生的可能性與他們熟悉的事物配在一起，舉例來說，我們年輕的足球球員可能會想到十五年前的某個人，從他們的地方聯盟打進國家足球聯盟，或是，當他們在電視上看到那些球員的時候，他們會認爲自己也可以表現得一樣好。

代表性的啓發方法 (representative heuristic) 人們把發生的可能性與他們熟悉的事物配在一起。

在組織裡，我們可以發現一些代表性啓發方法發生的例子，決策者可以透過與以往成功的流程相比較，來預測一個新的部門流程未來會不會成功。有時候主管也會受到代表性啓發方法的影響，像是他們會因爲最近雇用三位某學院某科系的畢業生表現不佳，而不再雇用該系的畢業生。

承諾升高

在玩黑傑克牌局時，一個常用的策略是「保證」你不能輸，當你輸了一手牌，你會加倍你的賭金，這個策略或者說是決策的規則，很明顯是夠天眞了，但是，如果你一開始只下注五塊錢，連輸六輪之後（對我們大數人來說，這樣的情況並不常見），第七輪你可能會下注320元來彌補之前的損失，並贏得五塊錢。

承諾升高 (escalation of commitment)
儘管有些負面的訊息，仍然增加對之前決策的資源。

黑傑克策略描述了一種現象，我們稱爲**承諾升高**(escalation of commitment)，儘管有些負面的訊息，仍然增加對之前決策的資源。也就是說，儘管有一些負面的資料建議個人該採行別的方法，但是，承諾升高正代表著「奮鬥到底」的傾向。

美國歷任的總統們寫下了一些含有承諾升高最佳紀錄的決策（註4），比方說：雖然，持續有資訊顯示轟炸並不能使戰爭結束，強森(Lyndon Johnson)的政府還是在北越砸下了數噸的炸彈；尼克森總統(Richard Nixon)拒絕銷毀他的白宮秘密錄音帶；布希總統(George H.W. Bush)相信以他在沙漠風暴及蘇聯解體之後的聲望，他只要好好處理外交事務就可以贏得1992年的總統大選。現在，歷史告訴我們，堅持到底對強森總統、尼克森總統及布希總統並沒有好處。

在組織裡，主管可能會發現一些證據，顯示出他們以前的一些解決方案並沒有發揮效用，不過，要尋找替代的方案，他們寧願更堅持原來的解決方案，爲什麼他們要這麼做呢？在許多的個案中，他們只是在努力顯現出他們原本的決策並沒有錯。

問題與決策

在決策過程中，一位主管所面對的問題類型，通常就決定了問題的處理方式。在這個章節，我們將提出問題的分類方式和決策的類型，然後，我們會說明管理者所使用的決策類型如何反應出問題的特徵。（請參閱「號外！全球性的決策」）。

全球性的決策

號外！

根據研究報告顯示，就某些觀點而言，決策的執行方案各國不同，決策制定的方式——不論是參與式的群體決策、團隊成員共同決策，或是由主管獨裁式的決定——決策者所願意擔負的風險程度，只是反應一個國家的文化環境。以下是決策因素的兩個例子。比方說，在印度，權力的距離與不確定性很高（見第2章），在那裡，只有位階相當高的人員才有資格作決策，而通常他們都是作些安全的決策。相反地，在瑞典，權力的距離與不確定性很低，瑞典的管理者並不怕作出具風險性的決策，在瑞典，甚至很多資深的管理者將決策權下放，他們鼓勵中階主管及員工參與對他們有影響的決策。在像埃及這樣的國家，沒有什麼時間的壓力，主管作決策的速度就比美國人慢了許多，而且更仔細。在義大利，重視歷史與傳統，主管會仰賴嘗試過的、及經過證明的方案來解決問題。

日本又比美國更傾向於群體決策。日本人重視服從與合作，在作決策之前，日本的主管會收集許多資訊，並將這些資訊運用在形成共識的群體決策上，因爲日本公司給予員工高度的工作保障，管理的決策通常都是採取長期的觀點，而不像美國一般的執行方式，僅著眼於短期利潤。

法國跟德國主管的決策類型也根據國家的文化作了一些調整。比方說，專制式的決策在法國很常見，主管傾向於趨避風險。德國的管理風格反應了德國的文化對結構與秩序的注重；結果，在德國的組織裡就存在著許多的規則與規定，主管的責任被清楚的規範，決策必須透過重重管道才會被接受。

在管理來自不同文化背景的員工時，主管必須體認到哪些是具有共同性的、可被接受的行爲。有些人可能不像其他人那樣能夠很自在地參與決策，或是，他們可能不願意嘗試完全不同的事物。能適應決策哲學與執行方式各種差異性的主管，便有本錢要求更高的薪資報酬，擷取不同的勞動力所提供的觀點與優勢。

問題怎麼會不同？

有些問題很簡單，決策者的目標也很清楚，問題很熟悉，關於問題的訊息也很容易找到，也很完整，例子很多，像是供應商重要的物品卻延遲送達，消費者想要退回郵購品，新聞節目必須對無預期且快速傳開的新聞事件做回應，或者是大學受理學生就學補助的申請。以上這些問題都可以稱爲**完整結構的問題**(well-structured prolems)。

然而，有些主管所面對的情況是屬於**非完整結構的問題**(ill-structured problems)。可能是些新的或不常見的問題，關於這些問題的資訊很模糊或是不夠完整。像是重新調整部門架構的決策；是不是該投資並採用新的、未經證明的技術；或是，僱用一

完整結構的問題 (well-structured problems)
簡單、熟悉又容易的問題。

非完整結構的問題 (ill-structured problems)
新的或不常見的問題，關於這些問題的資訊很模糊或是不夠完整。

位顧問來重新設計部門工作的流程，都屬於結構不良的問題。

預設決策與非預設決策有何不同？

問題可以被分為兩個類型，決策也一樣。預設或例行的決策是處理完整結構的問題最有效率的方式，不過，當問題的結構不完整時，主管則必須倚賴非預期決策來發展出獨特的解決方案。

預設的決策
(programmed decision)
重複的決策，適用於以固定的方式處理問題。

假設，當固特異(Goodyear)輪胎及橡膠公司的技師為車輛換上新的輪胎的時候，破壞了合金輪圈，主管該做些什麼？可能有一些標準化的慣例可以處理這樣的問題，例如，主管幫顧客換上新的輪圈，由公司吸收這筆費用，這是**預設決策**(programmed decision)，適用於重複或例行的情境，或已有固定處理方法的問題；因為這類的問題有較完整的結構，所以，主管不需要傷腦筋，也不需要從頭到尾自行發展出解決的方法。預設的決策較為簡單，它很依賴過去處理的經驗，而不太經過「發展解決方案」的過程。為什麼呢？因為問題的結構一旦確定後，其解決方法就毋須多做說明，或只需少數幾種熟悉的解決方式即可。在許多情形下，預設的決策其實就是蕭規曹隨，遵循前人之例。壞掉的輪圈並不需要主管去確認決策評斷標準和權重，亦不需發展出一長串可能的解決方案。主管該做的，只是遵循一套既有的系統性的程序、規則或政策而已（詳見第3章）。

群體決策

組織中越來越多的決策通過群體完成，而不是個人。這看起來至少有兩個主要原因：第一，要求開發出更多、更好的方案。中國有句諺語：「三個臭皮匠勝過一個諸葛亮。」用到這裡就表示群體能夠產生更多、更有創意的決策方案。其次，認為組織各部門間應公開獨立進行決策的傳統觀點越來越不適用，為了獲得更好的創意和改善實施的結果，組織不斷轉向跨越傳統部門界線的團隊運作。

群體決策的優點有哪些？

個人決策和群體決策都各自有其優點。沒有一種完美的決策適合所有的情況。現在讓我們先來比較一下群體決策比個人決策優勢的地方（見圖表7-6）。

- **提供更完善的訊息**。群體能為決策過程帶來不同的經驗和觀點，這是個人或個別行為所無法達到的。
- **產生更多的選擇**。因為群體成員擁有更多不同的訊息，所以他們能比勢單力薄的個人發展出更多的解決方案。
- **提高方案的可接受性**。許多決策的失敗是因為人們不能接受這個解決方案。如果與方案有關並協助執行方案的人能參與在決策過程中，那麼他將更樂於接受這個決策，而且會鼓勵其他人去接受它。
- **提高合法性**。群體群體決策的過程是民主的，因此會產生比個人決策更合理的決策。

群體決策的缺點有哪些？

如果群體決策這麼好，為什麼「駱駝是由一群人共同商討

圖表7-6　群體決策的優缺點

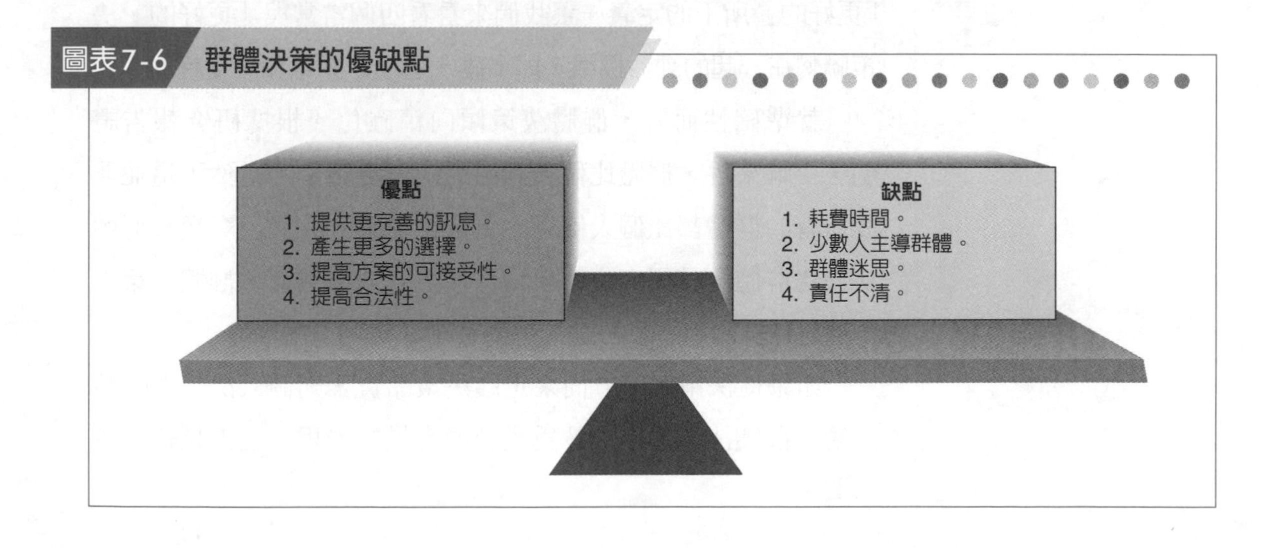

描繪出來的馬」這句話會如此流行呢？群體決策不可能沒有缺點，以下是群體決策的主要缺點：

- **耗費時間**。組成群體需要時間。而且群體一旦形成就要合作，而這種合作卻常常是低效率的。結果是群體幾乎總是要比個人花費更多的時間來達成一項決策。
- **少數人主導群體**。群體成員之間永遠不會絕對平等。他們可能因為在組織中的等級、個人經驗、對問題的見解、受其他成員的影響、口才和自信心等因素的影響而變得不平等。這就為一個或幾個成員提供了機會，憑恃著他們的優勢在群體中主導別人，甚至對最後的決策施加不適當的影響（註5）。
- **群體迷思**。群體中存在社會壓力，為了讓群體接受和認同，可能會限制成員不得有異議，並且鼓勵各種觀點趨於一致。群體成員為了表現出一致性而收回不同意見的現象稱為**群體迷思**(groupthink)。
- **責任不清**。群體成員共擔責任，但是誰對最終結果眞正負責？在個人決策裏，負責追究是非常清楚的，但在群體決策中，個別成員的責任被淡化了。

群體迷思 (groupthink)
群體成員為了表現出一致性而收回不同意見的現象。

群體決策有無絕佳時機？

什麼時候群體決策比較個人決策更合適呢？這就要看你對「更好的」所下的定義。讓我們來看看四個常常與「更好的」決策聯繫在一起的評估標準，即準確、迅速、創意和接受程度。

就準確性而言，群體決策傾向精確化。根據研究報告證明，平均來說，群體比個人做出的決策更精確；當然，這並非說所有的群體都比個人優秀。更恰當地說，人們已經發現群體決策比群體成員個人決策平均水準更有效，然而，群體決策很少能達到群體中最好的個人決策的水準。

如果從決策速度方面來定義決策品質，則個人決策會略勝一籌。群體決策過程被認為是交換意見的過程，這得耗費許多時間。

決策品質也可以通過解決方案的創意發揮程度來進行評價。如果以創新爲評估重點，那麼群體會比個人做得好，然而，這就需要注意避免群體迷思的現象——抵制與群體意見不一致的個別意見，對不同觀點的偏袒，過分追求一致的表面現象，或假設將沉默、棄權視爲同意。

正如先前所提到的，因爲群體決策有更多的人參與，方案本身被接受的程度也就比較高。

如何改善群體決策？

當群體成員面對面交流和相互作用時，群體迷思就有可能產生，群體成員可能調整自己，並且迫使群體成員達成共識。有人已經提出三種使群體決策變得更有創造力的方法，即頭腦風暴法、名目群體法和電子會議。

腦力激盪法

腦力激盪法(brainstorming)是一種相當簡單的方法，它能夠克服群體決策中妨礙開發創新方案的壓力（註6）。它通過一個思想萌發的機制，來克服群體壓力，明確地鼓勵提出所有解決方案，不允許有任何批評出現。在一個典型的腦力激盪會議上，6～12個人圍著一個桌子坐下，群體領導清晰地陳述問題，使每個參與者都能理解。然後群體成員在規定時間內「暢所欲言」地將他們能想到的的方案儘可能地提出。會議進行期間不允許任何批評，而且所有的方案都會被記錄下來，以做爲後續的討論和分析之用。腦力激盪法只用於萌發新想法，而下面介紹的名目群體法研究得更深入，能夠幫助群體找到更滿意的解決方案（註7）。

腦力激盪法 (brainstorming)
是一種相當簡單的方法，它能夠克服群體決策中妨礙開發創新方案的壓力。它通過一個思想萌發的機制，來克服群體壓力，明確地鼓勵提出所有解決方案，不允許有任何批評出現。

名目群體法

名目群體法(nominal group technique)在決策過程中限制討論而得名。群體成員必須出席會議，就如同在傳統的會議上一

名目群體法 (nominal group technique)
在決策過程中限制討論而得名。群體成員必須出席會議，就如同在傳統的會議上一樣，但是要求他們獨立思考。

樣，但是要求他們獨立思考。這種方法的主要優點是允許群體成員正式會面，但不影響獨立思考，而這在傳統的合作群體中常常是難以做到的。

電子會議

電子會議(electronic meeting)是最新的一種群體決策方法。它把名目群體法和複雜的計算機技術結合在一起。一旦這項尖端科技在會議上得到適當的應用，這個概念就變得簡單了。多達50人的與會者圍著一個馬蹄形的桌子坐下，並配備電腦終端機。大會向與會者說明問題所在，而他們則透過電腦螢幕顯示自己的解決方案，個人評論和群體投票的情況都會顯示在會議室的投影螢幕上。專家們宣稱電子會議比傳統的面對面會議效率提高55%， 舉例說，在德爾菲會議上，主管使用這種方法將每年的計劃會議由數天減少到12小時。然而，這種方法也有它的缺點：那些打字極快的人將會勝過那些有口才好、而打字極糟的人；擁有最好構想的人往往得不到贊賞；整個過程缺少面對面、口頭交流時的豐富訊息。

電子會議
(electronic meeting)
是最新的一種群體決策方法。透過電腦螢幕顯示自己的解決方案，個人評論和群體投票的情況都會顯示在會議室的投影螢幕上。

決策過程中的道德標準

第2章介紹了道德的專題以及使行爲更符合道德準則的方法，這意味著當面臨道德抉擇時，問題就會應蘊而生。這個想法來自於上次對固有的缺陷的討論（見「解決難題：雇用朋友嗎？」），因此，重視道德就成爲決策過程的一部分了。舉例來說，某個方案可能在財務上比其他方案能帶來更高的收益，但它可能伴隨著道德方面的問題，因爲它以犧牲員工的安全爲代價。讓我們更深入地討論這個重要的課題。

常見的道德判斷標準有哪些？

從過去到現在，對於一些問題行爲，人們已經建立起一些

解決難題

雇用朋友嗎？

在進行招聘決策時，主管常常面臨困難的選擇。例如公司刊登廣告，要招聘一名新的員工到你的部門工作。這個職位非常重要，因爲他的工作會直接影響到你的工作績效。你的朋友正好需要一份工作，而且你認爲他能夠勝任，但是你認爲很有可能找到更有資格而且更有經驗的人選。

你打算怎麼做？影響你做出決定的因素是什麼？你會告訴朋友嗎？你會怎麼處理這個敏感的場面？

道德判斷標準行爲（註8）。這些常見的道德判斷標準能夠幫助我們認識到，爲什麼主管可能做出不道德的選擇。

- **「這不是『真』的不合法或不道德。」**慧黠和陰險的分野在哪裏？怎樣區分不同凡響與不道德的決策？因爲這個界線常常是模糊不清的，所以人們會認爲他們所做的不是眞的錯了。如果你將足夠的人手安置在一個沒有明確標準的環境中，有一些人會認爲沒有被規範的事情都可以做。如果達成既定的目標能獲得優沃的獎金，而且組織的評估系統又不能詳實地監控員工達成目標的過程，這時道德風險就更容易發生了。輕易獲得鉅額利潤的股票內線交易，就常常陷入這類的困境。
- **「這符合我（或者組織）的最大利益。」**爲了追求個人或組織的最佳利益而做出不道德行爲，這是以狹隘的觀點來看待利益所致。舉例來說，賄賂政府官員的行爲可以使組織獲得某份合約，或是僞造財務記錄從而提高部門績效，主管常常認爲這是可以接受的。
- **「不會被人發現。」**第三種判斷標準是假設行爲是錯誤的，但不會被發現。哲學家思考過這樣一個問題：「如果一棵樹在森林裏倒下，但是沒有人聽見，那噪音是否產生了？」對於主管則應思考：「如果不道德的行爲發生了，但是沒有人知道，這個行爲是錯的嗎？」「不會被人發現」這項道德判斷標準行爲，通常發生在缺乏監督、績效壓力大、成果導向且忽視過程，以及目標達成者加祿晉爵，犯錯誤者少有懲戒的情況。

- **「由於它對組織有利，因此組織會寬恕它，而且會保護我。」** 這種反應代表了由忠誠走向瘋狂。一些主管不僅僅認爲組織的利益高於法律和社會價值觀，而且他們相信，組織希望員工表現出十足的忠誠。甚至這些主管被抓起來時，他們仍相信，組織會支持他們，並獎勵他們的忠誠。以這種合理化的心態做藉口，這些主管在從事不法情事時，例如低於最低工資、浮報成本、偷工減料和違造文書等等，無疑地會使組織的名聲受到損害。主管藉由對抗、詆毀競爭對手來表現對組織的忠誠、時，應該要記住，忠誠不能置於法律、公眾道德和社會之上。

什麼是道德的三個觀點？

在本節中，我們會介紹三種不同的道德觀點，它們能幫助我們理解個體是如何運用不同的道德標準做出不同的決策，請參考圖表7-7。

道德的功利觀 (utilitarian view of ethics)
只以結果導向進行決策的觀點。

功利觀

第一種是**道德的功利觀**(utilitarian view of ethics)，運用這種

圖表7-7 三種關於道德的觀點

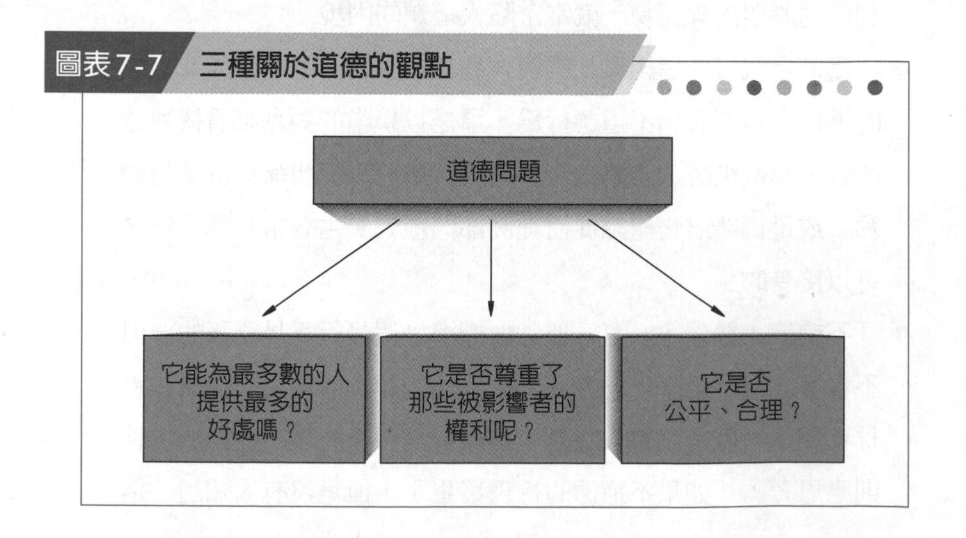

觀點進行的決策只以結果爲導向。功利的目標是要給最大數量的受益者提供最大的好處。這種觀點逐漸在商業決策中占主導地位，爲什麼呢？因爲它包括了諸如效率、生產力和高利潤的目標。舉例來說，通過利潤極大化，主管可以宣稱他保障了大部份的人獲得最大的好處。

權利觀

另一種道德觀點就是**道德的權利觀**(rights view of ethics)，它要求決策主體在進行決策時，如同《權利法案》(Bill of Rights)裏所揭示，必須考慮基本的自由與權利因素。道德的權利觀點的重點在於尊重和保護個體的基本權利，例如隱私權、自由言論權和受應有的法律程序保護。這種觀點推崇員工言論的自由權，保護向新聞媒體或政府舉報組織不道德或違法行爲的員工。

道德的權利觀
(rights view of ethics)
要求決策主體在進行決策時，如同《權利法案》(Bill of Rights)裏所揭示，必須考慮基本的自由與權利因素。

公正觀

最後一種觀點是**道德的公正觀**(justice view of ethics)，它要求決策者公平、無偏見地制定和執行規則，使人人都擁有分配成本和效益的平等機會。工會成員就是支持這種觀點的典型代表。它忽視績效的差異化，認爲相同的工作享有同等待遇才正確，而且它使用資歷作爲解雇決策的評價標準。

道德的公正觀
(justice view of ethics)
要求決策者公平、無偏見地制定和執行規則，使人人都擁有分配成本和效益的平等機會。

每種觀點都有它的優缺點。功利觀能夠促進效率和生產力的提高，但它可能忽視少數人的權利，特別是組織中弱小的群體。權利觀保護了個體的權利不受傷害，而且考慮到自由和個人權利，但它可能營造出過於僵化的工作環境，從而束縛了生產力和效率的發展。公平觀能夠保護非主權和弱小權利群體的利益，但它可能造成人們不願承擔風險、拒絕革新和生產力降低的局面。

正如我們所提到的，儘管每種觀點都有其優缺點，但在商業活動中，人們仍然傾向功利觀。然而，時代在改變，大部分的主管和其他組織成員也在不斷翻新觀念。針對個體權利和社會公平的新趨勢，意味著主管需要考慮非功利標準的道德準則。這是現今社會對主管的一個嚴峻挑戰，因爲決策時使用類似個體權利和社會公平標準要比使用效率、利潤這類功利標準還要難以掌握。

有無符合道德標準的行爲指引？

我們不能擔保你在道德判斷時小錯不犯，我們所提供的只是一些問題，當你在面臨重要的決策和帶有明顯道德意味的決策時，你可以向自己提出這些問題（註9）。

- 問題最初是怎樣發生的？
- 如果站在對方的立場上，你對這個問題的看法會不一樣嗎？
- 作爲個人和組織成員，你應該對誰和對什麼表現忠誠？
- 你做出這個決策的意圖是什麼？
- 你的意圖被組織中其他人誤解的可能性有多大？
- 你如何將自己的意圖與可能的結果相比較？
- 你的決策會危害到誰？
- 在你做出決策之前，能和受到影響的群體一起討論這個問題嗎？
- 你能確保你的決策在未來一直都是正確的嗎？儘管它現在看起來是正確的。
- 你能向老板或家人透露你的決策嗎？
- 如果你的決策被當地的報紙以詳細的篇幅刊登在頭版，你會有什麼感想？

總複習

本章小結

閱讀過本章後，你能夠：

1. **列出決策過程的七個步驟**。這七個步驟分別是：(1)確認問題；(2)收集相關資訊；(3)發展解決方案；(4)評估解決方案；(5)選擇最佳方案；(6)執行方案；(7)追蹤與評估決策。
2. **描述期望值分析**。期望值分析是透過對某方案的各種可能收益賦予對應的機率，經加權計算總收益而得出特定方案的期望值的方法。
3. **解釋四種決策類型**。四種決策類型是命令型、分析型、概念型、及行爲型。命令型的人其效率高且邏輯性強；分析型的人比較細心，具有適應和應付新環境的能力；概念型的人考慮多項解決方案，並擅長以創新的方法來解決問題；行爲型的人重視他人的建議，試圖避免衝突。
4. **指出並解釋決策程序中常犯的錯誤**。決策程序中常犯的錯誤又稱爲啓發方法，對主管來說，這個方式是個能夠加速決策過程的捷徑，通常啓發方法以兩種形式呈現——資訊取得的便利性與代表性，這兩種類型都會產生管理者判斷上的偏見。第三項常犯的錯誤稱爲承諾升高，儘管有許多負面的資訊存在，這個方法反應出對原本決策的向心力與信心逐漸增加。
5. **描述出兩種問題類型，及兩種解決這些問題的決策類型**。主管會面對完整結構與非完整結構的問題，完整結構的問題很簡單明瞭、熟悉的、容易界定的，而且可以用預設的決策來解決，預設的決策——可以用例行的方式來處理的重複性決策，像政策、程序、或是規則；非完整結構的問題是新的或是不常發生的問題，資訊模糊或不完整，適合以非預設的決策來解決，非預設的決策——量身訂製的決策以解決獨特的、不會重複發生的問題。
6. **比較群體決策和個人決策**。群體決策和個人決策可以用準確、速度、創意和接受程度作爲比較的基礎，群體決策的優點是有更完備的信息、更多的選擇、更容易被接受和更具合理性。個人決策則以速度快爲顯著特點。因此，當速度是最主要的因素時，應該做個人決策。如果速度不是重要的因素時，群體決策比較好。
7. **列出三種改善群體決策效果的技術**。三種提高群體決策效果的方法是腦力激盪法、名目群體法和電子會議。腦力激盪能夠克服群體決策中阻礙發展創新解決方案的壓力，在產生點子的過程中，特別鼓勵員工踴躍提出解決方案，而不對方案提出任何的批評。名目群體法限制在決策過程中討論。運用電子會議時，每一位與會者都會被分派到電腦終端機前，當議題被提出時，與會者將他們的意見輸入電腦，每個人的回應都是不記名的，然後，群體投票的結果會顯示在會議室的投影螢幕上。

8. **解釋三種不同的道德觀點**。三種不同的道德觀點分別是功利觀、權利觀、及公正觀。道德的功利觀是以帶給多數人最多的好處爲決策基礎，權利觀決策考量點與基本的自由及權利因素是一致的。公正觀則著重在尋求公平、公正。

問題討論

1. 請比較問題與症狀的異同，並舉出三個例子加以說明。
2. 在決策程序中，你認爲創造力運用在哪一個步驟最適用？在哪一個步驟運用大量的分析工具是得當？
3. 請應用期望值分析，計算出你這個學期估計的平均成績。
4. 決策風格如何依工作的特性做良好的配搭？試舉例說明之。
5. 承諾升高如何影響決策？請舉例說明。
6. 人們用什麼樣的道德判斷標準來掩飾不道德的行爲？
7 哪一種道德觀在商業活動中占主導地位？原因爲何？
8. 何時主管應該運用群體決策？何時該由他們自己進行個別決策？
9. 試比較名目群體法和電子會議的異同。

實務上的應用

如何激發創意？

創意是將許多想法以獨特的方式組合在一起，並讓這些想法產生不尋常的連結能力。我們每一個人都有能力發揮創意，然而，有些人比其他人更會運用創意，雖然有時候創意人員會被指爲「矯揉造作」而且難以言喻。你可以跟著這裡所提供的一些步驟，變得更有創意。

實務作法

步驟一：認為自己是有創意的

雖然，這是個簡單的建議，但研究顯示，如果你認爲自己沒有創意，你就不會有創意。就像小朋友的寓言裡所提到的小引擎：「我認爲我可以。」，如果我們相信自己做得到，就可以變得更有創意。

步驟二：注意你的直覺

每個人都有運作良好的潛意識，有時候在你不認爲會有答案時，答案就出現了。舉例來說，當你快睡著時，放鬆的心情反而使你靈感乍現，所有的問題迎刃而解，你必須仔細去聆聽這樣的直覺；事實上，許多創意人員都在床邊放了一本筆記本，以便隨時記錄突如其來的想法，這麼一來，這些想法就不會被遺忘了。

步驟三：離開你的舒適地帶

每一個人都有一個充滿確定性的舒適地帶(Comfort Zone)；但是，創意與已知的事物通常並不會混在一起。要變得有創意，必須離開熟悉的環境，並將注意力放在新事物上。

步驟四：參與一些脫離舒適地帶的活動

我們不僅要以不同的方法來思考，還要以不同的方式來作事，透過參與一些富挑戰性的活動，可以激發自己的潛力。比方說，學習樂器或是學習外語都是打開心智，讓心靈接受挑戰的方式。

步驟五：尋求觀點的改變

人類是習慣的動物，創意人員強迫自己改變觀點，跳脫習慣，進入一個安靜且心平氣和的領域，在那裡你可以與自己的想法獨處，也是增加創意的方法之一。

步驟六：找出正確的答案

就像我們把合理性設限一樣，我們僅止於找到不錯的解決方案，就鳴金收兵。富有創意則是要求好還要更好，就算你認爲問題已經解決，仍然要持續地找尋其他的解決方案，可能就會找到更好、且更有創意的解決方案了。

步驟七：為自己的謬誤申辯

挑戰自己，爲自己的解決方案辯護，堅定自己追求創意的信心。反覆地推敲，你也許會發現更正確的答案。

步驟八：相信一定找得到可行方案

就像你應該相信你自己一樣，你也必需相信你的想法，如果你不認爲自己能夠找到解決方案，那就一定找不到。擁有正向的思考態度，可以是自我實現的預言。

步驟九：與他人腦力激盪

創意並不是一項孤立的活動，向他人試探性地提出自己的想法，會產生相互激盪的效果。

步驟十：把創意的想法落實為行動

想出一些點子只是這個過程的一半。一旦有新的想法，這些想法就必須被執行。好的想法如果只是保留在某人的心裡，或是，寫在紙上而沒有人閱讀，對一個人創意能力的拓展，效果微乎其微。

有效溝通

1.「通常管理者的決策都非常好，但是，不見得是最好的解決方案。」編纂一個足以表現這個論點正反兩面的個案，在你的討論中，必須強調什麼時候「非常好」的決策是合適的，什麼時候「最好的解決方案」才是不可或缺的。在你的報告裡，提出一些具體的例子。
2.描述一個資訊取得的便利性的啓發方法或代表性的啓發方法影響你的決策的情境。回想一下，提供一個決策有效性的評估。以你的評估爲前提，在你決策的過程中，你比較喜歡或是比較不喜歡運用判斷性的捷徑呢？試解釋之。

個案

個案1：幫肯・羅傑斯做決策

當肯・羅傑斯(Ken Rogers)被提升爲弗利圖列(Frito-Lay)食品公司的銷售培訓主管時，他對工作懷有複雜的心情。他知道自己擁有做這份工作的背景，有很好的人際關係技能，並且常常被要求去完成那些需要有解決問題的實際能力的特殊任務。大部分人都認爲肯是個聰明、足智多謀、有感染力和勤奮的人。

銷售部門的副總裁擢拔肯擔任培訓主管，是看中肯具有活力和創造力，而這兩項特質是培訓部門極需要的。肯曾經與他的上司就銷售培訓的問題進行過多次討論，他們在激勵和促進銷售隊伍的看法如出一轍。然而，爲什麼肯仍然對培訓這個職位持保留態度呢？因爲肯必須和另外兩名培訓員一起工作，而他們都分別在這個職位上工作了四年和九年。他的上司也在組織中工作了九年，而這九年中她只在肯目前的職位上工作過兩年。

肯從一開始就爲在兩種工作方式間做出選擇而感到痛苦，如果依照新的思考方式工作，這樣做可能會惹怒老員工；如果以保守的態度因循苟且，則能「融入」這個群體。

案例討論

1.就決策風格而言，肯如何能在新工作中充分利用他所擁有的知識？
2.肯怎樣才能對上司和部屬瞭解更多一些，並讓他們願意接受自己有關培訓方案的想法呢？
3.根據四種決策風格，組合成知名領導人

士的決策風格圖，標明其構面和決策風格的特徵。

個案2：二手服飾店

羅莎琳・加爾琪亞(Rosalee Garcia)是一家二手服飾店的主管，該店位於華盛頓特區的Bainbridge島。二手服飾店都擁有很好的客戶來源，包括賣主和買主；賣方常常把他們只是穿過一兩次的衣服拿到店內銷售，而買方看中的不只是這裡的服飾像新的一樣，還有它實惠的價格。

羅莎琳已經注意貝琪・威爾森(Becky Wilson)，這位銷售員喜歡試穿店裡寄售的服飾。之前，在店裡生意不是很忙的時候，她就會花些時間去試穿一些衣服；現在，她現把一些剛進貨的商品「登記取出」，帶回家試穿會更方便，也就愈食髓知味。有時候，她會以15%的員工優惠價買下那件衣服，通常的情況是，她會在一兩天內歸還她不買的衣服，但絕對不會超過一個星期。

慢慢地，羅莎琳發現一些貝琪帶回家去試穿的衣服不像剛從賣主進貨時那樣新了，羅莎琳懷疑貝琪是否把衣服穿過後再歸還給商店，她甚至懷疑貝琪沒有把「借」出去的服裝全數歸還。雖然這樣的情況很難查證，但是艾米感覺到必須做出決策，來減少她不斷增加的疑惑。

案例討論

1. 針對這樣的情況，羅莎琳有違什麼樣的道德判斷標準？
2. 如果你是羅莎琳，你會採取什麼行動來解決這個問題？行動的結果會導致誰獲益或損失？
3. 假設貝琪濫用特權，試以三種不同的道德觀點加以評論。你的立場是什麼？請爲你的立場申論之。
4. 請幫助羅莎琳做出決策，解決這個問題，然後檢視之前的決策道德標準的行爲指引，回答完11個問題後，你是否會做出同樣的決定？爲什麼？

PART

個人激勵與群體績效

如果說有什麼東西對所有員工來說都是一樣的話，那就是他們都願意努力去做有利可圖的事情。員工們都知道要謹守工作份際，懂得爲工作傾注心力，當然也期望自己的努力能有所回報。他們希望效力的對象是能尊重他們、讓他們熟悉組織運作，以及幫助他們發揮潛力的主管。

第三部分包含四章：

- 第 8 章 激勵員工
- 第 9 章 高效能的領導
- 第10章 有效的溝通
- 第11章 管理群體與工作團隊

第8章 激勵員工

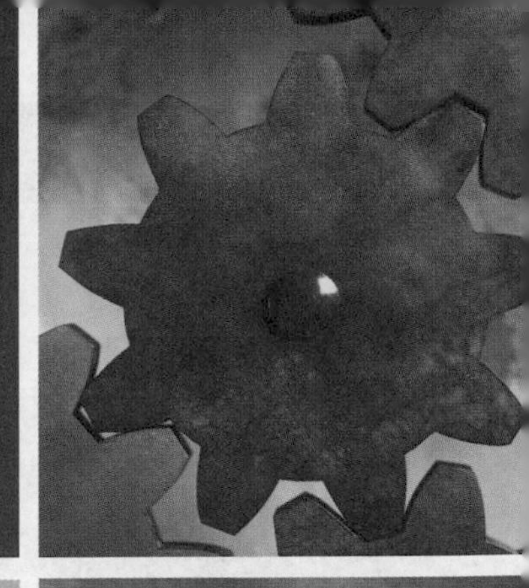

學習目標

讀完本章之後，你應該能夠：

1. 給激勵下定義。
2. 定義員工行為的五種人格特質。
3. 描述三種早期之激勵理論的主要原則與重點。
4. 指出激勵人們贏得高成就的特徵。
5. 瞭解期望理論決定個人努力程度的三層關係。
6. 請列舉主管大大地激勵員工的作為。
7. 描述主管如何設計個別化的工作，促使員工的績效極大化。
8. 解釋激勵多樣化員工的效果。

關鍵詞彙

讀完本章之後，你應該能夠解釋下列專業名詞和術語：

- **以能力為基礎的補償**
- **員工持股計劃(ESOP)**
- **公平理論**
- **期望理論**
- **需求層級理論**
- **保健因子**
- **工作設計**
- **工作豐富化**
- **內外情境控制**
- **馬氏主義**
- **激勵**
- **雙因子理論**
- **需求**
- **成就需求**
- **按績效計酬機制**
- **風險傾向**
- **自尊**
- **自律**
- **X理論和Y理論**

有效能的績效表現

作一個好一點的捕鼠器！如果你這麼做，收穫就是你的，這是美國人做生意的口號——尋求產品或服務的競爭優勢，麻省的理查・蓋特(Richard Gaete of Premier Incentives in Marblehead)已經找到了。

蓋特體認到在今日動態的組織裡，家庭價值扮演著很重要的角色，他也清楚地了解到快樂的家庭生活與優秀的工作績效之間的連結，但是，他覺得許多組織忽略了他們的家庭導向計劃所能提供的機會。當企業提供了多樣性家庭導向的利益（彈性工時、企業贊助像是夏日野餐之類的家庭活動等等），沒有人會把這些措施與生產力連想在一起。蓋特認爲這類具有家庭價值的計劃可以提振績效——尤其是銷售部門，不幸地是，大多數的公司的獎勵計劃幾乎不會考慮到員工的配偶。他相信，假如企業花一些錢，針對家屬來宣傳獎勵計劃——包括把一些印刷精美的小冊子寄到家裡，員工的配偶過目之後，也許會變成第二個老闆，「推動另一半」去達成目標。

導言

德倫・西蒙斯(Darren Simmons)是個積極進取、勇於挑戰的人。他做每件事都滿懷熱情，對工作、對夏季壘球隊，以及畫經典的1963小型護衛艦的工筆畫均是如此。相反的，他的好朋友布瑞得・威爾森(Brad Wilson)在生活中就顯得有點漫不經心，認識的人都認爲他很懶。雖然布瑞得聰明能幹，但總是做不好工作，因爲他工作時無法全心投入。德倫用一句話形容布瑞得：「他做什麼事都不能超過半小時，否則容易感到厭煩和分神。」

主管都喜歡和德倫・西蒙斯這類類型的人一起工作。這些人能夠自我激勵，他們整天努力工作，一點也不需要你花費力氣；但像布瑞得・約翰遜這類人就另當別論了，他們是管理人員的噩夢，找到富有創造性的方法來激勵他們是一項挑戰。大多數員工既不像德倫、也不像布瑞得，事實上，他們是莎曼安尼爾・費勒厄尼(Anil Vazirani)是布魯斯・威爾考克斯(Bruce Wilcox)保險公司（歐馬哈互保(Mutual of Omaha)保險公司的一個部門）的銷售主管，他很明白蓋特的想法，在他所工作的組織裡，也有一位深信家庭價值能夠主導工作績效的老板。在布魯斯・威爾考克斯保險公司裡，管理人員正在提倡一個稱爲「夏日樂趣」的計劃，保險經紀人如果超越銷售目標的話，會得到「布魯斯元(Bruce Buck)」——超過業績的部分每一塊錢都相當於一布魯斯元。然後，在公司每年的夏末野餐會的年度拍賣活動中，可以用布魯斯元來競標商品，員工配偶和小孩也在一旁助陣，保險經紀人可以用他們辛辛苦苦賺來的獎勵金競標運動用品、電器用品、露營用具和一些對他們來說很重要的其他項目。就像費勒厄尼所說的，與家庭一起「點燃心中的那把得標的慾望之火」，這樣的慾望單純地來自於，要比其他的經紀人賺取更多的布魯斯元。

資料來源：V. Alonzo, "An Incentive to Embrace Family Values," *Sales and Sales Marketing Management* (July 1999), pp. 28-30.

莎・卡爾(Samantha Carr)。在某些活動中，莎曼莎能表現得非常積極，例如，她能在一個星期內讀完二至三本的愛情小說，她每天五點半起床，跑了三、四英里，回家淋浴後再去上班，風吹日曬，從不間斷。但在當地寶利健身中心(Bally's Fitness Center)做銷售工作時，她又顯得厭煩和缺乏動力。不同的活動、不同的表現，這一點，許多人都像莎曼莎・卡爾。

怎樣才能點燃像布瑞德・約翰遜和莎曼莎這兩類人的積極進取的熱情呢？本章將提供幫助你解答這些問題的知識和方法，同時說明動機概念這個一般主管有興趣的課題。

什麼是激勵？

首先，讓我們來描述「激勵」一詞的涵義。**激勵**(motivation)是人們做事的意願；它是個體透過行動能力滿足某些需要的狀

激勵 (motivation)
人們做事的意願；它是個體透過行動能力滿足某些需要的狀態。

需求 (need)
會使某些結果看起來有吸引力的一種內在心理狀態。

態。套用專業術語，**需求**(need)是指會使某些結果看起來有吸引力的一種內在心理狀態。

未被滿足的需求會造成緊張，而形成個人內在的驅動力去滿足需求（請參考圖表8-1）。心裡越是緊張，就想越努力去減少緊張感。當員工在某些活動中表現得非常努力，我們就可以推斷他們受欲望所驅動，他們想要滿足一個或更多他們看重的需求。

理解個別化的差異

新上任的主管經常犯的一個錯誤就是假定別人都和他們一樣，如果他們很有企圖心，他們就認爲別人也雄心勃勃；如果他們非常重視與家人相聚的時光，通常他們會認爲別人也是這樣。這些假設是非常嚴重的錯誤！人與人之間存在著許多的差異，對我們重要的，對其他人未必相同。例如，並不是所有的人都貪愛錢財，然而，仍有許多主管迷信「有錢能使鬼推磨」，認爲獎金或加薪會讓所有人工作得更努力。如果你想成功地激勵他人，那就必須接受和理解個別化的差異。

圖表8-1 需求和激勵

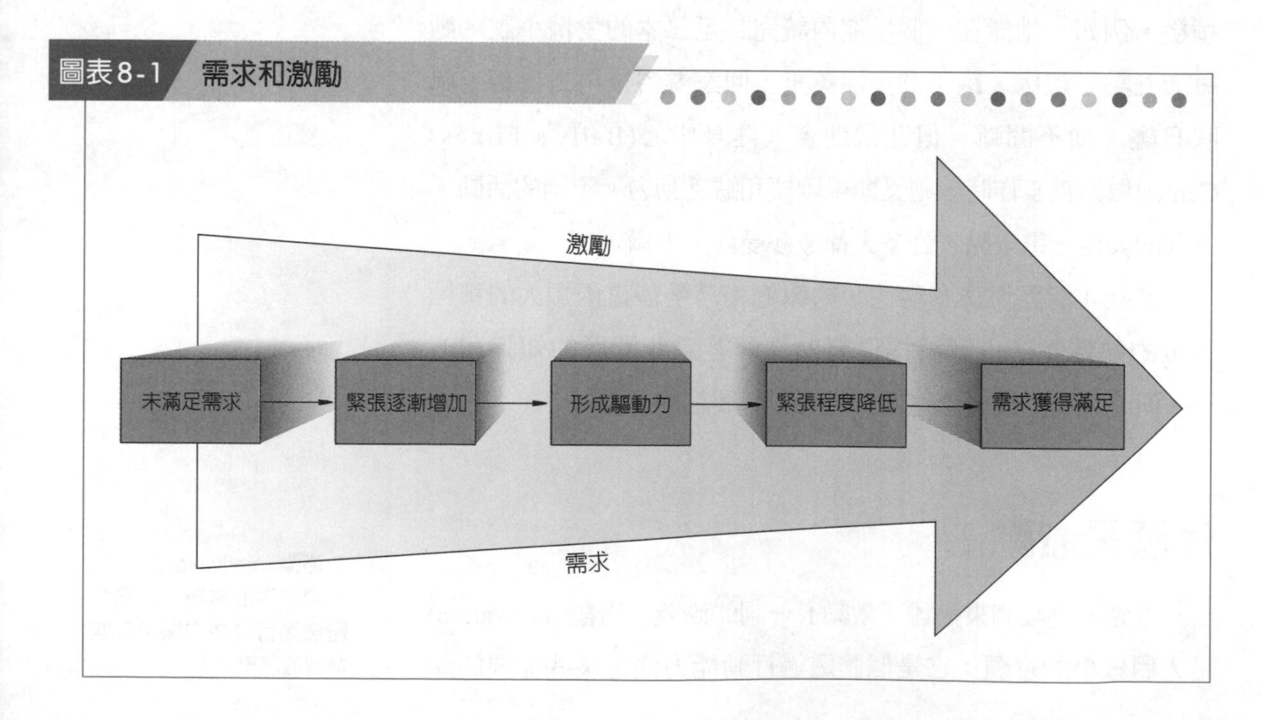

讓我們再從人格方面加以佐證。有些人生性多話、積極，有些人則比較安靜和順服，許多的人格特質有助於我們去瞭解員工的工作行爲和動機。以下五種人格特質已被證實對解釋組織中的個人行爲很有作用，包括內外情境控制、馬氏主義、自尊、自律和風險傾向。

人格特質是否有助於預測實際工作時的相關行爲？

是誰在控制個人的行爲呢？有人認爲命運掌握在自己手中，也有人則是聽天由命。在**內外情境控制**(locus of control)中，前者是屬於內在分類的人，他們認爲自己可以掌握命運，而後者則被歸類外在情境控制的人，他們認爲自己的生命是爲外部壓力所控制（註1）。根據研究報告顯示，與內在情境控制的員工相比，外在情境控制的員工對工作滿意度較低，和工作場合較爲疏離，同時也較不會全心投入工作中。外部情境控制的員工對工作可能更缺乏熱情，因爲他們相信自己對績效評估結果完全無法插手，當他們的工作考績不佳時，他們往往會指責主管不公，怪罪同事或其他不能控制的外部因素。

內外情境控制
(locus of control)
影響個人的行為的控制來源。

第二種人格特質稱爲**馬氏主義**(Machiavellianism, Mach)，這是以尼庫魯・馬基雅維利(Niccolo Machiavelli)的名字命名的，他是十六世紀的名作家，曾寫過一本關於如何獲得和掌握權力的著作。表現出強烈馬氏主義傾向的人，喜歡操縱別人，而且相信「爲達目的，可以不擇手段」，所以有人會認爲他們毫無憐憫之心。對於需要協商（如勞資談判）或報酬豐厚的工作（如銷售佣金），高馬氏主義傾向者會爲此而大受激勵，表現出極佳的工作績效。但是，當在工作中必須遵守許多清規戒律，或報酬固定而非根據表現來計算時，他們在工作上就會大受挫折。

馬氏主義
(Machiavellianism, Mach)
喜歡操縱別人，而且相信「為達目的，可以不擇手段」。

自尊(self-esteem, SE)是人們喜歡或不喜歡自己的表現程度。研究結果證實，自尊心較強的人相信自己具有成功的能力，但值得注意的是，自尊心低的人較容易受到外部環境的影響，他們需要別人的認同，而且相當在意他人的讚賞，也比較喜歡效

自尊
(self-esteem, SE)
人們喜歡或不喜歡自己的表現程度。

法其所敬仰對象的信念和行爲。

有些人的適應性很強，能輕易地隨著據外部環境的變化調整自身的行爲，另一些人則顯得有點死板、不易改變，引起這類差別的人格特質稱爲**自律**(self-monitoring)。高度自律的人在面對環境改變時，會有很強的調適能力，他們對於外界的風吹草動極爲敏感，能隨著週遭環境的不同而採取不同的行動，他們可以在公共場合和私生活上，有著截然不同的舉止和言論。自律較差的人就不善於這樣僞裝，而且在各種場合都表達出眞實的自我。有證據顯示，高自律者比低自律者更會關注他人的行爲，更具適應性。另外，由於高自律者較懂得變通靈活，比低自律者更擅於以不同的臉色應付不同的場合。

自律 (self-monitoring)
高自律者在公共場會和私生活上，有著截然不同的表現；而低自律者在各種場合毫不隱藏自我。

勇於接受挑戰的意願因人而異。具有高**風險傾向**(risk propensity)的人比低風險傾向的人決策更爲迅速，而且需要的訊息更少。理所當然地，高風險傾向者更喜歡、也更加滿足於諸如股票經紀人或撲滅油井大火這類富風險性的工作。

風險傾向 (risk propensity)
勇於接受挑戰的意願因人而異。具有高風險傾向的人比低風險傾向的人決策更為迅速，而且需要的訊息更少。

理解人格特質如何能提高管理效率？

理解人格特質差異最主要的管理價值，在於對員工甄選的助益。如果員工的個性特質和他的工作相匹配，那麼員工就可能表現出令人滿意的績效。當然，還有別的好處，例如，你懂得人們在解決問題時所採行的方法、決策和協同作業上是有差異的，那麼你就會對於不喜歡快速做出決定，以及謀定而後動的員工感到釋懷。你還能預料到，外部情境控制者對工作滿意度比內部情境控制者低，也比較不願對自己的行動負責。

早期的激勵理論

認識了個人之間的差異，我們就能理解，爲什麼沒有一種激勵手段可以適用於所有的員工。由於人是複雜的，任何企圖去解釋人的動機的理論也都顯得複雜我們可以從建立員工激勵理論所採用的各種方法中看出這一點。接下來，我們將來回顧早期流行的一些激勵理論。

什麼是需求？

最基本的激勵方法是由亞伯拉罕・馬斯洛(Abraham Maslow)所提出（註2)。他認爲每個人的基本需要都是相同的，可以根據這些需求獲得滿足的程度，來評估和激勵個人。根據馬斯洛的**需求層級理論**(hierarchy-of-needs theory)，已被滿足的需求不再產生緊張，從而也不再起激勵作用。根據馬斯洛的看法，激勵的核心在於決定個人處在哪一層需求，然後將努力集中於尚未滿足的下一層需求。

需求層級理論 (hierarchy-of-needs theory)
由亞伯拉罕・馬斯洛(Abraham Maslow)所提出。他認為每個人的基本需要都是相同的，可以根據這些需求獲得滿足的程度來評估和激勵個人。根據馬斯洛的需求層級理論，已被滿足的需求不再產生緊張，從而也不再起激勵作用。根据馬斯洛的看法，激勵的核心在於決定個人處在哪一層需求，然後將努力集中於尚未滿足的下一層需求。

馬斯洛提出，所有的人都有五個層次的需要，見圖表8-2：

1. **生理需求**——包括飢渴、住所、性和其他方面的生理需要。

2. **安全需求**——包括人身安全和避免遭受到身體和心理傷

圖表8-2 馬斯洛的需求層次理論

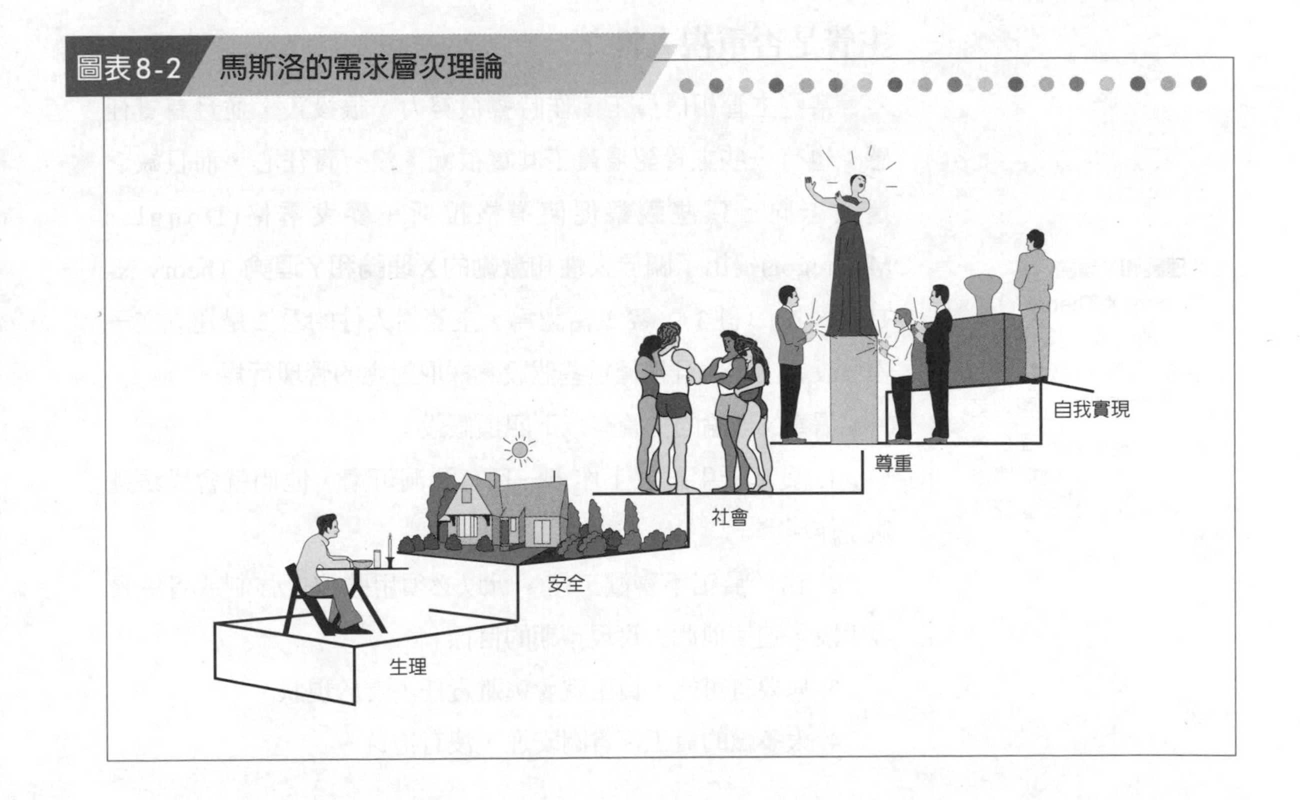

害。

3. **社會需求**——包括影響、歸屬感、被人接受和友誼。

4. **尊重需求**——包括自我尊重、自主權和成就等內部因素，也包括地位、威望和別人的關注等外部因素。

5. **自我實現需求**——充分發揮個人能力的願望；包括成長、發揮人的潛能和自我滿足。

當一種需求獲得滿足，高一層次的需求就會占據主導地位。如圖表8-2所示，個人的需求是逐步上升的。從激勵的角度來看，該理論認為，儘管沒有任何一種需求會完全獲得滿足，但只要大體上獲得滿足，這個需求就不再產生激勵作用了。

在過去一段時間裡，人們做了很多研究來檢驗馬斯洛理論的有效性。總體上來說，這些研究並不能支持馬斯洛的理論。例如，我們不能說每個人的需求結構都遵循馬斯洛所提出來的幾個層次。儘管該理論已經廣為人知，沿用了很長的一段時間，卻不見得是幫助你激勵員工的最佳指南。

主管是否重視人性？

X理論和Y理論
(Theory X-Theory Y)
道格拉斯．麥戈雷格提出了關於人性和激勵的理論。麥戈雷認為，管理者對人性的看法是建立在一組假設之上，並且根據這些假設，採取對應的管理行為。

某些主管相信員工工作時會很努力、很投入，並且有責任感；也有一些主管認為員工其實很懶，沒有責任心，而且缺乏遠大志向。這些觀察促使道格拉斯．麥戈雷格(Douglas McGregor)提出了關於人性和激勵的**X理論和Y理論**(Theory X-Theory Y)（註3）。麥戈雷認為，主管對人性的看法是建立在一組假設之上，並且根據這些假設，採取對應的管理行為。

信奉X理論的主管有以下四項假設：

1. 員工天生厭惡工作，一旦有漏洞可鑽，他們就會設法逃避工作。

2. 由於員工不喜歡工作，所以必須用強迫、強制或者威脅等手段，迫使他們去實現預期的目標。

3. 只要有可能，員工就會逃避責任，安於現狀。

4. 大多數的員工都貪圖安逸，沒有抱負。

與這些消極的人性假設相反，麥戈雷格列出了他稱之爲Y理論的另外四項假設：

1. 員工把工作當成像休閒和遊戲一樣自然。

2. 如果對目標做出承諾，人們會在完成目標的過程中，做到自我指導和自我控制。

3. 一般來說，人們不僅接受責任，甚至會主動承擔責任。

4. 做出良好決策的能力，並非主管獨有的專利，大多數人也具備這種能力。

X理論和Y理論對激勵有什麼意義呢？麥戈雷格認爲，Y理論假設比X理論更有效。因此，他建議讓員工參與決策制定、提供有責任感和挑戰性的工作，以及建立良好的群體關係，可使員工的工作激勵效果達到最優。

遺憾的是，沒有證據證實這些假設是有效的，也沒有證據表明採用Y理論假設以及其應用於行爲改變上，可以更有效地激勵員工。根據本章後面提供的證據顯示，X理論或Y理論提出的假設在特定的場合都能適用。

什麼是有效的激勵？

「首先，描述你在工作中感覺奇佳的情形。然後，描述你在工作中感覺極糟的情況。」從二十世紀五〇年代開始，弗雷德里克·赫茨伯格(Frederick Herzberg)向許多工人詢問了這兩個問題。然後，他把工人們的答案進行分類歸納。他發現，人們對工作中感覺佳和感覺差的答案，出現兩極化的差異。如圖表8-3所示，某些因素始終與工作滿足有關（即工作感覺「佳」），另外一些因素則始終與職工作不滿足有關（即工作感覺「差」）。一些內在的因素，例如成就感、認同感、工作本身、責任感和自我成長等，都與工作滿足意相關。當受訪者對工作感到滿意時，會傾向於把這些因素歸功於自己。而當他們不滿意時，則傾向於把原因歸咎於外部因素，如公司政策和管理、監督、人際關係以及工作條件等。

圖表8-3 滿足和不滿足的比較

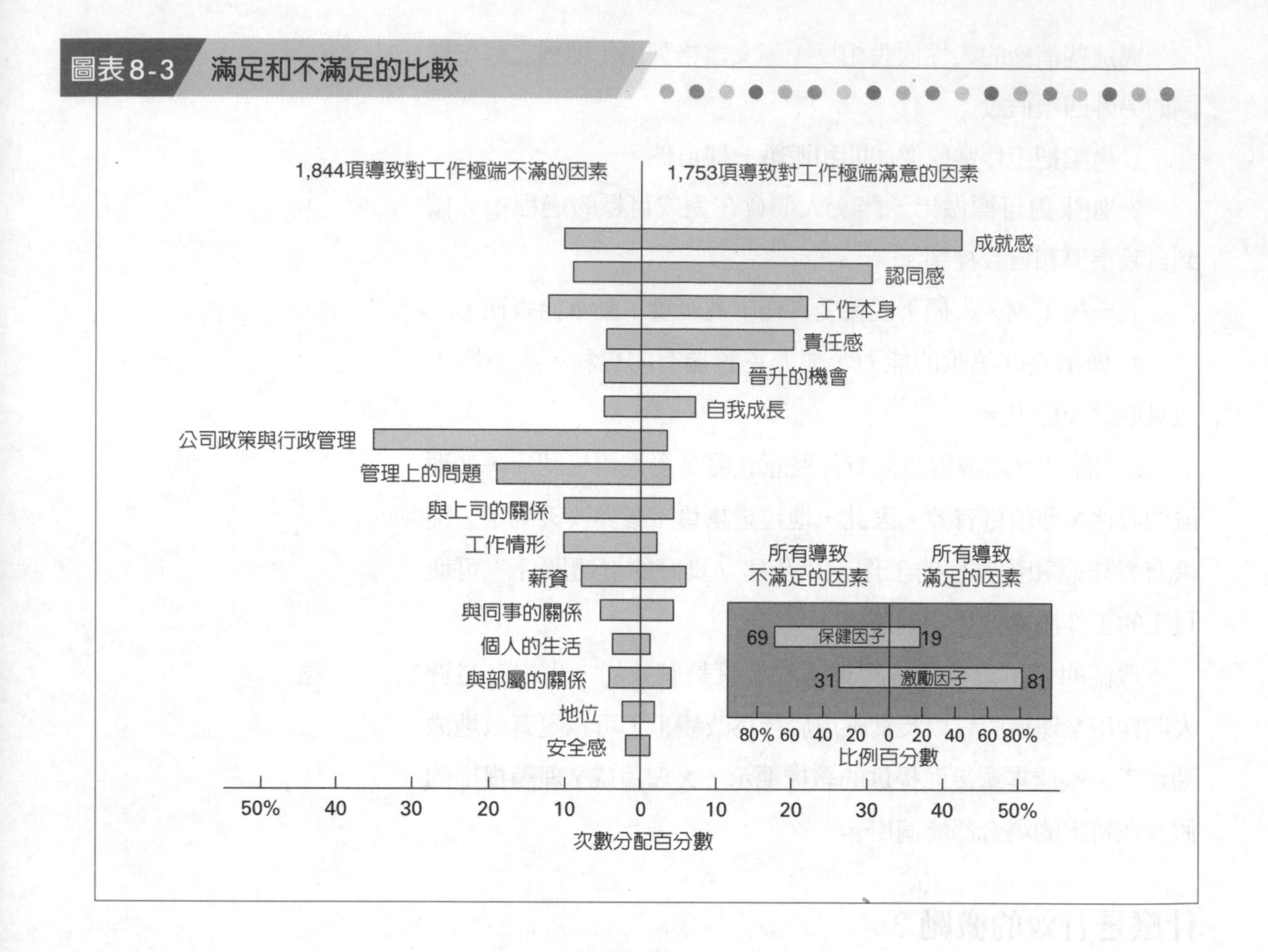

雙因子理論
(motivation-hygiene theory)
弗雷德里克．赫茨伯格所提出的理論。他認為，「滿足」的反面並非「不滿足」，而是「無滿足」，而「不滿足」的反面不是「滿足」，而是「無不滿足」，如圖8-4。

赫茨伯格根據這些結論提出了**雙因子理論**(motivation-hygiene theory)(註4)。他認爲，調查結果顯示，「滿足」的反面並非如傳統認爲的「不滿足」，因爲即使消除了工作中的不滿足因素，不一定使員工能產生工作滿足。赫茨伯格的發現揭示了雙重連續因子的存在：「滿足」的反面是「無滿足」，而「不滿足」的反面是「無不滿足」，如圖表8-4。

根據赫茨伯格的理論，導致工作滿足的因素和導致工作不滿足的因素是不同和相互獨立的。因此，主管如果消除那些導致工作不滿足的因素可能只會帶來融洽和睦，而不一定會產生激勵作用，與其說是激勵，不如說是安撫。因此，公司政策和管理、監督、人際關係、工作條件和薪酬等因素被赫茨伯格稱爲**保健因子**(hygiene factors)。當這些因素被滿足了，員工不會不

圖8-4　滿足和不滿足的觀點比較

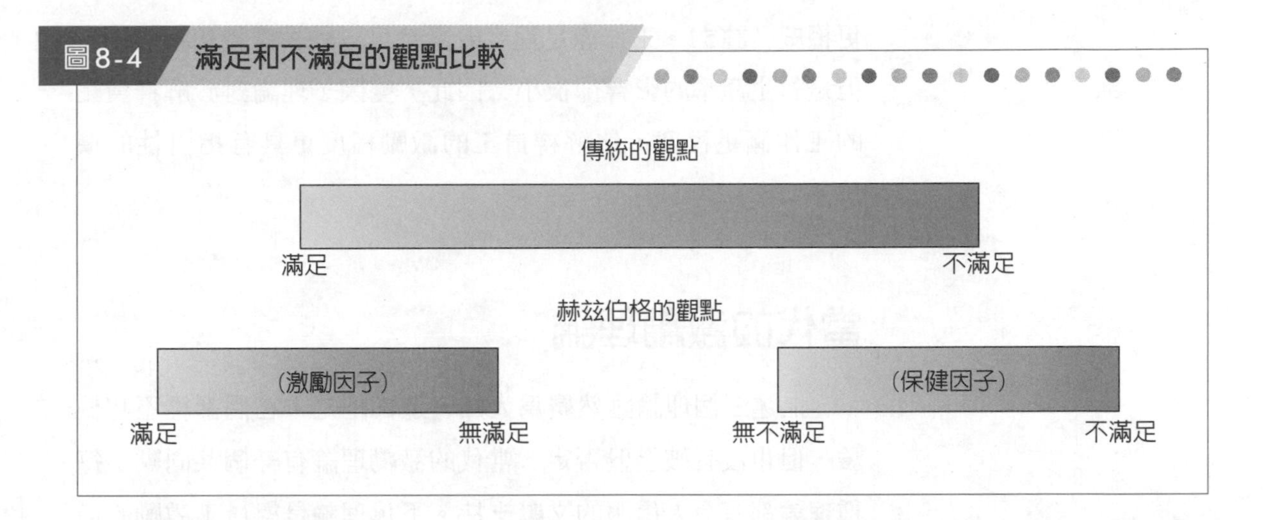

滿足，但也不會感到滿足。如果要激勵員工，赫茨伯格建議強調成就感、認同感、工作本身、責任感和自我成長等，只有這些因素才能眞正激勵員工。

Convex計算機公司位於德克薩斯州(Texas-based)，是一家擁有1,200名員工的超大型計算機製造商。該公司在實務上應用雙因子理論激勵員工，透過多種方法使群體和個人的成就獲得認同。例如，每季，公司副總裁都會表揚那些由主管提名的員工，認可他們對「完成超級任務」的貢獻。每一年度，由員工們提名產生「顧客服務獎」，以表彰獲獎者在承擔風險、革新、降低成本和客戶服務方面的努力。在各個部門內部認同感的建立，還包括團隊或部門的T恤、咖啡杯、旗幟和圖片等。主管們也會利用電影票、星期五下午保齡球聯歡會、休假和現金獎勵等手法，來獎勵諸如連續三個月裝配無缺陷、五年全勤以及工程提前完工等良好績效。

雙因子理論之所以重要，是因爲它在二十世紀六〇年代之初，首先提出鼓勵管理者重新設計工作，使工作對員工來說更具意義和挑戰性。但是，需要指出的是，這個理論關注的焦點是工作滿足而不是直接給予激勵，也就是說，它著重在預測哪些因素與工作滿足或不滿足有關。許多研究報告表明，有滿足感的工人不一定是動力十足和高生產力的工人，而且這個觀點

保健因子
(hygiene factors)
公司政策和管理、監督、人際關係、工作條件和薪酬等因素被赫茨伯格稱為保健因子。當這些因素被滿足了，員工不會不滿足，但也不會感到滿足。

更權威（註5）。工作滿足程度較高時可以減少曠職和離職率，但是對生產率的影響卻很小。因此，雙因子理論對於解釋員工的工作滿足程度，比解釋員工的激勵程度更具有指引性的價值。

當代的激勵理論

上述三個理論雖然廣為人知，遺憾地是，它們都經不起檢驗，但也沒有被全盤否定。當代的激勵理論有一個共同點：每種理論都有令人信服的文獻支持。下述理論是對員工激勵的最新闡述。

什麼是成就的焦點？

成就需求
(need for achievement)
強烈追求成功的慾望；內在的激勵驅使他們做得比以前更好、更有效率。

一些人有強烈追求成功的欲望，他們追求的是個人的成就，而不是成功之後的回報。他們希望找到比以前更好或更有效的做事方法，這種驅動力就是**成就需求**(need for achievement)。高成就需求者的動機是內在的，能產生內在激勵效果（註6），工作中所獲得高成就感，能激發員工追求成功的動力，他們會自我激勵，幾乎不需要你操心。

高成就者和其他人的區別，在於他們所追求的，是把事情做得更完美，他們尋求那種能夠發揮獨立解決問題能力的環境。他們喜歡快速和明確的回饋，以瞭解自己是否進步，進而給自己設立適度的挑戰目標。高成就者不是賭徒，他們不喜歡靠運氣獲得成功，他們寧願挑戰難關，承擔成敗的責任，也不願意憑著運氣或別人的影響，來獲得成果。他們不接受非常容易或非常困難的任務。

高成就者在任務成功機率為50%時工作表現最佳，也就是有50%的機會成功或失敗時，績效最好。他們不喜歡成功機率很低的工作，因為他們無法從偶然的成功中得到滿足。同樣，他們也不喜歡成功機率很高的工作，因為這對他們來說沒有一點挑戰性。他們喜歡設立需要經過努力才能達到的目標。成敗機會各半才是他們獲得成就感和滿足感的最佳機會。

高成就者的比例大約有多少？在已開發國家，這個比例大約是10%至20%。在第三世界國家，這個比例要低一些。原因在於已開發國家的文化潮流，大多鼓勵人們去追求個人成就。

透過對成就的深入研究，我們可以得出三個具有說服力的結論。首先，高成就者喜歡自我負責、回饋和適度風險的工作環境。當這些條件具備時，高成就者會受到極大激勵。例如，許多證據顯示，高成就者在創業方面，如管理自己的業務和銷售，表現良好。其次，高成就需求並不必然產生優秀的主管和經理，特別是在大型組織裡，高成就的銷售人員不一定能成爲優秀的銷售主管。在大型組織裡的優秀經理也不一定有高成就需求，原因大概是高成就者希望事必躬親，而不是引導他人完成任務。最後一點，可以透過良好的培訓，來激發員工的成就需求。如果需要高成就者，你可以招聘一位高成就者，也可以對員工進行成就需求培訓。培訓成就需求的辦法包括編寫強調成就的故事，玩激發成就需要的遊戲，和成功的創業者會面，以及學習怎樣制定明確和具挑戰性的目標等。透過訓練，使員工像高成就者那樣做事、說話和思考。

公平有多重要？

假設公司剛剛聘用了一位新手在你的部門工作，而且和你做同樣的工作。這個人年齡和你相同，教育程度和經驗也和你相當。公司每個月付給你4,400美元（你覺得報酬很有競爭力）。當你發現公司付給這位新人每月4,900美元，而他的資歷並不及你，你的想法是會什麼？你可能會很惱火，可能會認爲這很不公平，可能認爲你的報酬偏低了。而且，你可能會把不滿帶到工作中去，例如工作不努力了，花更多的時間喝咖啡以及請更多所謂的「病假」。

你的反應顯示了公平在激勵中的重要性。人們會把他們工作的產出、投入和其他人比較，由此滋生的不公平感，將影響員工未來努力的付出程度（註7）。**公平理論**(equity theory)認爲，員工會思考他們從工作中得到了什麼（產出），付出了什麼（投入），然後將自己所投入產出比率，和其他人進行比較：如果比率相等，他們就感覺到公平，即公正占優(justice prevails)；比率不等，員工會認爲他們的待遇偏低或偏高。對於不公平的情況，員工會試圖去改正它。

公平理論
(equity theory)
員工會思考他們從工作中得到了什麼（產出），付出了什麼（投入），然後將自己所投入產出比率，和其他人進行比較。

公平理論認爲，個人不僅關心他們透過努力獲取的絕對報酬，而且還關心和他人報酬之間的比較，見圖表8-5。他們將工作中的投入（如努力程度、經驗、教育程度以及能力）和產出（如薪資水準、升遷、認同感和其他因素）進行比較，當發現自己的投入產出比率與他人相比明顯不公時，會產生壓力。這種壓力成爲激勵的根源，人們就會努力去追求公平和平等。

有充分的證據驗證了公平理論：員工的動機不僅受到絕對報酬的影響，也受其相對報酬的影響。特別是該理論還可以解釋，當員工覺察到他們的待遇偏低（我們習慣於待遇偏高合理化的情況），就會降低工作的努力程度，工作品質惡化、破壞制度、逃避工作甚至離職。

員工是否得到他們真正的期望？

期望理論
(expectancy theory)
人們會分析努力—績效、績效—報酬、報酬—個人目標等三種關係，他們努力的程度受到這幾項關係是否能實現的期望程度的影響。

最後，我們要談到關於激勵的綜合性理論，特別是「期望」。**期望理論**(expectancy theory)認爲，人們會分析三種關係：努力——績效、績效——報酬和報酬——個人目標，他們努力的

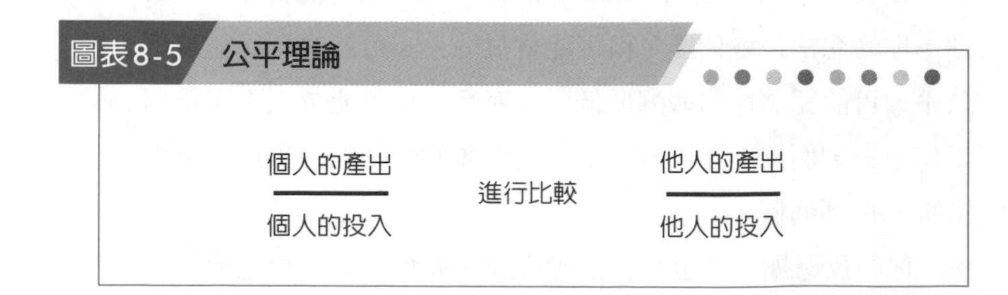
圖表8-5 公平理論

程度受到這幾項關係是否能實現的期望程度的影響（註8）。根據期望理論，在下述情況下，員工才會受到激勵，發揮出最大的能力：員工相信努力能帶來良好的績效評估；良好的績效評估能帶來獎金、加薪或升遷等獎賞；這些獎賞能實現員工的個人目標。如圖表8-6所示。

期望理論爲員工激勵提供相當的說服力，有助於解釋許多工人缺乏工作動力，只是應付了事的現象。如果對該理論提到的三種關係覺得太簡略，那我們可以把問題說得更明白。我們可用問答的方式來描述這三種關係，如果主管想大大地激勵員工，就需要從員工的角度，明確地回答這些問題。

- **如果我付出了最大努力，能在績效評估中得到認同嗎？**對很多員工而言，答案是否定的。也許他們缺乏技能，這意味著無論付出多大努力，他們也不可能成爲高績效者。也許公司的績效評估體系設計不良，例如，評估個人特性而不是評估個人行爲，使得員工很難或不可能得到較佳的考績。其他的可能就是，員工會覺得主管不喜歡他們，估且不論這種看法是否正確，員工一旦萌生這樣想法，不管績效水平如何，他們都認爲自己會得到糟糕的評價。這些例子表明，員工缺乏動力的原因之一，可能就是他們有這樣偏差的想法：不管工作得多努力，都不太可能獲得良好績效評估。
- **如果我得到良好的績效評等，公司是否有所獎勵？**許多員工認

圖表8-6　期望理論

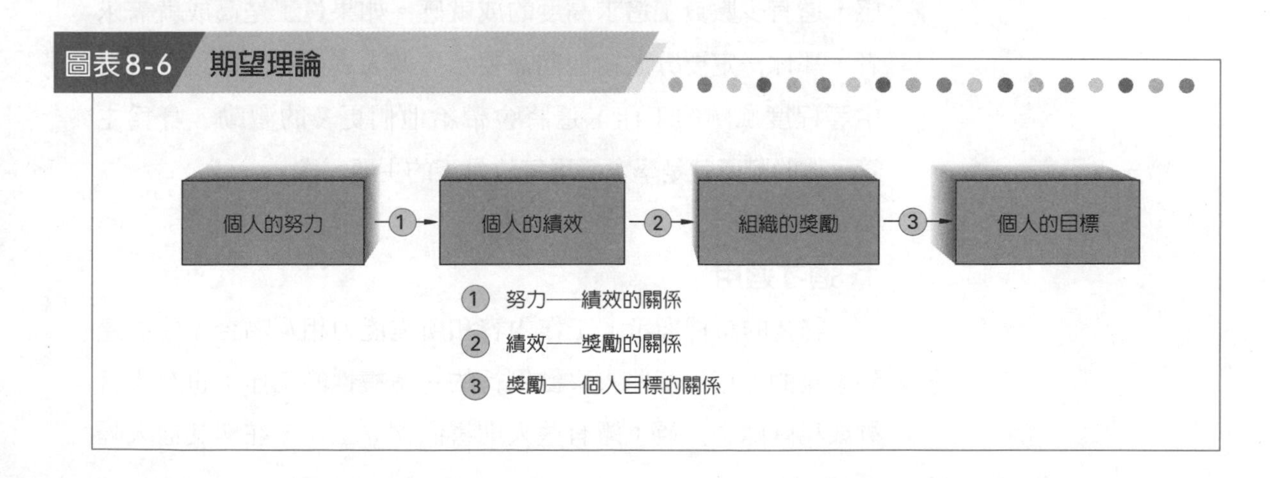

爲工作績效和獎勵缺乏聯繫，這是因爲公司的獎勵考慮了太多因素，而不僅僅只有績效而已。例如，當付給員工的報酬建立在資歷、合作性，或是上司關係等因素的基礎之上，員工就會認爲績效與獎勵之間的關係不大，而失去工作的動力。

- **如果我能獲得獎勵，它對我的吸引力有多大嗎？**員工努力工作希望獲得晉升，但得到的卻是加薪，又如，員工希望從事有趣或有挑戰性的工作，但只得到幾句誇獎的辭令。遺憾的是，許多主管手邊可供分配的獎勵資源有限，加劇獎勵員工的困難性。還有一些主管錯認，所有員工的期望都是相同的，忽視了不同的獎勵所導致的激勵效果。出現上述情況，員工就不可能得到充分的激勵。

如何營造適合工作的氣氛？

之前我們已經討論了幾種激勵的方法如果你是一位重視員工的主管，你如何應用上述的概念？雖然沒有放諸四海皆準的原則可茲運用，從已知的激勵理論中仍可以歸納出以下的建議。

瞭解個人之間的差異

如果說這些年我們學到了什麼，那就是認識到員工並非同一個樣。人們有不同的需求：你希望被認同，我渴望得到安全感，還有少數員工追求高度的成就感。如果員工是高成就需求者，那你一定要分派給他們需要承擔個人責任、回饋以及具有中等程度風險的工作，這將會帶給他們更多的激勵。身爲主管，你的職責就是學會發現每位員工的主要需求。

適才適用

許多的證據顯示，工作內容和所需能力相互吻合，才能達到激勵的作用。某些人喜歡例行的、重複性的工作；也有人喜歡成爲團隊中一員；還有些人則喜歡獨立工作，在與其他人隔離的情況下，才會有出色的表現。當工作的自主性很大，要完成的任務繁多，所需的技能就會越多，你應該將員工安置到最適合發揮其才能和符合其偏好的工作崗位上。

✿ 設定具有挑戰性的目標

在第3章，我們討論了目標的重要性，具挑戰性的目標能夠成爲激勵的泉源。人們接受一特別困難的目標，就會全力以赴，使命必達。在本章中，我們沒有直接提供作爲激勵因素的目標，但可以看到目標對員工行爲的影響至深且大。根據上述，我們建議你坐下來，和每一位員工共同設定具體的、可證實的、可衡量的目標，然後建立一種回饋機制，使員工能夠瞭解他們實現目標的經過；如果運用得當，設定目標的過程對員工便具有激勵的作用。

✿ 鼓勵參與

讓員工參與相關的決策已被證實能夠產生激勵作用。參與是一種權柄，它使員工成爲決策的制定者，可以讓員工參與的決策包括設定目標、選擇福利方案和安排工作進度和工作分派等。當然，參與要尊重員工的選擇權，不能強迫別人參與決策制定。儘管讓員工參與決策，以提高他們的積極性，產生激勵作用，但是，前面曾經提到個人差異的問題，有些人寧願放棄參與決策的權利，所以，要留意員工的偏好。

✿ 個性化的獎勵

既然員工有不同的需求，對某個人能引起作用的強化刺激，對另一人可能毫無作用。你應該運用已掌握的個別差異，把所能支配的獎勵，按個性化要求分配給員工。主管可支配的獎勵包括報酬、工作調整、工作時間以及參與目標設定和決策制定的機會（請參考「解決難題：獎勵合適的行爲」）。

解決難題

獎勵合適的行爲

你剛剛被任命爲位於聖地牙哥(Dan Diego)總部的凱利迪旅游代理機構(Quality Travel Agency)的主管。當顧客打電話來要求安排旅遊計劃時，你的部屬同時在電腦上搜尋有關的航班、時間和費用等訊息。他們幫助顧客安排旅遊行程，提供最好的服務；而顧客則希望得到安排出租汽車或預訂舒適的旅館等方面的幫助。

汽車出租公司和旅館經常爭奪那些能夠租用大部分車輛，或提供大量顧客名單的銷售代理，它們提供的條件非常有吸引力。一家汽車租賃公司規定，如果員工能辦理20件租賃預約，就能參加每月的抽獎，幸運者將獲得2,500美元。如果能在相同時間內辦理一百件租賃預約，將有資格獲得一萬美元的獎勵。如果提供了二百位顧客的名單，就能獲得雙人免費加勒比海四日遊的獎勵。這些激勵措施有足夠的吸引力讓你的員工把顧客「推給」這些公司，儘管這些公司對顧客來說，並不一定是最好的或最便宜的。然而，身爲主管的你對這些事情睁一隻眼、閉一隻眼，事實上，你把這些看成是員工辛苦工作的獎勵。

你覺得公司在和這些汽車出租公司和旅館交往中，有償介紹顧客的做法有什麼不對的地方嗎？在這個案例中，你認爲對你和你的顧客來說，發生了什麼道德問題？你怎樣設計一個績效報酬制度，它既能大大地激勵員工辦理預約，同時又不以損害良好道德形象？

獎勵與績效的連結

無論是強化理論還是期望理論都認爲，按照績效給予獎勵，能使激勵的效果最大化。績效獎勵只能強化或促使其他因素產生作用，加薪和升遷這類關鍵性獎勵應該頒給那些實現特定目標的員工。爲了使獎勵的效果最大化，主管應該想辦法提高獎勵的可見度，例如公開宣布績效獎金，並把增加的年度報酬一次發給，比起全年分攤的慣例，新方法使獎勵更加顯明，也更具潛在的激勵性。

檢查公平性

應該讓員工感受到他們的投入和獲得的報酬或產出是公平的。簡單來說，經驗、能力、付出的努力以及其他相關投入應該能夠解釋報酬、職務以及其他相關產出的差異。然而，投入和產出的因素眾多，並且員工對它們的評估輕重不一時，這個問題就變得非常複雜，這就意味著對一個人是公平的，對另一個人可能就是不公平的。所以理想的報酬制度應該能夠衡量投入的差別，從而對每個職位都能賦予合理的回報。

不要忽視金錢的重要性

最後一項建議可能聽起來平淡無奇，但在設定目標或提供參與機會時，人們又很容易忘記金錢是多數人工作的主要原因。以績效為基礎的加薪、計件工資制及其他報酬激勵，對提升員工的積極性來說是相當重要。為什麼不能忽視金錢的激勵作用？最好的解釋就是一份對評估激勵方法及其對員工生產效率的影響80項研究的總結報告（註9）。根據這份報告顯示，平均來說，設立目標可使生產力提高16%；重新設計工作，讓工作變得有趣和富有挑戰性，大約使生產力提高6%～8%；員工參與決策使生產力提高不到1%，而金錢刺激可以使生產力提高30%。

設計富有激勵性的工作

影響激勵效果的另一個重要的因素就是工作本身的結構。工作富於變化還是單調？是否受到嚴密的監督？是否允許員工自行判斷？這些問題的答案對工作內在的激勵特性有著至深且鉅的影響，你甚至能根據這些答案，來預期員工所能達到的生產力水準。

工作設計(job design)是指將任務集結成一個完整工作的方法。有些工作是例行的，任務是標準化和重複的；另外一些則

工作設計 (job design)
將任務集結成一個完整工作的方法。

沒有什麼規律。有些工作需要具備握多樣技能才可勝任；有些工作所需的技能則比較單一。有些工作對員工的限制比較嚴格，要求員工遵循標準的作業程序；另外一些則允許員工有較大的揮灑空間。工作之間的區別在於組合任務的方法，也正因爲這些組合，決定了工作設計的多樣化。

工作設計的主要特性是什麼呢？這裡有五項工作特性，任何工作都可以藉由這五項核心構面加以描述（註10）：

- **技術多樣化(skill variety)**：工作上需要多樣性活動的程度，讓員工可在工作中使用到不同的技術與能力。
- **任務完整性(task identity)**：工作需要完成一個整體而可明確分隔工作的程度。
- **任務重要性(task significance)**：工作對其他人的工作和生活的影響程度。
- **自主權(autonomy)**：在安排工作進度、確定執行步驟上，個人所擁有的自由、獨立性及判斷性的程度。
- **回饋性(feedback)**：個人爲完成工作要求的活動，需要獲得的其績效訊息的直接和清晰程度。

圖表8-7提供了一些描述上述特性的範例。當工作表現出上述五項特性時，該工作就會變得內容豐富，並具有潛在的激勵性。注意我們說的是「潛在激勵性」，是否能成爲實際激勵，很大程度上取於於員工的成長——需求強度。具有高成長需求的員工比低成長需求的員工更容易被工作豐富化所激勵。

工作豐富化
(job enrichment)
提高員工對工作的計劃、執行和評估的控制程度。

工作豐富化(job enrichment)提高了員工對工作的計劃、執行和評估的控制程度。任務組合豐富的工作能讓員工從事完整的活動，提高員工的自主性和獨立性，提高他們的責任感，同時提供回饋，從而使員工對自身的績效進行評估和改正。

現代主管在激勵方面所面臨的挑戰

現代的主管在激勵員工方面所面臨的挑戰，是三、四十年

圖表8-7 工作特性釋例

技術多樣化	
多樣化程度高	需要維修電器、改裝發動機、整修車身及招呼顧客的汽車修理廠的老板。
多樣化程度低	在車身車間每天八小時噴塗油漆的工人。
任務完整性	
完整性高	需要設計整套家具、選擇木材、加工製造，直至做出完美的家具的木匠。
完整性低	在家具工廠只加工桌腳的車床工人。
任務重要性	
重要性高	在醫院重病特別護理室工作的護士。
重要性低	在醫院打掃衛生的清潔工人。
自主權	
高度自主權	自行安排每日工作行程、獨自拜訪客戶、自主決定安裝方法的電話安裝工人。
低度自主權	按例行程序操作的電話接線員。
回饋性	
回饋性高	在電子工廠組裝收音機，並需要測試收聽效果的工人。
回饋性低	在電子工廠組裝收音機，然後由品管人員測試收聽效果的工人。

前的主管所沒有經歷過的，這些挑戰包括激勵多樣化的員工、按績效計酬機制、激勵最低工資的員工、激勵專業人員以及員工持股計劃。

什麼是激勵多樣化員工的關鍵？

爲了使今日多樣化的員工能得到最多的激勵，主管需以彈性的觀點來思考激勵的問題（註11）。例如，研究表明，男性在工作中比女性更看重人身的自由，不同的是，女性比男性更看重學習的機會、合理的工作時間以及良好的人際關係。主管們需要瞭解，激勵一位帶著兩個未成年孩子，而需要全職工作來維持生計的單身媽媽母親，和激勵一位年輕兼職的單身員工，或是一位爲賺取退休金的年長員工，是非常不一樣的。員工有不同的個人需求和目標，他們都希望從工作中得到滿足。因此，滿足員工的多樣化需求，需要用多種多樣化的獎勵。

激勵多樣化的員工，還意味著主管必須要採取靈活的手法來處理文化的差異。本章前述的激勵理論大部分是美國的心理學家提出來的，研究對象是美國工人，針對文化上的差異，這些理論需要修正（註12）。例如本章所述的激勵理論幾乎都是建立在個人利益觀念基礎上，和個人利益觀念與金錢至上、崇尚個人主義的價值觀相符，所以這些理論在諸如美國、英國、澳大利亞等崇尚金錢和個人主義精神的國家是適用的。但在重視集體主義的國家裡，像委內瑞拉、新加坡、日本以及墨西哥等，更注重個人對組織或社會的忠誠感，而不是個人利益。集體主義文化下成長的員工，更傾向於接受團隊式的工作設計、群體目標以及群體績效評估。在這種文化環境裡，藉著員工害怕被解雇的心理來管理的有效性較低，儘管這些國家的法律允許主管解雇員工。

成就需求是另一個用來說明激勵理論帶有美國式傾向的例子。這個理論觀點認為，對成就的高度需求能使人產生內在的激勵性，這其中就存在雙重文化的人格特質：一是願意接受一般程度的風險，一是關心績效。這些人格特質在那些傾向於避免高度不確定和重視生活品質的國家裡是不具備的。而具有這些人格特徵的國家還包括具有盎格魯血統的國家，像紐西蘭、南非、愛爾蘭、美國和加拿大等。

然而，最近有些針對美國以外國家的員工所做的研究，報告結果顯示激勵理論的某些觀點是可以轉移的（註13）。舉例來說，本章之前所提到的激勵方法能夠有效地改變了俄羅斯紡織廠員工與績效有關的行為。不過，我們不能就因此假設激勵的概念是全球通用的，主管必須依照文化的不同改變激勵的方法。中國西安一間大型百貨公司所使用的激勵方法——認同，並頒發銷售最差的獎牌讓業績差的服務人員當場出糗，在中國可能是一種合適的方法，但是，採行一些讓員工感到羞辱的方法，在北美或是西歐是絕對行不通的。

依據績效還是按照時計酬？

「我能得到什麼好處？」每個人在付出努力之前，都會有意無意地提出這個問題。激勵理論告訴我們，人們總是做能滿足他們某種需求的事情，在做任何事情之前，他們都會算一下自己可以得到多少報酬。儘管組織可以提供各種不同的獎勵，但大多數人都關心能掙多少錢，因爲錢能滿足我們的需求和欲望。由於作爲獎勵的報酬在激勵中的作用是如此重要，我們要來探討一下如何用報酬來激勵高績效水準的員工。這些討論解釋了報酬－績效項目的內涵和邏輯性。

按績效計酬機制(pay-for-performance programs)就是以衡量的績效爲基礎，支付員工薪資的報酬制度，例如按件計酬制、共同持股、工資激勵制、利潤分紅和一次付清的紅利制度等。這些支付報酬的方式和按時間支付報酬的傳統方式有所區別，在於它是以所衡量的績效來調整報酬。這些績效的衡量包括個人生產力、團隊或工作群體的生產力和部門生產力等。

按績效計酬機制 (pay-for-performance programs)
以衡量的績效為基礎，支付員工薪資的報酬制度。

按績效付酬機制可能和期望理論更相符合，也就是說，欲使激勵效果最大化，員工必須要能感覺到績效和報酬是高度相關的。如果報酬只和一些非績效因素相關，諸如資歷、工作性質或固定生活費等，員工就有可能減少心力的付出（註14）。

按績效給付酬勞的方法越來越流行，一項針對一千家企業的調查發現約有80%受訪的企業對受薪的雇員正試行某種型式按績效來給付酬勞（註15），我們可以從激勵與成本控制這兩個觀點來解釋此方法流行的原因（註16）。從激勵的觀點來談，讓部份員工或是全體員工的薪資條件與績效的衡量連結，讓這些員工將注意力及努力集中在績效評估的標準上，然後再增強付出的努力與獎勵之間的延續性。不過，如果員工的、團隊的及組織的績效都衰退，獎勵也會跟著減少。因此，必須有一個誘因讓付出的努力與激勵因素持續強勁。比方說，在堪薩斯市(Kansas City)的賀軒(Hallmark)賀卡公司工作的員工，他們的薪水至少有10%是有風險的，根據在顧客滿意度、零售和利潤這些生產力的績效標準，員工可以將這10%的部分推升到25%（註17），不過，如果沒有辦法達到績效目標，10%的薪水將有被沒

以績效衡量來獎酬員工，可以引發出多重目標。以Lincln電機公司的員工為例，他們的評估有部分視生產目標的達成率而定，同時也會顧及產品的品質。

收的風險。另外，我們以成本控制的角度來看，以績效爲基礎的報酬及其他誘因式的獎勵也能夠避免永久性的固定費用，年度經常性支出或 薪資的增加。紅利本來就不會加到底薪裡 ，這也意味著這些金額並不會在未來幾年裡增加，也因此，能夠爲公司省下一大筆錢！

以能力為基礎的補償 (competency-based compensation)
以能力為基礎的補償計劃是根據員工所表現的技能、知識或行為來支付報酬或提供補償。

另一種按績效付酬的新方法是**以能力為基礎的補償**(competency-based compensation)，運用在一些像Amoco公司和Champion國際組織（註18）。以能力爲基礎的補償計劃是根據員工所表現的技能、知識或行爲來支付報酬或提供補償。這些能力可能包括領導才能、解決問題能力、制定決策能力或戰略規畫能力等。報酬水準建立在這些能力的基礎上，在這種以能力爲基礎的評估制度裡，報酬將隨著個人能力以及他爲組織做出的綜合貢獻而水漲船高。相對地，員工的報酬將直接與他能爲實現組織的目標做出多大的貢獻做連結。

怎樣激勵最低薪資的員工？

想像一下，你大學畢業首次擔任主管工作，職責包括監督一群薪資最低的員工。用提高薪資水準來提高他們的績效，這種辦法是行不通的，因爲公司正好也拿不出這筆錢來。在這種情況下，你怎麼制定激勵方案呢（註19）？在今日，擺在許多主管面前最艱難的挑戰之一，就是如何讓薪資最低的員工產生高水準的績效。

許多主管都容易落入一個陷阱，那就是認爲所有的員工只被金錢所激勵。盡管金錢是非常重要的激勵因素，但它並不是人們追求的唯一獎勵，也不是主管可以使用的唯一激勵手段。在激勵薪資最低的員工時，主管應該儘可能利用其他獎勵手段。許多公司利用使員工獲得認同的方法來激勵員工，如爲員工舉行每月、每季的績效表揚大會，或者其他的慶祝活動來表揚員工的成就。例如，許多快餐店，像麥當勞和溫蒂漢堡(Wendy)，經常可以看到在顯著的位置上掛著一塊板，上面標示「本月先進工作者」。這種做法適合表揚那些工作績效達到組織期望的傑出員工，許多主管都承認讚賞的威力。在表揚員工時，要確保讚賞的話是誠摯的，並且有充足的理由，否則，員工會認爲你很虛僞。

根據前述的激勵理論，獎勵只是激勵方式的一部分，在服務行業中，如旅遊業、旅館業、零售業、兒童保育和修理業等，付給員工的薪資水準和最低工資不相上下，而成功的企業通常賦予這些第一線員工更多的權力來解決顧客的問題。如果我們用定義一個工作的關鍵特點來檢視這樣的改變，因爲，現在員工經歷了技術多樣性的增加、任務的完整性、任務的重要性、自主權和回饋性，我們可以看到這類型工作的重新設計，提供了增強的激勵潛力。舉例來說，萬豪國際集團Marriott International，幾乎將旅館裡的每一項工作重新設計過，以安排更多的員工可以與更多客人有更長的時間接觸（註20），這些員工現在可以處理以前必須轉給管理人員或是其他部門的客訴問題。此外，員工們至少有一部份的薪資維繫於顧客的滿意度，所以，在績效的層級與報酬之間產生了一個明顯的連結（期望理論所提到的關鍵連結），即使如此，激勵最低薪資的員工雖具有挑戰性，我們仍然可以運用所知的員工激勵法來尋找答案。

激勵專業人員與技術人員之間的差異何在？

專業與技術人員典型上就與非專業人員不同，他們對他們專業的領域有強烈且長期的認同感，不過，他們對專業的忠誠度通常比對雇主的忠誠度還高，爲了維持他們領域的思想領先，他們必須定期更新他們的知識。他們對專業或技術的認同感意味著他們很少將工作時間以一週五天、每天九點到五點來定義。

是什麼因素激勵這類型的員工呢？金錢與升遷到管理職通常在他們的優先順序表列裡排在很低的位置，爲什麼呢？他們的收入本來就很好，他們也很喜愛自己的工作，相反地，工作挑戰性才是他們比較重視的。他們喜歡處理問題，找出解決方案，他們最主要的工作報酬就是工作本身，專業與技術人員通常也很重視支持與鼓勵，他們希望其他人認同他們所作的事是很重要的（註21）。

這暗示了主管應該提供專業及技術人員新的工作分配及具挑戰性的計劃，賦予他們自主權去發展興趣，讓他們能夠以自認爲最具有生產力的方式，來建構他們的工作，以訓練、研討會、參與會議等培訓的機會作爲對他們的報酬，以便於他們能夠在專業領域裡維持領先，並與其他的同儕並駕齊驅。認同感也常常作爲他們的報酬，主管應該常常垂詢，並參與他們的活動，以顯出對專業及技術人員正在進行的工作相當感興趣。

因爲專業及技術人員工作時間通常都很長，所以他們處理雜務與家事的時間有限，因而他們對公司簡化員工工作以外的生活給予極高的評價。例如，北卡羅萊納州夏絡特郡(Charlotte, North Carolina)的Wilton Connor包裝公司，員工可以在公司洗衣服、烘乾、折衣服，這是公司的美意。除了設置洗衣服務之外，Wilton Connor還雇用一位修理工人，在上班時間，爲員工作一些簡單的修理工作（註22）。

越來越多的企業爲員工發展出替代式的升遷途徑——尤其是像資訊科技這類的高科技業，這些措施使得員工能夠賺取更多的金錢與地位，而不需負擔假設性的管理責任。在Merck, IBM, 和AT&T裡，最好的科學家、工程師及研究人員會被冠上像是特別科學家或是資深科學家，他們的薪資與名望與管理人員旗鼓相當，但是沒有相同的職權。

員工持股計劃如何影響激勵？

很多公司實施員工持股計劃來提高員工的績效或藉此激勵他們。**員工持股計劃**(employee stock ownership plan, ESOP)就是將持有公司股份作爲一種激勵手段，使員工成爲公司的股東，而且，許多ESOP允許員工用低於市場的價格購買額外的股票。實施員工持股計劃能使員工受到激勵而付出更多的努力。因爲員工成爲與公司榮辱共享的夥伴，他們勞動的果實不再被裝到那些陌生人的口袋，員工成了公司的主人！

ESOP能夠提高員工的生產力和滿意度嗎？答案是肯定的。研究報告顯示，ESOP能夠提高員工滿意度，通常也能提高員工的績效。

員工持股計劃
(employee stock ownership plan, ESOP)
將持有公司股份作為一種激勵手段，使員工成為公司的股東。

總複習

本章小結

閱讀過本章後，你能夠：

1. **給激勵下定義**。激勵是人們做事的意願；它是個體透過行動能力滿足某些需要的狀態。
2. **定義員工行為的五種人格特質**。這五種人格特質是：(1)內外部情境控制－人們相信自己掌握自己的命運的程度；(2)馬氏主義－操縱他人和相信結果證明手段的程度；(3)自尊－個人喜歡或不喜歡自我的程度；(4)自律－面對外界環境因素調整自身行爲的能力；(5)風險傾向－個人承擔風險的意願。
3. **描述三種早期之激勵理論的主要原則和重點**。馬斯洛的焦點在自我。馬斯洛的需要層次理論認爲人們存在著五種需求－生理上的、安全的、社會的、自尊的以及自我實現－當其中一種需求得到滿足，下一層次的需求就變得更迫切。麥戈雷格的焦點在於管理的自我觀念。X理論和Y理論對人的本性提出了兩種看法，認爲人在本質上是努力工作的、富有參與性的和願意承擔責任的。因此，要想使激勵效果最大化，就應該讓員工參與決策，並且賦予他責任和富有挑戰性的工作，在員工之間塑造良好的群體關係。赫茨伯格的焦點在於組織對自我的影響。根據雙因子理論，如果你想激勵員工，必須強調成就感、認同感、工作本身、責任感和自我成長。這些因素是人們能獲得激勵的內在來源。
4. **指出激勵人們贏得高成就的特徵**。高成就需求者偏愛那些能單獨解決問題、並承擔責任的工作，從事這些工作能使他們得到迅速和明確的績效回饋，能讓他們設定具有一定挑戰性的目標。
5. **瞭解期望理論決定個人努力程度的三層關係**。決定員工努力程度的三種關係分別是：努力──績效、績效──報酬和報酬──個人目標。努力──績效關係暗示著努力工作的員工，較能成功地執行工作；績效──獎勵關係意味著如果達成績效，員工就會得到獎勵。最後是獎勵──個人目標關係意指員工所得到的獎勵是雇員眞正想要，並認爲有價値的──這種方法也有助於實現個人的需求。
6. **請列舉主管大大地激勵員工的作為**。爲了能大大地激勵員工，主管應該瞭解個人之間的差異、適才適用、鼓勵參與、個別化的獎勵、績效和獎勵的連結、檢查公平性、不要忽視金錢的重要性等。

7. **描述主管如何設計個別化的工作，使得員工的績效極大化**。主管可以透過提供技術多樣化、任務的完整性、任務重要性、自主權，或回饋性，讓員工發揮最大的績效，這五項因素已被認爲是定義一項工作的關鍵特性。

8. **解釋激勵多樣化員工的效果**。在現代的組織裡，將激勵發揮到極至，需要主管在執行方案中融入更多的彈性，他們必須體認到員工想透過工作來滿足不同的個人需求和目標，主管也必須瞭解到文化的差異和不同的報酬方式也必須符合這些需求，以產生激勵作用。

問題討論

1. 如何運用不滿足的需求，來產生激勵的作用？
2. 試比較內外部情境控制兩種類型的人的預期行爲。
3. 請比較X理論和Y理論提出的假設。你是否相信工作的類型與這些假設有關？請說明之。
4. 雙因子理論中的雙重連續因子的重要性爲何？
5. 管理者如何激勵高成就需求的員工？
6. 哪些理論對於金錢非常重視？(1)需求層次理論；(2)雙因子理論；(3)公平理論；(4)期望理論；(5)員工是高成就需要者。
7. 請描述期望理論。其中有哪些重要的關係？
8. 管理者在激勵多樣化的員工上，面臨了什麼樣的挑戰？
9. 請說明工作的五個核心特性。
10. 主管怎樣使工作豐富化？

實務上的應用

工作設計

身爲管理人員，在工作設計的部分，你可以怎麼做使得員工的績效極大化？基於這份研究，我們建議你可以在五個核心的工作面向上作改善。

實務作法

步驟一：連結任務

將現存不完整的任務加以連結，使其形成一個較新、較大的工作單元，以增加技術的多樣性與任務的完整性。

步驟二：創造自然的工作單位

設計完整且具有意義的任務，以增加員工對工作的「所有權」，並鼓勵員工將他們的工作視爲有意義且重要的活動，而不是彼此不相關或了無新意。

步驟三：建立顧客關係

顧客是員工所生產的產品或服務的使用者，你應該在員工與顧客之間建立直接的關係，以增加技術的多樣性、自主性與回饋性。

步驟四：垂直工作擴展

垂直擴展會讓原屬於主管的責任與控制權轉移到員工身上，從工作的角度來看，這麼做可以局部地拉攏「執行」與「控制」之間的落差，也可以增加員工的自主性。

步驟五：開放回饋管道

回饋機制不僅可讓員工瞭解自己的工作是否做好，績效是否有改善、惡化或是維持在同樣的水準。在理想狀態下，員工執行工作時，應直接接收到績效的回饋訊息，而非臨時或偶爾才透過主管得到。

有效溝通

1. 發展一篇兩頁或三頁的報告來回答以下的問題：哪些因素能夠對你產生激勵作用？雇主可以提供什麼樣的報酬，讓你對工作投注額外的心力？
2. 到http://www.chartcourse.com這個網站，並點選「免費的文章」這個連結，閱讀「如何讓工作更有趣、更具生產力」及「快樂的員工造就有生產力的員工」這兩篇文章，將這兩篇文章的重點摘錄下來，找出每一篇的重點與激勵最低薪資的員工之間的關連。

個案

個案1：為工作公平性支付不公平報酬

在過去十年裡，新的世界經濟秩序改變了員工的工作環境。公司對工作和流程進行再造，導致數以千計的員工被解雇。那些幸運留下來的員工，也有好幾年未調薪，更糟的是，有的還被減薪。這些情況對員工的激勵會有什麼影響呢？

一位研究人員對這個問題進行了調查。研究對象是美國中西部一家擁有三家工廠的大型企業，和許多製造業一樣，這家企業也面臨生存問題。爲了改變這個局面，這家公司決定減少所有人員的報酬。

絕大多數人都相信，工人的錢賺得少了，他們肯定不開心，但主管人員卻認爲，減少報酬總比裁員要好。實際上是透減薪來避免失業問題，接下來發生的事情可能是所有人都沒有想到的。

員工們改變了行爲和對公司的態度。他們的確不滿，並用行動來代替抱怨。員工開始偷公司的東西，任何可以拿走的都成了工人們的「戰利品」。實際上，在三家工廠中有兩家，小偷的數量達到了空前的程度。

案例討論

1. 分析員工（偷盜）的行爲是因爲：(1)他們的需要；(2)公司對他們的影響；(3)使他們的投入與產出相抗衡；(4)雇主對員工的期望。
2. 你相信主管可以透過不同的做法來改變這些「潛在」的問題嗎？

個案2：休珀帕克公司

你聽說過休珀帕克(FormPac)公司嗎？恐怕沒有，但我敢說你曾用過它們公司的產品。例如，家裡的油漆碟可能就是休珀帕克公司生產的，還有用來盛裝愛喝的汽水容器可能也是。這家公司的總部在紐約，是塑料製品的主要供應商，讓人感興趣的是，該公司在過去幾年裡又重現生機，這歸功於公司員工，當然，許多主管在其中也發揮了非常重要的作用！

許多主管都認爲，公司應該獎勵那些在過去一年裡貢獻良多的員工。他們認爲，當公司的生產和利潤水平超出了所定的目標時，就應該和員工分享利潤。但休珀帕克公司的獎金方案制定得不清楚。沒有員工搞得清楚獎金是怎樣計算的，也沒有人知道自己到底能得到多少獎金。過去，這些事情是由公司總裁決定的，然而，到了1998年，事情開始變得糟糕。當休珀帕克公司失去了一位大客戶，而且還因爲興建個新廠房而債台高築，發不出獎金。員工們都迷惑不解，有些人十分惱怒，宣稱總裁中飽私囊！這顯然是不對的。總裁也體認到做出這樣的反應的員工是因爲他們不了解獎金的計算方式。

於是事情開始有了改變。公司製定一個明白易懂的獎勵辦法，根據年度績效計算個人獎金。這個方案以公司的財務報告（利潤和銷售額）作爲計算的主要依據。每個月，主管人員都在餐廳公布這兩個指標。員工可以透過這些數據比較自己的工作和公司設定的目標，從而了解自己是領先、持平還是落後於公司的目標。同時，在生產力趨勢數據旁邊，張貼利潤分配方案。60%的利潤分配給所有的員工，剩下的40%分給計時工人和主管人員。而且，這個方案還拿出一筆錢建立績效報酬基金，每個員工得到的金額取決於他們的工資和資歷。這是總裁提議設立的，他認爲「忠誠和參與」也應該受到獎勵。

休珀帕克公司按績效付酬的新獎金分配方案獲得雙贏的完美結局。員工們獲得的獎金在10%的範圍內，而公司的利潤則上升了25%。同時，休珀帕克公司的生產力也提高了20%。

案例討論

1. 用期望理論解釋休珀帕克公司員工的行爲。
2. 按績效付酬方案是如何幫助這家公司起死回生？
3. 當一家公司面臨虧損而責任又不在員工時，你認爲按績效付酬就能使情況得到逆轉嗎？說說看你的見解。你將設計什麼樣的按績效付酬方案，來避免員工逆向的心理？

第9章

高效能的領導

學習目標

讀完本章之後，你應該能夠：

1. 定義何謂領導，並描述領導者和管理者之間的差別。
2. 辨識出可能幫助你成為成功領導者的特質。
3. 定義何謂魅力及其關鍵要素。
4. 描述願景領導者所具備的技能。
5. 區分以任務為中心和以人為中心的領導行為。
6. 辨識並描述三種參與型的領導風格。
7. 解釋情境領導。
8. 描述男女領導風格之差異。

關鍵詞彙

讀完本章之後，你應該能夠解釋下列專業名詞和術語：

- **獨裁型領導者**
- **魅力型領導者**
- **顧問型參與領導**
- **可信度**
- **民主型參與領導**
- **自由放任型領導者**
- **領導**
- **領導特質**
- **參與式領導**
- **員工導向領導者**
- **意願**
- **情境領導**
- **任務導向領導者**
- **交易型領導者**
- **轉換型領導者**
- **信任**
- **願景領導**

有效能的績效表現

包柏·羅斯·別克和朋馳轎車公司(Bob Ross Buick and Mercedes-Benz)在俄亥俄州達頓地區(Dayton, Ohio)的汽車市場獨霸一方。該公司位於達頓最熱鬧的交叉路口，不但是朋馳轎車在美授權的首家經銷商，也是唯一由非裔美人經營的經銷商，連續五年爲俄亥俄州別克汽車經銷商的銷售冠軍。由於該公司的創辦人包柏·羅斯(Bob Ross)意外過世，他的妻子諾瑪(Norma)毅然接手經銷權。據傳諾瑪曾說：「(我的家族成員）從未想要賣掉公司，或是與其他公司合併或放著不管。」事實上，包柏過逝隔日，諾瑪和家人馬上聯合出面向員工、顧客及車廠的代表宣示，包柏·羅斯·別克公司有能力沿襲包柏生前奠定的傳統，繼續經營下去。

包柏·羅斯建立了一個完美、興盛的企業。他在1962年開始擔任汽車銷售員，傑出的表現使其連續十年入選別克優秀銷售員俱樂部(Buick Sales Master Club)的成員，並獲選進入聲譽卓著的通用汽車經銷商學會(General Motors Minority Dealer Academy)研習，

導言

包柏·羅斯·別克公司的故事，揭示了部分領導意涵：一方面，組織或部門中領導者的言行會影響整體的成敗；另一方面，各領導者促成組織或部門成功的方法迥異，而其成功的潛力和達成目標的個別方法，正是「領導」這個非常重要主題的要旨。

理解領導

領導(leadership)
個人藉由指引方向、鼓勵、感受、周密考慮及支持，以便影響他人朝某方向努力時所展現的能力。

領導(leadership)就是你影響他人朝某方向努力時所展現的能力。藉由指引方向、鼓勵、感受、周密考慮及支持，你能激勵追隨者接受看似困難的挑戰，並且達成目標。身爲領導者，你同時能慧眼挖掘他人潛藏的天份，幫助他們完成自我實現、在專業上有所成就；身爲領導者也意味著，你要激發出被領導者

而以第一名成績畢業的包柏，獲得了通用汽車的經銷權。他創立的公司在二十年間，躋身達頓一流汽車相關業者之列，並以富有責任感的企業公民著稱。

包柏・羅斯・別克公司之所以成功，並非只在於包柏敏銳的市場嗅覺；就像他女兒珍妮兒(Jenell)所說：「爸爸總是不斷宣揚他的經營哲學，也就是唯有員工好，我們才會好。」包柏向來善待員工，因此員工的滿意度非常高。他也常找機會回饋幫助他成功的員工和社區。在包柏・羅斯・別克公司的員工離職率很低，許多員工在公司一待就是好幾年。

如今接手經銷權的諾瑪仍尚待努力，因爲員工對包柏非常喜愛和尊崇，追隨前人的腳步於是成了她將要面臨的領導挑戰。

資料來源："History of a Fine Automotive Dealership", http://www.bobrossauto.com (January 15, 2002); and G. Gallop-Goodman, "All in the Family," Black Enterprise (June 2000), pp. 159-166.

實現目標的決心，以及其繼續追隨的強烈意願。

提到領導者，你可能常把他們想成在上頭管人的人，包括你（你管理手下的員工）、你的老板，以及所有管得到你的人，例如課堂上的教授。顯然透過各種行爲，你和其他人都有能力影響他人。然而，領導往往不只侷限於正式的職務範圍內；事實上，儘管有時掌權者不在，依然有領導存在（見「解決難題：不用權力產生影響」）。讓我們來探討一下這兩種情況。

你成爲領導者是因爲你是管理者嗎？

讓我們先分清楚管理者和領導者之間的區別。領導和管理這兩個詞常用來指同樣的東西，實際上它們並不一樣。

組織授與管理者合法權力來獎懲員工，而主管影響員工的能力，則是基於其職務賦予的權力。反之，領導者是由人們指派或從團體中產生的，可以影響他人表現出超乎正式要求的行爲。

解決難題

不用權力產生影響

領導是你對其他人的影響及你所能發揮的「力量」，特別是在你沒有正式職權可約束他們時。運用和濫用權力會產生孰是孰非的道德問題。舉例而言，思考一下以下的情節：

> 你的同事手上有個案子，但老板不滿意他的處理方法，於是把案子交給你負責，卻沒有知會你的同事。你被要求與該名同事合作，以瞭解已完成的工作進度，還要盡可能從他那裡拿到其他必要的資料，然後於下個月底前交出報告。你的同事沒給你多少有助於起頭的資料，更別提收尾的階段。他發現你提出的問題不尋常，雖然這畢竟是他的工作，他並沒時間和你多說，因爲那會更耽誤他的工作，降低他部門的成功機率。然而，沒有這些資料，你也無法如期交差。萬一事情如此發展開來，你們兩個可能是雙輸的局面。

和你的同事溝通，並且告訴他你爲什麼涉入，會讓你難以開口嗎？你要如何影響他，以便取得他的合作？你在這種情況下會怎麼做？

是否所有的主管都應該是領導者？或者說，是否所有的領導者都應該具備正式職權去指導他人的活動？至今，尚未有人能以研究或邏輯推理來證明：領導能力對管理者來說是一種妨礙。所以我們可以說在理想的狀況下，任何管理者都應該是領導者，但並非所有的領導者都具備管理他人的能力；換言之，也並非所有的領導者都具備正式的職權。因此，本章的領導者指的是任何能夠影響他人的人。

可不可以「沒有」領導者？

既然在理想狀況下，管理者理應是領導者，我們自然預期其領導能力的表現。然而實際上，根本不是那麼一回事。儘管有了正式的職權可以監督員工的活動，你可能就是缺少領導力。儘管不是在最理想的狀態下，但如果你只發揮極少的領導作用或根本不去領導，員工還能照樣生活嗎？答案是肯定的。事實上，領導未必都很重要。許多研究發現，在很多情況下，領導者的行爲甚至可能與目標的達成毫不相關；也就是說，某些個人、工作及組織因素，都可代替領導來發揮作用，導致主管對他人的影響微乎其微。

員工的某些特質，諸如經驗、技能和訓練、「專業」導向、對自主性的需求等，都會淡化領導的影響作用。這些特質能替代對於領導者支援的需求，其成功的動機源於內部，無需額外的外部刺激。同理，一旦工作定義明確，例行公事就不需要太多領導。在這種情況下，員工很清楚公司對自己的期望，也知道該如何去做，因此不需要領導者來鼓勵、督促。此外，工作本身若是讓人滿意，也就無須仰賴外部的影響，工作本身就能促使員工追求卓越。最後，一些組織因素像詳盡而正式的目標、嚴格的規範和程序、具有凝聚力的工作團體，也都可以代替發揮正規領導的效果。

儘管前述例子都實實在在證明了領導的作用有時並不大，但並不代表領導在今天的工作世界中不重要，因爲那會造成錯誤的結論。事實上，這些足以取代領導的情形只是例外。在大多數的公司裡，領導對於公司的存亡至關重要，這也是爲何本章要繼續探討造就優秀領導者的成因，以及他們都做些什麼事。

你是天生的領導者嗎？

問一問走在大街上的男男女女是如何看待領導的，你很可能會得到一連串的答案，例如才智、魅力、決斷力、熱情、力量、勇敢、正直和自信等。實際上，如果有人這樣問你，你大概也會這樣回答。這些答案在本質上，描述了**領導特質**(leadership traits)。早期關於領導的研究，儘管要比街頭調查複雜得多，卻也集中在探討領導者和非領導者的區分與特質。

領導特質
(leadership traits)
才智、魅力、決斷力、熱情、力量、勇敢、正直和自信等特質。

比如尼爾森．曼德拉(Nelson Mandela)、伊莉莎白女王(Queen Elizabeth)、比爾．蓋茲(Bill Gates)、美國聯邦準備理事會(Fed)主席葛林史班(Alan Greenspan)等人，是否可從這些世人公認具影響力的人身上，分析出一或多種非領導者所沒有的特質呢？你也許同意這些人都符合領導者的基本定義，他們卻也呈現出完全不同的人格特質。如果眞有領導特質這回事，所有領導者必定都具備一些清楚可辨、與生俱來的人格特質。

何爲成功領導者的特質？

許多研究試圖分析出這些特殊的人格特質，但全都走入了死胡同，沒人找得出一組全體適用的特定特質，可用以區分領導者和追隨者、有效領導者和無效領導者。若要在戴爾電腦公司(Dell Computer)、洛杉磯湖人隊(L.A. Lakers)、紐約天主教區、沃爾瑪和豐田汽車公司(Toyota)等，差異如此之大的不同組織中，找出一組全體適用的特定特質，或許有些過於樂觀。

找出能夠影響他人的人格特質，可能更有機會成功。例如，研究發現，領導者具有六種不同於非領導者的人格特質，亦即驅動力、影響他人的慾望、誠實和有道德操守、自信、智慧以及相關知識（見圖表9-1）（註1）。

圖表9-1 有效領導者的六大特質

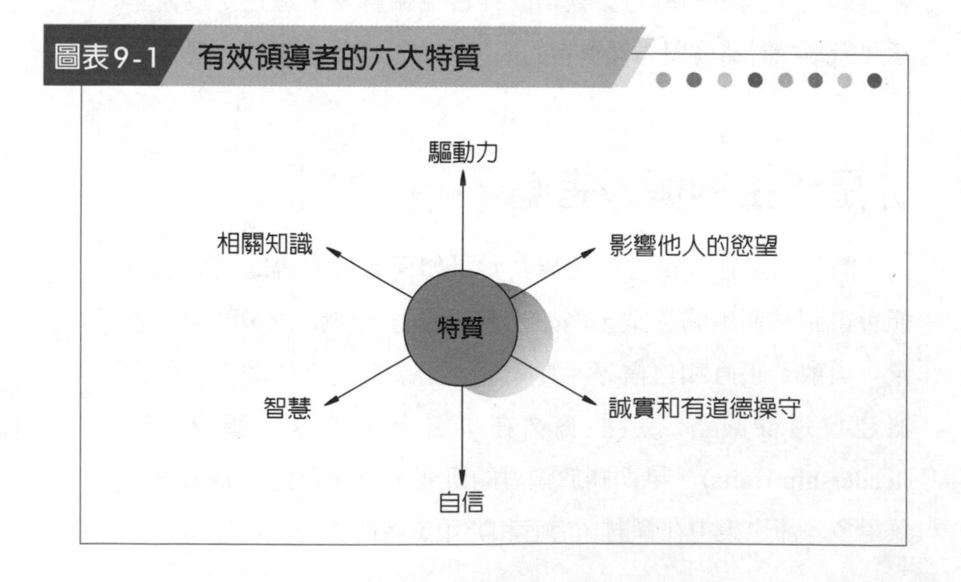

驅動力反映了全力以赴完成任務的慾望。這類型的人強烈想要追求卓越；這類領導者雄心勃勃，在各種活動中堅持到底，展現了充沛的精力。此外，具有驅動力的人常願意採取主動。

領導者明顯有影響他人的慾望。這種慾望通常被視爲擔負多種工作責任的意願。領導者會藉由忠實和言行一致，與受他影響的人建立起信任關係。換句話說，人們比較容易被自己視爲誠實和有道德操守的人所影響。

領導者還會散發出自信。研究發現，員工比較容易受從不自我懷疑的人影響。換句話說，比起決策搖擺不定的主管，他們比較容易被具有堅定信念的主管所影響。

影響他人通常也需要一定的智慧。若想成功影響他人，領導者要能收集、整合和闡釋大量的資訊；還必須描繪得出願景(計畫)、用別人能理解的方式溝通，以及解決問題、做出好的決策。這些才智很多都源自教育和經驗。

最後，有效領導者很能掌握本身部門和部門員工的相關知識。這些深入的了解有助於主管做出面面俱到的決策，同時也能理解這些決策將對部門中的其他人，帶來何種影響。

什麼是魅力？

美國國務卿柯林．鮑爾(Colin Powell)、奇異(GE)前執行長傑克．威爾許(Jack Welch)、共和黨北卡州參議院伊莉莎白．杜爾(Elizabeth Dole)，這些人有何共通點？他們身上都有一種人格特質，人們稱之爲魅力。魅力是磁力般的吸引力，它能激勵追隨者「再加把勁」去實現看起來很困難或不受歡迎的目標。然而，魅力並不是由單一因素形成的；相反地，它也包含了多種人格特質（註2）。

數十年來，許多學者試圖找出與**魅力型領導者**(charismatic leader)相關的個人特質。早期發表的研究論文，多集中歸因於信心高低、支配權勢及對個人信仰的執著（註3）。南加大教授華倫．班尼斯(Warren Bennis)研究過全美九十位最有效能的成功領

魅力型領導者
(charismatic leader)
具有強烈的願景或使命感；能以通俗易懂的語言向追隨者描述願景；執著於實現願景、一以貫之；瞭解自己的優勢的領導者。

導者後，又列出了其他的魅力組成要素。他發現，這些人具有四種共通能力：強烈的願景或使命感；能以通俗易懂的語言向追隨者描述願景；執著於實現願景、一以貫之；了解自己的優勢（註4）。然而最爲全面的分析，首推加拿大麥基爾大學(McGill University)兩位研究人員的成果（註5）。其結論（見圖表9-2）中提到，魅力型領導者都有想要實現的理想化目標，並能以別人能夠理解的方式傳達本身的理念。然而，這個目標往往和現狀大不相同，而是更美好的未來，將帶來重大的改善。當然，魅力型領導者也具有強烈實現這個目標的決心。

前一章介紹了所謂自我監控的人格面向。你可能還記得，我們對能自我監控者的描述是：這些人能根據不同的環境，快速調整自己的行爲。他們能讀懂言傳意會的社交線索(social cue)，並據以修正自己的行爲。研究發現，這種成爲「好演員」的能力也和魅力型領導有關。如果某人具有高度自我監控的能力，便能正確地研判局勢、了解員工的感受，然後做出符合員工期望的行爲；此人也就比較容易成爲有效能的魅力型主管。

圖表9-2 魅力型領導者的關鍵特質

1. **理想化的目標**。魅力型領導者能提出比現狀好很多的願景。理想與現狀差得越遠，追隨者越有可能把這樣非凡的願景光環，歸功於領導者。
2. **幫助他人理解目標的能力**。魅力型領導者能根據他人的理解程度，來描述和闡明自己描繪出的願景。這種解釋能力滿足了追隨者弄清目標的需求，也給予他們前進的動力。
3. **對目標的強烈信念**。魅力型領導者具有實現願景的強烈決心，願意為此承擔相當高的個人風險，並且不惜代價，勇於自我犧牲。
4. **不同尋常的行為**。魅力型領導者會有令人耳目一新的言行，並且跳脫常規，不落入傳統窠臼。如果成功了，這些行為就會引起追隨者的驚奇和崇拜。
5. **果斷和自信**。魅力型領導者對於自己的判斷及能力，具有完全的自信。
6. **高度自我監控**。魅力型領導者能根據不同的環境，輕鬆調整自身的行為。
7. **變革的觸媒**。魅力型領導者被視為激進改革的火種，而不是充當現狀的衛道人士。

資料來源：J. A. Conger and R. N. Kanungo, "Behavioral Dimensions of Charismatic Leadership," in J. A. Conger, R. N. Kanungo, et al., *Charismatic Leadership: The Elusive Factor in Organizational Effectiveness*. (San Francisco: Jossey-Bass, 1988), p. 91. Reprinted by permission.

最後，魅力型領導者經常被視爲根本改革的觸媒。他們拒絕滿足現況，亦即眼前的一切皆等著改變。結果，他們的願景、信仰和引來追隨者崇拜之跳脫窠臼的做事風格，使其擠身爲魅力型領導者的成功之列。

魅力型領導者對於追隨者的影響，又有何特殊之處？越來越多的研究顯示，魅力型領導者與高工作績效、高追隨者滿意度強烈相關；也就是說，和魅力型領導者一起工作的人，通常願意加倍努力，因爲他們不僅喜歡、也高度滿意自己的領導者(註6)。

儘管這些年來的研究顯示，已經找出一些成功領導者的特質，然而單是這些特質，依然未能完全解釋何謂領導效能(leadership effectiveness)。如果這些特質能夠被完全解釋清楚，便能從一個人的小時候判斷出是不是領導者的料子。也許你在幼稚園就展現出領導才能，小小年紀就有影響他人的能力，但領導者還需要掌握更多的東西。只看人格特質會忽視了領導者必須掌握的技能，以及在不同環境中應有的舉止。幸運的是，技能和行爲都可經由學習而掌握！因此比較嚴謹的說法是，領導者是由後天造就而成的。

什麼是願景領導？

先前探討魅力型領導時曾略爲提及*願景*這個專有名詞，而願景領導並不單只是魅力。本段將講述近期關於願景領導的重要性研究。

願景領導(visionary leadership)是創造並傳達對組織或組織單位可行、可信、具吸引力之未來願景的能力，這種願景是在當下環境中產生並逐漸發展而成的（註7）。若能適當挑選和運用，這種願景可以帶來無窮的活力，讓所需的技能、人才和資源齊聚一堂，成就願景（註8）。

願景領導
(visionary leadership)
創造並傳達對組織或組織單位可行、可信、具吸引力之未來願景的能力，而這種願景是在當下環境中產生並逐漸發展而成的。

願景的關鍵價值似乎在於增進鼓舞人心的可能性，這種可能性以價值爲中心，可達成、也可令人理解。因此，願景應能

什麼因素造就了西南航空(Southwest Airlines)的赫伯．凱勒(Herb Kelleher)這位願景領導者呢？研究指出，因為他擁有詮釋願景、傳播願景和延伸願景的能力，因此可以協助員工從新的角度和方法看待問題，並激勵員工付出額外的努力。

創造出激勵員工的獨一無二機會，並提供建立組織獨特性的新契機。如果某個願景無法明確地勾勒出對組織和員工更美好的未來藍圖，這類願景就有可能失敗。理想的願景會配合時空環境，反映出組織的獨到之處，並讓組織內的成員相信，願景是有機會實現的。雖然願景必須具有挑戰性，但仍需設定在可達成的範圍內。一般來說，意象明確及強有力的願景，比較容易讓人理解和接受。

願景領導有何實例呢？梅鐸(Rupert Murdoch)結合了娛樂和媒體，建構出他個人的通訊產業願景。他透過旗下的新聞集團(News Corporation)，成功整合了廣播網路、電視台、電影製片廠、出版事業和全球衛星傳送系統。玫琳．凱．艾施(Mary Kay Ash)的願景則是幫助所有女性增進自我形象，而這願景正是她一手創造化妝品公司的業績成長動力。此外，麥可．戴爾(Michael Dell)提出的企業願景，讓戴爾電腦(Dell Computer)能在八天內，將個人電腦直接送達顧客的手中。

願景領導者展現出什麼技巧呢？一旦確定願景，這類領導者似乎可藉由三種特質，有效地扮演願景式的角色（註9）。首先是向他人*詮釋願景的能力*；領導者需借助清晰的口頭或書面溝通，解釋必要的衝動及目標，好讓願景更加明確。被人稱爲「偉大溝通專家」的美國前總統雷根(Ronald Reagan)，就曾活用演藝經驗來詮釋任期內的單純願景：減少政府干預、降低賦稅、鞏固軍力，以及回到更加快樂繁榮的美好時光。第二項是*傳播願景的能力*；願景不僅可透過口語表達，而領導者的行爲也會具有相似的效應，因此領導者必須持續以行動傳達和強化其願景。像西南航空(Southwest Airline)的赫伯．凱勒(Herb Kelleher)，舉手投足無不在貫徹他對顧客服務的承諾。他在公司裡是出了名的主動出擊，只要有需要，他也可以親自幫忙辦理登機的報到手續、放置行李、暫代空服員勤務，或其他能讓顧客享受愉快飛行經驗的服務。最後一項是*延伸願景的能力*，這種能力在於預先做好一連串活動的安排，以便讓願景延伸到各種不同的情境。

怎樣才能成為領導者？

不管你是否具有正式的職權，都可能處於影響他人的位置。然而，若想成爲領導者，就必須具有特定的技能及前面描述的許多特質。這些技能包括技術能力、概念能力、網絡經營能力和人際關係能力。你可能認爲這些之前就聽過了，果眞如此的話，恭喜！表示你已經注意到這方面了；其中一些能力是有效能的管理者所需具備的，在第一章已經探討過。由於它們對領導者來說非常重要，我們不妨再來溫習一次，只不過這次是從領導者的角度來看！

爲什麼領導者需要技術能力？

如果你對員工正從事的事情一無所知，你幾乎不可能去影響他們。儘管他們可能會尊重你，但若要對他們發揮影響力，他們必須相信你具有這方面的經驗，所以提得出建議，而這些經驗通常來自你的技術能力。

技術能力就是你的職位所需掌握的特定工具、流程及技術等。你需要精通本身的工作，進而爲別人提供幫助——成爲專家。其他人只有需要幫助時才會找你，通常這也是他們無法自行處理、需要你介入指導的時候。一旦具有這些技術能力，你就能夠提供幫助。如果你沒有掌握技術能力，就得常常問別人，就算問到了答案，或許又解釋不清楚。時間久了，員工可能跳過你，直接去問那位技術專家。一旦到了這個地步，你也失去一部分的影響力了！

與工作有關的技術能力，再怎麼強調也不爲過。「知識」掌握影響力。如果希望追隨者對你的建議和指導有信心，就得讓他們把你視爲能在技術上勝任的主管。

概念能力如何影響領導？

概念能力是你的思維能力，亦即協調各方利益及活動的能力；也就是說，你必須能夠抽象思考、分析大量資訊、找到各項數據間的聯繫。前面提到，有效能的領導者能夠創造願景，而要做到這一點，你必須能夠深入思考、架構出相關概念。

概念性思考並非想像中那麼容易，對一些人來說可能根本做不到！因爲概念性思考得從大處著眼。我們很多時候都消磨在日常事物中，只關心一些日常瑣事；這並不是說細節不重要，畢竟不從小處著手，可能什麼事也做不成。然而，擬定長遠目標必須考慮將來、考慮未知的變數和風險。若要成爲優秀的領導者，你必須從千絲萬縷中理出頭緒來。

網絡經營能力如何讓你成爲更優秀的領導者？

網絡經營能力是你和外部人士社交、互動的能力，這些人和你的部門無關。身爲領導者，很顯然你不可能一手包辦所有事情。如果樣樣事情都要靠你親自去做，那你就不是領導者，而是一位超級工人！因此，你必須知道上哪兒找部屬需要的東西，也就是說，有時你可能要去爭取更多的資源或與外部建立關係，好爲你的追隨者提供更多的利益。如果你正在建立相關聯繫，藉由網絡經營能力建立而來的網絡關係，代表著擁有優秀的應對交涉能力，這是不應忽視的一點。

你的員工常會指望你來關照他們，提供做好工作的一切需求。如果你能爲他們提供所需的工具，或在他們需要的時候介入，那你就又一次鞏固了在員工心目中的地位。員工知道你願意爲他們奔走後，他們也會有更好的回應。不要只想找出他們爲何做不成某件事的一百種理由，你要和他們共同找出值得一試的解決方法，試圖想辦法爭取到所需的資源，保護「你的人」不受干擾，繼續做手邊正在做的工作。鼓勵員工去挑戰他們覺得能力不及的事情時，你應該知道錯誤也會由此產生。如果錯誤發生了，你要把它看成是學習經驗，亦即成長要繳的學費。

人際關係能力對領導者的作用爲何？

人際關係能力是與他人共同工作、理解和激勵周圍人們的能力。讀者閱讀本書至此，可以發現我們一再強調人際關係能力的重要。若要具備良好的人際關係能力，就必須和員工以及單位之外的人有效溝通，特別是就你的願景、目標進行溝通；這也意味著要耐心傾聽他們想說什麼。好的領導者不需要假裝無所不知，而是要泰然接受和鼓勵追隨者的積極參與。

人際關係能力就是現今有效管理的相關討論中，經常被提到的與人交際的技能，亦即指導、輔助、支援你周圍的人（註10）。它是對自身的了解，也是對自己能力的信心；它是以誠待人，誠實面對自己的價值觀；它是幫助別人成功。把功勞歸給他們時，你也很有自信地知道，不論是爲他們、公司，還是爲了自己，你都做對了。關於領導，有件事幾乎是肯定的：如果你是失敗的領導者，或許不是因爲你缺少技術能力，更有可能的原因是缺少人際關係能力，使得追隨者和其他人不再尊敬你。如果眞的缺少人際關係能力，那將會大幅削弱你影響他人的能力。

領導有趣的地方之一，便是追隨者很難察覺前述的各項特質和技能。因此，追隨者是從你的行爲來看待你的。西諺有云：「行動比語言更有力。」(Actioins speak louder than words) 重要的是你表現於外的行爲，因此，你必須明白所謂領導行爲的眞諦。

領導行為和領導風格

如果只關注特質和技能，並不能完全解釋領導，研究人員於是把目光轉向領導者表現出來的行爲和風格。研究人員想知道，有效能的領導者是否有些獨特的行爲和領導風格；例如，領導者是否表傾向參與多於獨裁。

有幾組研究把焦點集中在行爲風格上，其中最廣泛且可被重複驗證的行爲理論，始於二十世紀的1940年代末期，俄亥俄州立大學所做的研究（註11）。該研究和其他研究一樣，試圖找出可辨識領導者行爲的獨立面向。他們從上千個面向入手，根據員工所描述最多的領導行爲，把範圍縮小爲兩種類別：任務導向的行爲及員工導向的行爲（圖表9-3）（註12）。

何謂任務導向行爲？

任務導向領導者
(task-centered leader)
常偏向強調工作中技術和任務面的領導者。

任務導向領導者(task-centered leader)常偏向強調工作中的技術和任務面。這類領導者最關心的是如何讓員工明確知道公司對他的期望，並且因爲工作的需要，隨時準備提供任何必要的指導。在這類領導者看來，員工就是完成任務的工具；員工依照要求完成，領導者自然高興。把生產導向的人稱作領導者，可能有用詞不當的問題。這類人或許不符合傳統的領導概念，只是盡力確保員工遵守規則、制度和完成生產目標。在激勵概

圖表9-3 主管領導行為

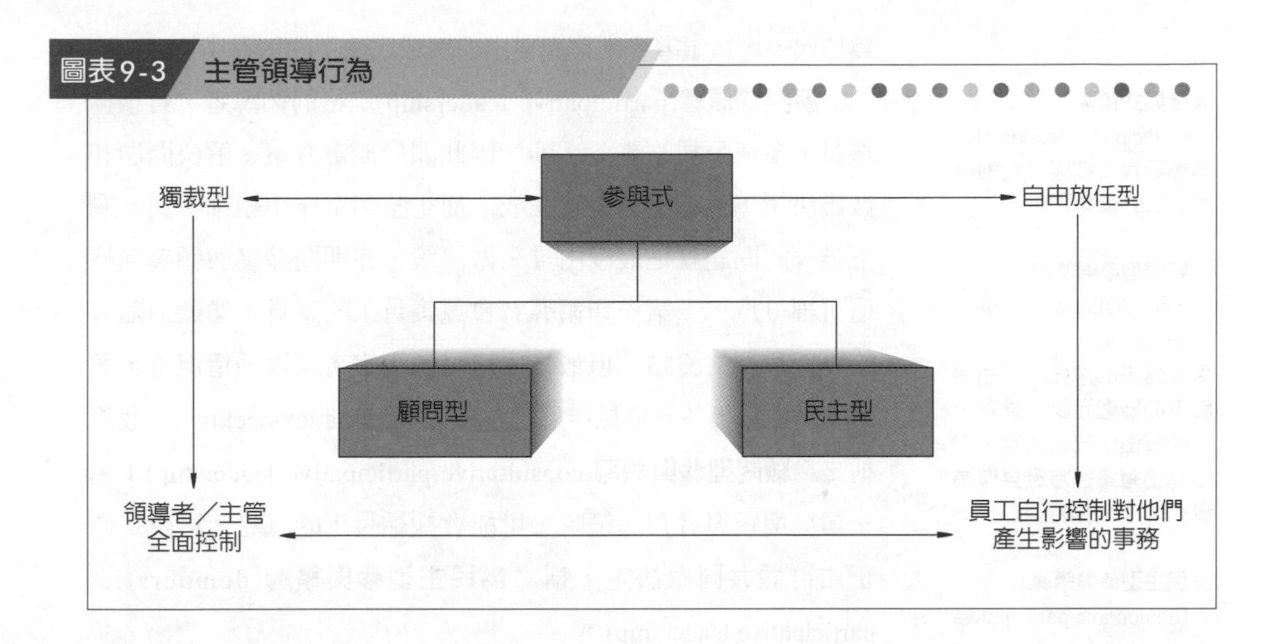

念裡，生產導向領導者常屬於X理論導向(Theory X orientation)（見第8章），或表現出獨裁、權威式領導風格。

獨裁型領導者(autocratic leader)的最適切形容，大概就是工頭。這類型的人絕不會讓人弄不清群體中誰說了算數、誰當家作主。所有會影響到整個群體的決策都由他來做，他也會指示別人該做什麼。這種指示常是以命令形式下達；指令既出，其他人理當照辦。若有人違令，通常這類權威型領導者會用更強硬的手段來達成目的。顯然獨裁型領導者不適合現代組織——是這樣嗎？倒也未必。其實在各類型的組織裡，如商業組織、政府部門、軍事單位……，都可以發現對某些領導者而言，獨裁型領導風格最管用。

獨裁型領導者(autocratic leader) 絕不會讓人弄不清群體中誰說了算數、誰當家作主的任務專家。

何謂員工導向行為？

員工導向領導者(people-centered leader)強調和部屬之間的人際關係。這類領導者會關心員工的需求及福利待遇，並且和員工之間相互信任、友好和互相支持。這類領導者對員工的顧慮和感受也相當敏感，因此從激勵理論的角度來看，員工導向領導者常屬於Y理論導向(Theory Y orientation)（見第8章）；正因

員工導向領導者(people-centered leader) 強調和部屬之間人際關係的領導者。

參與式領導
(participative leadership)
積極讓員工參與公司的許多活動的領導風格。

顧問型參與領導
(consultative-participative leadership)
蒐集員工的意見，傾聽追隨者的疑慮和反對論點，但最終由自己做決定，只是藉由蒐集各方意見作為資訊搜尋的領導風格。

民主型參與領導
(democratic-participative leadership)
決策時採納員工的意見；由群體共同做決定的領導行為。

自由放任型領導者
(free-rein leader)
給予員工充分的自主權，影響到他們的決策就放手讓他們自行處理的領導者。

爲如此，這類領導者常常表現出參與或民主型的領導風格。

參與式領導(participative leadership)風格的領導者，會積極讓員工參與公司的許多活動。因此關於擬定方案、解決問題和做出決策，並不全由主管完成，而是整個工作小組都參與。剩下唯一的問題就是最後由誰來做決策，亦即此類參與領導風格還可細分爲二：第一類領導者會蒐集員工的意見，傾聽追隨者的疑慮和反對論點，但最終由自己做決定。在這種情況下，領導者藉由蒐集各方意見作爲資訊搜尋(information-seeking)，我們稱之爲**顧問型參與領導**(consultative-participative leadership)；另一類參與領導者在決策時，可能會採納員工的意見，可說是眞正由群體共同做決定，稱之爲**民主型參與領導**(democratic-participative leadership)。

除了參與式領導者外，還有一種領導風格，我們通常稱之爲自由放任型。**自由放任型**（free-rein，或作laissez-faire，自由主義型）**領導者**給予員工充分的自主權，影響到他們的決策就放手讓他們自行處理。領導者擘畫出整體目標、訂定一般性指導原則，然後員工就可以自由擬定計畫以完成目標。這並不代表缺乏領導行爲，只是領導者跳脫出員工日常要處理的瑣碎事務，不過一旦有例外狀況出現時，這類領導者也會隨時出面。

主管應展現哪些行爲？

在現代組織中，似乎許多員工都比較樂於爲員工導向的主管工作。然而，我們不能因爲這種領導風格對員工似乎「較友善」，就斷言員工導向領導風格能讓你變成更有效能的領導者。事實上，試圖找出領導行爲模式和優良組織績效之間特定關聯的研究中，幾乎沒有成功的案例；各研究結果的差異頗大。在某些情況下，員工導向的領導風格既能帶來高生產力，又能獲得部屬的高度肯定。然而在其他情況下，員工的確工作愉快，生產力卻一塌糊塗。有時在嘗試區分不同領導風格的差異時，忽略了影響領導有效性的情境因素。

有效能的領導

關於領導的研究中，越來越清晰的一點是：不能僅靠分析出的幾個特徵或特殊行為，就來預言領導的成功與否。由於無法找出答案，研究方向便轉而走向情境影響。領導風格和有效性之間的關係表明了，在A情境下，X風格可能更合適；而在B情境下，Y風格可能比較適合；同樣地，風格Z可能更適合情境C。然而，這些A、B、C等情境到底是指什麼？這些情境說明了一個問題，亦即領導的有效性取決於特定的情境因素，或是研究領導的有效性時，必須要分辨當時特有的情境條件。許多情境理論的關鍵，在於把追隨者也一併考慮進去。

鮑・荷瑟(Paul Hersey)和肯尼斯・布蘭查(Kenneth Blanchard)數年前提出的一個領導模型，近來引起了很多關注。他們強調，領導風格需要根據特定情況而調整，稱之為**情境領導**(situational leadership)（註13）；特別是如果沒有員工，也就不存在所謂的領導。情境領導顯示你如何根據員工的需要來調整領導風格。

情境領導
(situational leadership)
根據特定情況而調整的領導風格，以便反應員工的需求。

情境領導非常重視員工的意願。此處的**意願**(readiness)，指的是員工完成某項工作的意願與能力。荷瑟和布蘭查將追隨者的意願分為四個層次：

意願 (readiness)
員工完成某項工作的能力與意願。

- R1：員工不能完成工作，也不願意工作。
- R2：員工不能完成某項工作，但是願意去做必要的工作任務。
- R3：員工能夠完成某項工作，但不願意接受領導者的指派。
- R4：員工能夠並且願意工作。

關於意願，還有一點需要在此陳述。在上述定義中，像R1，員工不能完成工作，也不願意工作。此處的不願意並非等同不聽話，而是員工既沒有信心、也沒有能力去做某項工作。接下來會有關於這方面的更多說明。

關於這個模型的第二個組成部分，集中在領導者的作為。

假設你已經知道某位員工的意願程度，就要能採取因應的措施。在這個模型中的行爲，反映了正在進行的溝通類型；也就是說，工作行爲被視爲單向溝通——從你到某個員工。另一方面，關係行爲則表現出雙向溝通——你和某員工之間的相互溝通。擷取了這兩種行爲模式的高底點後，荷瑟和布蘭查根據員工的工作意願，將領導風格區分爲四種類型。不妨以你部門的某位新進員工以及她第一天的工作爲例，檢驗一下這個理論如何運作（見圖表9-4）。

她剛接觸這工作的時候很擔心。她不清楚工作責任，也不清楚如何做事。然而，你覺得招募過程很順利，她不僅適合該項工作，也適合這家公司。如今，她就要開始工作了。假設你只是把一系列的工作交給她，然後便走開了，她可能就會遇到一些困難。爲什麼？因爲此時她尚未準備好(R1)。我們甚至懷疑，她是否知道該問些什麼問題。你和她在此階段的溝通，應該是屬於單向溝通。你必須指示她該怎麼做，並且給予一定的

圖表9-4 情境領導

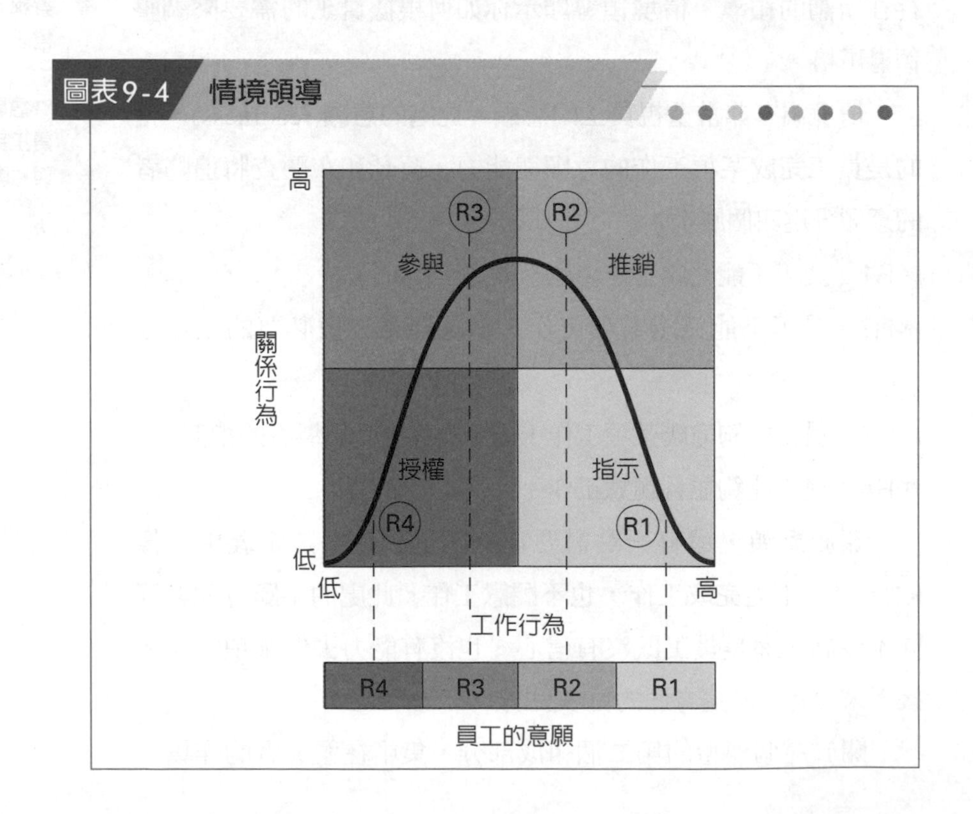

指導。根據情境領導理論，此時你運用的是指示類型的領導風格，但是該員工不會一直停留在R1的階段。一旦有人示範給她看或指示她該怎麼做，而她對工作也更爲熟悉之後，她就會到達R2的層次。

達到R2時，員工對工作表現得更投入，但還是缺乏一些能力，因爲她還沒得到充分的訓練。她會詢問一些尙未完全理解的問題，也許會問說，某件事爲什麼非要按照你指示的方法去做。相對地，你可能需要「推銷」你的想法，讓她按照你的做法完成。在此層次上，溝通同時具有高度的單向和雙向性。

接下來，這位員工成了專家(R3)。她比任何人都熟悉自己的工作，而且做事時也開始注入自己的風格。你不需要再指示她如何做，然而事實上，你還是需要適時地介入，因爲她尙未到達讓你全然放手的階段；這並非是看扁她，只是你覺得她還有提升的空間。你應該對她提供一些必要的支持，而且不要再過度使用工作導向的領導風格，而是荷瑟和布蘭查稱之的參與型領導風格。

最後，這位員工的工作能力已成熟，你充分相信她能做好工作，而且幾乎不需要指導(R4)。在這種情況下，她非常希望能獨自完成工作，所以在此層次上的領導就是授權；你只要把任務分配給她，讓她完成就行了。根據你對她的績效評估，你現在知道她能夠做好工作，而在她需要幫助的時候，你通常也能幫她處理例外情況。

情境領導理論的一個重要觀點是，員工在同一時間內處於所有的四個階段。所謂正確的領導，便是根據每位員工的需要而表現出正確的領導風格。如果一名閱歷資深的員工正處於R4的階段，而且此時接到了新的工作，那麼你就不能假設此項新工作對於該員工來說，仍讓他自動處於R4的階段。事實上，該名員工可能還是需要明確的指導，亦即你必須表現出指示型的領導風格。如果不這麼做，問題就會產生。另一方面，如果一名員工在R4階段上已有一段時間了，此時又接到新的工作，而

民族文化影響你的領導風格

號外！

關於領導方面的研究有個普遍的結論：你不能在任何時候都運用同一種領導風格，而是要根據現況來調整自己的風格。儘管先前的任何一個理論，都沒有特別提到民族文化的作用，但民族文化顯然是一個很重要的情況變數，決定了哪種領導風格對你來說將更爲重要。

民族文化透過員工來影響領導者。領導者自己不能選擇領導風格，而是受限於員工所期望的文化環境（註14）。例如，獨裁型領導風格更適合那些權力不平等的國家，像阿拉伯、遠東以及拉丁國家等。這種「權力分級」情況很能反映出員工接受參與型領導風格的意願程度。參與型領導風格在權利分配較爲均衡的國家裡，可能更有效，像挪威、芬蘭、丹麥和瑞典等。

值得一提的是，多數領導理論都是由北美的研究學者，透過研究北美課題所得出的結論。美國、加拿大和北歐等國在「權力分級」上，都表現出低於平均程度的水準。這種情況也許有助於解釋，爲什麼我們的研究更傾向於贊同參與型和授權型的領導風格。換句話說，你在決定哪種領導風格更有效的時候，需要考慮到民族文化及其他附帶的情境因素。

你以看待R1階段的員工方式來看待他，結果也會出現問題，導致該名員工產生如此的印象——自己沒有把以前的工作做好，而事實並非如此！該理論認爲，你應該不斷根據員工的能力，來調整本身的領導風格（見「號外！民族文化影響你的領導風格」）。

當代的領導角色

讓我們把目光投向一個重要的問題，也是有效的主管必須考慮的問題：你如何在員工的心目中，建立起可信度以及信任關係？同時，你如何才能成爲一位充分授權的領導者？

可信度和信任重要嗎？

可信度的最主要組成部分，就是誠實。「誠實是作爲領導者的最根本要求。如果有人願意追隨某人，無論是在戰場還是在商場上，他首先希望這個人值得自己信任。」（註15）此外，值得信任的主管更能勝任職責，也更具鼓舞力；也就是說，他們能更有效地把自己的信心和熱情傳達給員工。員工是根據主

管的誠實程度、能力以及鼓舞他人的能力，來評估他的**可信度**(credibility)。以概念上來看，信任和可信度非常接近，以致於兩者經常被交換使用。「可信度可以歸結成一個問題：我眞的相信這個人嗎？」(註16)

可信度 (credibility)
誠實程度以及鼓舞他人的能力。

我們把**信任**(trust)定義爲相信領導者的正直程度、性格和能力。當員工相信主管的時候，更容易受主管的行爲影響，因爲他們相信自己的權利和利益不會被肆意侵犯（註17）。近來的研究證實，信任的概念中包含五個部分（註18）：正直、能力、一致性、忠誠度和開放程度（見圖表9-5）。

信任 (trust)
對領導者正直程度、性格和能力的相信程度。

爲什麼可信度和信任很重要？

對於受人尊敬的主管來說，其個人性格中最顯著的特點就是誠實，顯示了可信度和信任對有效領導的重要性（註19）。這點已被廣爲接受，然而，由於最近工作環境的變化，又引起研究人員對於主管人員建立信任的關注。

授權的趨勢和建立工作團隊等方法，已經減少或改變了傳統的控制機制，對於員工的監管程度（註20）。例如，員工在制定自己的工作計畫時，擁有越來越多的自由，還能自我評估績效；在一些情況下，員工甚至能自己做出招募決策。因此，信任變得至關重要。員工必須相信主管對待他們是公平的，主管

圖表9-5　關於信任的五個部分

1. **正直**：誠實和坦率。
2. **能力**：技術能力和個人掌握的知識技能。
3. **一致性**：可靠性、可預測性以及處理情境的良好判斷。
4. **忠誠度**：願意維護他人的尊嚴。
5. **開放程度**：願意自由地共享創意和訊息的程度。

資料來源：Modified and reproduced with permission of authors and publisher. P. L. Schindler and C. C. Thomas, "The Structure of Interpersonal Trust in the Workplace," *Psychological Reports* (1993), pp.73, 563-573.

也必須相信員工已經充分履行了職責。

主管必須盡可能去領導那些不直接歸自己管轄的人員——專案成員、為供應商和顧客服務的人員，以及來自其他合作機構的員工等；在這種情況下，並不允許主管利用正式的身份，要求別人服從自己。事實上，許多相互關係是自發產生的。迅速建立起相互信任的能力，可能對上述關係的成功扮演著至關重要的角色（見本章末「實務上的應用：建立信任」）。

主管偏心，怎麼辦？

你可能認為，有件事將削弱員工對你的信任程度——亦即你對一些人的偏愛。在很多情況下，如此想法是正確的，但事實上，很多主管可以有所偏愛，也就是說，他們可能並非總是用同一種態度來對待所有的員工。你可能會偏愛一些員工，而這些人被看成是你的「小集團」。你將和這小群體保持特殊的關係；你信任他們、給予更多的關注，而且通常還授予他們特權。自然而然地，他們會認為自己擁有特權。然而，當心建立這樣的小團體會削弱你的可信度，特別是對那些圈外的人來說。

小心在你的部門中，出現了這樣的趨勢。你也是普通人，因此從天性上來看，你會比較喜歡親近某些人、對某些人特別坦白。不過，你需要仔細思考一下：你是否希望表現出這些偏好？當你的偏好是建立在非績效因素的基礎上時，例如，你和某些人有共同的興趣和相似的人格特徵，就有可能降低你的領導有效性。然而，當你的偏好是建立在績效的基礎上時，卻可能帶來好處。在某些情況下，你等於是對那些希望強化的行為，進行獎勵。不過，對於這些做法也要當心。除非績效評估是客觀和明顯的，否則你有可能會被視為處事武斷和不公。

怎樣透過授權來領導？

我們在本書的許多地方提到，主管愈來愈能授權給員工。如今，成千上萬的員工可以做出關鍵性的營運決策，而這些決策將直接影響到他們的工作。他們自行編制預算、安排工作方案、控制庫存、解決品質問題、評估自身的績效等。在此之前，這些活動一直被視爲主管的專職。

授權的日益增長，來自兩方面的壓力。首先是要求那些對相關問題最爲了解的人，迅速做出決策。在很多情況下，這就需要把決策重心降低到員工層次。如果公司想在全球環境中競爭成功，便必須能夠快速地制定決策和適應變化；其次就是在二十世紀1990年代出現的組織縮編和改組，使得許多主管面臨更大的管理幅度。爲了處理日益增加的工作量，主管於是必須向下授權，以及共享權力、共擔責任；這也意味著他們的任務包括相互信任、提供願景目標、克服阻撓高績效的障礙，以及鼓勵、激勵和指導員工。

如果你注意過早期的權變領導理論的話，那麼像這樣支持領導權力共享的想法，是不是顯得很奇怪？應該是的，因爲授權的支持者在提倡非權變的領導方式，顯示他們認爲授權在任何地方都有效。如果眞是如此，指示型、以任務爲中心型和獨裁型領導，都將會被淘汰。

這種想法的問題，在於當前的授權運動忽視了領導權力能被共享的範圍，以及在什麼情況下，共享領導權力會成功。由於某些因素的出現，比如因組織縮編，於是需要員工擁有更高的技能水準、持續參與公司的訓練、執行不斷被要求提高的項目、加入自我管理的團隊——自然也需要提高權力共享的範圍。不過，並非所有情況皆如此。盲目授權或尋求任何普遍適用的領導方式，便與我們許多最佳領導實例中的領導方式相悖。

當代的管理議題

我們將藉由當代領導理論的三個爭論點總結本章：男女領導風格的差異、從交易型領導至轉換型領導，以及團隊領導。

男女領導風格是否有差異？

領導風格在性別上有差異嗎？究竟男性是更有效能的領導者，還是女性？要回答這個問題，無論是站在哪一方，都會帶有一定的感情因素。在我們試圖回答這個問題之前，先列出一個重要的事實。儘管我們想知道男女之間的領導風格是否有差異，但基本上兩性之間的領導風格在相似處要比差異來得大。大部分的相似處源自領導者除了性別的不同外，都是在執行同樣的活動去影響別人；這是他們的工作，無論男女都能做得同樣好。我們可以就這一點來看看護士的工作。儘管護士基本上被視爲女性的工作，但男性也同樣可以勝任、同樣成功。然而，並不是任何情況皆如此，以下列出其中的不同點。

最普遍的差異在於領導風格上（見「問題思考」）。女性傾向民主領導風格，她們鼓勵部屬積極參與，也樂意與他人共享職權。女性更喜歡用她們的魅力、專業能力、互動和交際能力去影響別人。男性則恰恰相反，他們比較傾向於任務中心式的領導、以指導式活動和依賴職權去控制組織的行爲，也偏向以控制的方式去影響他人。奇怪的是，這些差異相對上很不明顯。總之，當女性從事一項傳統上由男性來領導的工作時（例如警察局長），便會表現出更多任務中心式的領導風格。

關於這個話題更深入的探討，則是當今組織中主管任務的

問題思考（或用於課堂討論）

男性領導者VS.女性領導者

男女的領導方式是否有所差異？他們是否擁有不同的領導風格？這樣的問題很容易引發雙方情緒性的爭議。

你的看法呢？性別會造成領導風格的差異嗎？究竟男性或女性是比較優秀的領導者？你偏好和男性還是女性共事？請說明你的看法。

變化，強調團隊工作、員工參與、人際關係能力和民主型領導風格等。主管必須對部屬的需要更敏感，也要進行更開放式的溝通，同時建立起更為信任的相互關係。有趣的是，這其中的許多行為是女性的典型特徵。

何謂交易型和轉換型領導者？

第二個有趣的爭論點是區分轉換型和交易型領導者（註21）。由於轉換型領導一樣具有超凡魅力，因此這個話題和之前關於魅力型領導特徵的討論，具有重疊的地方。

大多數的領導模型講述的都是**交易型領導者**(transactional leaders)。這些領導者藉由任務的需求和角色的劃定、指引或激勵員工朝向既定目標發展。另外有一些領導者激勵員工超越個人利益去實現組織利益，並且給予追隨者深奧且重大的影響，我們稱為**轉換型領導者**(transformational leaders)。他們關心員工的發展需要，幫助員工以新方式來看待舊問題，進而改變員工看待事情的觀點；他們激勵和鼓舞員工付出更多的努力來實現群體目標。

交易型領導者
(transactional leader)
藉由任務的需求和角色的劃定，指引或激勵員工朝向既定目標發展的領導者。

轉換型領導者
(transformational leader)
激勵追隨者超越個人利益去實現組織利益，並且給予追隨者深奧且重大影響的領導者。

我們不應該把交易型和轉換型領導，看成是處理事情的兩種相對方式。轉換型領導是以交易型領導為基礎的，能使員工的努力超出單用交易型領導方式所產生的效果。而且，轉換型領導絕不單靠個人魅力。「單純的魅力型領導者，可能希望員工接納他的魅力性觀點，而不去從中發展得更遠；轉換型領導者則試圖灌輸員工質疑現存的解決問題方法，甚至是領導者的方法。」（註22）

支持轉換型領導主管比交易型主管優秀的證據很多。總之，它表明了轉換型主管能產生更低員工流動率、更高的生產力，以及更高的員工滿意度。

何謂團隊領導？

團隊情境中的領導已日益增加。當團隊人數擴充時，指引團隊成員的領導角色就更加重要，而且團隊領導者的角色，和傳統基層主管的領導角色截然不同——這是任職德州儀器(Texas Instrument)達拉斯州林蔭道工廠的布蘭德(J. D. Bryant)所發現的(註23)。某日，他還開心地巡視十五位電路板裝配線員工，隔日卻被告知公司把員工組成團隊，而他必須變身爲「促進者」。他說：「我被要求傾囊相授所有知識給成員，但讓他們自行決策。」布蘭德也承認自己對新角色的困惑，他表示：「對於我所要做的事情，並沒有明確的計畫。」接下來，我們將思考成爲團隊領導者的挑戰、回顧團隊領導者扮演的新角色、並提供你有效勝任團隊領導者的祕訣。

許多領導者並沒準備好處理團隊的變革，就如同一位著名的顧問所言：「即使是最有才幹的經理人，都會在轉換成團隊領導者時遭遇問題，因爲過去被鼓勵施行的命令與控制類型不再恰當，也欠缺新領導方式的技能和知識。」這位顧問估計，大約有15%的經理人是天生的團隊領導者，但也有15%的領導者因爲人格特質，永遠無法帶領團隊，而這種特質就是無法將主宰的風格，轉換成單純爲團隊利益著想的性格；多數人是落在中間區域，也就是非天生、須透過學習而成的團隊領導者(註24)。

對於大多數的主管而言，學習如何變成有效能的團隊領導者，實在是一項挑戰。他們必須學習耐心地分享資訊、相互信任、放棄職權，並了解何時介入和仲裁。有效能的領導者通常能精準地判斷，何時該離開團隊讓成員獨處，何時又該涉入調解。團隊領導者的新手往往會在團隊需要自主時控制過度，或在團隊需要支持和協助時放任不管（註25）。

總複習

本章小結

閱讀過本章後，你能夠：

1. **定義出何謂領導，並描述領導者和管理者之間的差別**。領導是影響他人的能力。領導者和管理者之間的區別在於主管是通過任命而產生的。管理者擁有合法的權力進行獎勵和懲罰，其影響力來源是職位的固有權力。相反地，領導者既可以是任命的，也可以從群眾中產生。領導者可以通過正式職權之外的行爲影響他人。
2. **辨識出可能幫助你成為成功領導者的特質**。領導者和非領導者之間有六種差異特徵：驅動力、影響他人的欲望、誠實和具有良好的道德品質、自信心、才智以及相關的知識。然而，僅僅具備這六種特徵，並不能保證優秀的領導，因爲它忽略了情境因素。
3. **定義何謂魅力及其關鍵要素**。魅力是一種魔力，它能鼓舞員工朝向看起來很困難、或不尋常的目標努力。魅力型領導者擁有自信，能描繪出將來更好的願景，並且對該願景的實現具有強烈的信心，表現出不同尋常的行爲；此外，又具有高度的自我控制力，被他人視爲產生根本變革的催化劑。
4. **描述願景領導者所具備的技能**。願景式領導者需要多種技能，雖然擁有這些技能並不能保證一定能成爲願景領導者，但願景領導者通常具備以下的技能：(1)向他人詮釋願景的能力；領導者必須借助清晰的口頭或書面溝通，讓願景的行動和目標更加明確。(2)透過行爲向組織成員強化願景重要性的能力。(3)將願景延伸到多方領導情境、贏得組織成員認同感的能力。
5. **區分以任務為中心和以人為中心的領導行為**。以任務爲中心的領導行爲著重工作中的技術和任務；以人爲中心的領導則關注員工之間的人際關係。
6. **辨識和描述三種參與型的領導風格**。三種參與型領導風格是顧問式（吸收員工的意見）、民主式（給予員工決策的權力）和自由放任型（給予員工完全的自由權力去制定影響他們的決策）。
7. **解釋情境領導**。根據員工的意願階段和工作任務，情境型領導會以此來調整自己的領導風格，並且根據員工做某項工作的能力和意願程度，來運用四種領導風格——指示、推銷、參與或授權。
8. **描述男女領導風格的差異**。儘管存有差異，兩者之間的相似點卻要比不同點更多，其間的差異在於領導風格上。女性更喜歡用魅力、專業能力、互動和交際能力去影響別人；男性則恰恰相反，更傾向於任務中心式的領導。他們指示並依賴職權去控制組織行爲，傾向用控制的方式去影響他人。

問題討論

1. 「所有的主管都是領導者，但不是所有的領導者都是主管。」你是否同意？談談你的看法。
2. 智慧和領導之間有著怎樣的關係？
3. 什麼是魅力型領導者？爲什麼具有高度控制力的領導者，有可能成爲更有效能的領導者？進行討論。
4. 技術性、概念性，以及網絡經營和人際關係能力對領導效能的影響爲何？
5. 以任務爲中心的領導者和以人爲中心的領導者有何差異？你認爲員工更願意爲哪一種領導者工作？爲什麼？你更願意爲哪一種領導者工作？解釋你的觀點。
6. 比較顧問式、民主式和自由放任型的參與型領導風格。
7. 主管如何能具有既不失彈性、又能保持一致性的領導風格？兩者相互矛盾嗎？請解釋。
8. 根據學生在課堂中的表現，教授該怎樣實施情境領導？
9. 可信度和信任在領導中扮演怎樣的角色？
10. 「如果能夠強調關心員工，女人或許能成爲更優秀的主管。」你是否同意？談談你的看法。

實務上的應用

建立信任

由於信任在當今的領導工作中，佔有非常重要的地位，主管們應該積極和員工保持相互信任的關係。爲了做到這一點，這裡提供了一些建議：

實務作法

步驟一：練習開放性

許多不信任是因爲人們了解的東西不夠。開放性能產生信心和信任。事情公開化能保持決策制定的過程透明化。解釋你決策的合理性，對問題的處理保持公正，充分開放相關的訊息。

步驟二：保持公正

在做出決策和採取行動時，要客觀和公平地考慮他人對事情的看法。對權力的運用要讓人可信，客觀和無偏見地評估績效，而且在分配獎勵的時候，應注意到公平原則。

步驟三：說出你的感受

鐵面主管讓人不寒而慄，並且使人疏遠。和他人共享你的想法，能使人覺得你眞實、充滿人情味。他們將會理解你，也加深對你的尊敬。

步驟四：說出真相

如果誠實對可信度來說至關重要，你必須要讓人覺得你是說眞話的人。員工更願意聽到領導者說：「不想聽這些。」而不是發現領導者在對自己撒謊。

步驟五：表現出一致性

員工希望預測得到事情的發展。不信任感來自人們不知道能期望什麼。花時間想一想你的價值觀和信念，然後讓其在指導你的決策時保持一致性。如果你了解自己的主要目的，從而採取相應的行動，就能因爲保持一致性而獲得他人的信任。

步驟六：履行你的諾言

若要獲得他人的信任，需要讓員工相信你是值得依賴的，因此你要信守諾言。一旦做出承諾就要去履行。

步驟七：保密

你信任那些愼重和值得依賴的人，而員工也是如此認爲。如果他們要和你談論一些祕密，他們必須確定你不會跟別人說。如果員工感覺你是常洩密或不可靠的人，那麼你在他們的心目中就不具信任的價值了。

步驟八：表達信心

通過示範技術和專業能力來獲得他人的景仰和尊敬；特別要注意表現出你的溝通技能、談判技能和交際技能。

資料來源：Based on F. Bartolome, "Nobody Trusts the Boss Completely — Now What?" *Harvard Business Review* (March～April 1989), pp. 135–142; J. K. Butler, Jr., "Toward Understanding and Measuring Conditions of Trust: Evolution of a Condition of Trust Inventory," *Journal of Management* (September 1991), pp. 643–663; and J. Finegan, "Ready, Aim, Focus," *Inc.* (March 1997), p. 53.

有效溝通

1. 請回想一位在你人生中，讓你有110%衝勁的人（可能是父母、主管、老師等）。描述這位人士的特質，並在本章介紹的當代領導理論中，挑選一項和這位人士相關的理論，並解釋此人如何展現相符的屬性。
2. 請參觀西南航空的網站(http://www.southwest.com)，並利用願景領導中的兩項技能，來描述赫伯．凱勒的願景領導屬性。請明確展現出(1)凱勒如何詮釋西南航空員工所期待的願景；以及(2)他如何透過行爲，強化組織成員對願景重要性的看法。

個案

個案1：確定領導特色

羅伯特·馬克(Robert Mark)今年二十二歲，這個學期將獲得蒙特利爾市康克迪亞大學(Concordia University)的數學學士學位。他有兩個暑假都在為蒙特利爾保險服務公司(MIS)工作，塡補那些因員工度假而空出的職位。他已經同意加入MIS，擔任政策更新部的主管，進而為畢業之路打下一個紮實的基礎。

蒙特利爾保險服務公司是一家大型保險公司。單是在羅伯特上班的公司總部就有一萬一千名員工。公司重視員工的個人發展，以富於哲理的話來說，就是從高層到底層的所有員工，都相互尊重和信任。

羅伯特將被安排的工作是管理十八名政策更新代表。該部門的工作是確保更新的公告能反映到政策中，並用預先設計好的標準式樣制定表格；此外，當一項政策將被取消時，對於無動於衷的銷售部門也要提出忠告等。

羅伯特部門的員工年齡分布是十九至六十二歲，年齡的中位數是三十八歲。政策更新代表的平均工資是每月2480～3000美元。羅伯特取代的是一名老員工的職位──彼德·芬奇。彼德退休前在MIS工作了三十七年，最後十一年擔任政策更新部門的主管。由於羅伯特上個暑假曾在彼德的部門工作了幾個星期，他很熟悉彼德的領導風格，也很瞭解部門中的多數員工。除了對尤瑞·加拉維奇不放心外，羅伯特對其他人都很放心。尤拉年近四十，是在政策更新部服務超過十六年的資深員工，在該部門說話很有份量。有一點很重要是，尤瑞並不想和羅伯特爭奪主管職位，他只是不想承擔主管的正式責任而已，儘管這意味著工資將會提高15%！他覺得該工作任務會影響他的業餘愛好，也就是擔任兒子的冰上曲棍球隊教練。雖然如此，羅伯特覺得如果得不到尤瑞的支持，他的工作將難以展開。

羅伯特在決定接受該部門的領導職務上，已經邁出了正確的一步。接著，他對如何成為一名有效能的領導者，進行了大量的深入思考。

案例討論

1. 影響羅伯特成為成功的領導者的核心因素是什麼？你是否認為，當成功的標準由群體滿意度變為群體生產力的時候，這些因素會不會有所變化？
2. 你認為羅伯特能夠選擇一種領導風格

嗎？如果能，請說出你認爲對他來說最有效能的領導風格；如果不能，亦請說明您的理由。

3. 你對羅伯特如何贏得尤瑞・加拉維奇的支持上，有什麼建議？在用於尤瑞・加拉維奇身上的領導風格中，哪些因素非常重要？

第10章

有效的溝通

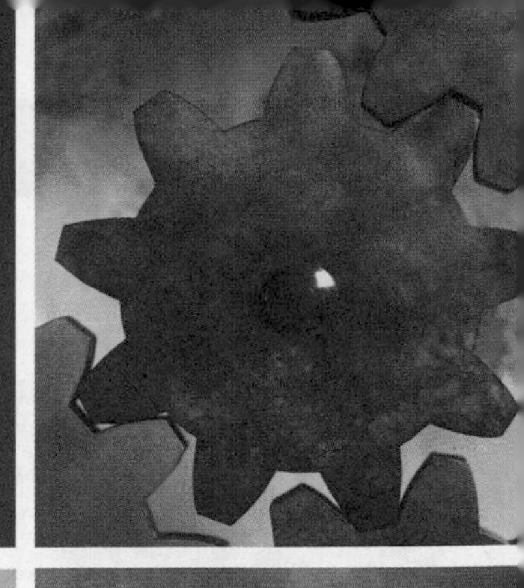

學習目標

關鍵詞彙

讀完本章之後，你應該能夠：

1. 定義溝通。
2. 比較正式溝通和非正式溝通。
3. 解釋電子化溝通如何影響主管的工作。
4. 列出阻礙有效溝通的因素。
5. 描述克服溝通障礙的技術。
6. 列出積極傾聽的基本要求。
7. 說明提供有效回應的必要行為。

讀完本章之後，你應該能夠解釋下列專業名詞和術語：

- **積極傾聽**
- **自我肯定訓練**
- **肢體語言**
- **管道**
- **溝通**
- **解碼**
- **編碼**
- **回饋迴路**
- **正式溝通**
- **小道消息**
- **非正式溝通**
- **訊息**
- **非言語溝通**
- **資訊豐富度**
- **角色**
- **語調**

有效能的績效表現

美國電話電報公司(AT&T)、男裝批發店(Men's Warehouse)和位於愛達荷州博伊西地區(Boise)的朗里諮詢服務(Langley Consulting Services)有何共通點呢？這些組織都教導員工（特別是行銷和銷售人員）以非語言溝通暗示來作爲決策的基礎。朗里諮詢服務的貝瑞．威翰(Barry Wilhelm)視非語言溝通爲自我人際互動的重點。

數年前，貝瑞開始對肢體動作和言談舉止所代表的訊息產生興趣。持續閱讀相關研究報告的貝瑞，能夠透過解讀潛在顧客和員工的非語言訊息來制定決策。他相信肢體語言可以提供個人競爭優勢，如促進成交，而在朗里諮詢服務的個案中，肢體語言則有助於雇用新助理。例如，他會在面談中持續觀察應徵者的眼神和言行談舉止。貝瑞相信，他能正確地預測應徵者是否可以成爲衝勁十足、友善而且具有顧客緣的銷售人員。他是怎樣做到的？就是觀察應徵者的眼神！假設要在下面兩位工作候選人中擇一錄

導言

以下的例子發生在亞利桑那州鳳凰城萬豪酒店(Marriott Hotel)的上班時間中：

插曲1：會議銷售主管羅妮．伯納斯(Ronnie Barnes)正在瀏覽上一季的銷售報告，準備評估手下三名員工的績效，尤其是帕提的表現。

羅妮先將帕提叫進辦公室說：「帕提，我剛剛看了你上一季的銷售數字，我想關於銷售目標，我們曾經達成一致的共識，即六個大型會議（一千個以上的客房夜數）。現在我看到的數據是，你只安排了四個會議。這是怎麼回事？」

「我也不知道，」帕提答說：「六場會議是我們的目標，也是我的指標。不過，它是我們盡力去達到的目標，我不認爲它是必須達到的目標。」

用，活潑的一號候選人和貝瑞保持眼神接觸，而靠著椅背、雙臂和雙腿交疊的二號候選人卻從未正眼看過貝瑞一眼。整體而言，一號候選人表現出較佳的溝通技巧，而貝瑞發現，這些溝通技巧和組織中良好的績效表現關係密切。

貝瑞深信，非語言溝通扮演著協助組織達成年度銷售目標的要角。對他個人而言，非語言溝通可幫助他更了解顧客，例如，一個雙臂和雙腿交疊、口口聲聲答應的顧客，其實內心是抗拒的。了解顧客的肢體語言，讓他能提早發覺顧客拒絕的可能原因，在許多案例中，他能以正確的角度切入，以便遊說顧客並促進銷售成交。對貝瑞來說，這的確是他主要的競爭優勢。

資料來源：The individual and organization described are fictitious. The idea for this vignette comes from E. Randall, "They Sell Suits with Soul," *Fast Company* (October 1998), p. 68; "HR Pulse: Emotional Intelligence," *HR Magazine* (January 1998), p. 19; and M. Henricks, "More Than Words," *Entrepreneur* (August 1995), pp. 54–57.

羅妮聽得很心煩，試圖控制自己的挫折感：「帕提，六場會議正是我們的目標，它並非遙不可及，這已經是我們要求你達到的最低標準，你有責任爲酒店爭取最多的會議，羅賓和卡拉斯則負責處理小型會議。你知道，我們是依靠大型會議來保持市場佔有率的上升，我告訴李茲（酒店的總經理，羅妮的直屬上司）第二季可以安排六場大型會議，現在我卻必須向他解釋，爲什麼我們沒有達到目標！」

插曲2：幾個月前，人力資源主任給所有的經理和主管一份備忘錄。該備忘錄的主題是改變酒店的無薪休假政策。人力資源部主任收到食品飲料部採購員的抱怨，因爲他想請兩週無薪休假，以便處理母親去世後的個人和財務問題，卻遭到主管拒絕。他認爲自己的要求合情合理，公司應該批准。有趣的是，目前發下來的備忘錄寫道，由於家庭成員去世而於三週內的請假應一律批准。當人力資源部主任打電話告訴食品飲料部主管，請處理好該員工的怨言時，這位主管卻說：「我從不知道公司的無薪休假政策已經變了。」

插曲3：下面是兩個酒店侍者之間的對話。

「你聽到最新的消息嗎？總經理的女兒要和巴爾的摩的小伙子結婚了。這傢伙因爲冒犯公民權被判刑五年，現在正在服刑。聽說這涉及了上百萬美元呢！。」

「你在開玩笑！」另一人回答道。

「不，我沒有開玩笑。我是今天早上從維修部的賴利那裡聽到的。你能想像那家人會有什麼感受嗎？」

事實上，這謠言還是有一些根據的，卻與事實相差甚遠。眞相是總經理上週宣布，她女兒和巴爾的摩大烏鴉隊的一個足球隊員訂了婚，一個剛好獲得會員球員提名的前鋒，而這個球員剛剛簽訂了一份五年期的幾百萬美元合約。

這三個插曲顯示了三個溝通事實。第一，同一句話對不同的人有不同的意思。在羅妮看來，一個目標代表著必須達到的最低水平，而對帕提而言，目標是努力達到的最高水平。第二，即使送出了備忘錄，並不代表人們了解其中的信息。第三，訊息在傳遞的過程中常被扭曲。正如婚禮謠言那樣，訊息在傳遞的過程中，「眞相」已經大部分失眞了。

這些事件顯示了主管面臨的潛在溝通問題。對主管來說，有效溝通的重要性是不過分強調某個特定原因。主管所做的每件事都牽涉到溝通問題——不是某些事情，而是每件事情！你若沒有足夠的資訊就不能做出決策，而那些資訊就是溝通。一旦做出決策還需要傳達出去，否則就沒人知道你所做的決策。如果沒有溝通，再好的創意、再棒的創造性建議和再完美的計劃，都將難以實現。主管必須和自己的員工、同事、直屬上司、其他部門的人員、顧客及其他人一起工作，以實現自己部門的目標。同上述各種人交往需要某些類型的溝通，因此，一個成功的主管需要掌握有效的溝通技巧。然而，只有良好的溝通技巧並非就能造就一個成功的主管，只是無效的溝通技術會爲主管帶來一連串的問題。

什麼是溝通？

溝通(communication)包含訊息的傳遞。如果沒有訊息或觀念的傳遞，溝通就不會發生。不去傾聽的說話者或不去閱讀的寫作者，並沒有進行溝通。爲了溝通成功，不但要告知意圖，還要理解意圖。如果用日本語（我們完全不懂的語言）寫下備忘錄，那麼在它被翻譯出來之前，就不能視爲溝通。因此，溝通是訊息的傳達和理解。

溝通 (communication)
傳遞與了解訊息。

最後一點，良好的溝通常被人錯誤地定義爲「同意」，而不是「清楚地理解」。如果某人的意見和我們不一樣，大部分的人都會以爲對方沒有完全理解自己的意思；換句話說，許多人把良好的溝通定義爲使某人接受自己的觀點。但是，別人也可以清楚地理解你的意思，卻不同意你所說的話。當兩名員工之間的爭議拖延了很長的一段時間，主管會斷定其原因是缺乏溝通，然而深入調查後卻經常發現，他們之間其實有過大量有效的溝通，彼此都完全了解對方的意思；眞正的問題是不該將有效溝通視同爲「同意」。

溝通的流程

溝通可視爲一種流程或流動。當流程中出現變異或障礙時，就會發生溝通問題。溝通的產生需要傳送一個表達意圖的訊息，而這個意圖的訊息會在訊息來源（傳送者）和接受者之間流動。首先，訊息會轉換爲符號形式（編碼），並透過一些媒介（管道）傳送給接收者，接收者再將傳送者發出的訊息翻譯出來（解碼），結果就是兩人之間溝通的內容和意義（註1）。

圖表10-1詳細描述了溝通的流程，此模式包含七大部分：(1)傳送者；(2)編碼；(3)訊息；(4)管道；(5)解碼；(6)接收者；

編碼 (encoding)
將訊息轉換為符號的形式。

訊息 (message)
傳送的資訊。

(7)提供回饋。

傳送者藉由將想法**編碼**(encoding)後發出訊息，而影響訊息編碼的三項主要條件是技能、知識和社會文化系統。

以教科書爲例，我們希望和你溝通的訊息取決於我們的寫作技巧。如果教科書的作者缺乏必備的寫作技巧，訊息將無法以作者期望的形式傳達給學生。個人整體的成功溝通還包含口語表達、閱讀、聆聽和對專業知識的理解力。溝通時，往往會受限於知識的範圍，而當我們的知識過於豐富時，接收者也可能無法理解我們傳送的訊息。明確來說，傳送者對於訊息主題的知識量，將會影響傳送者發送的訊息。最後，就像知識會影響我們的行爲一樣，我們在社會文化系統中的地位也會造成影響。當你擔任溝通來源時，你的信念、價值觀和所有文化都具有影響力。

訊息(message)是傳送者編碼下的具體產物。「演講時的說話內容是訊息；寫作時的文字是訊息；繪畫時的圖像是訊息，而當我們比手畫腳時，手臂的移動和表情也是訊息。」（註2）訊息會受到下列事物的影響：我們用來傳達意義的符號編碼或

圖表10-1 溝通的流程

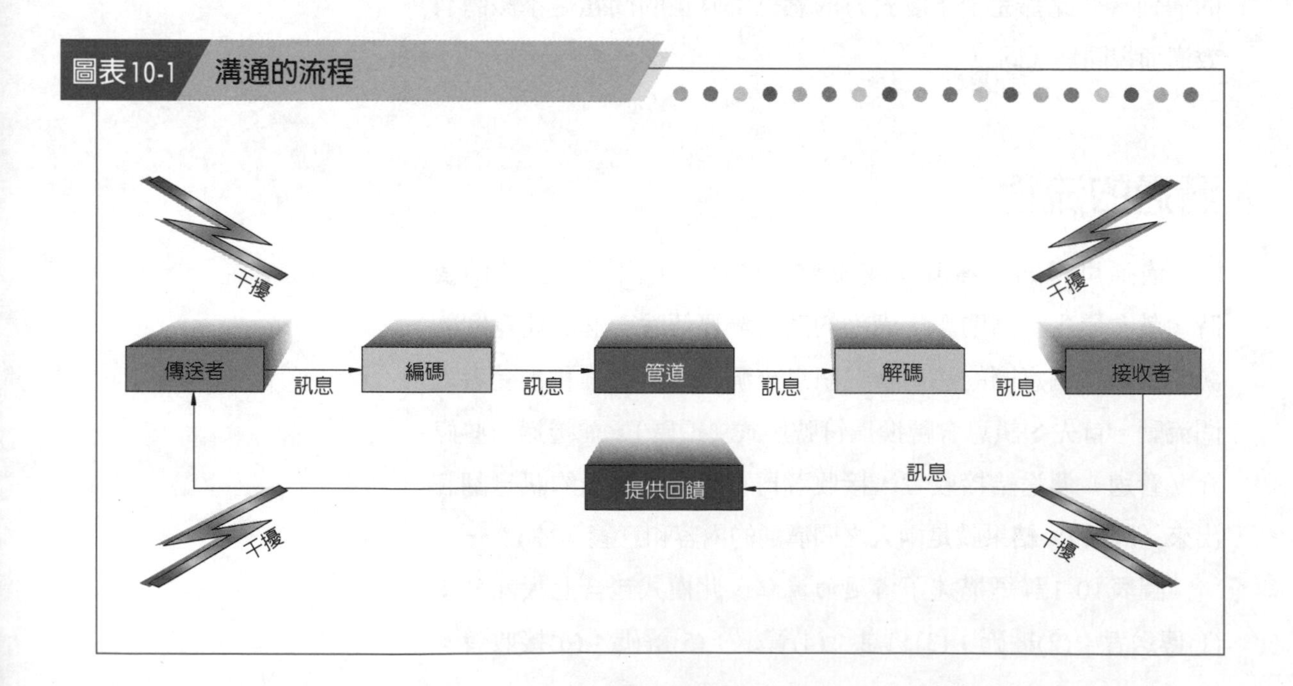

群組、訊息本身的內容、我們挑選和排列編碼及內容的決策。

管道(channel)是訊息傳送的媒介，通常是由傳送者選擇管道，並決定哪些管道屬於正式管道、哪些屬於非正式管道。由組織建立的正式管道，用於傳送訊息給與工作相關活動的成員，通常依循的是組織中的職權網絡。另外像是私人或社交性質的訊息形式，則會伴隨組織中非正式的管道傳送。

管道 (channel)
訊息傳送的媒介。

接收者是接收訊息的對象，但在解讀訊息前，接收者必須將符號翻譯爲可理解的形式，這就是訊息的**解碼**(decoding)。就像編碼者會受限於本身技能、態度、知識和社會文化系統一般，接收者也會受到同樣的限制；就像傳送者應該擁有良好的口語表達能力和寫作技巧，接收者也要擁有良好的聽力和閱讀技能，而且雙方都必須具備理解能力。個人的知識、態度和文化背景會影響發送訊息的能力，而這些因素也會影響個人接收訊息的能力。

解碼 (decoding)
接收者翻譯傳送者的訊息。

溝通流程中，最後的連結是**回饋迴路**(feedback loop)。回饋可助我們確認發出去的訊息如同原本意圖的成功程度，也會顯示是否達成預期的理解。

回饋迴路 (feedback loop)
傳送訊息給接收者的傳送者，收到由接收者發回來的訊息。

溝通方法

主管人員進行的是兩種類型的溝通：一種是**正式溝通**(formal communication)，處理的是與任務有關的問題，並傾向於遵守組織的權力鏈。當主管人員下達指示給某位員工、向本部門的工作團隊提供建議，或是員工向主管人員建議、在某專案上與其他主管共事、回應老闆的要求等，都是屬於正式溝通。主管透過語言、書面、電子媒體和口頭行爲進行正式溝通。另一種是**非正式溝通**(informal communication)，它可按各種方向進行、跨越權力級別；滿足社會需求的同時也有助於完成任務。

正式溝通 (formal communication)
處理與任務有關的問題，並傾向於遵守組織權力鏈的溝通。

非正式溝通 (informal communication)
可按各種方向進行、跨越權力級別；滿足社會需求的同時，也有助於完成任務的溝通。

如何進行口頭溝通？

主管大部分依賴口頭溝通，比如和員工面對面相遇、對部門的人講話、和員工一起參加解決問題的會議，或者在電話中與某個抱怨的顧客談話。

這種形式的溝通有何優點呢？透過口頭語言快速地傳遞訊息，包含非言語溝通因素的口頭溝通，能夠提高訊息的傳達品質。例如，電話不但傳遞話語，也傳遞語調和訊息，而面對面的談話包括手勢和面部表情。此外，主管現在越來越意識到口頭溝通不僅能快速傳遞訊息，對於象徵性的價值也有正面的影響。不同於備忘錄和電子訊息，演講的方式更加個人化，也更親密和具有人情味。一些優秀的主管很依賴口頭溝通，甚至在採用書面和電子溝通管道同樣有效的情況下，仍然選擇口頭溝通。經由實際體驗他們發現，口頭溝通有助於和員工建立信任關係，以及創造一個開放和互助的氣氛（見「問題思考」）。

爲何要用書面溝通？

如果某訊息需要正式化，因爲它具有長期的影響，或是本身非常複雜，你便需要以書面形式來傳播。例如，引進一項新的部門程序，就應該用書面形式來傳達，好讓員工擁有可供參考的永久紀錄。爲了使員工理解績效評估而提供書面總結，也是一個好方法，因爲它能減少誤解和建立討論問題的正式紀錄。此外，部門報告含有很多細節性數字和事實，也比較複雜，所以最好用書面形式來傳播。

書面比語言提供了更好文件的事實，具有正負兩方面的意義：正面是書面文件爲以後的決策和行動提供了可靠的文字紀錄，也降低了接收者的含糊性；負面則是強制要求每件事都用書面形式存檔，容易導致風險規避、決策癱瘓和高度政治化的決策環境。極端時，文過飾非的書面文件變得比完成任務還重要，導致無人爲錯誤的決策承擔責任。

問題思考（或用於課堂討論）

男女的溝通方式不同嗎？

我們曉得男女的領導方式並不相同，所以男女的溝通方式也有所差異嗎？答案是肯定的。男女溝通風格的差異讓我們發現到一些有趣的事情。男性談話是爲了強調他們的地位和獨立，女性談話則是爲了建立關係和親密感。例如男性就常抱怨，女性常喋喋不休地講自己的事，而女性也批評男性不會傾聽。當某個男性聆聽女性談論某個問題時，他要顯示的是本身想要獨立和控制解決方案的辦法。相反地，許多女性將談論某個問題視爲增進親近感的方式。女性提出問題是爲了獲得支持和建立關係，而不是爲了得到男性的建議。

兩性之間的有效溝通，對所有想要實現部門目標的主管來說，具有重要的意義。你如何處理溝通方式的各種差異性呢？若要避免兩性差異成爲有效溝通的障礙，就需要接受、理解和負擔起兩性都能適應的溝通方式。男女都需要承認在溝通上存在的差異；並非有某種方式比另一種好，成功的「談話」需要彼此的努力。

你是怎麼想的呢？男女在溝通方面眞的不一樣嗎？你目睹過什麼實例可以支持你的觀點呢？

電子溝通的效率是否更高？

電腦、微晶片和數位化大大增加了主管的溝通選擇（註3）。今天，你可以依賴大量的電子媒體進行溝通（註4），包括電子郵件、語音信箱、網頁、手機、視訊會議、數據機傳輸、網際網路和區域網路，以及其他一些與網路有關的溝通形式。

越來越多的主管利用這些技術的某些優勢。電子郵件和語音信箱(voice mail)可讓人們全天候傳播訊息。當你不在辦公室時，其他人可以留下訊息讓你回來後查閱。對於重要和複雜的溝通，只要印出副本就能永久保存電子郵件。手機更是大大改變了以電話作爲通信設施的角色。過去，電話號碼必須搭配實際的地點，現在透過手機，電話號碼可以和手機連結在一起了。不論員工、其他主管和組織主要成員身居何處，你都可以馬上和他們取得聯繫。網路溝通利用電腦管理遠在外地的員工，員工還可以利用組織內部和外部的網路參加電子會議，和供應商、顧客進行溝通。

非語言溝通方式如何影響溝通？

有些很有意義的訊息並非透過口頭、書面或是電腦進行傳達，稱之為**非言語溝通**(nonverbal communication)。高聲警報器或十字路口的紅燈，並沒使用任何語言，便向你傳遞了訊息。你在進行訓練時，當員工的目光呆滯或是睡著了，不需要任何隻字片語，你就知道他們覺得無趣。同樣地，你可從老闆的肢體語言和語調，馬上判斷出他是否生氣、樂觀、焦急，或是心煩意亂（註5）。

非言語溝通 (nonverbal communication)
並非透過口頭、書面或是電腦進行傳達的溝通方式。

肢體語言(body language)是指手勢、表情和其他肢體上的動作，例如眯眼睛、摸下巴、漲紅的臉以及微笑所表達的意思，都有所不同。手的動作、表情和其他手勢也可以傳達諸如攻擊、害怕、害羞、傲慢、高興和憤怒之類的情緒或性情。

肢體語言 (body language)
手勢、表情和其他肢體動作也可以傳達諸如攻擊、害怕、害羞、傲慢、高興和憤怒之類的情緒或性情。

語調(verbal intonation)是指對文字或語句的強調。為了說明語調能夠改變訊息的意思，不妨思考一下某個詢問同事問題的主管。同事問說：「你那是什麼意思？」主管的回饋則根據同事回話的語調而變化；一個溫柔又流暢的語調和另一個強硬又很強調「那」的語調，表達出來的意思便完全不一樣。我們大部分的人會認為，第一種語調顯示問者真誠地想弄清問題，而第二種語調則表明了此人帶有侵略性和防禦性。

語調 (verbal intonation)
對文字或語句的強調。

事實上，每次的口頭溝通都夾帶著非語言訊息，但是，我們不能過於強調。為什麼呢？因為非語言因素可能會產生很大的影響。我們都知道，小動物會對我們發聲說話的樣子做出回應，至於我們說了些什麼內容，則沒什麼反應，顯然人類也有類似情況。

何謂小道消息？

小道消息(grapevine)幾乎遍佈所有的組織中。事實上研究發現，小道消息是溝通的一種方式，基層員工可以藉由它在第一時間內，知道組織領導者推行的重大變革。在主管、正式文件和其他正式資料到達之前，員工就能做出評估。

小道消息 (grapevine) 基層員工可以藉由它在第一時間內，知道組織領導者推行的重大變革的溝通方式，就像八卦的製造機一樣。

小道消息傳播的消息準確嗎？有時準確，有時不準確。撇開準確性不談，創造一個鼓勵積極的小道消息環境十分重要。人們經常假設，謠言之所以傳播開來，是因爲它使得閒談變得愉快。謠言至少有四個目的：爲了形成和降低焦慮、爲了搞清楚有限或不完整的訊息意涵、作爲組織群體成員（可能是外部人員）的傳達手段、顯示傳達者的地位（我是知情人士而你們不是）和權力（我讓你們成爲知情人士）。研究發現，謠言是針對那些對我們很重要的情形，或是一般比較含糊、容易引發焦慮感的情形所做出的反應。有三個工作環境因素可以解釋，爲什麼謠言會在組織中傳播開來。在大型組織中，祕密性和競爭性的盛行（如新老板的任命、重新安排辦公室、重新分配工作和裁員之類的事件），創造了鼓勵和維持小道消息傳播的環境。一直要到引發不確定性的（暗藏於謠言中的）需求和期望得到滿足，或者焦慮降低之後，謠言才會停止。

我們從這些討論中能得出什麼結論呢？當然，小道消息是任何團體或組織中，溝通系統的重要組成部分，值得探究，而且你永遠無法完全消除它。因此，主管應該好好利用它。如果只有少部分的員工傳播消息，你就可以分析並預測它的流向(見圖表10-2)。特定的訊息很可能按照預計的模型傳播開來。你甚至可以蓄意向那些活躍於小道消息、擅長發現值得傳播訊息的關鍵成員散佈消息。如此一來，你就可以用非正式的小道消息向某些人傳達訊息。

現在，你應該看得出小道消息的價值了。它可以助你確定哪些事情是員工認爲重要的、哪些會引起員工焦慮的。它既是

圖表10-2 小道消息的類型

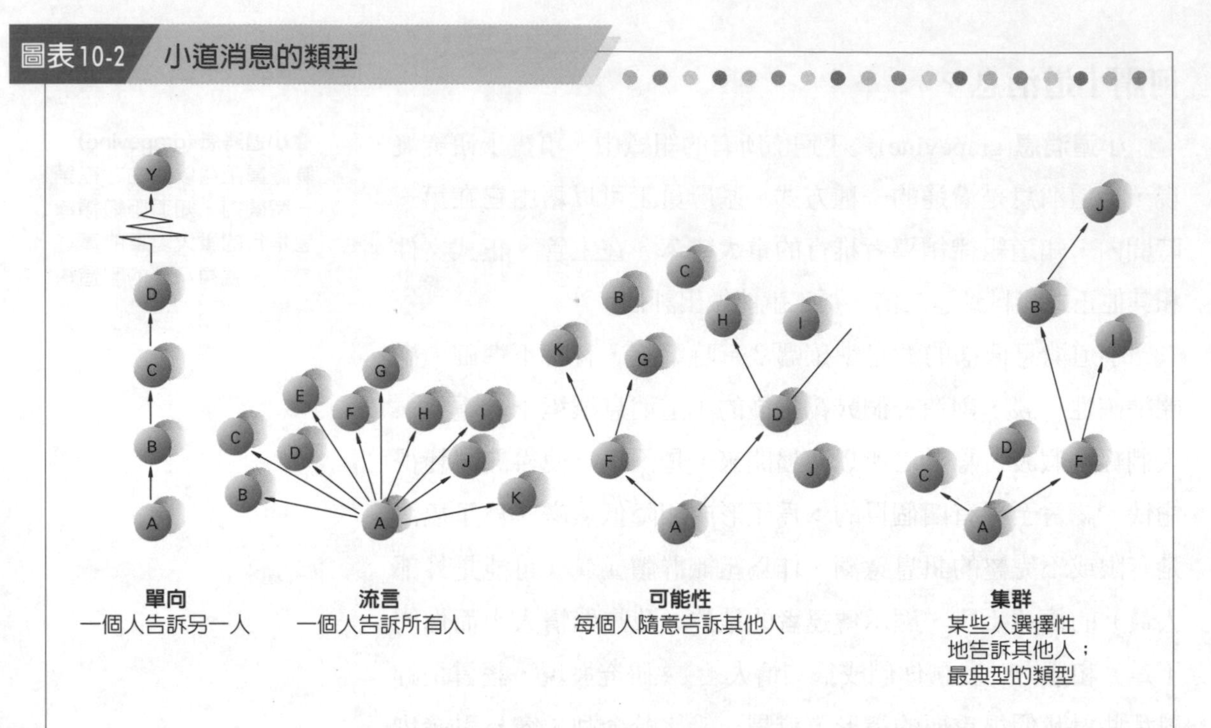

資料來源：John W. Newstrom and Keith Davis, *Organizational Behavior: Human Behavior at Work,* 9th ed. (New York: McGraw-Hill, 1993), p. 445. Reprinted with permission.

一個過濾器，也是一個回饋機制：找出員工認爲重要的事件，並向「不斷運轉」的組織散佈員工需要的訊息。小道消息也可觸及員工的憂慮，例如，如果小道消息散佈的是公司要大量裁員的訊息，即使你知道該傳言完全是謠言，它仍然具有意義，因爲它反映了員工的恐懼和憂慮，這一點不容忽視。

有效溝通的障礙

之前提過，完美溝通的目標就是將想法從傳送者傳送到接收者，使得接收者的解讀和傳送者預想的完全相同。然而，因爲曲解和其他障礙的存在，這一目標幾乎不可能實現。本節將描述一些破壞有效溝通的障礙（見圖表10-3）。以下將對如何克服這些障礙提供一些建議。

圖表10-3 有效溝通的障礙

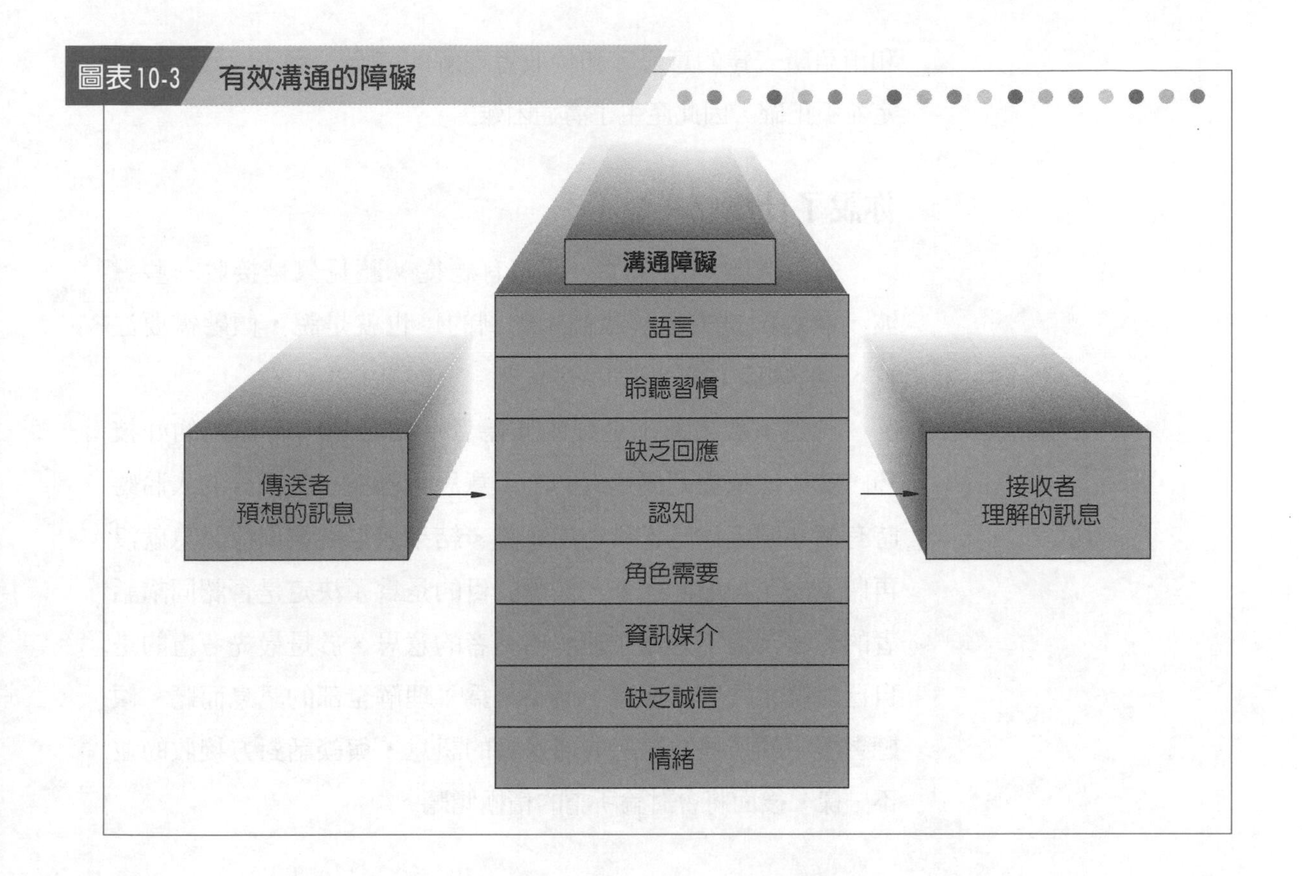

語言如何影響溝通？

文字對不同的人有不同的涵義。年齡、教育程度和文化背景是影響人們使用和定義文字較明顯的三個變項。組織中員工的背景林林總總，然而，水平差異造就了發展術語和技術語言的專家。在大型組織中，組織成員在地理位置上是分散的，每個區域的人使用該地區獨有的文字和句型。此外，垂直差異也會帶來語言問題，例如「誘因」和「配額」對不同管理層就有不同的意思。高層經理經常談到誘因和配額的必要性，然而對主管而言，它們卻意味著操縱，容易引發怨恨。

雖然我們可能說的是同一種語言（如英語），但我們使用語言的方式卻很不統一；對於後者若能有一定知識的話，將可能減少溝通困難。問題是你並不知道員工、同事、主管和其他交往的人如何修飾語言。訊息傳送者傾向於假定自己使用的文字和術語所表達的意思，和接收者理解的完全一致。當然這種假定並不正確，因此產生了溝通困難。

你說了什麼？

多數人雖然聽見了，卻沒有聽從。聽見只是接收一些聲波，傾聽則是去理解我們所聽到的；也就是說，傾聽需要注意、理解和記住聽來的話。

我們多數人都不是好的傾聽者。如果你沒有傾聽的好技巧，就無法捕捉到傳達者的全部意思。例如，大部分的人聆聽時有個共同毛病是容易心煩意亂，結果只是聽取部分訊息就沒再聽下去了，如此一來，傾聽的目的是爲了決定是否認同講話者的想法，而不是爲了理解講話者的意思，於是最先考慮的是自己對聽來內容的反應，而不是爲了理解全部的訊息而聽。傾聽習慣中的這些缺點造成傳送者的訊息，與談話對方接收的並不一樣。後面將會討論所謂的積極傾聽。

你是否接收到我的訊息？

有效的溝通代表傳送和理解意思。然而，你如何才能知道某人是否收到你的訊息，並按照你的意思去理解它呢？答案是運用回饋。

當你要求每位員工提交一份詳細的報告時，收取報告就是回饋。就像你的導師以本書的內容對你進行測試，或者做個小測驗，你就因此提供了對於教材理解程度的回饋。

你是否看到我所看到的？

你的態度、興趣、過去的經歷和期望，決定了你如何組織與解釋周圍的環境。這點可用來解釋爲何你和其他人所見相同，感受卻不同（見圖表10-4）。在溝通的過程中，接收者根據本身的背景和個性，選擇性地看、聽一些消息，而在解釋這些訊息時，也會摻雜他的興趣和期望。既然發送者和傳送者在溝

圖表10-4　你看到了什麼——老太婆還是美女？

通過程中，都帶有自己的一套主觀偏見，他們在傳遞出來的訊息也常被扭曲。

角色對溝通的影響爲何？

組織中的人都扮演著**角色**(roles)，其行爲模式與自己在組織中的地位相互對應。例如，主管的職務關係到本身的角色定位，主管應該效忠老闆和組織；工會領導者的典範就是忠於工會的目標，諸如改進員工的安全保障；行銷人員則需致力於增加的銷售額；信用部門的人則是強調盡力減少壞帳的損失。

角色 (roles)
與自己在組織中之地位相互對應的行為模式。

由於組織對不同成員有不同的角色要求，這就產生了溝通障礙。每個角色的定義都是迎合自己，並沒考慮到其他人。至於角色任務的完成，要求的往往是個人有選擇地解釋事件，所以只需要聽、看與自己角色有關的事情。結果，不同角色的人之間，溝通起來經常很困難。行銷人員說他們想「增加銷售額」，信用部門也希望如此，但是銷售人員希望能向任何人銷售，信用部門則要求只把產品賣給信用可靠的人。勞工和公司代表有時難以和諧相處，因爲他們的角色包含不同的語言和興趣。組織中許多內部溝通的破壞者，不過是那些履行個別角色義務的員工。

是否有優先選擇的訊息媒介？

資訊豐富度 (richness of information)
以多種資訊線索（如語言、姿勢、表情、手勢、語調）、即時回饋、人際接觸為基礎所傳遞的訊息量之測量。

面對面的談話比張貼公告所傳達的訊息多很多，因爲前者提供更多的資訊線索（語言、姿勢、表情、手勢和語調），能獲得即時回饋，而公告沒有「現場」的人際接觸。這使我們明白，媒介在傳遞**資訊豐富度**(richness of information)方面有所差別(註6)。圖表10-5顯示了資訊豐富程度的等級圖。一個媒介的豐富程度越高，它傳遞資訊的能力就越強。

總之，訊息越模糊、複雜，傳送者就越應該依賴豐富的溝通媒介。例如，身爲主管，如果你向員工分派公司即將引進的新生產線(將對部門的每個人產生影響)，那麼，採用面對面的部門會議會比使用備忘錄更有效。爲什麼？因爲這一消息可能引發員工們的憂懼，所以需要好好澄清。反之，關於部門生產進

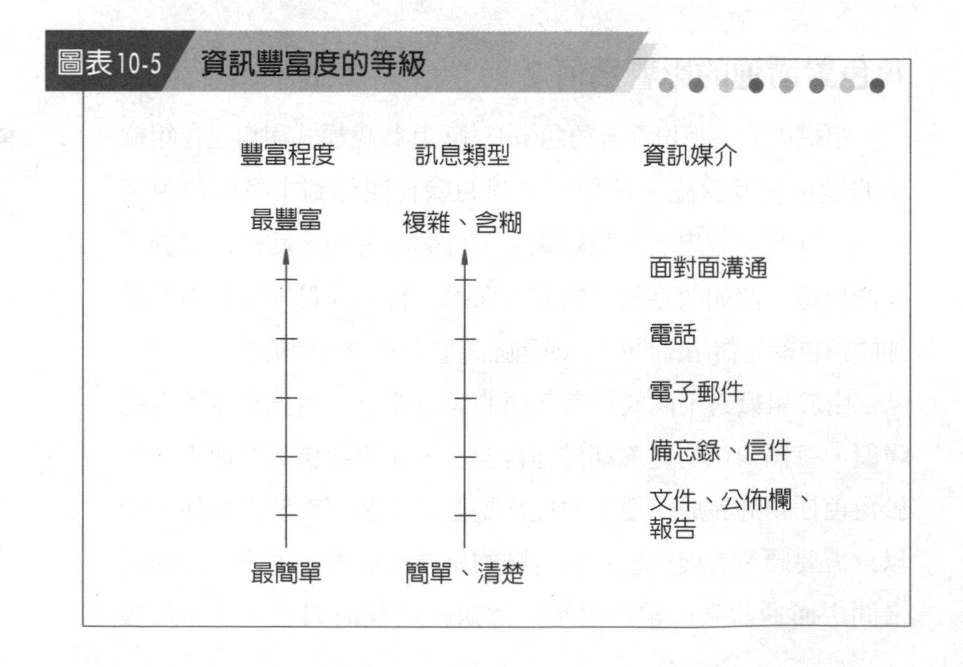

程的一般變化，只要使用備忘錄進行有效的傳播就行了。

誠實對於溝通造成了哪些影響？

某個同事讓你針對你們共同參加的近期專案(project)會議上，就他所提的創意談談你的看法。雖然你認爲他的建議不怎麼樣，但是並不想這樣跟他說，甚至爲了迎合他，說他的創意對最終結果貢獻良多。

許多「溝通不良」源自個人有意識的不誠實和不開放（見「解決難題：蓄意扭曲資訊」）。爲了避免面對面時傷害他人的感情，我們經常會傳達含糊的訊息、說一些我們認爲其他人想聽的話，或避免溝通之類的。

有些人逃避當面對質，因爲他們希望每個人都喜歡自己，也因此他們避免去傳遞可能導致接收者不高興的訊息。這樣做的結果只會擴大溝通的壓力，進而阻礙了有效的溝通。

接收者收到訊息時的感覺，會影響到他對訊息的理解。同樣的訊息當你在生氣或憂傷時的理解，與你在情緒平和時的理解很可能大不相同。如歡慶和喪氣這兩種極端的情緒，很可能會妨礙有效的溝通。在這種情況下，我們很可能會拋棄理性和客觀的思考過程而做出情緒化的判斷，這時便很可能使用過於激動的言詞，然後事後經常後悔。

如何改進溝通效果？

之前描述的一些障礙是組織生活的一部分，不可能完全消除。例如，感覺和角色的差異是溝通障礙，卻很難糾正過來。然而，許多有效溝通的障礙是可以克服的，下面將提供一些指導建議。

✿ 想好再說

「說話之前先想好」這一箴言，可應用在所有形式的溝通上。在你說或寫之前，先問問自己：我想傳遞什麼訊息？再問

解決難題

蓄意扭曲資訊

資訊保密的議題也是主管關心的重點，也因爲資訊保密和人際溝通密不可分，所以針對主管刻意保密而產生道德兩難的困境，自然需要好好思考一下。請閱讀下列兩起事件：

事件1：你已經看到部門上個月的銷售報告，而銷售成績明顯下滑。千哩以外工作的老闆想必對這種表現並不高興，但你樂觀地認爲，這個月和下個月的銷售都會提升，因此要達到當季目標並非難事。你知道老闆不喜歡聽到壞消息，今天你將與老闆以電話聯繫，他勢必會詢問上個月的銷售成績，你會對他怎麼說呢？

事件2：一位員工詢問你有關他聽到的一項傳言——你的部門要從紐約遷到匹茲堡。你知道這項傳言屬實，卻尚未到了公開的時刻，因爲你怕打擊員工的士氣，並引發員工提早辭職。你會怎麼回覆這位員工呢？

這兩個事件顯示主管企圖隱瞞眞相、保密或對他人撒謊的潛在難題，而且情況還可能會更棘手，特別是主管或所屬部門不太願意提供完整的正確資訊時。保持溝通的模糊性有時可以解決問題、加速決策、減少反對和對立、較容易推翻先前的提議、保留改變心意的自由、可以委婉地拒絕他人、避免侮辱和緊張，並提供對經理人有利的其他效益。

爲了獲得有利結果而刻意保密資訊，是否違反道德標準呢？「善意的謊言」眞的不會傷害任何人嗎？這樣又算是有道德的行爲嗎？你認爲經理人在判斷刻意的資訊保密是否符合道德時，利用的是何種評估標準呢？

自己：我該如何組織和表達訊息，才能達到理想的結果？許多人在組織和表達訊息時，遵守了「先想」的格言，正式和精心準備的書寫程序，鼓勵我們在寫之前先想清楚自己到底要說什麼，以及如何才能表達得最好。「修改草稿」這一概念，表示我們書寫的檔案還可以在將來編輯和修改。然而，極少人會在

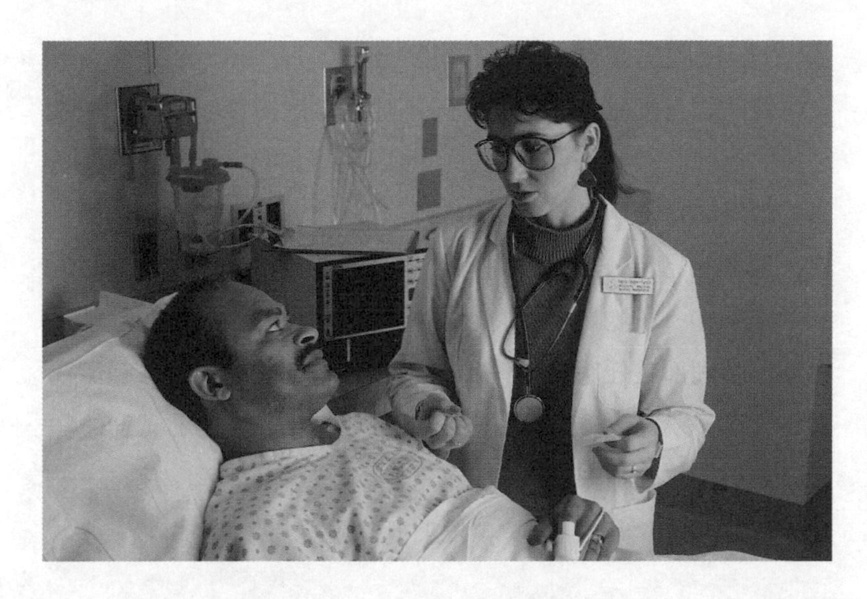

醫生和護士常要調整他們的習慣用語；和其他醫護專業人員使用專業術語，但與病患溝通時則應避免。不得不使用時，則需要加上一般白話的說明。

語言溝通中注意到這一點，這是一個失誤。在你說之前要確信自己知道想說的內容，接著有邏輯和組織地表達你的訊息，以便接收者能夠理解。

抑制情緒

人們常認為自己能以足夠理智的方式進行溝通，這種想法是幼稚的。你也知道，情緒能強烈地扭曲和曲解訊息的傳遞。如果你在某個事件中情緒低落，就有可能誤解收到的訊息，也無法清楚、準確地表達你要傳遞的訊息。那麼，你能做些什麼呢？最簡單的答案就是在你尚未恢復冷靜之前，別再進行深入的溝通。

學會聆聽

之前討論過，許多人都不是好的傾聽者，但這並不是說我們無法改進傾聽的技巧。人們已經發現一些特定行為與有效的傾聽有關，本章末「實務上的應用：積極傾聽」的部分將詳細闡述這些技巧。

針對接收者量身訂做合適的語言

既然語言可能是溝通的障礙，你應該選擇接收者能明白和理解的語言、結構來傳達訊息；應該使語言簡單化、考慮接收者的情況、選擇適合接收者的語言。記住，唯有當人們收到訊息又理解訊息時，才能達到有效的溝通（見「號外！地球村的溝通差異」）。和聽眾溝通時，簡化溝通語言有助於加深理解。例如，護理部主任應盡量使用清楚和容易理解的術語和員工溝通，而與病人溝通時的語言顯然應該不同於與員工溝通的語言。如果對方知道術語，使用術語就可以增進理解；反之，若對方是外行人，使用術語只會帶來很多難題。

言行一致

行聖於言。因此，留意你的行爲；確保行爲與傳達的語言一致至關重要。前面提到非言語訊息的意義重大，事實上，有效的主管往往很注意自己的非言語暗示，以便保證它們也傳達了恰當的訊息。記住，身爲主管，員工會以你的行動爲榜樣。

號外！地球村的溝通差異

我們要知道，沒有一種溝通模式，可以在世界各地通行無礙。比較一下推崇個人主義的國家（如美國）和強調集體主義的國家（如日本）。對於像美國這樣強調個人主義的國家來說，溝通模式屬於個人導向，並且直接了當。例如，美國的主管很倚重契約書、公告、意見書和其他正式溝通形式，來凸顯他在組織中的地位。他們爲了生涯發展、誘導部屬接受決議和計劃而保密訊息。部屬爲了保護自己也會這麼做。

像日本這樣的群體主義國家，大多是爲了交往而溝通，而且人際往來也是以非正式的方式進行居多。和美國主管相比，日本主管往往在處理事情前，先進行深入的口頭諮詢，然後才起草正式的文件，並且鼓勵進行面對面的溝通。在日本的工作環境中，開放式溝通是不可缺少的一部分。工作場所是開放的，不同層級的員工一起工作。相反地，美國的組織強調權威、層級和正式的溝通流程。

資料來源：Based on L. K. Larkey, "Toward a Theory of Communicative Interactions in Culturally Diverse Workgroups," *Academy of Management Review* (June 1996), pp. 463–491; R. V. Lindahl, "Automation Breaks the Language Barrier," *HR Magazine* (March 1996), pp. 79–82; D. Lindorff, "In Beijing the Long March Is Just Starting," *Business Week* (February 12, 1996), p. 68; and L. Miller, "Two Aspects of Japanese and American Coworker Interaction: Giving Instructions and Creating Rapport," *Journal of Applied Behavioral Science* (June 1995), pp. 141–161.

如果你的實際行動支持你說過的話，你就能建立信用和信任感；反之，如果你說的是一回事、做的又是另外一回事，員工將不會在乎你說了什麼，而是按照你的所做所爲界定他們的行爲模式；甚至會因爲不再相信你的話而不願聽你說話。政客就常常出現此類問題。

使用回饋

許多溝通難題都是由於誤解和不準確所引起的。如果你使用回饋，就不會發生此類情況。回饋可以是語言或非言語性質。如果你問某人：「你理解我們說的話了嗎？」那人的回答就是回饋。回饋並不僅侷限於肯定和否定的回答，還可以問一系列問題以確認對方是否接收到訊息，甚至可以讓接收者用他們自己的話重複敘述訊息。如果你從接收者那裡聽到你想傳達的訊息，如此就增加了理解和準確性。除了直接提問和總結訊息外，回饋還有一些更細微的項目。總評可以讓你知道接收者對訊息的回饋，績效評估、薪水審核和晉升也是回饋的形式。回饋不一定非要用語言來表達，銷售主管可以讓職員編寫自己的月銷售報告，並要求每個銷售人員都要完成。如果有些銷售員沒有上呈最新報告的話，銷售主管也得到了回饋，而這一回饋訊息暗示需要向他進一步澄清最初的指示。同樣地，當你面對一群人演講時，你會看他們的眼睛並尋找其他非言語訊息，以便判斷他們是否收到你的訊息。這點可用來解釋爲什麼喜劇表演者更願意面對觀眾來錄製節目，因爲錄製過程中的笑聲、掌聲或缺席狀況，可讓表演者知道訊息是否如預計般地傳達出去了。

參加自我肯定訓練

許多人在果斷方面沒什麼困難，他們能很自然地做到坦率和誠實，有些人則做得太過而成了武斷，超越界限後變得具有侵略性和壓迫性。還有一些人害怕打擊他人，在他們需要坦率和果斷的時候，轉而避免溝通，或者進行含糊的溝通。如果讓

自我肯定訓練
(assertiveness training)
為使人更能坦率地表現自我、表達自我意見而設計的溝通技術。

這些人參加**自我肯定訓練**(assertiveness training)，將會受益良多。有效能的主管並不需要經常保持果斷，而是在需要果斷的時候果斷。

進行自我肯定訓練是爲了讓人更加坦率和表現自我；讓人以直接的方式面對問題，既不粗魯也不輕率地表達自己的意思。接受自我肯定訓練的人可通過學習一些語言和非言語行爲，來改進他們坦率進行溝通的能力。這些行爲包括直接和明確的語言；使用「我」和「我們」來陳述問題；用強有力、穩定和適當的音量來講話；進行良好的目光接觸和與訊息內容一致的表情；適當嚴肅的語調和令人舒服而堅定的姿勢。

特殊的溝通技能：積極傾聽

積極傾聽
(active listening)
讓接受者走進講話者的意境，以其角度來理解溝通的技術。

有效的傾聽是積極而不消極的。在消極的傾聽中，你就像一台錄音機，聽到了所有的訊息。如果講話者傳遞了明確的訊息，用很有趣的傳達方式吸引你的注意，你或許能捕捉到講話者想傳遞的大部分訊息。然而，**積極傾聽**(active listening)要求你「走進」講話者的意境，這樣你就可以從他的角度來理解溝通。你會發現，積極傾聽是一件辛苦的工作（註7），你必須集中精力去理解講話者所要表達的意思（見「實務上的應用：積極傾聽」）。進行積極傾聽的學生在聽完一堂課後，將和講課的老師一樣疲累，因爲他們在傾聽時投入的精力，和老師在講課時投入的一樣多。

積極傾聽有四個基本要求；傾聽時你需要(1)專注；(2)具備同理心；(3)接納意見；(4)願意承擔徹底傾聽的責任。因爲傾聽意味著有機會去質疑，積極的傾聽者會將大量精力集中在講話者的內容上，而將一些產生誤解的混雜思想（工作期限、金錢和個人問題）拋在腦後。積極的傾聽者是如何克服發呆呢？他們會不斷地整合講話者所說的話，並將所得到的新訊息一點一點地加入先前所說的內容。

同理心要求你將自己放在講話者的位置上，盡力去理解講話者想傳達的意思，而不只是去體會你打算理解的東西。注意，同理心既要求講話者具備知識，也要求傾聽者有彈性。質疑你自己的思想、感覺，將所看、所感覺的調整到講話者的角度，如此就很能根據講話者的期望去理解訊息。

積極的傾聽者樂於接納他人的意見。你應該客觀地去聆聽，而不要判斷他人講的內容；要做到這點並不容易。講話內容分散了你的注意力是很正常的事，在你和講話者的觀點不一致時尤甚。當你聽到自己不認同的觀點時，就會下意識地組織證據去反駁對方的觀點，這時就會漏掉其他的訊息。在講話者說完之前，不做任何判斷地聽取內容是一項挑戰。

積極傾聽的最後一項是承擔徹底傾聽的責任，也就是說，身爲一個積極傾聽者，你應該盡可能去理解講話者在溝通中想傳達的思想（註8）。

回饋技巧的重要性

如果你問主管給了部屬什麼樣的回饋時，將會得到一個不完全的答案。如果回饋是正面的，就很可能給得順利又受歡迎，負面回饋則大不相同。和大部分的人一樣，主管也不喜歡傳遞壞消息。他們害怕員工的抵制，卻又必須處理這種情緒，結果因此常避免、推遲或扭曲負面回饋。本節主要是爲了強調提供正面和負面回饋的重要性，並且推薦一些特殊技巧來使你的回饋更有效。

正面和負面回饋的差異爲何？

之前敘述過主管對待正面和負面回饋的差別，接受回饋的人也會對這兩類回饋產生差別待遇。你得明白這一事實，並且隨之調整你的回饋方式。正面回饋比負面回饋更容易被接受；事實上，正面回饋幾乎全被接受，而負面回饋常常遭到抵制。

表面上看來，人們喜歡聽好消息而不是壞消息，正面回饋剛好符合人們喜歡聽好消息、並自信能達到好結果的心理。那麼，這是否意味著你應該避免負面回饋？不是！這只是告訴你應該注意這些潛在的抵制性，並且學習去選擇最容易接受負面回饋的環境。當負面回饋是由一些硬梆梆的數據（數字、特例等）來呈現時，就應該採取行動。

如何給予有效的回饋？

至於如何才能提供更有效的回饋，我們提出六項建議。下面將詳細討論這些建議。圖表10-6是這六項建議的總結。

針對特定的行為

回饋應該是特定的，而不是全面的。避免對人說「你態度不好」或「我對你工作的表現印象深刻」之類的話。這些話的回饋訊息含糊不清，並未告訴接收者如何改進「不好的態度」，也沒說出你是根據什麼來判斷對方的「工作表現」，接收者也就不知道該繼續保持哪些行爲了。

保持非個人化的回饋

回饋，尤其是負面回饋，應該是描述性的，而不是判斷性和評估性的。不管你多麼生氣，都應該讓回饋針對與工作有關的行爲上，不要因爲某人的一些不當行爲而進行人身攻擊。說

圖表10-6 有效回饋的建議

- 針對特定的行為
- 保持非個人化的回饋
- 持續目標導向的回饋
- 選擇適當的時機反饋
- 確保理解回饋內容
- 針對接收者能夠控制的行為提出直接的回饋

人家無競爭力、懶惰等，常會帶來反效果和引發一些負面情緒，而讓他人認爲績效評估背離了原本的目的。你在批評時，記住要圍繞在與工作有關的行爲上，而不去針對個人。你或許想告訴某人他粗魯或沒有禮貌（這可能是事實），然而這種說法卻太籠統了。你最好這樣說：「你已經用無關緊要的話打斷我三次了，你也知道，我正在和一個巴西的顧客通長途電話。」

持續目標導向的回饋

不要爲了「擺脫或處理掉」另一個人而進行負面回饋。如果你必須說一些負面的事情，確信它是直接針對接收者的目標，並且自問，負面回饋是爲了幫助誰？如果主要是爲了你自己，「我總算說出憋在心裡的話。」那就請閉嘴，不要發言，因爲這種回饋會降低你的可信度，削弱你以後回饋的意義和影響。

選擇適當的時機回饋

當回饋指向的行爲和接受回饋的時間相隔很短時，回饋最有意義。例如，如果能在新員工犯錯之後，當天下班時或馬上提出建議，他會更願意接受意見、改正差錯；如果是在六個月以後的績效評估中提出，效果就會大不如前，因爲如果你必須花時間來喚起某人對此事的記憶，那麼你提供的回饋可能是無效的。此外，若沒有及時針對不良行爲（該行爲隨時都在變化中）提供回饋，一段時間後，回饋可能難以帶來理想的變化。當然，如果你沒有充足的訊息，或你因爲其他事而心情不好時，若只爲了「快速」而提供回饋，接收者很可能會反駁你。在這種情況下，「適當時機」的意思就是「延遲一點」。

確保理解回饋內容

你的回饋是否夠明確、完整，使得接收者完全清楚地理解？記住，每個成功的溝通都需要傳遞和理解訊息。回饋若要有效，就得讓接收者理解回饋的內容。和傾聽的技巧一樣，你應該讓接收者重複敘述回饋的內容，以確定他是否理解了你想表達的意思。

✿ 直接的負面回饋

負面回饋應該針對那些接收者可以改變的行為。向某人提起他自身無法控制的缺點，其實並沒什麼價值。例如，批評一個因為忘了設定鬧鐘而遲到的員工是有效的，但員工因為每日必須搭乘的地鐵出了問題，因此耽擱九十分鐘才到辦公室的話，批評便是毫無意義的；畢竟該名員工無力改變發生的一切，不僅找不到另一種交通工具上班，而且不切實際。

此外，對一些接收者可控制的情況來提供負面回饋時，若能提出一些改進的特別建議，效果可能會更好。這需要在批評之餘，指導那些知道問題存在、但不知道如何解決問題的員工。

總複習

本章小結

閱讀過本章後，你能夠：

1. **定義溝通**。溝通是意思的傳遞和理解。
2. **比較正式溝通和非正式溝通**。正式溝通是陳述與工作有關的事，並試圖遵守公司的權力鏈。非正式溝通可從各種方向進行，並且越過權力等級，在努力完成任務的同時也滿足社會需求。
3. **解釋電子化溝通如何影響主管的工作**。電子化溝通允許主管一天24小時傳遞訊息，和同部門的成員、其他主管以及組織的核心成員保持穩定的聯繫，不管他們地理位置爲何皆不受影響。網路也可讓主管參加電子會議，並且和不在組織中的成員相互聯繫。
4. **列出阻礙有效溝通的因素**。有效溝通的障礙包括語言差異、不良的傾聽習慣、缺乏回饋、感覺上的差異、角色要求、訊息媒介選擇錯誤、不誠實和情緒。
5. **描述克服溝通障礙的技術**。克服溝通障礙的工具包括：溝通前仔細考慮想說的內容、控制情緒、學會傾聽、根據接收者量身訂做適當的語言、言行一致、利用回饋和參加自我肯定訓練。
6. **列出積極傾聽的基本要求**。積極傾聽的基本要求包括(1)專注；(2)具備同理心；(3)接納意見；(4)願意承擔徹底傾聽的責任。
7. **說明提供有效回饋的必要行為**。提供有效回饋的必要行爲包括：針對特定行爲、保持非個人化回饋、目標導向、選擇適當時機、確保理解回饋內容、針對接收者的可控制的行爲進行直接的負面回饋。

問題討論

1. 「主管做的每件事都與溝通有關」，請提出論證來支持此項陳述。
2. 爲什麼「同意」並不是良好溝通的必要部分？
3. 在何種情況下，書面溝通比口頭溝通還要好？
4. 工作中向其他人傳遞訊息時，你喜歡用什麼樣的溝通方式？爲什麼？如果該訊息是傳給你時，你是否還是同樣喜歡該種溝通方式？請解釋。
5. 「按照我說的去做，而不要照我做的去做。」以主管是有效溝通者的角度來分析這句話，以及在其可信性和員工對該主管的信任方面來分析這句話。

6. 非語言訊息如何使溝通者更使得上力？
7. 如果小道消息有效的話，還能用它來做些什麼？
8. 你認爲主管能夠控制小道消息嗎？解釋你的看法。
9. 比較消極傾聽和積極傾聽。
10. 為什麼回饋技術對主管很重要？

實務上的應用

積極傾聽

爲了有效地溝通，你必須積極地傾聽，也就是你要集中精力去理解聽來的東西。

實務作法

步驟一：進行目光接觸

人們在你講話的時候不看你，你會有什麼感覺？大部分的人會認爲，這表示冷淡和不感興趣。有一句話說得很好：「當你用耳朵聽時，人們卻看你的眼睛來判斷你是否在聽。」藉由與講話者的目光接觸來集中你的注意力，降低分神的可能性，同時也鼓勵了講話者的信心。

步驟二：表現出感興趣的模樣

有效的傾聽者應該對聽來的內容表示興趣。如何表示呢？透過非言語訊號，在眼神接觸時堅定地點頭、適當的表情等，可以表現你正專心傾聽。

步驟三：避免分神行為

表示興趣的另一方式，就是不要做出一些暗示你正在思考其他事情的動作。聽的時候不要看錶、翻文件、玩弄鉛筆或其他類似的分神動作，否則講話者會認爲你覺得他說話的內容無聊或無趣。或許更重要的是，這些動作表明你沒有全神貫注地傾聽，而且可能漏掉了部分訊息。

步驟四：提問

挑剔的聽眾會分析自己聽來的內容和提問，然後透過提問來弄清楚聽來的內容以確保理解，並向演講者表明你正在傾聽。

步驟五：解釋

用自己的語言重複敘述聽來的內容；用「我聽你這麼說……」、「你的意思是不是……」之類的語句。爲什麼要重新整理呢？首先，這是可以檢查你是否認眞聽的控制工具。如果你分神或只考慮自己想說什麼，就不能準確地再次敘述；再者，它可以控制準確性，如果能以自己的語言敘述聽來的內容，然後回饋給講話者，便可以證實你理解的準確性。

步驟六：不要插嘴

回答之前，讓講話者將他的思想表達完畢，不要試圖去揣測講話者的思路，反正等他說完，你就知道了。

步驟七：不要講太多話

大部分的人都喜歡表達自己的看法，而不願意聽其他人怎麼說。許多人之所以傾聽，只是爲了獲得一個說的機會；畢竟談論更有趣，沉默則令人不舒服。你無法同時聽和說，所以好的聽者能夠意識到這點，不會說太多話。

步驟八：讓說者和聽者之間的轉換更為流暢

許多工作環境中，你需要不斷地輪流扮演說者和聽者之間的角色。從傾聽者的角度來說，你應該關注講話者的內容。在獲得發言機會前，不要總是想著斟酌自己的講話內容。

有效溝通

1. 撰寫二到三頁的報告，描述你讓他人更了解你語言所要表達的方法。
2. 搜尋網路上電子郵件常用的獨特簡寫方式，寫下十五個縮寫的字首和個別代表的含義？如何使用這些字首？這些字首會分別對使用者和接收者造成怎樣的溝通障礙？

個案

個案1：歐扎克的溝通難題

三月是歐扎克公司(Ozark Corporation)一年中最忙的季節，因此當A部門的生產線在本週第二次故障時，山姆・卡斯(Sam Case)決定馬上清理一下生產線。身爲上級主管，山姆直接管理A部門和B部門。

山姆把A部門的新任主管保羅・班克(Paul Banks)叫進辦公室，以下就是他們的對話：

山姆：保羅，你們部門似乎遇到了麻煩，三天內生產線就壞了兩次。現在是我們一年中最忙的季節，不能任由這類問題一再發生。我想讓你們停止我一直要求的品管項目，先找出生產線上存在的問題，然後解決它。

保羅：好，我馬上就去找出眞正的原因，然後排除它。

山姆：很好。

針對生產線進行快速檢查之後，發現是自動控制項目出了問題。保羅檢查時發現，至少需要四小時的時間替換這零件。

維修人員告訴保羅：「如果換一個全新的零件，至少十六個月之內不會再出現問題。這由你來決定，你說怎麼辦就怎麼辦。」保羅告訴那人替換自動控制裝置的零件。

傍晚時，新零件安裝完畢，生產線全速運轉。然而第二天早晨，山姆看了前一天的生產數字後，把保羅叫進來說：「你們部門怎麼搞得？我原本以爲你們會把那個問題處理好。」

「問題已經解決了，」保羅說：「是自動控制裝置的零件出了毛病，我們已經換了一個新的。」

山姆的聲音表明了不滿保羅的處理方法：「你們在白天工作的時候取出那個零件？爲什麼不等到輪班結束後再更換呢？你們原本可以先進行預防性的維護，把當天剩下的時間支撐過去，卻浪費了兩個小時的生產時間來替換一個可以延遲的維修工作。」

保羅聽了很吃驚，他覺得自己做得很對。他說：「山姆，是你要我去清除故障的，我就照你說的做了，但是你並沒提到預防性的維護或不能停止生產線。」

山姆意識到彼此的討論開始離題了，「來，讓我們回過頭來，冷靜地討論這個問題。」於是兩人開始從頭討論這個問題。

案例討論

1. 分析山姆和保羅之間的溝通。山姆哪一點做錯了？
2. 怎樣做才能避免問題的發生？在你的答案中討論積極傾聽的基本要求。
3. 討論有效溝通的障礙。爲了使他們成爲更好的溝通者和更有效能的主管，山姆和保羅應該從這次溝通中吸取什麼樣的教訓？

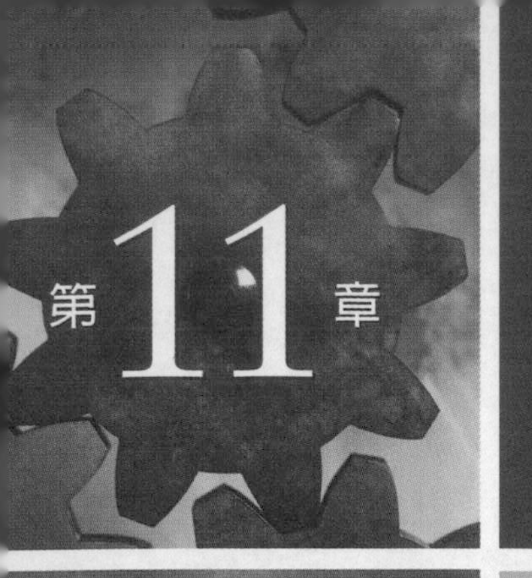

管理群體和工作團隊

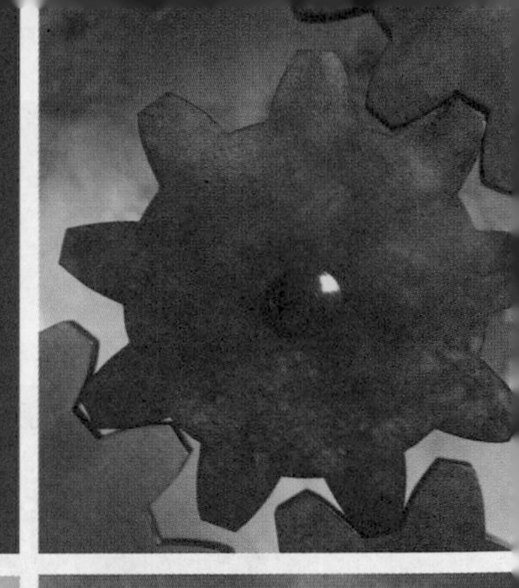

學習目標

讀完本章之後，你應該能夠：

1. 比較群體和團隊。
2. 解釋規範的涵義。
3. 解釋凝聚力和群體生產力之間的關係。
4. 描述什麼樣的人可能成為非正式群體中自然產生的領導者。
5. 解釋如果群體規範影響了部門績效時，主管會怎麼做。
6. 列出三種類型的團隊。
7. 列出真正團隊的特徵。
8. 列出主管可採取哪些措施來改進團隊績效。
9. 描述團隊在持續改善計劃中的角色。

關鍵詞彙

讀完本章之後，你應該能夠解釋下列專業名詞和術語：

- **凝聚力**
- **自然產生的領導者**
- **正式群體**
- **群體**
- **非正式群體**
- **社會懈怠**
- **團隊**

有效能的績效表現

許多人認爲磁帶資源公司(Tape Resources, Inc.)是小型公司的典範。總部位於維吉尼亞海灘上的磁帶資源公司，負責銷售空白錄影帶和錄音帶給電視台或製作公司等企業。它最受歡迎的錄音帶售價從十到二十五美元不等，包括新力(Sony)、BASF和松下(Panasonic)等品牌。該公司不喜歡打價格戰，而是提供顧客優質的服務；也就是對許多顧客而言，磁帶資源公司提供了隨時可供貨的保證和高效率的配送服務。

這家公司的員工總數不到十五人，卻能創造每年將近五百萬美元的銷售額。磁帶資源公司成長快速，最近一年的銷售額較前一年成長了70%。公司的負責人瑟夫．巴納德(Seph Barnard)希望能持續這樣的趨勢，因此採用一項他認爲可以激勵六位銷售人員並促進團隊合作的計劃。巴納德提供銷售成績頂尖的銷售人員，除了底薪外的佣金誘因。磁帶資源公司提供常客和被直接郵購活動和貿易雜誌廣告吸引的新顧客，相同的下單方式。一旦下單完成，產品便由寄送部門負責包裝和運送。然而，新的銷售誘因制度卻遭到公司內部的立即反彈。巴納德表示：「辦公室充滿了前所未見的緊張氣氛！」主要透過電話接單的銷售人員和其他部門人員，在同一間辦公室中工作，而現在銷售人員卻擁有其他人

導言

群體中人們的行爲，並不是所有個人行爲的總合。人們在群體中的表現，與他們獨自一人時的表現並不相同。因此，如果想更全面地理解組織行爲，就需要研究群體。

群體 (group)
兩個或兩個以上為了實現特定目標而在一起、互動卻又各自獨立的人。

正式群體 (formal group)
由組織、指定的工作委派和確定的任務所建立的工作群體。

什麼是群體？

群體(group)是指兩個或兩個以上爲了實現特定目標而在一起、互動卻又各自獨立的人。群體可以是正式的、也可以是非正式的。**正式群體**(formal group)是由組織建立的，它有指定的工

(特別是運送人員)所沒有的額外賺錢機會。這些被排除在誘因制度以外的員工，感到相當憤怒。

驚人的是，連那些由額外收入獲益的銷售人員，也開始碰上困難。原本互相幫助的銷售人員，不願花時間離開電話線去支應其他人，也拒絕協助部屬完成任務，而當問題發生時，又不願與運送部門共同解決問題。此外，銷售人員也不希望被其他銷售人員搶走服務過的顧客，因爲這樣會失去佣金。結果，巴納德「偉大」的點子讓員工變得走向本位主義，凡事只想到自己。經過六個月後，巴納德發現自己犯下了大錯，原本希望提升銷售額的誘因計劃，不僅打擊了員工的士氣，還添加組織和員工的憤怒。

誘因制度是無效的嗎？員工難道不是團隊的一份子嗎？諷刺的是，在實行銷售誘因計劃的同時還發生了一些事情，導致巴納德誤認爲誘因制度並非問題的癥結。數名磁帶資源公司的員工，組隊參加由BASF贊助、爲期超過三個月的銷售比賽。由於比賽的獎品是墨西哥坎空(Cancun)地區的旅遊招待，因此員工爲了獲得優勝，紛紛組隊參賽。

資料來源："Now That We're Not a Start-Up, How Do I Promote Teamwork?" *Inc.* (October 20, 1998), pp. 154–156.

作委派和確定任務。在正式組織中，個人應有的行爲是由組織的目標來操縱，並直接針對組織的目標行事。正式群體的例子有：委員會、會議、特遣部隊和工作團隊。

正式群體可以是永久的，也可以是臨時的。例如，一些委員會滿足了計劃性和定期的基本原則，就是永久群體。在紐約的賽達西奈醫院(Cedars-Sinai Hospital)，外科病房的所有護士長每週一早上碰面。他們有一個委員會是由研究持續改進病人服務的主管和員工團隊所組成的。一旦完成任務，向醫院主管提交建議書之後，委員會就會解散；此爲臨時群體的例子。

相比之下，**非正式群體**(informal group)具有社會性，是爲了滿足社交需要而在工作環境中自然產生的社交群體。非正式群

非正式群體 (informal group)
為了滿足社交需要而在工作環境中自然產生的社交群體。

體強調的是根據友誼和共同需要而建立。例如，共用汽車的人、喜歡高爾夫球的人、經常一起吃午餐的人、爲了幫助某個家庭不幸的同事而團結起來的員工，都是非正式組織的實例。

正式工作群體和團隊一樣嗎？不一定。許多正式群體只是由偶爾相互交流的人組成的，他們沒有需要聯合努力的集體責任；也就是說，群體的全部績效僅是某個群體成員績效的總合。

團隊 (team)
成員具有共同的目的、特定的績效目標，以及對團隊成果相互負責的工作群體。

團隊(team)的不同之處在於成員具有共同的目的、特定的績效目標，以及對團隊的成果相互負責。換言之，團隊比其各部分的總和更強大。本章後面將專門研究如何區分團隊和一般工作群體的特徵。

人們為什麼加入群體？

人們之所以加入群體，並沒有單一的原因。許多人同時屬於好幾個組織，顯然不同的組織能爲成員提供不同的利益。許多人是爲了安全、地位、自我滿足、聯繫、權力或實現目標而加入某個群體（見圖表11-1）。

安全在數字上，反映了促成群體形成的力量。藉由加入群體，人們可以降低「獨自一人」的不安全感。群體使人們感覺更強大、減少自我懷疑和抵制威脅。所謂的地位，來自參與某

圖表11-1 人們加入群體的原因

原因	感受的利益
安全	從群體成員獲得力量，減少獨自一人的不安全感。
地位	透過歸屬於某個特殊群體，獲得某種程度的威望。
自我滿足	增強自我價值感，尤其在一個評價很高的群體中擁有成員資格。
聯繫	藉由社會上的互動來滿足人的社會需要。
權力	藉由群體行為來實現個人行為不能達到的目標；保護群體成員不被他人無理要求。
實現目標	當某項工作需要不止一個人的才智、知識和力量才能完成時，群體提供了完成特定任務的機會。

個特定群體的威望；融入一個他人認爲很重要的群體，可以使成員獲得地位和他人的認可。自我滿足反映了人們的自我價值，也就是說，如果被一個評價很高的群體接納，成員除了向群體外的人傳達本身的地位成就外，也可提高自我滿足感。

和群體保持聯繫，可以滿足人們的社會需要，也可與群體成員定期交往。對於許多人而言，工作上的互動是滿足聯繫需求的基本形式。對大多數人來說，工作群體顯然能夠滿足友誼和社會關係的需要，要是訴諸於群體便象徵了權力。群體行爲可以使許多個人行動不能實現的目標，變得可能實現。當然，這種權力可能不只是要求其他人的付出，也可能作爲一種對策來使用。爲了防止主管無理的要求，員工可能會聯合其他人。另外，非正式群體可以讓個人擁有要求其他人的權力。對於想要影響別人的人來說，不需要組織中的正式領導職務，群體就可爲其提供權力。身爲群體的領導者，你可以要求其他成員出力，並且獲得他們的配合，而不需承擔一般正式管理職位上應該承擔的責任。對於權力慾望高的人來說，群體可能是實現慾望的一個工具。最後，人們加入群體可能是爲了實現目標。有時候，某項特定的任務需要不止一人來完成，而是需要聯合人才、知識或權力才能完成工作。在這種情況下，便需要使用正式群體來進行管理。

瞭解非正式的工作群體

主管必須學會適應以下這個事實：像小道消息（第10章討論過的）之類的非正式群體，是組織中自然產生的現象。你應該期望員工是許多非正式群體的成員。至於應該關注非正式群體的原因很簡單，因爲這些群體能決定員工的行爲，也影響你部門的生產力。

爲了充分瞭解非正式群體的工作，我們需要思考三個因素：規範、凝聚力和自然產生的領導者。

規範的定義和對工作行為的影響為何？

你是否注意到，打高爾夫球的人在搭檔沒有經驗時，他們並不會說什麼；員工一般不會在公眾場所批判老闆，這些都是因為規範。許多群體具有明確的規範，或是群體成員共同接受的準則。所謂的規範，規定了下列事情：產出水準、缺席率、工作速度、職務允許的社交範圍。

例如，某家手機電話公司的規範，規定了客戶服務代表的穿著，而大部分少與顧客面對面的工人，工作時就穿得比較隨意。偶爾，新進員工在開始上班的幾天會穿西裝，也會打領帶、熨衣服，直到受到群體的認同為止。

雖然每個群體都有自己獨特的一套規範，但大部分的組織有的是一些普通規範，主要是努力、績效和忠誠；或許最廣泛的規範是和績效或努力程度有關。工作群體常會明確地向成員指明工作要如何努力、達到多高的產出水準、可接受他們何時消磨時間等。這些規範對員工個人的績效影響極大，然而，如果主要根據員工的能力和積極性來預測業績，常會出錯。

一些組織有正式的穿著要求，明確規定員工在工作時應該穿些什麼，甚至即使沒有這方面的規定，有關工作時該穿什麼衣服常會自然形成規範。大四學生為了尋找畢業後的第一份工作，面試時很快就體會到這類規範。在全國各地的大學校園裡，一到每年的春天，常很容易分辨出哪些是在找工作的學生，因為他們常穿著深灰色或藍色細條紋的套裝走動。現在，他們正按照自己所了解的職場穿著規範來打扮自己。當然，一個組織可接受的穿著，可能會跟另一個組織所規範的不太一樣。

極少主管會欣賞那些嘲笑組織的員工；同樣地，專業員工和主管發現，許多老闆對頻繁跳槽的人評價不好。那些不滿意目前工作的人知道，他們應該祕密地去找別的工作。由這些例子可以顯示，忠誠的規範普遍存在於組織中，也常可用來解釋組織中野心勃勃想晉升到更高職位的候選人，為何會願意晚上把工作帶回家做、在週末加班，並且願意調職到不喜歡的城市。

由於員工渴望被所歸屬的組織接受，他們容易受到一致性壓力的影響（見「號外！所羅門・埃斯奇和群體一致性」）。所

所羅門・埃斯奇和群體一致性

號外！

是否因爲某人期望成爲群體的一份子，而使他容易受到群體一致性規範的影響呢？群體會施加壓力來改變成員的態度和行爲嗎？在所羅門・埃斯奇(Solman Asch)的研究中，答案便是「是」。

埃斯奇調查坐在教室裡七、八人一組的群體，讓這些人比較調查者出示的兩張卡片。一張卡片上畫了一條線，另一張卡片上畫了三條不同長度的線。如圖表11-2所示，三線卡的其中一條線與一線卡中的那條線等長，線長的差異是很明顯的。在正常情況下，主觀出錯率小於1%。調查對象被要求大聲說出，三條線中哪條與單獨的那條線相等。然而，當群體中所有成員都答錯的時候，情況會怎麼樣呢？一致性壓力會使**不知情的研究對象**(USS)改變自己的答案，以求與其他人一致嗎？這是埃斯奇想弄明白的。他妥善安排群體，如此只有USS不會注意到試驗事先安排好了座位，讓USS是最後一個宣布答案的人。

試驗開始時，先進行兩個類似的練習，所有人說的答案都是正確的。然而在第三個練習中，第一個人說了一個明顯錯誤的答案，比如他說答案是C（其實正確答案是B），下一個人也選擇了這個錯誤的答案，依次下去，直到USS。USS知道B是正確答案，但前面每個人都說是C，於是他面臨了這樣的決擇：你會公開陳述與他人不一樣的感覺嗎？或你爲了使自己與其他人的反應一致，而選擇一個（你自己強烈認爲）不正確的答案呢？在埃斯奇的許多試驗中，大約35%的調查對象都尋求一致性；也就是說，這些人選擇了明明知道是錯的、但和其他群體成員相同的答案。

對於主管來說，埃斯奇的研究對工作群體的行爲具有重要的意義。正如其研究所表明的，個人試圖同「一群人」在一起。爲了減少一致性的負面影響，主管應該製造出一種開放的氣氛，讓員工可以自由討論而不怕受到報復。

圖表11-2　埃斯奇研究中使用的卡片範例

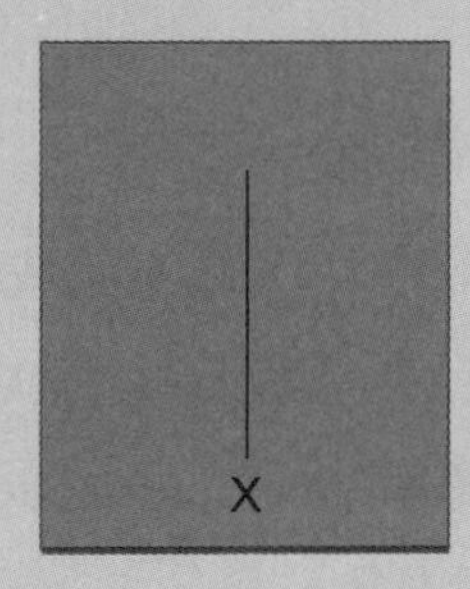

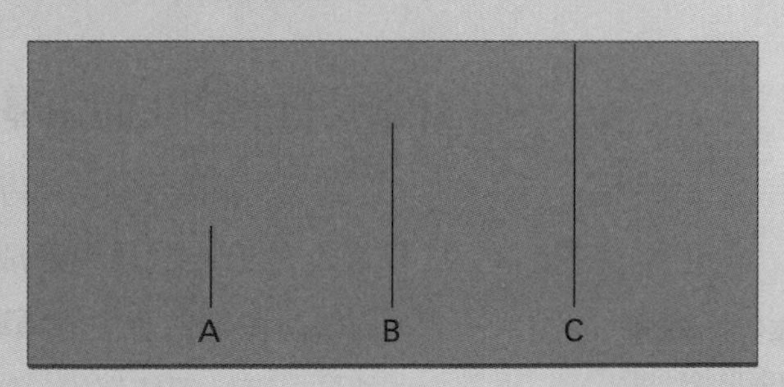

資料來源：S. E. Asch, "Effects of Group Pressure upon the Modification and Distortion of Judgements," in H. Guetzkow, ed., *Groups, Leadership and Men* (Pittsburgh, PA: Carnegie Press, 1951), pp. 177–190.

羅門．埃斯奇的研究證明了一致性壓力對成員的判斷和態度的影響。埃斯奇的研究結果顯示，確實存在一些迫使我們服從的群體規範（註1）。我們渴望成爲組織的一員，避免讓自己顯得與眾不同。將此結果類推，更進一步地說，當一個人對客觀數據的看法，和組織其他成員的顯著不同時，他會覺得受到眾人龐大的壓力，轉而調整自己的觀點以便與其他人的一致。

凝聚力高的群體是否較有效能？

凝聚力 (cohesiveness)
成員相互吸引和被激發留在群體裡的程度。

非正式群體的凝聚力並不一樣。**凝聚力**(cohesiveness)是成員相互吸引和被激發留在團隊裡的程度。例如，一些工作群體之所以團結，是因爲大家在一起很長一段時間了；群體規模小，互動程度就高；群體的成員常因爲受到外部威脅而相互親近；如果群體具有以往成功的歷史，凝聚力就越強。人們發現，凝聚力關乎群體的生產力，所以凝聚力相當重要。

所有的研究一致顯示，凝聚力和生產力的關係取決於群體已有績效的規範。群體的凝聚力越強，成員就越會追隨組織的目標。如果關於績效的規範（如高產量、工作品質、與群體外的人合作）很高，一個凝聚的群體生產力將會比一個凝聚力不高的群體更高。然而，如果凝聚力強而績效水準低，生產力就會更低；如果凝聚程度低而績效規範高，生產力就會提高，但沒有高凝聚力及高規範的生產力高；當凝聚力和績效規範都低時，生產力將下降到中低水準。圖表11-3總結了此項結論。

什麼是自然產生的領導者？

自然產生的領導者 (emergent leader)
未經由組織正式授權而在工作群體中自然形成的領導者。

正如第9章提及的，領導者不一定是主管或經理。這類領導者經常是在工作群體中形成的，因而在組織中沒有正式的權力。儘管這些**自然產生的領導者**(emergent leader)沒有正式的權力，卻是主管必須依賴的一種力量。

如何發現自然產生的領導者？他們是其他人願意與之相處的人。人們很自然地被他們吸引，願意聽他們講話。他們常常

圖表11-3　群體凝聚力、績效規範和生產力之間的關係

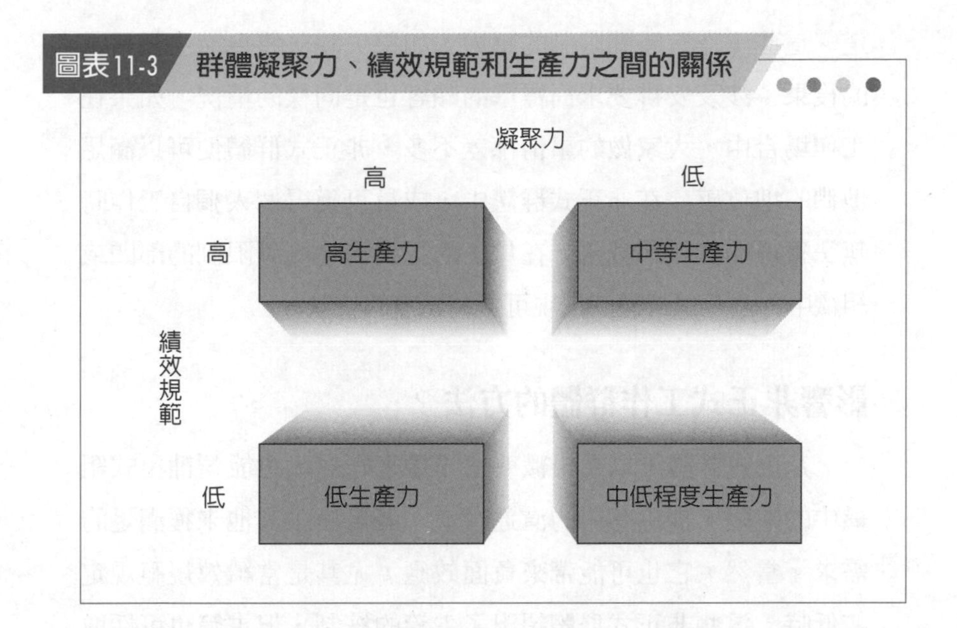

會成為群體的代言人，也可能成為非正式溝通鏈的中樞環節，亦即重要訊息先傳給他們，他們再傳給其他人。很多時候他們成為非正式領導者的原因，多半是因為他們和組織的聯繫，以及他們利用這些聯繫獲取重要訊息的能力。

什麼人最有可能成為自然產生的領導者？去找那些具備感召魅力的人，和那些擁有組織或工作群體在技術方面重要而缺乏知識的人。諸如自信這些感召魅力，以及能清楚地說出目標的能力，都會吸引擁護者。此外，群體經常將領導職位授予有特定知識的個人，也是群體成員認為有益於工作運行得更好的知識。

非正式群體可產生哪些助益？

幫助我們理解非正式群體的最後一點，是他們能填補正式系統中存在的缺陷。每個組織（不管其結構設計得有多好）都有讓管理無效的罩門。儘管有設計得很好的正式溝通管道，部門的選派和職務描述還是常有缺陷，然而，非正式群體填補了這一漏洞。例如，在員工承受巨大壓力的工作（空中交通管制員）中，非正式群體可成為這些員工分擔挫折和釋放壓力的管

道。這些工作有時間限制的壓力，如果失誤，將會產生很嚴重的後果；涉及安排要求高標準的顧客也是同樣的情況。如果在工作場合中，大家做的事情都差不多，非正式群體便可以滿足他們的地位感。在非正式群體中，成員可獲得個人獨自工作時無法獲得的賞識和威望。在員工的正式溝通受到限制的部門或組織中，非正式群體的出現可彌補訊息的空缺。

影響非正式工作群體的方法？

非正式群體可以爲組織或主管帶來好處，也能彌補正式組織中的缺陷、提供有用的溝通管道、滿足員工其他未獲滿足的需求。當然，它也可能帶來負面效應，尤其是當績效規範規定較低時。這些非正式群體超出了主管的控制，但主管也可採取一些行動來管理這些群體，將其變成部門或組織的資產。下面就來討論這些狀況。

✿ 群體規範

身爲主管，你要注意員工所處的非正式群體規範。哪個人屬與哪個群體？這些群體的價值是什麼？又是如何強化這些規範的？

如果這些規範阻礙了部門的績效，你可以考慮採取一些措施，調換一個或多個成員。這種實質上的分離，可藉由降低凝聚力來減少群體的影響，也可以考慮獎勵那些反對執行不良行爲的部門成員。例如，對那些適度滿足群體績效規範，並且沒有影響工作產出的員工，就讓他們去做自己喜歡的任務、休年假或是稱讚他們。

✿ 部門目標

當非正式群體的目標和部門的不一致時，含糊的部門目標就有利於非正式群體。如果主管不能清楚地界定部門目標，或放任員工對部門目標視而不見的話，員工違背部門目標的行爲

培特．蘭克斯特（Pat Lancaster，從左邊數來第二個）與員工找出改善部門的生產力時，充分展現出他的領導技能。因此，這個負責生產大型物體纏繞塑膠機器的單位，不但產量名列前矛，產品的品質也令人刮目相看。

就不太明顯。相反地，如果主管一直重申正式的部門目標，並且清楚地界定了哪些行爲和實現部門目標一致，那些不良行爲就顯而易見，並且可能阻礙員工從事這些不良行爲。

因此，如果你發現部門的非正式群體倡導低績效規範，諸如強調數量多於品質、不和其他部門合作、不把顧客當一回事、忽視安全規則或對少數員工不尊重，你就得讓部門的目標更加清晰。明示不良行爲是如何阻礙這些目標，讓員工充分瞭解部門正在努力實現的目標，並且讓他們理解這些觀點。

✿ 自然產生的領導者

識別工作群體中自然產生的領導者，並與他們建立關係；認識他們對群體成員的影響；藉由尊重他們的領導權而贏得合作。你可以將潛在的敵人變爲合作者。有效能的主管也會利用小道消息，尋找那些正式系統無法滿足的需要；主管還可以因此準確地發現，哪些個人或群體正在獲得或失去影響力。

此外，自然產生的領導者也會隨著時間而變化。部門和組織中的事件、問題和人員變動，將會導致新領導者的產生。藉由監視小道消息，你可以發現這些變化信號。保持追蹤也很重要，因爲不同的領導者會在他們的群體中，強調不同的事項。

使用團隊的比例增加

團隊日益成爲工作設計的首選（見「解決難題：員工必須在團隊中工作嗎？」)。爲什麼？因爲完成任務需要多種技術、判斷力和經驗，此時，團隊常優於個體。例如，李維・斯特勞

解決難題

員工必須在團隊中工作嗎？

吉米・史密斯(Jimmy Smith)獲得北亞歷桑納大學(University of North Arizona)的工商管理學士後，得到CNN在倫敦分部的工作。他被分配到新聞部的商業團隊，主要任務是爲現場廣播故事提供製造商和新聞人物的研究材料。他必須接受特別指導，負責做研究和獲取數據。吉米知道這並不完全是他所期望的終身職業，但還是接受了這份工作。他覺得這是一份有意義的工作，還有周遊世界的機會。

在CNN工作幾年後，吉米決定回美國攻讀碩士學位。他向杜克大學(Duke University)的商學院申請，並且被接納了。那段學習的日子緊張而興奮，他藉由競爭性的項目和環境充實自己。他很喜歡分析複雜的案例，也喜歡與同學爭論自己做出來的結論。兩年後，吉米以班級前10%的成績畢業了。

他在杜克的最後一學期，訪問了許多公司。儘管有幾個很不錯的組織給了他誘人的錄用通知，他還是想在高科技公司做市場調查。當諾基亞(Nokia)發給他錄用通知時，他相當愉快地接受了。在那裡工作四個月後，公司將吉米分配到一個團隊去，該團隊是研究公司降低庫存成本的永久性組織，由成本會計、生產、供應商關係管理和行銷這四方面的人員組成。吉米不喜歡新任務，而且並不覺得自己是團隊的一員。事實上，他甚至不時聲稱，自己是一個不合群的人。雖然他能夠與其他人好好相處，但不喜歡花費額外的時間來留意其他事情；他願意投入工作，但不喜歡做事之前與其他人討論。雖然他自信能展現出出色的績效表現，但他不喜歡依賴別人來實現績效。正如他所說的：「我知道自己不會推卸責任，但我不能保證其他人也不會推卸責任。」

你認爲吉米的老闆是否該讓吉米自己決定是否加入團隊？每個人都應該成爲團隊的成員嗎？主管要求員工成爲團隊的一份子以完成工作，合理嗎？

斯(Levi Strauss)轉向以團隊爲基礎的生產系統時，它在美國二十七個製衣廠的生產時間，幾乎降低了一半。當組織爲了更有效、快速地競爭而重整時，就會將團隊作爲發揮員工才智的更好方法。我們發現，團隊要比部門或其他群體更具彈性、對變化的反應更快，可以更快速地集中、配置、轉移重點和解散。

根據團隊的目標，可以將團隊分爲三種類型。有些組織利用團隊來提供建議，例如組成一個臨時先遣部隊來推薦降低成本、改進品質或選新工廠的方法。有些組織使用團隊是爲了管理，於是在各管理階層引進管理團隊來運作。主管最有可能涉入的群體包括生產團隊、設計團隊和處理行政工作的辦公團隊等。

奇異、AT&T、惠普、摩托羅拉、克萊斯勒和3M，都將工作團隊作爲劃分工作單位的一個中心。例如，在波多黎各的奇異新廠中，該工廠的172名工人都是隊員；甚至非營利部門也逐漸形成團隊。在聖地牙哥動物園，每七至十名員工組成一組，共形成四個固定團隊。這些員工來自舊部門的交叉單位，這麼做是爲了讓他們共同分擔當地的動物棲息區：小山角、老虎河、太陽熊森林和大猩猩熱帶區。

在那些以工作團隊爲基礎而重組的組織中，主管必須學會如何積極、有效地調整這些團隊。很多時候，管理階層強調建立自我管理的團隊。正如我們所知，如此一來便重新定義了主管的角色。

如何將群體轉變爲團隊？

本章提到過，群體和團隊並不一樣。圖表11-4顯示了工作群體如何變爲眞正的團隊，而使工作群體轉變成眞正團隊的主要力量，是對業績的強調。

*工作群體*只是爲了互相幫助履行特定領域的責任，而讓分享訊息和做決策的個體組成群體，成員之間沒必要或沒機會從事需要共同努力的集體工作，所以他們的總體績效僅是每個成員個人績效的總和，而沒有使總體產出大於總體投入的積極力量。

圖表11-4 群體和團隊的比較

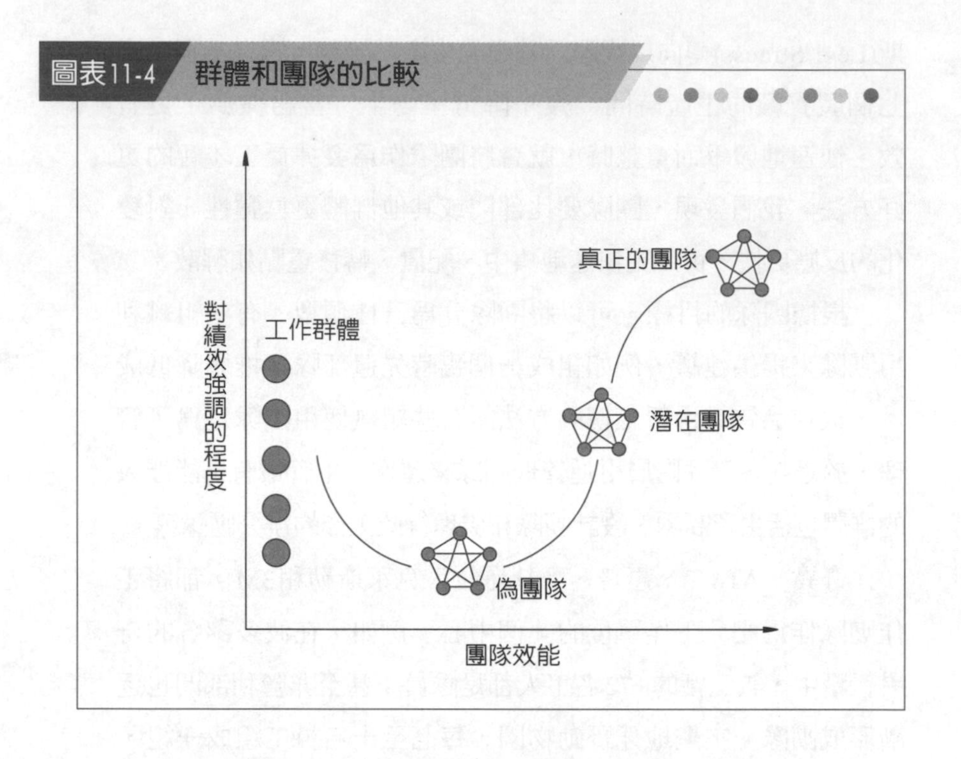

偽團隊是負面力量的產物，整體總產出比各部分潛能總和還要低，這常是由於溝通不良、敵對衝突或逃避責任所引起的。雖然成員表明上聲稱自己是一個組織，實際上卻不是，因爲他們沒有集中在集體績效上，成員也沒興趣制訂共同的目標。偽團隊其實比工作群體的績效更差。

「方向正確卻沒有到位」是描述潛在團隊的最好方式。它需要達到更高的績效，並且努力去實現它，但是卻有一些障礙；可能需要進一步澄清目的和目標，或是該團隊需要更好的合作。這樣的團隊尚未形成集體責任感。

最終目標是形成一個眞正的團隊。這種團隊擁有引導持續高效率的共同特徵。下面將描述眞正團隊的六個特徵。

如何建立眞正的團隊？

研究有效的團隊後發現，它們包含了少數具有互補技術的人，而這些人平等地分擔共同的目的、目標，工作時則相互負責（註2）。

✿ 小型化

最好的團隊通常屬於小型。成員超過十人時，團隊就很難發揮效能；至於讓隊員有效地互動和達成一致意見，就會難上加難。人多就很難形成共同目的和目標、工作方式和相互依賴感（眞正的團隊需要具備的特徵），這樣的團隊只會流於形式。因此，在計劃建立有效的群體時，記得要確保隊員人數爲十或十名以下。例如，聯邦快遞已將總部的一百名辦事員，按每組五至十人劃分團隊。

✿ 技能互補

爲了有效地運行，團隊需要有三種技能：第一，需要擁有專業技術的人員；第二，需要能解決問題和具備決策技能的人來發現問題、設計備選方案、評估備選方案和做出具競爭力的合適抉擇；最後，需要有良好的交際能力（傾聽、回饋、解決衝突）。如果沒有這三種技能，任何團隊都難以發揮績效潛能。此外，正確搭配各項技能也很重要；某類人才過多而導致另一類人才較少時，都會導致低績效。

有時團隊在開始時，並不需要擁有全部的互補技能。當隊員崇尙個人成長和發展時，一個或多個隊員經常負責學習組織缺乏的技能，這樣的團隊就存在技能的潛力。當技術、決策和交際能力適當搭配之後，隊員之間的和諧就不是成功的關鍵因素了。

✿ 共同目的

團隊是否具備有意義的長遠目的來激勵隊員？這種目的是一種遠景，比任何特定的目標都要廣泛。高效能的團隊擁有共同的、有意義的目的，爲隊員提供了方向、動力和責任感。

例如，設計麥金塔的蘋果電腦公司研發小組，幾乎誠心誠意地去開發一個改變人們使用電腦方式、讓使用者便於操作的機器。針星的生產團隊是根據共同目的而建立的，該目標就是生產一種能在價格和性能上，和日本小汽車競爭的美國汽車。

成功的團隊在討論、形成眾人贊成的集體和個人目的方面，花費大量的時間和精力。一旦團隊接受了共同目的，這一目的就相當於船長手中的領航器，可在任何情況下提供方向和指引。

特定目標

成功的團隊會將共同目的轉化成具體、可量化、實際的績效目標。正如目標可引導個人有更好的績效（見第三章），目標也可以提供團隊動力。特定目標有利於清楚地進行溝通，幫助團隊集中注意力，以獲得成果。例如，在二十四小時內回應所有顧客；在未來六個月內將生產週期縮短30%，或保證設備每月零故障等，這些都是特定的團隊目標。

一致的方法

目標是團隊努力奮鬥所要達到的結果。明確和一致同意的方法，可確保團隊以特定的方法去實現目標。

團隊的成員必須平等地分攤工作量，並且在工作分配上達成一致的意見。整個團隊必須決定如何設定日程、需要開發什麼技能、如何解決衝突、如何決議和修改決議。在阿拉巴馬州(Alabama)的Olin Chemicals' McIntosh公司，工廠工作團隊實施的內容包括讓團隊填寫一個問卷，問卷內容是關於他們想如何組織自己、如何分擔特定責任。將這些個人技能整合起來以提高團隊績效，是形成共同方法的根本。

共同負責

高效團隊的最後一個特徵是個人和群體的責任感。成功的團隊是成員單獨或聯合起來對團隊的目的、目標和方法負責。成員明白哪些是他們單獨負責的、哪些是共同負責的。

研究顯示，當團隊只注意團隊的績效目標而忽略個人的貢獻和責任時，隊員常會產生**社會懈怠**(social loafing)（註3）。由於個人的貢獻得不到認可，他們會降低努力程度，成爲「搭便車」的人，結果團隊的整體績效受到了影響。此點證明了評量個人對團隊的貢獻，與評量團隊的整體業績同樣重要。在那些成功的團隊中，成員會感覺自己對團隊的績效負有責任。

社會懈怠 (social loafing)
由於個人貢獻在團隊中得不到認可，因而降低努力程度，成為「搭便車」的人，影響團隊的整體績效。

團隊對於主管的挑戰

團隊在日本流行已久。二十世紀的1980年代末，當美國的經理開始將團隊廣泛地引入美國時，批評家曾警告他們注定會失敗：「日本是一個集體主義社會，而美國文化是建立在個人主義的基礎上；美國工人不會爲了個人責任和獲得認可而昇華自己的需求，繼而成爲團隊中的匿名份子。」雖然一些組織引進團隊作法時遭到抵制，其結果令人失望，但整體情況還是令人振奮。一旦組織適當地使用團隊，並且使組織內部的氣氛和團隊方法一致時，結果就會很不錯。

本節將討論建立有效團隊的障礙，並且提供建議好爲主管克服這些障礙。

什麼是創造高效能團隊的障礙？

以下是妨礙團隊變得更有效率的障礙：

方向不明

當隊員不能確定他們的目的、目標和方法時，團隊就會表現不好。如果再加上軟弱的領導，那就注定要失敗。無焦點團隊中非自願隊員的挫折，最能快速地消滅人們對團隊的熱情。

內部鬥爭

當隊員花費大量時間來鬥嘴和貶低同事時，團隊力量就會被分散了。有效能的團隊不一定非得要求隊員相互喜歡，但隊員必須相互尊重，爲了實現組織目標而將小爭議放置一邊。

推卸責任

成員缺乏對團隊的責任感，變相地讓他人做自己應該做的工作，或者很快就將某人或團隊失敗的責任，歸因於其他同事或管理階層。結果，這樣的團隊就成了僞團隊——只是名義上的團隊，甚至比成員單獨工作時的績效還差。

缺乏信任

存有信任時，隊員們信任彼此的正直、特質和能力；缺乏信任時，隊員就難以相互信賴。缺乏信任的團隊常是短命的。

缺少關鍵技能

如果存有技能差距而又無法彌補時，團隊就會受到重創。成員難以相互溝通、破壞性的衝突無法解決、不做決策或處理技術難題，這些都能打垮團隊。

缺乏外部支持

團隊是活在一個更大的組織中，在各種資源（錢、人、設備）上都依賴大組織。如果沒有這些資源，團隊就難以發揮潛力。例如，團隊必須依賴組織員工的甄選流程、正式的規章制度、預算程序和薪酬系統。如果這些內容與團隊的需求和目標不一致，團隊就會受到影響。

如何消除團隊的障礙？

主管可以用很多方法來消除上述的障礙，進而幫助團隊發揮最大的潛能。這些方法如圖表11-5所示。

創造明確的目的和目標

高效能團隊不僅清楚地理解他們的目標，而且深信目標包

圖表11-5 建立有效能的團隊

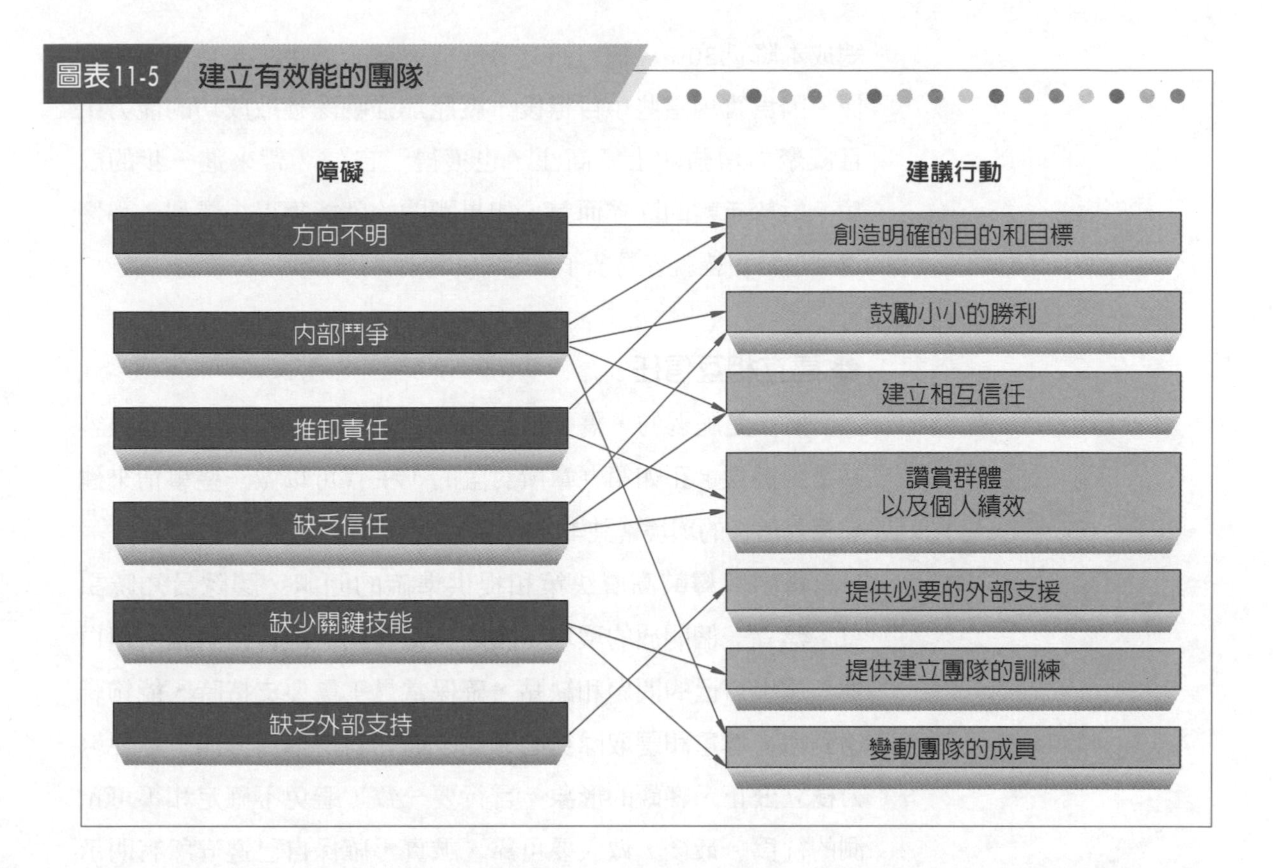

含一個或多個值得追求、重要的結果。這些目標的重要性，鼓勵成員將個人目標昇華到團隊目標上。在有效能的組織中，隊員對於團隊目標負有責任、知道團隊期望他們做什麼、明白自己如何做才能共同來實現。

身爲主管，你的工作就是確保自己領導的團隊具有明確的目的和目標。無論你是以參加目標設定的方式，還是將這項任務委派給團隊，確保設定出明確的目的和目標是你的責任。

鼓勵小小的勝利

建立眞正的團隊需要時間。隊員必須學著以團隊的角度去思考和工作，不要期望新團隊能馬上有效地運作，或是剛開始就正確無誤且每次都恰到好處。開始時，應該鼓勵團隊先實現一些簡單的目標。

幫助團隊確立和設定可達到的目標。如果最終目標是要將總成本降低30%，便可將其分解成五或十個更小、更簡單的目標。因爲實現這些小目標後，就能加強團隊獲取成功的能力，且凝聚力增強、士氣高漲，也獲得了自信，帶來進一步的成功。對於年輕的團隊而言，如果剛開始就能獲得小勝利，那麼達到最終目標就容易多了。

建立相互信任

信任是脆弱的，需要很長的時間才能建立起來，卻又很容易遭到破壞。正如第九章所討論的，主管可以做一些事情來建立相互信任的環境（註4）。

藉由解釋較高層決策和提供準確的回饋，讓隊員知曉訊息。建立一個開放的環境，讓隊員毫無顧慮地自由討論，坦白地表達出自己的問題和缺點。確保當員工需要支持時，能夠聯絡到你。尊重和聽取隊員的意見，而在對待隊員方面，你要努力樹立公正、客觀的形象。言行要一致，避免不確定和不可預測的行爲。最後，做人要可靠、誠實，確保自己遵守所有明示或暗示的承諾（見「實務上的應用：發展教練技能」）。

讚賞群體以及個人績效

當團隊贏得勝利時，隊員應該共享榮譽；失敗時也應該共擔恥辱。因此，應該根據群體總績效來全面評估每個隊員的績效。隊員知道不可能事事依賴他人，因此，應該確定每位隊員的個人貢獻，以及對整體績效的貢獻大小。

提供必要的外部支援

你是團隊和上級管理階層的樞紐，因此，確保團隊獲得必要的組織資源來完成目標是你的責任；也就是說，你應該隨時準備向老闆和組織的其他主要決策者，報告自己團隊所需的工具、設備、訓練、人才、場地和其他資源。

✿ 提供建立團隊的訓練

團隊，尤其是在形成初期，需要訓練來開發技能。典型的技能包括解決問題、溝通、談判、解決衝突和共同執行的技能。如果你沒有能力訓練隊員這些技能，還是可以請組織中有能力的專家幫忙，或籌資聘請精通此類訓練的外部專家。

✿ 變動團隊的成員

當團隊在自身慣性和內部鬥爭中陷入困頓時，不妨讓它們輪調隊員。考慮如何混合特定的個性以及如何改革團隊，才能更有效地補充技能，你或許還可以管理這個變革。如果問題出自領導的缺失，那就根據你對有關人員的了解，建立一個可能自然產生領導者的團隊。

當代的團隊議題

本章的最後將探討兩項和管理團隊有關的議題：持續改善計劃和團隊成員的多樣化。

爲什麼團隊是持續改善計劃的關鍵？

持續改善計劃的關鍵之一，就是採用團隊的形式。爲什麼是團隊呢？因爲持續改善的本質是流程改善，而員工的參與便是流程改善的核心；換句話說，持續改善需要管理階層鼓勵員工分享靈感，以及實施員工建議的方案。

團隊提供了自然的媒介，讓員工分享靈感和進行改善。福特汽車公司(Ford Motor Company)和阿蕾保健公司(Allegiance HealthCare Corporation)的案例，展現出團隊在持續改善計劃的用途（註5）。

福特在1980年代早期，開始以團隊爲首要機制來持續改善。一位福特的經理人表示：「因爲企業過於複雜，因此必須使用團隊的方式來管理。」在安排解決品質問題的團隊時，福特的管理階層訂定出五項目標：該團隊必須(1)將人數控制在有效率和有效能的狀態下；(2)針對成員需要的技能提供適當的訓練；(3)制定足夠的時間來解決問題；(4)提供成員解決問題和執行因應行動的職權；(5)指派一名「守護者」來協助團隊在排除問題中可能發生的障礙。

阿蕾保健公司則採用跨階層的團隊，發展和組織與策略性提案相關的目標，並處理橫跨不同部門的品質問題。阿蕾保健公司宣稱，運用團隊可提升多方的組織效能，例如該公司在應用團隊後，五年內銷售額增加61%、周轉時間降低91%、無謂的浪費減少98%，而工安事件也降低了88%（註6）。

多樣化的工作團隊對群體有何影響？

管理團隊的多樣化是維持平衡的措施。多樣化通常可提供議題嶄新的觀點，卻也會增加團隊成員達成共識的難度。

工作團隊多樣化的完整個案，通常來自負責解決問題和決策任務的團隊。異質性團隊能在討論時產生多方的觀點，並提升團隊找出具創意或獨特解決方案的可能性。此外，缺乏普遍的觀點常代表著，多樣化團隊會花較多的時間討論，也會減少選擇到不佳方案的機會。不過，多樣化對決策團隊的正面效益會隨時間而降低，而多樣化群體在合作和解決問題時的困難，則會隨時間而煙消雲散（註7）。當員工彼此逐漸親近，而讓團隊傾向同質時，多樣化團隊產生的附加價值也會隨之增加。

研究顯示，同質性成員的滿意度較高，曠職和離職率就較低（註8）。然而，多樣化團隊的同質性似乎較低，因此存有一個潛在的負面效應：多樣化不利於群體同質性（註9）。然而，我們認爲如果團隊的規範支持多樣化，便可創造出等同高度同質性效益的極大化異質性價值（註10），因此在實例中，有些公司會讓團隊成員參與多樣化訓練。

總複習

本章小結

閱讀本章後，你能夠：

1. **比較群體和團隊**。群體僅是兩個或兩個以上的人，為了實現特定的目標而在一起相處。團隊是一個正式的工作群體，是由對共同目標負責及對團隊結果負責的個體所組成。和正式的工作群體相比，團隊藉由共同努力使整體結果大於各部分成就的總和，達到正面的效果。
2. **解釋規範的涵義**。規範是指在一個群體中，成員可被接受的共有行為規則。
3. **解釋凝聚力和群體生產力之間的關係**。凝聚力是否影響生產力，取決於群體關於績效的規範。如果績效規範高，凝聚力高的群體生產力就會高於低凝聚力的群體；如果凝聚力高而績效規範低，生產力就會下降；如果凝聚力低而績效規範高，生產力會適時地提高；如果績效規範和凝聚力都低，生產力就會趨於中下水準。
4. **描述什麼樣的人可能成為非正式群體中自然產生的領導者**。自然產生的領導者可能具有超凡的魅力，並且擁有關於團隊工作中，組織和技術方面重要而缺乏的知識。
5. **解釋如果群體規範影響了部門績效時，主管會怎麼做**。如果群體規範阻礙了部門績效，主管可調換一個或多個成員、將成員分開，或獎勵那些反對不當規範的人。
6. **列出三種類型的團隊**。團隊可以分為三種：提供建議的團隊、管理的團隊和處理行政事務的團隊。
7. **列出真正團隊的特徵**。真正的團隊是由具有互補性技能的少數人所組成，隊員應平等地對共同目的、目標和工作方法負責。
8. **列出主管可採取哪些措施來改進團隊績效**。主管可以確立清楚的目的和目標，鼓勵隊員獲取小勝利、建立相互信任、讚賞群體以及個人績效，提供必要的外部支援、提供建立團隊的訓練和變動團隊的成員。
9. **描述團隊在持續改善計劃中的角色**。持續改善的計劃鼓勵員工分享靈感、實施自己的提案，而團隊恰巧在解決複雜問題方面特別有效。

問題討論

1. 規範如何影響員工的行為？

2. 舉例說明什麼是和績效不佳有關的規範。
3. 凝聚力高的群體總是比凝聚力低的群體做得好嗎？請解釋說明。
4. 爲什麼正式系統無法徹底消除非正式群體的需要？
5. 解釋爲什麼團隊越來越受歡迎。
6. 比較僞團隊和眞正的團隊。
7. 若有效地運行團隊，需要什麼技能？
8. 比較團隊的目的和目標。
9 你如何在團隊中建立信任？
10. 爲團隊獲取外部支援時，主管充當了什麼角色？

實務上的應用

發展教練技能

越來越多有效能的主管被稱爲教練，而非老闆，因爲他們就像教練一樣提供解說、指引、建議，並鼓勵團隊成員提升工作績效。

實務作法

步驟一：分析增進團隊績效和能力的方法

教練總是在尋找增進團隊成員能力和績效的機會。教練要利用什麼方法呢？他們會長期觀察成員的行爲，並詢問成員選擇某方案的理由，並了解是否有改善的可能和其他可能的更佳方法。此外，教練會將成員視爲獨立的個體而非員工，因此會尊重他們並傾聽其想法。

步驟二：創造支持的氣氛

消除阻礙發展和創造鼓勵員工績效的氣氛，是教練的職責所在。教練可以透過下列方法達到上述目標：創造自由、開放的交流氣氛；提供協助；在員工求助時提供指引和建議；以正面的態度和手段鼓勵團隊（不可採用威脅的方式）；詢問員工「我們何不來學習這項對未來有益的事物」；減少障礙；告訴成員你認爲他們對於達成目標的貢獻非常有價值；在不剝奪成員完整責任的前提下，考量個人對成果的個別責任；在成員成功時，認可他們的努力，失敗時，點明他們所忽略的癥結。切記！絕對不能因爲成員的成果不佳而斥責。

步驟三：影響團隊成員來改變行為

評估教練效能的最終測試，就是評估員工的效能是否改善，其中關切的重點是持續的成長和發展。應該怎樣做呢？你可以獎賞成員小幅的進展，並將教練的角色視爲協助員工持續進步的方法；也能利用合作的方式，讓成員提出和選擇改善方案的流程。此外，還可以將困難的任務拆解成較簡單的幾個小任務，豎立你期望團隊達到的模範標的。如果你希望團隊擁有開放的心胸、奉獻精神、認同感和責任感，你就必須擁有這些特質。

有效溝通

1. 請說明爲什麼日本企業比美國或加拿大的公司，更能接受工作團隊的概念？解釋爲什麼日本公司能在文化差異甚大的美國，沿用日本設計的那套工作團隊概念。
2. 以二到三頁的篇幅，陳述你偏好獨立或團隊工作，並解釋組織文化對你上述決定的影響。

個案

個案1：惠普的運送問題

即使是管理良好的組織，也不可能總是如管理者所希望的充滿效率和效能。在惠普(Hewlett-Packard, HP)，每年運送高達數十億美元，從碳粉匣到醫療設備的各項產品。顧客在一年365天、一天24小時內都能下訂單，而惠普每天要從相距30英哩以上的六個倉庫，調來一萬六千種產品。通常需要花費數週的時間，才能將產品送達顧客手中。這對當初和惠普簽約時，約定四小時內送達貨物的顧客來說，是一個非常嚴重的問題；因爲顧客期待從使用惠普顧客服務專線開始，無論顧客在多遠的地方，惠普都應在四小時內完成運送作業。

傑出企業的特色之一，就是能發現問題並找出解決方案。運送延遲的修正責任就落在惠普運送部門主管蘿瑞塔．威爾森(Loretta Wilson)的肩上。

蘿瑞塔迅速地組成囊括組織內外部物流、系統和作業管理專家的團隊，並快速診斷現況和訂定目標，希望能找出「有效縮短運送管道中，各服務點所需時間的簡單方法。」他們發現，需要一項讓運送流程的效率極大化的最新高科技廠房，因此設計出擁有精密設備和最佳作業動線的四十萬五千平方英呎大廠房，其中包括長度超過一英哩卻仍運作順暢的傳輸帶；新的分類機可以在一分鐘分好四十五件以上的產品，讓公司每天處理超過六千件的產品。如今，存貨在送達倉庫後，短短幾分鐘內就可儲放妥當；以往這項動作需要花八天的時間。包裝和裝箱也由機器人完成，而人員的工作站也重做成縮短處理產品時間的設計。此外，惠普還有專屬的貨車月台可裝卸貨，一旦貨物重量達到標準後，就會立即交由聯邦快遞(Federal Express)，將貨物運送到機場。在送往機場的途中，他們會用手機詢問貨物的重量並直接開往一架待飛的飛機，讓顧客很快就能收到貨物。

蘿瑞塔的團隊成功了嗎？答案是肯定的。新的運送廠房讓每筆訂單都能在符合合約的規定下，在四小時內送達。此外，將六個倉庫合併為單一作業廠房，也讓產能提升了33%以上。

個案討論

1. 你認爲像惠普運送中心這樣複雜的專案，爲何需要組成團隊來解決問題呢？你會如何爲這種團隊分類？
2. 你是否相信，當不同領域的專家組成團隊時，專精化的優勢就會式微呢？（請參考第四章）請討論。
3. 你認爲蘿瑞塔・威爾森的團隊達成目標了嗎？請解釋你的看法。

PART

管理組織中的動態變化

如果大多數主管的工作具有共通點，那就是意識到事物不可能永遠保持平靜——至少在長期內不會一成不變。主管明白必須評估員工和妥善處理員工所造成的問題。因此，主管必須確保工作環境的安全與健康，並爲管理組織的動態變化做好萬全準備。

第四部分包括五章：

第12章 評估員工的績效

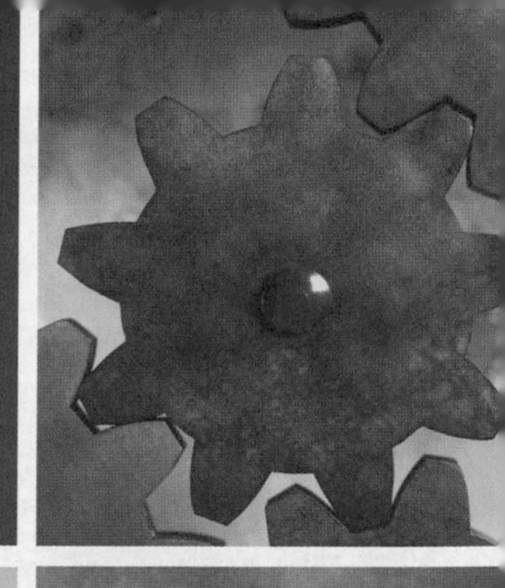

學習目標

關鍵詞彙

讀完本章之後，你應該能夠：

1. 描述績效評估的三個目的。
2. 區分正式與非正式的績效評估。
3. 描述績效評估在法律上的主要考量。
4. 確定三套主管最常用的評估標準。
5. 比較絕對與相對標準。
6. 列出影響績效評估的人為錯誤。
7. 定義360度績效評估。
8. 描述員工諮詢的目的。

讀完本章之後，你應該能夠解釋下列專業名詞和術語：

- **絕對評量尺度**
- **評估程序**
- **定錨式行為尺度量表**
- **集中趨勢錯誤**
- **事件清單**
- **重要事件**
- **員工諮詢**
- **外部回饋**
- **團體次序評等法**
- **月暈效果**
- **個人評等法**
- **內部回饋**
- **評分過高或過低的錯誤**
- **績效評估**
- **績效回饋**
- **近因錯誤**
- **相似性錯誤**
- **360度績效評估**
- **書面評語**

有效能的績效表現

7-ELEVEN的最大股東——伊藤洋華堂集團(Ito-Yokado Co.)，正將在日本超過五千七百家分店所使用的績效系統，沿用在太平洋隔岸的美國分店中。美國的主管並未對自己的績效將如何衡量、或近期組織的變革感到緊張，因爲自從1991年伊藤洋華堂集團向在德州發跡的南方公司(Southland Corporation)買下7-ELEVEN之後，美國的7-ELEVEN就必須符合股東的績效要求。

例如，這套剛應用在美國的新系統，已在日本的7-ELEVEN行之有年。伊藤洋華堂集團的執行長鈴木俊文表示，這套績效管理系統已讓日本各店的單位銷售額加倍，並爲公司縮減大量的存貨成本。明確地說，日本分店的平均存貨週轉天數，從1970年代的二十五天降到七天。如今，鈴木先生希望將此績效管理系統推廣到美國，以提升美國作業的效率。

美國7-ELEVEN的主管應該怎樣做呢？基本上，他們的店舖將和東京總部的電腦連線，並記錄每一筆銷售資料。此系統也會安排7-ELEVEN經理人的活動、偵測經理人花費多少時間登入系統、使用分析工具和追蹤產品銷售狀況，並且評估主管解讀電腦

導言

「我知道這不對。」羅・柯能司(Ron Connors)說：「我知道我應該做更多員工的績效評估，但我沒有。只要我上司不過問我的事，我就容易忽略這件事，因爲當我處理評估和回饋的時候，往往不能達成一致。每個人都認爲，他們做得比平均水準好，但這怎麼可能呢？如果我相信他們的自我評估，就只有三種人爲我工作了——明星、巨星和超級巨星。」

羅・柯能司的意見顯示了爲何許多主管認爲，評估部屬績效是最困難的任務之一。本章將討論績效評估，並爲你及眾多像羅・柯能司的主管提供一些技巧，讓績效評估不再那麼痛苦。

螢幕上出現有關銷售數據、人口統計變項趨勢、當地天氣預測等資訊的方法。

這些系統也可協助主管儲存每日微調訂單的決策，而主管可根據銷售狀況調整一天三次的配送訂單。這種精確的即時回報系統，可確保三明治、熱食和生鮮食品的新鮮，以免浪費。無疑地，這個績效系統強迫分店經理人採行嚴格的管控制度，總部的職員也會記錄下來，並排序各分店使用電腦的頻率。例如，7-ELEVEN某一分店的主管平均每週利用電腦確認六百件商品的銷售情況，他被告知應「繼續增加電腦的使用程度」。對於主管來說，他感覺自己的績效並非來自本身的意願，反而像被全天候二十四小時的監控。

資料來源：Based on Shiba-Koen, Seven-Eleven Japan (Tokyo, Japan, November 22, 2000), p. 1156-Retail, 8183. http://profiles.wisi.com/profiles/scripts/corpinfo.asp?cusip 5C392AH470; Wendy Zellner and Emily Thornton, "How Classy Can 7-Eleven Get," *Business Week* (September 1, 1997), p. 74; and Norihiko Shirouzu, "7-Eleven Operators Resist System to Monitor Managers," *Wall Street Journal* (June 16, 1997), pp. B-1, B-3.

員工績效評估的目的

三十年前，主管的典型做法是每年坐下來和員工單獨討論他們的工作績效，目的是回顧員工在實現目標過程中的表現。不能完成目標的員工發現，他們的績效評估只不過是由主管列出他們的一連串缺點。當然，由於績效評估是調整薪資與決定升遷的關鍵因素，任何與評估工作績效有關的活動，都足以令員工擔心。難怪在這種氣氛下，主管通常希望能迴避評估的過程。

如今，有效能的主管把**績效評估**(performance appraisal)作爲評估與發展的工具，而不只是一份正式的法律文件。它回顧以往績效，既著重成果又顧及不足。另外，主管正運用績效評估幫助員工改善未來的工作表現。如果發現不足，主管會幫助員

績效評估
(performance appraisal)
對於過去績效著重正面與負面表現的評估；是協助員工提升未來績效的一種方法。

工擬定一份詳細的改善計劃，總結過去的同時也強調未來。現在員工對於績效評估沒那麼反感，評估流程也更傾向於鼓勵員工改正工作中的不足。最後，還記得第五章提過的員工歧視問題嗎？因爲員工績效不佳而採取行動處理，此時如果沒有好好記錄的話，就可能產生嚴重的問題。績效評估的作用之一，就是爲任何可能採取的人事行動，提供必要的支持文件。

何時該進行評估？

績效評估既可以是正式的，也可以是非正式的活動。正式的績效評估應該至少每年進行一次，每年兩次更好。正如學生不希望整個學期的成績都取決於期末考一樣，員工也不希望只靠每年一次的評估來決定職涯。每年兩次的評估意味著每次評估所評量的「表現」較少，因而減輕了員工對正式評估的緊張感。

非正式評估是主管每日對員工工作的評估，以及把這種評估回饋給員工。有效能的主管會不斷向員工提供這種非正式訊息：肯定積極的部分和及時指出問題所在。因此，正式的評估每年只進行一、兩次，而非正式的評估則每分每秒都存在。如果非正式的回饋能夠公開且誠實時，則正式的評估就沒那麼令員工恐懼了，也不會引起多大的騷動。

主管在績效評估中扮演什麼角色？

主管在評估流程中有多大的自主權呢？你所在的組織越大，你就越可能必須遵循標準化的表格和正式的程序。即使小公司也傾向於使某些評估程序標準化，以確保達到雇用機會平等的要求。

主管是否為唯一的評估者？

大部分的員工績效評估會由主管負責。然而，主管並非總是員工績效的唯一準確資訊來源。近年來，一些組織加入了自我評估和同事間的互相評估，以便輔助主管的評估來源。員工自己通常會有獨到的洞察力，他們的同事也是。

自我評估不僅受到員工的歡迎，還可以減少員工對評估程序的防禦心態，更是促進績效評估討論的有效工具。自我評估往往誇大事實，因此應該用於輔助而不是替代主管的評估。把評估作爲一項發展工具而非單純評估的原則，和自我評估的運用是一致的。

針對員工在工作中的某些方面，同事要比主管更加瞭解。例如，由於管理幅度過寬或是地理位置的分隔，主管不能經常觀察到員工的表現。在主要由團隊完成的工作中，成員的彼此評估會更合適，因爲他們更能全面了解每位成員的表現。在這種情況下，運用同事的評估輔助主管的評估，將會使得**評估程序**(appraisal process)更爲精確。

評估程序 (appraisal process)
由組織確立的績效評估因素；在主管的評估中也許會包括員工的自我評估和員工同事的評估。

組織提供了何種表格或文件？

不要求主管使用標準化表格，以便指引他們進行績效評估的組織，其實相當少見。在某些情況下，管理高層或人力資源部門會提供簡易表格，然後在辨別和評估工作表現因素的部分，給予相當大的自由度。在另外某些情況下，組織會提供詳細的表格和指引，主管則必須照辦（見圖表12-1）。

總之，你很少有權對部屬進行全面的評估，而是先分析組織提供的評估標準表格，瞭解你需要提供的訊息，並保證部屬（尤其是新進員工）明白他們的績效評估的標準及方法。

如何設定績效期望？

身爲主管，你應該參與制定部屬的績效標準。這涉及到第3章的目標管理以及目標設定。理想的情況是，你應該與每個部屬一同回顧他們的工作，確定所需的步驟和結果，然後訂出衡量目標實現情況的績效標準。記住，在評估部屬的績效之前，應該先制定相對應的評估標準。你必須爲每位部屬設定了績效

圖表 12-1 員工績效評估表格的範本

PRENTICE HALL NON-EXEMPT PERFORMANCE APPRAISAL

EMPLOYEE NAME: TITLE:

REVIEW PERIOD: ____ – ____
Month/Year Month/Year

SUPERVISOR'S NAME: TITLE:

SIMON & SCHUSTER
A VIACOM COMPANY

Writing the Appraisal Performance Ratings

E Exceptional — Consistently exceeds expectations in major areas of responsibility.

C Commendable — Performs the job as it is defined and exceeds expectations in some of the major areas of responsibility.

I Improvement Recommended — Meets minimum requirements in most areas, but needs improvement in select areas of responsibility.

U Unsatisfactory — Does not meet minimum performance requirements. Must improve if present position is to be maintained.

PERFORMANCE FACTORS

Rate employee in each performance category. Include supporting examples for each performance factor.

E = EXCEPTIONAL
C = COMMENDABLE
I = IMPROVEMENT RECOMMENDED
U= UNSATISFACTORY

Performance Factors	E	C	I	U	Comments and Supporting Examples
Quality Consider accuracy, comprehensiveness and orderliness of work					
Quantity Consider speed and volume of work produced					
Initiative Consider the ability to think independently with minimal direction and apply new concepts and techniques					
Job Knowledge Consider the understanding of the job and the ability to apply knowledge and skills effectively					
Problem Solving/ Decision Making Consider the ability to identify, analyze and solve problems, suggest viable alternatives and analyze impact of decisions before executing them					
Judgment Consider the ability to make logical and sound decisions and to know when to act independently or to seek assistance					

Performance Factors	E	C	I	U	Comments and Supporting Examples
Punctuality Consider adherence to the work schedule and promptness in notifying supervisor of absence					
Planning and Organizational Skills Consider the ability to establish priorities, maintain schedules and manage time effectively					
Communication Consider the ability to express oneself clearly, both verbally and in writing, and to listen well					
Interpersonal Skills Consider the ability to interact diplomatically and tactfully with internal and external contacts					
Dependability Consider adherence to the work schedule, the ability to maintain confidentiality, complete work under deadlines, follow through on assignments, and be reliable and flexible					
Job Skills Consider skills in areas such as typing/word processing, computer, telephone, etc.					

OVERALL PERFORMANCE RATING

__ Exceptional __ Commendable __ Improvement Recommended __ Unsatisfactory

圖表12-1 員工績效評估表格的範本（續）

PERFORMANCE SUMMARY

I. Performance vs. Goals for Past Year:

Describe how the employee met stated goals for past year and met additional goals if applicable.

II. Goals for Upcoming Year:

List quantifiable goals with timetables for completion.

PERFORMANCE SUMMARY

III. Strengths

Identify employee unique strengths in relation to performance factors previously listed.

IV. Areas for Improvement

Identify areas in which employee can focus to achieve improved performance.

PERFORMANCE SUMMARY

V. Personal Growth and Development

Describe activities to be undertaken that will maximize the employee's career development. These may include educational programs, counseling, on-the-job training, etc.

Supervisor's Signature　　Date

EMPLOYEE'S COMMENTS

Your comments are beneficial to the performance appraisal process. Additional comments may be attached on a separate page if desired.

THE EVALUATION AND COMMENTS WERE DISCUSSED WITH THE EMPLOYEE

Employee's Signature and date

Supervisor's Signature and date　　Title

期望，並且讓他們充分理解這些期望。

什麼是績效回饋？

績效回饋
(performance feedback)
讓員工知道他工作表現如何的訊息；既可以來自工作表現本身，也可以來自主管或其他外部資源。

員工收到的兩張表格中，有一份是**績效回饋**(performance feedback)。它的來源既可以是工作表現，也可以來自主管或其他外部資源（見「實務上的應用：進行績效評估」）。

在某些工作中，由於已經包含了回饋，員工可以自動地定期得到自己工作表現的回饋訊息。例如，處理醫療健康索賠的專家，就能得到自動產生的回饋，因爲電腦終端機會記錄她處理過的表格、花費的時間和精確度（假設未完成的表格並沒有提交）。同樣地，貨車公司運輸部的運貨員會記錄搬運了多少箱貨物，以及每箱貨物的重量是多少。等到一天的工作結束後，他就可以彙總數量並與自己的目標比對。這些計算自動提供了他這一天的工作回饋，或稱之爲**內部回饋**(intrinsic feedback)。

內部回饋
(intrinsic feedback)
自我產生的訊息回饋。

外部回饋
(extrinsic feedback)
由外部資源給予員工的訊息回饋。

外部回饋(extrinsic feedback)是由外部資源提供給員工的回饋。如果理賠專家把完成的索賠表格交給主管，主管對表格的完整性進行詳細的檢查和必要的修改，那她的績效回饋就是外部的。如果運貨員的每日運貨總數是由主管計算的，而且將結果公布在部門的公告欄上，那麼他的績效回饋也是外部的。

即使部屬有充足且多樣的內部回饋，你也應該給予他們持續的外部回饋。這可以透過非正式的績效評估——讓部屬持續知道自己做得如何的評語，以及每半年或一年的正式績效評估來達成。

績效評估中有什麼法律問題？

許多訴訟是由於主管說或做了一些部屬認爲對自己不利的事所引起的。比如有個主管告訴部屬，他因爲在宗教節日請假，所以將在評估中被降級；也有員工投訴說主管的評估武斷，而且過於主觀；還有人因爲主管沒有遵守公司的評估政策及程序，於是提出索賠。

評估過程中，你最應該注意的可能是以下兩個法律事實：(1)組織手冊中明列的績效評估政策及程序。這在法庭上，越來越被看成是具有約束力的合約；(2)你必須盡可能避免偏見及歧視。

你的公司是否有描述績效評估程序的手冊？如果有，確保自己完全理解其中的內容，因爲許多州的法庭視其爲一項具有約束力的合約。如果不遵循或不正確地遵循此程序，組織就可能要承擔責任。例如，如果手冊中提到，評估必須每年進行一次，或經理必須勸告部屬改進其不足，你就必須遵守這些條款。另一方面，如果組織沒有正式的評估政策，法庭會在不損害公平與公正的原則下，給予經理很大程度的自主權。

第二點是要提醒你，根據平等就業機會條例，所有人力資源事務都不得存有偏見，包括績效評估的標準、方法及相關文件，必須只能和工作有關，也不得對女性及少數民族差別待遇。評估的判斷不應涉及員工的種族、膚色、宗教信仰、年齡、性別或國籍。越來越多的組織在績效評估方面，特別提供了管理訓練，以便盡量減少評估程序中可能產生的歧視（見「解決難題：錯誤的評估」）。

是否有適當的評估標準？

評估員工的績效時，你選擇的標準對員工的工作行爲佔有重要的影響。在爲員工尋找雇主、爲雇主尋找員工的職業介紹所中，評估面試人員的績效標準是他們進行面試的次數。員工的行爲由於受到評估標準的影響，因此更看重的是進行面談的次數，而不是客戶媒合成功的件數（註1）。

前例顯示了績效評估中標準的重要性。你應該評估什麼？三個最常用的標準是個人任務結果法、行爲法及個人特質法。

✿ 個人任務結果法

如果結果比方法更重要，你就應該評估部屬完成任務的結

解決難題

錯誤的評估

多數主管都已經體認到，有效的績效評估對組織的重要性。這些評估不僅提供回饋給組織成員、指出有待改進的部分，同時也提供了法律依據。多數主管明白，績效評估必須符合平等就業機會(EEO)的要求，亦即必須公正地給予所有人同等機會。但是，如果評估合法，實際操作卻產生了問題，該怎麼辦？例如（假設你的評估中不考慮種族與性別），如果你給喜歡的部屬的評估，優於不喜歡的部屬的評估，即使後者的績效更好，那該怎麼辦？同樣地，如果你不指出部屬有待改進的地方，導致他升遷的機會減少，那又該如何處理？

在任何評估系統中，必須具備兩個要素——中肯與誠實。然而，這些道德要素並不包括在EEO的條文中。不重視中肯與誠實的組織，能有高效能的績效評估嗎？有可能做到符合道德標準的評估嗎？你對這些問題的意見如何呢？

果。一旦運用任務結果法，地毯清潔工的績效將按每天清潔多少平方碼來計算；推銷員的標準則是在本身業務區域內的總銷售量、銷售額成長率及新增客戶數。

行為法反映了什麼？

若要評估部屬的行爲，就需要有觀察部屬的機會，或根據特定行爲的標準來建立向你報告的系統。按照前例，若要以行爲來評估地毯清潔工的績效，可包括到達工作地點的迅速程度，或每個工作日結束後，清洗裝備的徹底程度；至於推銷員方面，則包括每天平均聯繫的電話數或每年的平均病假數。

許多情況下，其實很難衡量部屬行動的直接結果，特別是人事工作及團隊中個人的工作；後者的團隊績效很容易評估，但每位成員的貢獻則難以衡量，甚至根本不可能清楚地確認。在此情況下，通常以員工的行爲作爲評估的標準。

✿ 評估個人特質法是否有用？

當你爲他人的可靠性、自信、上進心、忠誠度和合作性等評估時，你就是在評估個人的特質。專家認爲，以個人特質作爲評估的標準，不如任務結果法和行爲法有效，因爲個人特質涉及到績效潛力的預測，而非績效本身。所以，個人特質與工作績效之間的關係通常並不緊密，還往往帶有主觀成分。例如，好強代表什麼？是愛出風頭、喜歡支配人，還是自信？你對一個人在此方面的評估，往往取決於你對這個字詞的解讀。儘管以個人特質作爲標準存有不少缺陷，它仍然廣泛應用於組織裡的員工績效評估中。

如何取得績效數據？

一旦確定了績效標準、明白自己的期望、定義了評估標準，你就要開始收集績效數據了。這是每個主管都能夠且應該做的事。

最好的方法是持續收集績效數據；別等到對部屬正式評估的前一週，才開始收集必要的資訊。你應該爲每位部屬建立一個不斷更新的檔案，記錄影響他工作成敗的事件、行爲或結果。這些紀錄減少了僅靠回憶引起的錯誤，也提供你最終評量的依據。記住，經常性的觀察會提高數據的品質。你所擁有關於部屬績效的第一手觀察資料愈多，你所做的績效評估就愈精確。

績效評估方法

一旦有了數據，就可以正式開始績效評估了。可能的話，使用組織提供的表格，不然就用自己設計的評量表格。表格的目的是改變人們認爲，每個人都在編造他人整體的工作績效，所以要用系統化的績效評估程序取而代之。此程序增加了結果的準確性和一致性。

有三種評估方法，即對於部屬可根據絕對標準、相對標準和目標進行評估。沒有方法永遠都是最好的，而是各有其優缺點。記住，你的選擇還是受到組織的人力資源政策及程序所支配或限制。

什麼是絕對標準法？

絕對標準法就是員工並不與其他人相比。它包括以下的方法：書面評語、重要事件、事件清單、絕對評量尺度和定錨式行爲尺度量表。

書面評語

書面評語
(written essay)
描述部屬的優缺點、以往績效、潛力，以及改進建議的書面敘述。

最簡單的評估方法，可能就是以簡單的書面敘述部屬的優點、缺點、以往績效、潛力和改進建議。**書面評語**(written essay)不需要複雜的表格或大量的訓練就能完成；缺點是其結果依賴寫作者的能力。評估的好壞既取決於部屬的實際工作績效，也取決於你寫作的風格。

重要事件

重要事件
(critical incidents)
著眼於決定員工執行職務的有效或無效的重要行為事件。

重要事件(critical incidents)著眼於決定員工能否有效執行一項工作的行爲，即記錄員工的哪些行爲是特別有效或無效。此時的重點是只記錄具體的行爲，而不是定義模糊的人格特質。重要事件清單記錄了豐富的事例，部屬可從中看到做得好及有待改進的行爲。

事件清單

事件清單 (checklist)
選出符合部屬情況選項的行為描述清單。

事件清單(checklist)是在一張描述行爲的清單上，選出符合部屬情況的選項。如圖表12-2所示，你只要根據每個問題選擇是或否。對主管來說，這方法的優點是快又比較簡單，但也有它的缺點：第一是成本；如果組織有很多工作類別，則每個類別都要設計不同的清單項目。第二；只是簡單地回答是或否，

圖表12-2　事件清單範例

	是	否
1. 多數時候能執行主管的命令？	＿＿	＿＿
2. 員工很快找到顧客？	＿＿	＿＿
3. 員工能否向顧客推薦其他商品？	＿＿	＿＿
4. 沒顧客的時候，員工是否能夠忙於其他工作？	＿＿	＿＿
5. 員工會在公共場所發脾氣嗎？	＿＿	＿＿
6. 員工會主動幫助同事嗎？	＿＿	＿＿

無法提供關於部屬行爲程度的數據，尤其在你希望他們改進的時候。

絕對評量尺度

最古老、常用的評估方法是**絕對評量尺度**(adjective rating scale)；圖表12-3顯示其最常見的項目。

絕對評量尺度用於衡量如數量、品質、工作知識、合作性、忠誠度、可靠性、出勤、誠實、正直、態度及主動性等的數據。如果不考慮忠誠或正直等主觀特質（除非有特定的行爲術語來定義這些特性），此方法的精確度是最高的。

你還可根據絕對評量尺度的各項因素，標出描述部屬最恰當的選項。設計評量尺度時的挑戰，在於讓評量的主管既瞭解評估的因素，又瞭解相應的尺度分數。

爲什麼絕對評量尺度如此流行？雖然它的訊息沒有書面評語或重要事件來得深入，卻有許多優點：建立和管理所需的時間更少；提供量化的統計與比對；不同於事件清單，它有更多標準化的項目，爲不同工作類別的員工，提供了比對的可能性。此外，這種量化的評估可在受到質疑時，爲主管的人事決定提供支援與辯護。

定錨式行為尺度量表

定錨式行為尺度量表(behaviorally anchored rating scale,

絕對評量尺度
(adjective rating scale)
用等級或量表，以數量、工作品質、工作知識、合作性、忠誠度、可靠性、出勤率、誠實、正直、態度及主動性等作為評估因素，描述員工表現的評估方法。

定錨式行為尺度量表
(behaviorally anchored rating scale, BARS)
幫助主管根據由多個項目組成的連續問卷對員工進行評分的等級，評估要點是員工的行為表現實例而不是一般性描述或個性特點的量表。

圖表12-3 絕對評量尺度範例

績效評估因素	績效評估等級				
	1	2	3	4	5
工作品質是指工作的準確性、技巧和完整性	經常令人不滿意	偶爾令人不滿意	經常令人滿意	有時表現優秀	經常表現優秀
工作數量是指在正常工作天之中完成的工作數量	經常令人不滿意	偶爾令人不滿意	經常令人滿意	有時表現優秀	經常表現優秀
工作知識是指員工達到滿意的工作績效時，應具備的相關職務訊息。	對工作職責了解得很少	偶爾令人不滿意	能回答多數與工作有關的問題	理解職務	精通職務
可靠性是指主管不在場的情況下，遵守公司的政策和命令。	需要經常監督	偶爾能夠守紀	通常被認為可依靠	很少需要監督	完全不需要監督

BARS)結合了重要事件及絕對評量尺度的主要成分，可根據多種項目組成的連續問卷，對員工進行評量。然而，重點是員工在工作中行爲表現的實例，而不是一般性的描述或特質。

定錨式行爲尺度量表指定了明確、可觀察及衡量的工作行爲。對每項工作任務而言，藉由列舉的有效或無效行爲，得到工作行爲和績效標準的樣本，再把這些行爲樣本轉化成一系列的績效水準，而每一績效水準都有不同的績效行爲標準與之對應。這一過程的結果是許多行爲的描述，如期望、計畫、執行、解決當前問題、執行命令和處理緊急情況。圖表12-4列出了員工關係專家的BARS範例。

對於BARS的研究顯示，它能減少評量的錯誤，但是此工具最大的價值，在於發展出不同於那些從特質基準發展而來的標準。設計行爲標準有利於員工及主管辨別出哪些是好的工作表現、哪些則是不良。

然而，BARS並非十全十美。它也有多數評量方法的缺點，

圖表12-4 員工關係專家的BARS範例

「員工關係專家獲取和傳達政策能力」的業績範圍度量表(BARS)

這名員工關係專家：

9 可作為組織中其他人得知新政策及政策變動的訊息來源

8 能迅速察覺計劃的變動並向其他員工解釋

7 能正確協調相互抵觸的政策和程序，以便配合人力資源管理的目標

6 能意識到獲取額外訊息的需要，以便更能理解政策的變動

5 能在收到指令後，正確地完成各種人力資源管理表格

4 需要一些幫助和練習，才能掌握新的政策和程序

3 能意識到問題的存在；但在多次碰壁後，才能意識到自己的錯誤

2 不能正確地解釋方針，因此帶給直線經理許多問題

1 即使反覆解釋仍然學不會新程序

資料來源：Reprinted from *Business Horizons,* August 1976. Copyright 1976 by The Foundation for the School of Business at Indiana University.

甚至存在著建立及維護成本較高的問題。

如何使用相對標準？

第二類績效評估標準是相對標準；員工在被評估績效時，要與其他人相比較。此處將討論兩種相對方法：團體次序評等法及個人評等法。

團體次序評等法

團體次序評等法(group-order ranking)是把部屬歸入特定的分類，如「頂端的1/5」或「次1/5」。如果你有二十名部屬，以團體次序評等法來分類的話，只有四名部屬能進入頂端的1/5，當然也有四名屬於後段的1/5（見圖表12-5）。

團體次序評等法
(group-order ranking)
把部屬歸入特定的分類，如「頂端的1/5」或「次1/5」。這種方法可避免主管誇大或平均化對部屬的評估。

圖表12-5 團體次序評等法分布

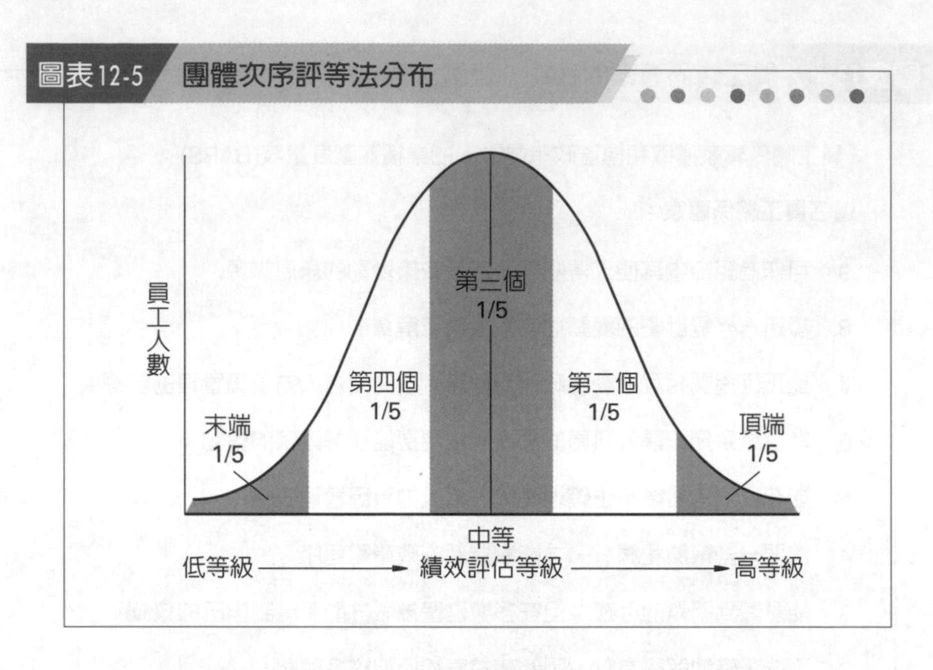

團體次序評等法的好處是避免你誇大對部屬的評估，彷彿人人都好，或平均地評估，讓每個人都在平均水準左右；這些都是圖形評量表常見的問題。但如果比較的員工人數很少時，此法的主要缺點就出現了；極端的例子是假如你只評估四名部屬，而他們都很優秀，你卻必須將其列爲頂端的1/4、次1/4、第三個1/4和後段1/4。當然，隨著樣本規模的擴大，相對評分的準確性也會增加。

另一個缺點是「零和考慮」，也是相對標準的通病；換句話說，所有變動必須相互抵消。假如你部門裡有十二名績效各異的部屬：三名在頂端的1/4、三名在次1/4，依此類推，排在第六的員工排在次1/4。但可笑的是，如果兩名列在第三個1/4的部屬離開你的部門，又沒有其他人替代，那麼排在第六的員工就要跌到第三個1/4了。由於相互比較，平庸的員工可能因爲「矮子裡面挑高個的」而獲得了高分。然而，如果不考慮絕對的標準，績效優秀的員工卻可能因爲競爭激烈而評分不高。

個人評等法
(individual ranking)
要求主管將所有部屬從績效最高按順序排列到最低的方法。

個人評等法

個人評等法(individual ranking)是將所有的部屬，按順序從績效最高的排到最低的。此法中，只有一個人是「最好的」。該方法也假設人與人之間的差異一致；也就是說，如果評估三十名員工，那麼第一名和第二名員工之間的差異，與第二十一名和第二十二名員工之間的差異便相同。此法不允許並列的出現，可說是其優點，因為這能避免你在績效評量中規避差異；主要的缺點是當差異極細微、甚至不存在時，此法就顯得誇大及過分強調差異。

目標法

評估績效的最後一種方法是運用目標，這其實是第3章介紹過目標管理法(MBO)的應用。

一旦你和部屬建立了一套要他實現的具體可行、又能衡量的目標，你就有了衡量其績效的標準。在目標期限的末期——可能是月、季、半年或一年，你和部屬可以一起評估他表現得如何。如果目標經過仔細地選擇，能與部屬的績效標準相配合，也記錄下來以備衡量，那你就可以透過它，做出對部屬的整體工作績效相當準確的評估了。

看過評估方法的類型後，它們在你班上是怎麼應用的？教授對你的評估是如何達成評估的三個目標？（見「問題思考」）

績效評估的潛在問題

儘管你和部屬盡量避免在績效評估過程中，出現偏私、歧視和個人癖好的傾向，但此過程仍會出現不少潛在問題。下列因素越佔優勢時，績效評估就越受到扭曲。

何謂評分過高或過低的錯誤？

每位評估者都有自己的價值觀，這就成了評估的標準。對於某人眞實或確切的績效，有些評估者評得過高，有些則評得過低；前者犯了正向的**評分錯誤**(leniency error)，後者則是負向

評分過高或過低的錯誤 (leniency error)
誇大或貶低員工的績效，給予員工高於或低於實際評估的得分，前者為正向的評分錯誤，後者為負向的評分錯誤。

問題思考（或用於課堂討論）

學生評量

到現在爲止，本章所有的內容幾乎都適用於課堂。你每天到學校上課，每份你做的測驗、作業，都可被用來評估；即使你沒這麼想過，但你的確正被人如此評估。

讓我們來看看你是如何受到評估的。你的導師很可能已在課程摘要中，列出了他的評分方案。它是基於絕對標準、相對標準、目標法，還是三者的整合？例如，在一次總分爲一百分的測驗中，你的分數是根據絕對標準（100分）來評定的。如果你的導師把測驗分數做成曲線，則會出現一些相對標準，而課程的最後分數或許會取決於你實現既定目標的情況(目標)。這類例子不勝枚舉。想想你是怎樣被評估的；你認爲它們符合評估的三個目的──回饋、發展、提供依據嗎？如果你有機會重新設計班級的評估內容，你有什麼建議嗎？當然，你要知道，「不評估」是不可能的。

的評分錯誤。當評估者在評量中過於寬厚，員工的績效就會被誇大，即比實際現象評得高。同樣地，負向的評分錯誤貶低了員工的績效，給了員工低於實際績效。

如果組織內的每位員工都由同一個人評估，應該不會有任何問題。就算有錯誤存在，但對每個人的影響是一樣的。然而，組織內如果有不同的評估者犯了不同的評分過高或過低的錯誤，問題就出現了。例如，珍跟史帝夫在不同的主管手下從事同樣的工作，他們的工作績效完全相同。如果珍的主管傾向於評分過高錯誤，史帝夫的主管卻傾向於評分過低錯誤，結果將會是兩種截然不同的績效評估結果。

月暈效果如何影響績效評估？

月暈效果(halo error)是指由於某人在某些特定因素上的評量特別高或特別低，造成所有因素中的評量都偏高或偏低。舉例來說，如果有位員工看起來比較值得信賴，會使你在針對他的許多特質評價上，產生過於正面的評估偏誤。

月暈效果 (halo error) 由於個人在某些特定因素上的評分特別高或特別低而造成在所有因素中評分都偏高或偏低的傾向。

那些爲大學生設計每學期評量教師教學評量表的人，必須考慮到月暈效果。當學生欣賞教師在課堂上的某些表現時，可能會在所有方面都把他評爲優秀。同樣地，幾個不良習慣——上課遲到、作業批改緩慢、安排很難的閱讀作業等，都可能讓學生把教師評爲「極差」。

相似性錯誤

當評估者在評估時，額外考慮自己具有的特質時，他們就犯了**相似性錯誤**(similarity error)。認爲自己有上進心的主管，會在評估時考慮他人的上進心，而具有這種品格的人會從中得益，沒有的人則受損。

相似性錯誤
(similarity error)
評估者在評估別人時特別考慮自己具有的特質。

同樣地，如果由同一位評估者來評估組織內的所有員工，問題就不會出現。然而，當不同的評估者都強調自己的標準時，評估的可信度顯然就會降低。

近因錯誤

大部分的人對昨天發生的事，都會記得比半年前的事清楚。這就令評估過程可能出現近因錯誤。

近因錯誤(recency error)使得主管在評估員工時，更重視、也會去回憶員工接近評估末期的工作行爲。如果你每年6月1日都要對每名部屬進行評估，你很可能記得他5月份的成績和失誤，卻忘了他去年11月份的表現。我們每個人既有表現好的時候，也有表現差的期間——甚至也有表現好的月份和表現不好的月份，而且不會在同一時期發生；那麼半年或是一年一次的評估，可能會由於員工接近評估時點的工作表現而發生嚴重偏差。

近因錯誤
(recency error)
評估者在評估別人時會回憶和更重視員工近期或接近評估期末發生的工作行為。

集中趨勢錯誤

不論受評者是誰以及適用何種標準，評估者可能一律採用同樣的評估模式；主管也可能不願使用極端評估值，阻礙其有目的及精確地進行過程。這兩種不願採用極端評量的作法，都稱爲**集中趨勢錯誤**(central tendency error)。

集中趨勢錯誤
(central tendency error)
評估者，既避開了「特優」項，也避開「極差」項，所有的分數都集中在「普通」或中間點上下。

犯了集中趨勢錯誤的評估者，既避開了「特優」項，也避開「極差」項，所有的分數都集中在「普通」或中間點上下。例如，如果你在1～5的評量表中把所有人都評爲3，那他們之間就沒有任何差異了。迴避差異使得員工的工作績效，比實際績效更相近。

你是否屈服於給分要甜的壓力呢？

在大型保險公司工作的一位職員，對績效評估後工資的微幅調升十分失望，畢竟主管給了她86分的總分。她知道公司的評估系統把「優異」定義爲90分或以上、「良好」是80～89分、「一般」是70～79分、「差」是70分以下。當這名員工從朋友那裡聽說，她工資的增幅低於公司的平均水準時，顯得十分困惑。你可以想像，當她與人力資源副總會面後，得知公司人員的平均分數是92分時，她會有多麼地驚訝。

這個例子顯示評估的一個潛在問題──給分要甜的壓力。在這種情形下，主管讓部屬之間的分數差異最小化，使得所有人的評量都提升了一個等級。給分要甜的壓力問題向來存在，但在過去三十年中卻越演越烈。由於公平價值觀變得越來越重要，以及考量員工對不能取得優異成績的不滿可能引來的惡果，評估者因而傾向於不那麼極端，反而藉由整體提高評分來減少消極的影響。

如何克服障礙？

即使存有影響有效評估的障礙，並不代表評估者就要爲此妥協。你可以透過以下方式來克服這些障礙。

不斷記錄部屬的績效

爲每名部屬建立一份檔案，不斷記錄關於他們成績和行爲的具體事例，包括日期和細節。當你正式評估部屬時，你就有了他們在評估期內績效記錄的持續歷史資料；這可將近因錯誤減少到最小，不僅增加評量的可信度，也爲你的評估提供了具體的支持依據。

以行為作為衡量的標準

正如之前所提，以行爲作爲基礎的方法，比以個人特質爲基礎的方法來得精確。許多被認爲與績效有關的個人特質，實際上與工作的關係微乎其微，甚至完全沒有關聯。忠誠、主動、勇氣和可靠等特質顯然具有吸引力，組織也希望員工具有這些特質。然而問題是，在這些項目得分高的員工所展現的績效，會比得分低的那些人來得好嗎？我們無法回答這個問題，只知道有些員工在這些項目得分很高，績效卻很差；也有些人的績效很好，可是在這些項目上的分數卻很低，因此可以得出結論：忠誠、主動這些特質都是企業所重視的，卻沒有證據支持這些特質在許多跨部門的工作中，是創造績效必不可少的因素。另外，正如之前提過的，個人特質在有多位評估者的情況下，難以達成共識。你認爲忠誠的，我卻可能不這麼想。

以行爲作爲衡量標準，可以解決這兩方面的矛盾，因爲它們使用的是具體的績效事例，包括好的和不好的，你也避免了使用不恰當替代詞的問題。此外，由於你評估的是具體的行爲，也增加了多位評估者達成一致的機會。你可能覺得某個部屬很親切友善，我卻認爲她的表現平平；但如果要你藉由具體事例爲她評分，我們可能都會認爲她經常對客人說：「早安！」，很少給予同事建議或幫助，以及總是避免和同事閒聊。

結合絕對標準和相對標準

絕對標準的一個主要缺點，就是會受到給分要甜的壓力的影響——評估者趨於提高受評者的評分。另一方面，受評者之間的實際差別極少時，相對標準也會出現問題。

最明顯的解決方法就是結合絕對標準和相對標準來進行評估。例如，你可以結合絕對評量尺度和個人評等法。如此一來，如果A主管給了包伯．卡特86分，在17人的部門中排名第4，而B主管也給了緹娜．布萊克斯頓86分，但在14人的部門中排名第12，那麼比較這兩名員工的績效會更有意義。可能B主管部屬的績效比A主管的更好；B主管也可能是受到給分要甜的壓力。藉由同時提供絕對和相對評估，可以更好、更精確地比較不同部門之間的員工。

使用多重評量法

評估者的數目越多，取得更多精確數據的可能性就越高。如果評估者的失誤趨於常態分配，那麼當評估者的數目增加時，多數結果就會向中間集中。你可以看到該法應用在跳水、體操及花式溜冰上。一組評估者同時評估一項績效，去掉最高分和最低分，剩下的分數加起來就是最終結果。多重評量法的原理同樣可用在組織中。

如果有一名員工被十個人評估，九個人評她優秀，一個人評她差，那個評她差的評估者所引起的作用就很小。因此，多重評量法減少了評分過高或過低的錯誤、相似性錯誤和集中趨勢錯誤等評估者個人造成的偏差，提高了結果的可信度。

360度績效評估 (360-degree appraisal) 由主管、員工、同事和其他人士所提供的績效評估回饋。

多重評量法的一個特殊例子，是現在組織中流行的**360度績效評估**(360-degree appraisal)。360度績效評估是從本人、主管、同事、團隊成員、顧客及供應商等來源中，尋求回饋的評估方法（註2）。

在現在活躍的組織中，傳統的績效評估系統太古老了。組織規模的縮減使得主管的工作職責更重、更多人向他報告。因此，在某些情況下，主管不可能非常了解每個部屬的工作，而且現今的公司中，專案團隊和員工的參與度的提高，組織於是得下放評估責任，以便做出更精確的判斷（註3）。

360度績效評估有利於發展多方面的關注與瞭解。許多主管

你要如何評量這位老師呢？這很難說。如果你只重視他上課是否活潑、生動，忽略你究竟有沒有學到東西，便是犯下了月暈效果的錯誤。

並不知道部屬對他們的主管和工作表現的看法，例如，通用汽車釷星廠的人事主管傑瑞・華勒斯(Jerry Wallace)，自認爲對於新事物和技術抱持開放的態度，但他的部屬卻認爲他是不折不扣的「控制狂」。經由心靈探索加上領導診斷的分析，傑瑞發現部屬的看法是正確的，他總算明白爲什麼沒人想和他共事，害他總是單打獨鬥（註4）。在這個案例中，360度績效評估消除了傑瑞職涯發展的嚴重障礙。

研究證實了360績效評估的效益，其中包含獲得更準確的回饋、授權給員工、降低評估過程的主觀因素和發展組織中的領導能力（註5）。此外，爲了增加評估的眞實性和效率，奧的斯電梯(Otis Elevator)甚至在網路上進行360度績效評估（註6）。

✿ 選擇性的評估

身爲員工的直屬上司，你無法總是對員工績效中的所有關鍵項目，進行綜合評估，只能評估那些你充分瞭解、又能親身觀察員工表現的工作領域。如果你只評估這些方面，就能處於評估的有利位置，使得評估過程更加準確。

如果部屬的工作中，有些重要部分你不能做出準確的判斷，就該結合你的評估與其自評、同事評估，甚至是客戶的評估。很多銷售主管把客戶評估作爲他們評估銷售代表的一部分，因爲主管經常得離開，這就限制了他們觀察部屬工作表現的機會，而使用同事的評估將增加評估過程的眞實性。

訓練評估者

好的評估者不是天生的，如果你的評估技巧尙有缺陷，就應該參加評估技巧的訓練，因爲證據顯示訓練能使你的評估更準確。

評分過高或過低的錯誤、月暈效果等一般錯誤，在主管練習觀察及評估行爲的研習課程中，就可以大量減少或完全消除。這些研習課程通常舉行一至三天，有時也不一定需要許多時間來參加訓練。例如，評估者參加了只有五分鐘的講解後，月暈效果和評分過高或過低的錯誤馬上減少了（註7)。然而，訓練的效果會隨著時間的流逝而逐漸減弱，因此應該定期進行課程的更新。

處理團隊的績效評估

基本上，績效評估的概念完全以個別員工爲中心來發展，反映了個人是建立組織之基本單位的傳統觀念。本書就多次提到，近來有越來越多的公司以團隊型式進行重組（見「號外！當代組織的績效評估」)。

以團隊爲基礎的部門，其工作績效是由每個人對團隊的貢獻，以及此人成爲優良團隊成員的能力來決定的。這兩種績效水準若由團隊成員來評估，都會優於團隊主管的評估。因此，我們建議對那些靠團隊進行工作的員工，在評估時應包括同事的評估；如此一來不僅增加了團隊的自主性，也增強了合作的重要性和評估的眞實性。另外，你應該考慮藉由衡量團隊績效

當代組織的績效評估

號外！

明確的績效標準是績效評估的基礎。這個基本事實說明了若要員工工作有效率，他們必須知道並理解對他們的期望。然而，此概念只適用於有明確的職務說明和規範，而且工作多樣性極少的組織。換句話說，傳統的績效評估是爲了傳統組織而設計的，而當組織遠遠偏離傳統時，一切又會如何？讓我們來看看幾種可能性。

首先，爲員工設定目標將成爲過去。你的員工可能根據快速變換的工作需要，從某個專案進行至另一個專案，卻沒有任何正式的績效評估系統，可以跟上此類工作的複雜性。第二，員工可能有幾個主管，而不單是你。那誰有權進行績效評估呢？很可能是團隊成員自身設定目標及相互評估；有人甚至懷疑，這將是一種不斷進行的非正式過程，而不是過去那種每十二個月進行一次的正式「儀式」。

總之，雖然在績效評估方面有了重大的改變，但不能因此認爲不用去重視員工的績效評估。相反地，個人評估仍佔有相當重要的地位，主要的不同是員工的績效訊息，將從很多管道——任何熟悉其職務的人——收集。

來降低對個人貢獻的重視。當團隊有完成特定目標的明確責任時，評估團隊的整體表現比著眼於個別成員的更合理。

反應績效問題

一旦部屬做出不符合工作環境的行爲（如鬥毆、盜竊、無故曠職等）或無法滿意地完成工作，你必須加以干預。但在開始任何干預行動前，你必須確定問題。如果發現績效問題與能力有關，你應著重於鼓勵訓練及發展。但假如問題與個人意願有關，無論他是有意還是無意地不改正問題，**員工諮詢** (employee counseling)都是較合適的解決方法（註8）。

員工諮詢 (employee counseling) 無論自願與否，在員工不願意或不能夠滿意地完成工作時，鼓勵訓練及發展所付出的努力。

你對員工諮詢應有怎樣的認識？

雖然員工諮詢的程序各有不同，但還是應該遵循一些基本步驟（見圖表12-6）。

傾聽員工說了什麼

你要是不聽聽他們是怎麼說的，就不能有效地提供他們諮

圖表12-6 諮詢流程

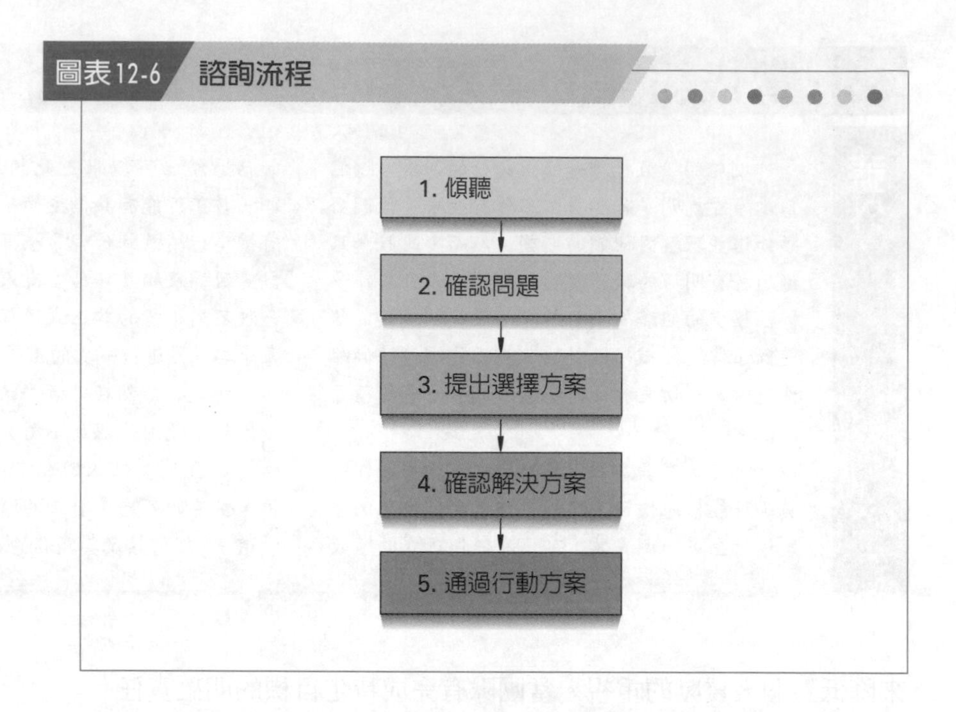

詢。你的行為應該呼應員工的需求及個性，而這些資訊不透過積極聆聽是無法準確得知的。

當你和部屬坐下來時，你要表示自己想幫忙的意願。然後聽他說了什麼。當然，也要聽出他的弦外之音。部屬認為問題為何？他覺得誰應為此負責？他的情緒是否理性？不要太快做出判斷，試著不置可否地掌握部屬對情況的看法。當你試圖從他的角度充分理解問題時，決定部屬是否正確並不那麼重要。

確認問題

聽完部屬的主要看法後，就要開始確認問題及其成因。他認為問題是什麼？由於誰或什麼原因？這問題如何影響他？如果有，部屬應該承擔什麼責任？但你必須記得，你只是批評某些行為，而非你的部屬！

提出選擇方案

每個問題有不同的解決方案，而且在多數情況下，也都有多種選擇可以改正問題，這需要深入的探討及闡明。「參與」

在這一階段特別有用，因爲你能發現和知道員工可能遺漏的細節。因此，結合你和部屬的觀察，將得到許多高品質的選擇。

一旦確定了方案，接下來就要好好地評估。每個方案的優缺點是什麼？一人計短、二人計長，你的目標是讓部屬去衡量各個行動方案的優缺點。

✿ 確定解決方案

哪個方案對部屬最好？記住，對某個部屬最好的選擇，並不一定對其他人也是最好的，所謂適合的方案應該符合員工的獨特個性。最理想的是你和部屬都同意此方案。無論最終方案是由你、部屬或你們共同制定的，你都必須確定部屬願意接受此方案。不被部屬接受的方案，對問題不會有絲毫改變。

✿ 擬定行動計劃

最後，部屬需要實施解決方案的明確行動計劃。應該具體準備什麼？什麼時候做？需要什麼資源？

讓部屬來總結討論的內容，以及他應該具體準備什麼，通常這是結束員工諮詢的一個好辦法。你應該將未來的某一天，設定爲追蹤檢查的時點，重新評估部屬的進步。如果不需要正式的會議，就要求部屬準備一份有關改進的簡短備忘錄。如此將有效地提醒部屬你對他改進的期望，並作爲你評估部屬進步的有效控制工具。

你的行動是否合乎道德？

你有權干涉部屬的私人生活嗎？這是一個很實際的問題，需要我們提供道德諮詢。部屬把他們個人日常生活中的大量問題和挫折，帶到工作中。例如，他們不能爲嬰兒找到不錯的日間看護；十幾歲的孩子被學校退學；與配偶爭吵；一名家庭成員精神崩潰；債台高築；好朋友於車禍中重傷；父母診斷出重病。

不干涉員工的個人生活是明智的，但這常常不太可能。為什麼？因為個人和工作之間並沒有明顯的界線。想想發生在部屬丹妮絲身上的情況。丹妮絲的兒子前一天晚上因攜帶毒品被捕了，她幾乎整個晚上都在和警察和律師周旋。今天，她工作時既疲倦又冷漠、不能集中精神、心思不在工作上。相信部屬每天工作時會把個人情緒留在家裡，是幼稚且不實際的想法。

部屬有隱私權嗎？當然！但當個人問題影響到工作績效時，你不要認為詢問這些問題會超出你的權限。要耐心傾聽，慷慨地幫忙解決問題。如果你的要求遭到拒絕，那就別強迫他們。但如果部屬明白他的個人問題影響了工作績效，而你也講清楚了績效不改進的後果，你就已經涉及道德界線了。如果部屬不願公開他的個人生活，身為主管也沒權力去幫忙解決他個人的問題。然而，你有權利和義務讓部屬瞭解，如果個人問題干擾到工作，他就必須解決個人問題。必要的話，你應該樂意提供幫助。

總複習

本章小結

閱讀本章後，你能夠：

1. **描述績效評估的三個目的**。績效評估既是評估與發展的工具，也是法律的依據。它能回顧過去績效、確定成績與不足；還能提供詳細的訓練與發展計劃來改善績效，更能作爲支持和決定人事異動的法律文件。
2. **區分正式與非正式的績效評估**。正式的績效評估是定期、有計劃的，由主管與部屬討論和回顧後者的工作表現。非正式績效評估是主管對部屬每天表現的評估及回饋。
3. **描述績效評估在法律上的主要考量**。主管應該確實遵循公司手冊（如果有的話）上的所有評估政策及程序，並盡力避免偏見和歧視，將法律問題減少到最低限度。
4. **確定三套主管最常用的評估標準**。主管評估時常用的三個標準是個人任務結果、行爲及個人特質；前兩種在多數情況下比第三種好。
5. **比較絕對與相對標準**。絕對標準把員工的績效與個人的特質或行爲相比，而非與其他員工相比。相反地，相對標準則把員工互相比較。
6. **列出影響績效評估的人為錯誤**。影響績效評估的人爲錯誤包括評分過高或過低的錯誤、月暈效果、相似性錯誤、近因錯誤、集中趨勢錯誤和給分要甜的壓力。
7. **定義360度績效評估**：360度績效評估是經由主管、員工、同事、團隊成員、顧客、供應商等人提供績效回饋，來進行全面性的績效診斷。
8. **描述員工諮詢的目的**。員工諮詢的目的，在於解決由員工思想問題所引起的績效問題。

問題討論

1. 你認爲爲何很多主管不喜歡、甚至迴避給部屬績效回饋？
2. 比較主管評估、自評及同事評估的優缺點。
3. 設定目標與績效評估之間的關係爲何？
4. 比較內部與外部回饋。
5. 如果評估行爲優於評估個人特質，爲什麼許多組織會用努力、忠誠或可靠程度等特質來評估員工？
6. 比較書面評語與BARS。
7. 在一個人負責所有評估的小型組織中，能夠消除人爲錯誤嗎？請解釋。

8. 主管要如何才能使扭曲評估過程的錯誤減到最低程度？
9. 什麼是360度績效評估？使用這種績效評估方式的優缺點爲何？
10. 你相信員工諮詢比處罰部屬更好嗎？請解釋你的觀點。

實務上的應用

進行績效評估

要如何正確地發展出績效評估的流程呢？我們提供以下的輔助原則。

步驟一：提早安排正式評估的時間，並做好準備

和與員工會談前，必須先完成許多準備工作。你應該複習員工的基本職務說明、之前設定的分期目標以及員工的績效表現紀錄。此外，你應該提早排定評估會談的時間，以便讓員工有機會準備與會的相關資料。

步驟二：創造讓員工放鬆的環境

績效評估會引發出許多情緒，應該盡力讓員工在舒服的氣氛中進行面談，如此員工才容易接納建設性的回饋。

步驟三：向員工說明績效評估的目的

必須確認員工確實瞭解績效評估的目的，績效評估是否隱含著加薪或其他人事決策的訊息呢？如果是，請確保員工明瞭評估流程以及結果。

步驟四：讓員工參與評估的討論並進行自評

績效評估並非單向的溝通，即便你身爲主管，好像該在評估面談中多說些話，但事實上卻不然。在此場合中，必須讓員工擁有充分的機會參與討論、針對你所提出的事件提出問題，並增加他們所擁有的工作數據和想法。加入員工自評是可確保績效評估爲雙向溝通的方法，你必須積極地聆聽他們的自我診斷，因爲這種方法可幫助創造一種參與的環境。

步驟五：對事不對人

批評員工是導致績效評估中情緒性障礙的原因之一，請把討論焦點專注在所觀察到的行爲。例如，不該批評一個員工的報告根本一無是處，反之，應指出你認爲問題是在於員工沒有花時間校對報告的這項行爲。

步驟六：運用具體事例來支持你的評量

具體事例可幫助員工更加理解你所要表達的意思，與其說有些事情不夠好（主觀的看法），還不如盡可能將你所要表達的內容具體化。例如，針對報告撰寫不佳的員工，指出報告前兩頁中有五個文法錯誤就是很具體的表達方式。

步驟七：同時給予積極和消極的回饋

績效評估並非都是負面的，雖然有些看法認爲這個流程專注於負面訊息，但績效評估應該要讚揚優良的工作表現。正面回饋就像負面回饋一樣可以幫助員工更加瞭解自我的績效表現。例如，雖然這份報告沒有達到你所預期的標準，但員工還是在有限時間內完成了這份工作，這樣的行爲依舊值得一些正面的讚許。

步驟八：確保部屬瞭解績效評估中會即將討論的事項

在績效評估的最後，特別是在有要求員工確實改善的個案中，你應該要求員工摘錄會議中的討論內容，此舉可確保員工有接收到你所傳達的訊息。

步驟九：發展一份發展計劃

大部分的績效評估都圍繞在提供回饋和建檔，但尚需另一項要素，也就是當組織鼓勵訓練發展時，必須發展一個計畫，其中包含員工未來該如何發展，以及主管對於協助員工進步的承諾。

資料來源：See also P. Peters, "7 Tips for Delivering Performance Feedback," *Supervision* (May 2000), pp. 12–14.

有效溝通

1. 撰寫二到三頁的報告，描述工作分析和績效評估的關係；最好能指出明確的實例。
2. 瀏覽下面這個網站(http://nefried.com/360)並點選《人力資源雜誌》(HR Magazine)的文章，其中包含組織使用360度績效評估的優缺點數據。摘要該篇文章，並在報告最後發表你是否相信所有組織都能使用360度績效評估的看法。

個案

個案1：運動鞋店的績效評估

在運動鞋店，正式的績效評估每年進行一次，每個主管要在十月份對每名部屬進行評估，以便及時發出年終員工獎金。因此，主管比爾・馬汀(Bill Martin)必須嚴肅對待這項工作。

在比爾與區經理討論對店裡每名員工的評估報告後，馬汀要坐下來分別與每個員工回顧他們的績效。他要在十一月與員工舉行評估回饋會議，這次面對面的會議對員工得到比爾對他們的績效回饋很重要。會議也要求員工確定可以改進績效的部分。

公司有一份評估員工的標準表格。表格由一組公司各層級的員工代表完成，它包括以下幾項：工作知識與技巧、工作品質、生產力或工作數量、遵守公司的政策和程序、計畫及組織工作能力、設定工作先後順序能力、口頭及文字溝通能力、工作態度、團隊工作與和同事工作能力、合作與忠誠、接受改變、可靠性與準時性、主動性和足智多謀。

現在比爾・馬汀要對部屬進行評估了。他眞的不喜歡這方面的工作，因爲很難做到客觀。他清楚地記得去年與他老板萊絲莉・辛斯的會議。比爾耳邊還回響著她的話：「很顯然的，你的所有部屬在各方面的評分都這麼高，這怎麼可能呢？」比爾知道自己很難接受她以不太禮貌的口吻提醒他沒有做好人事管理，他不想這樣的事今年再度發生。

案例討論

1. 你認爲比爾爲什麼如此擔心他與區經理的會議？他應否改變自己對評估部屬評分的看法？爲什麼？
2. 比爾・馬汀的部屬從他們的評估中得到什麼好處？壞處呢？
3. 比爾能做些什麼來改進商店裡的績效評估？
4. 進行績效評估時，有什麼法律問題是比爾・馬汀及其他主管必須注意的？製作一份讓比爾遵循以減少法律問題的指南。

確保工作環境的安全與健康

學習目標

讀完本章之後，你應該能夠：

1. 探討職業安全與健康法案的監督功能。
2. 列出職業安全與健康管理機構檢驗的優先順序。
3. 針對職業安全與健康管理機構，解釋其可對組織執行哪些懲罰。
4. 描述主管如何配合職業安全與健康管理機構的要求，來進行資料建檔和保存。
5. 描述安全和健康意外的主要發生原因。
6. 解釋主管如何預防工作場所的暴亂。
7. 定義壓力。
8. 解釋主管如何創造健康的工作環境。
9. 描述員工協助計畫與健康計畫的目的。

關鍵詞彙

讀完本章之後，你應該能夠解釋下列專業名詞和術語：

- **腕隧道症候群**
- **員工協助計畫**
- **緊急的危險**
- **意外發生率**
- **過勞死**
- **肌肉及骨骼系統疾病**
- **國家職業安全衛生研究所**
- **職業安全與健康法案**
- **重複性壓力傷害**
- **病態建築物**
- **壓力**
- **壓力源**
- **健康計畫**

有效能的績效表現

人力資源經理光是聽到「工作場所暴亂！」就聞風喪膽。爲什麼一位軟體測試人員會突然闖入位於美國麻薩諸塞州、自己任職的高科技公司中，殺害了七名同事？殺死同事的美國康乃迪克州樂透彩券公司(Connecticut State Lottery office)職員、加拿大渥太華槍殺四名員工的卡爾頓大眾運輸系統(Ottawa-Carleton public transit system)員工又如何？別忘了，還有美國郵政機構的槍擊事件，以及在平靜的夏威夷發生的全錄(Xerox)死亡槍擊意外。幸運的是，這些頭條事件並非常態，我們的社會和工作場所仍充滿著奉公守法、慈悲憫人的大眾。我們應專注於了解人們行爲背後的原因，因爲即使在最佳的狀態中，人們還是可能做出令人匪夷所思的行徑，所以要格外留意異常行爲和此類災難事件的連結關係。接下來，請思考1999年六月一日發生的美國阿肯色州小岩城國際機場(Little Rock National Airport)的個案。

六月一日晚間，美國航空1420班機在降落前的幾分鐘，因爲猛烈的側風導致難以著陸。飛機降落時，利用擺尾飛行試圖減速，最終卻仍打滑失速，在撞擊跑道燈後停在阿肯色河堤防邊。撞擊後發生了火災，145位乘客和機組員受困，最終共十一人不幸身亡，但其中只有三人的死因與起初的撞擊和火災有關，其餘的受難者居然是在逃生過程中喪生！乘客在混亂中尖叫、推擠，甚至踩踏身形嬌小或行動不便的乘客，導致這場原本生還者罹難的悲劇。

當大眾忙著逃生時，詹姆士·哈利森(James Harrison)這位年僅二十一歲的大學生卻放棄了逃生的機會，反而挺身而出，幫助許多受困乘客離開飛機，結果自己因爲濃煙和毒氣在逃生門邊殉難。

導言

主管在法律上，有責任確保工作場所沒有任何威脅生命安全的危險，並確認工作環境的條件對員工的身心無害。當然，意外仍有可能發生。據公司的回報估計，全美每年與工作有關詹姆士·哈利森擁有什麼與眾不同的力量？他們是天生的英雄嗎？或許是吧！然而，那些倉皇逃生的乘客呢？他們爲何表現出如此不同的行爲？這些是許多研究者和航空公司都想瞭解的問題。這是爭先恐後造成的悲劇嗎？克倫菲爾德大學(Cranfield University)的研究者並不如此認爲。

針對英國民航管理局(Civil Aviation Authority of England)和美國聯邦航空總署(U.S. Federal Aviation Administration)的測驗，發現了一些耐人尋味的行爲。在一架載有150名乘客的靜止班機中，研究者提供前三十名離開飛機的乘客每人五英鎊（約八美金）。接著，研究者目睹了一場瘋狂的暴動：乘客以跑百米的速度飛奔到救生門，還爲了先一步離機而大打出手；動作較慢的乘客則被無情地踩踏。儘管研究者已經宣布，這只是一場模擬，機上的任何人都沒有生命危險，實驗的參與者卻只爲了一點小報酬就不顧一切，甘願冒著傷害自己或他人的風險。

請想像一下，當我們的生命或其他重視的事物受到威脅時，這些標榜適者生存的慌亂和攻擊行爲，將會如何變本加厲呢？對於麻州槍擊案的受難者來說，他們生命的價值居然僅是美國國稅局對槍擊者薪資的扣押，這是多麼令人悲傷和對生命的浪費啊！

資料來源：Based on B. Leonard, "HR Staff among Victims of Fatal Worksite Rampage," *HR News* (February 2001), p. 1; M. Bai, "Massacre at the Office," *Newsweek* (January 8, 2001), p. 27; L. Miller, K. Caldwell, and L. C. Jackson, "When Work Equals Life: The Next Stage of Workplace Violence," *HR Magazine* (December 2000), pp. 178–180; "Xerox Cited for Violations Due to Hawaii Shootings," *Wall Street Journal* (November 8, 2000), p. C-13; Jennifer McLaughlin, "The Anger Within," *OH & S Canada* (December 2000), pp. 30–36; A. Levin and L. Parker, "Human, Mechanical Flaws Cut Off Path to Survival," *USA Today* (July 12, 1999), pp. 1A and 8A; and "Connecticut Lottery Office Swept Clean of Traces of Gunman," *The Sun* (March 11, 1998), p. 9A.

的死亡人數約達六千名，受傷和生病的人數爲五百萬人，而這些傷亡也導致每年九千萬工時的損失，造成全美公司每年超過一千一百億的龐大成本（註1）。或許聽來相當無情，然而主管必須關心員工的安全和健康，至少看在意外造成的巨額損失上。

職業安全與健康法案
(Occupational Safety and Health Act, OSH Act)
透過標準和規範來強化健康的工作條件，以及保存人力資源的法律。

從上個世紀初到1960年代間，工殤的比例和嚴重度已大幅下降。然而，一直到1970年，才終於通過員工安全與健康領域中最重要的法令——**職業安全與健康法案**(Occupational Safety and Health Act)（註2）。

職業安全與健康法案

職業安全與健康法案的通過，戲劇性地造成主管必須確保工作條件符合適當的標準。

職業安全與健康法案樹立了明確易懂的健康標準，並且嚴格監督公司確實達成這些標準，還授權職業安全與健康管理機構來督察公司的遵守程度；也要求雇主保存傷病的檔案，以便日後統計意外比率。幾乎所有美國境內從事州際商務的公司，都適用此法案；不適用該法案的公司，也必須遵從各州職業安全與健康的法令。職業安全與健康法案的建立非常複雜，其中包含噪音分貝、空氣雜質、防護設備、廁所隔間高度和正確的樓梯尺寸等各方面的條件。此外，職業安全與健康管理機構會研究重複性壓力或運動傷害、長期使用電子顯像終端機導致的眼部傷害、在護理活動中受到使用過注射針頭的傷害，以及發展企業教育和訓練的計畫。

在聯邦公報(Federal Register)中的原始職業安全與健康法案，共有350頁，另有大量的歷年修訂和解釋。主管必須熟知並確實遵行這些標準（見圖表13-1）。

職業安全與健康管理機構檢驗的優先順序為何？

職業安全與健康管理機構標準的檢驗程序，因事件和組織性質的不同而有所差異。一般而言，職業安全與健康管理機構的檢驗標準中，訂有五個優先順序，按照優先順序依序為：緊急的危險、過去48小時發生的嚴重危險、目前員工的抱怨、針對高度傷害比率之目標產業的檢查、隨機抽檢。

圖表13-1　職業安全與健康法案的海報

You Have a Right to a Safe and Healthful Workplace.

IT'S THE LAW!

- You have the right to notify your employer or OSHA about workplace hazards. You may ask OSHA to keep your name confidential.
- You have the right to request an OSHA inspection if you believe that there are unsafe and unhealthful conditions in your workplace. You or your representative may participate in the inspection.
- You can file a complaint with OSHA within 30 days of discrimination by your employer for making safety and health complaints or for exercising your rights under the *OSH Act*.
- You have a right to see OSHA citations issued to your employer. Your employer must post the citations at or near the place of the alleged violation.
- Your employer must correct workplace hazards by the date indicated on the citation and must certify that these hazards have been reduced or eliminated.
- You have the right to copies of your medical records or records of your exposure to toxic and harmful substances or conditions.
- Your employer must post this notice in your workplace.

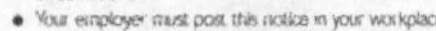

The *Occupational Safety and Health Act of 1970 (OSH Act)*, P.L. 91-596, assures safe and healthful working conditions for working men and women throughout the Nation. The Occupational Safety and Health Administration, in the U.S. Department of Labor, has the primary responsibility for administering the *OSH Act*. The rights listed here may vary depending on the particular circumstances. To file a complaint, report an emergency, or seek OSHA advice, assistance, or products, call 1-800-321-OSHA or your nearest OSHA office: • Atlanta (404) 562-2300 • Boston (617) 565-9860 • Chicago (312) 353-2220 • Dallas (214) 767-4731 • Denver (303) 844-1600 • Kansas City (816) 426-5861 • New York (212) 337-2378 • Philadelphia (215) 861-4900 • San Francisco (415) 975-4310 • Seattle (206) 553-5930. Teletypewriter (TTY) number is 1-877-889-5627. To file a complaint online or obtain more information on OSHA federal and state programs, visit OSHA's website at www.osha.gov. If your workplace is in a state operating under an OSHA-approved plan, your employer must post the required state equivalent of this poster.

1-800-321-OSHA

www.osha.gov

U.S. Department of Labor • Occupational Safety and Health Administration • OSHA 3165

說明：原始檔案爲http://www.osha-slc.gov/Publications/osha3165.pdf.

緊急的危險(imminent danger)是指即將發生意外的狀態。雖然這是第一優先的項目，並可採取預防措施，卻很難定義其危險的情境。事實上，有些個案將緊急危險定義爲正在發生的意外，並保留了許多想像和解釋的空間。例如，當你使用自動提款機領錢時，突然有人用槍抵住你的臉，並惡行惡狀地要求給錢，這是緊急的危險嗎？當然，大部分的人會認爲這「絕對」是緊急的危險，但根據某種解釋，這種情況非「緊急的」危險，除非這位施暴者開槍攻擊受害人，還掠奪他的皮夾。遺憾的是，這時若要擔心緊急的危險也爲時已晚，人身安全已經受到了威脅。

緊急的危險
(imminent danger)
即將發生意外的狀態。

上述情況會導致嚴重傷害或死亡這類第二順位意外的發

生。根據法律，主管必須在事發48小時內，向職業安全與健康管理機構分支單位回報這種嚴重意外，如此才能進行研究調查，以避免相同原因的意外再度發生。

第三順位是員工抱怨，也是任何主管都很關心的項目。如果員工發現有任何違反職業安全與健康管理機構訂立的標準時，他們有權致電職業安全與健康管理機構，並且要求進行調查。在職業安全與健康管理機構調查之前，員工可以拒絕在存有疑慮的項目工作，特別是當工會存在時。例如，在一些工會的合約中，如果員工堅信暴露出危險中，可以合法地拒絕上班。不論最後調查的結果僅止於員工的抱怨並沒有眞憑實據，或是裁定公司勒令改善，直到職業安全與健康管理機構到達處理前，員工依法享有帶薪停工的權利。

第四順位是鎖定目標產業的偵察，如果要一一偵查全美數百萬的工作場所，需要十萬名全職的監察人員。然而，職業安全與健康管理機構在過去十年間已大幅刪減預算，資源也相當有限。因此，若要發揮最大的效益，職業安全與健康管理機構便要開始與州立的健康與安全機構合作，共同關注高受傷比率的產業，如化學加工製程、屋頂和金屬薄板製造、肉品加工製程、伐木和木料加工製程、旅遊居家車和野營車，以及裝卸搬運工作。

1990年建立的一個新規定，也要求所屬員工處理有害廢棄物（如化學廢棄物或醫療廢棄物）的主管，嚴格遵守受到限制的作業程序。這類主管必須偵測員工在廢棄物中暴露的狀況、發展安全計畫且和員工溝通該計畫，並提供必要的防護設備。

最後的第五順位是隨機抽檢。職業安全與健康管理機構的監察人員，通常有權在無預警的狀態下進入任何工作領域，以便確認該工作場所是否確實遵守標準。然而1978年時，最高法院裁決了馬紹爾－巴洛公司(Marshall v. Barlow's Inc.)（註3）的一項作爲：該公司的主管不讓沒有搜索票的職業安全與健康管理機構監察人員，進入該組織。此舉不但無損職業安全與健康管理機構調查的能力，更證明了該組織需要更嚴格的檢查。請別將搜索票誤認爲是安全感的來源；如果有需要，職業安全與健康管理機構監察人員可以輕易獲得必要的合法文件。例如，當監察人員企圖評估佛羅里達州好萊塢外交旅館的建地時，遭到建商的拒絕，然而幾天後，他們便取得了搜索票而順利進入(註4)。

和職業安全與健康管理機構打交道的律師認爲，主管應盡力配合，而不應視檢查行動爲公然的侮辱；其強調的是對檢查流程產生共識後，才允許的檢查行動。然而，這並不表示你可以隱瞞任何違規。一旦監察人員發現，便會採取必要的行動。最後，建議各位和職業安全與健康管理機構監察人員，討論任何有關公司安全計畫的資訊，並且強調如何和員工溝通該計畫，以及執行、檢驗該計畫。

主管應該認爲這類的課扣罰金是無理或殘酷的嗎？法律允許組織和主管進行上訴，並由獨立作業的職業安全與健康審議委員會(Occupational Safety and Health Review Commission)審理上訴。雖然這個委員會的決議通常就是最終判定，雇主仍可透過聯邦法庭針對該委員會的判決，進行上訴。

主管如何保存職業安全與健康的紀錄？

爲了滿足職業安全與健康法案中的部分要求，高意外、傷害比率產業中的主管，必須保存安全和健康的紀錄。這類紀錄非常重要，因此，未被要求保留紀錄的組織（如學校和零售商店），也應該遵從法律規定。這些組織唯一的例外，就是可以減少花在維護安全類檔案的時間。職業安全與健康法案要求的最基本紀錄，是完成職業安全與健康管理機構的表300（見圖表13-2），而雇主必須保存這些安全紀錄五年。

一旦遵從職業安全與健康管理機構的紀錄要求時，主管會有「怎樣的意外需要記錄」的疑問。根據該法案的規定，任何與工作相關的疾病，無論嚴重與否，都應該記錄在表300上；另

圖表13-2 職業安全與健康管理機構的表格300和300A

OSHA's Form 300

Log of Work-Related Injuries and Illnesses

Attention: This form contains information relating to employee health and must be used in a manner that protects the confidentiality of employees to the extent possible while the information is being used for occupational safety and health purposes.

Year ______

U.S. Department of Labor
Occupational Safety and Health Administration

Form approved OMB no. 1218-0176

You must record information about every work-related injury or illness that involves loss of consciousness, restricted work activity or job transfer, days away from work, or medical treatment beyond first aid. You must also record significant work-related injuries and illnesses that are diagnosed by a physician or licensedhealth care professional. You must also record work-related injuries and illnesses that meet any of the specific recording criteria listed in 29 CFR 1904.8 through 1904.12. Feel free to use two lines for a single case if you need to. You must complete an injury and illness incident report (OSHA Form 301) or equivalent form for each injury or illness recorded on this form. If you're not sure whether a case is recordable, call your local OSHA office for help.

Establishment name ______

City ______ State ______

Identify the person			Describe the case			Classify the case										
						Using these categories, check ONLY the most serious result for each case:				Enter the number of days the injured or ill worker was:		Check the "injury" column or choose one type of illness: (M)				
(A) Case No.	(B) Employee's Name	(C) Job Title (e.g., Welder)	(D) Date of injury or onset of illness (mo./day)	(E) Where the event occurred (e.g. Loading dock north end)	(F) Describe injury or illness, parts of body affected, and object/substance that directly injured or made person ill (e.g. Second degree burns on right forearm from acetylene torch)	Death (G)	Days away from work (H)	Remained at work: Job transfer or restriction (I)	Remained at work: Other recordable cases (J)	On job transfer or restriction (days) (K)	Away from work (days) (L)	Injury (1)	Skin Disorder (2)	Respiratory Condition (3)	Poisoning (4)	All other illnesses (5)
					Page totals	0	0	0	0	0	0	0	0	0	0	0

Be sure to transfer these totals to the Summary page (Form 300A) before you post it.

Injury (1) Skin Disorder (2) Respiratory Condition (3) Poisoning (4) All other illnesses (5)

Public reporting burden for this collection of information is estimated to average 14 minutes per response, including time to review the instruction, search and gather the data needed, and complete and review the collection of information. Persons are not required to respond to the collection of information unless it displays a currently valid OMB control number. If you have any comments about these estimates or any aspects of this data collection, contact: US Department of Labor, OSHA Office of Statistics, Room N-3644, 200 Constitution Ave, NW, Washington, DC 20210. Do not send the completed forms to this office.

Page 1 of 1

OSHA's Form 300A

Summary of Work-Related Injuries and Illnesses

Year ______

U.S. Department of Labor
Occupational Safety and Health Administration

Form approved OMB no. 1218-0176

All establishments covered by Part 1904 must complete this Summary page, even if no injuries or illnesses occurred during the year. Remember to review the Log to verify that the entries are complete and accurate before completing

Using the Log, count the individual entries you made for each category. Then write the totals below, making sure you've added the entries from every page of the log. If you had no cases write "0."

Employees former employees, and their representatives have the right to review the OSHA Form 300 in its entirety. They also have limited access to the OSHA Form 301 or its equivalent. See 29 CFR 1904.35, in OSHA's Recordkeeping rule, for further details on the access provisions for these forms.

Number of Cases

Total number of deaths	Total number of cases with days away from work	Total number of cases with job transfer or restriction	Total number of other recordable cases
0	0	0	0
(G)	(H)	(I)	(J)

Number of Days

Total number of days of job transfer or restriction	Total number of days away from work
0	0
(K)	(L)

Injury and Illness Types

Total number of (M)

(1) Injury	0	(4) Poisoning	0
(2) Skin Disorder	0	(5) All other illnesses	0
(3) Respiratory Condition	0		

Post this Summary page from February 1 to April 30 of the year following the year covered by the form

Public reporting burden for this collection of information is estimated to average 50 minutes per response, including time to review the instruction, search and gather the data needed, and complete and review the collection of information. Persons are not required to respond to the collection of information unless it displays a currently valid OMB control number. If you have any comments about these estimates or any aspects of this data collection, contact: US Department of Labor, OSHA Office of Statistics, Room N-3644, 200 Constitution Ave, NW, Washington, DC 20210. Do not

Establishment Information

Your establishment name ______

Street ______

City ______ State ______ Zip ______

Industry description (e.g., Manufacture of motor truck trailers) ______

Standard Industrial Classification (SIC), if known (e.g., SIC 3715) ______

Employment Information

Annual average number of employees ______

Total hours worked by all employees last year ______

Sign here

Knowingly falsifying this document may result in a fine.

I certify that I have examined this document and that to the best of my knowledge the entries are true, accurate, and complete.

______ Company executive ______ Title

______ Phone ______ Date

資料來源：http://www.osha-slc.gov/recordkeeping/PKforms.html.

一方面，傷害只有在產生醫療行爲（不包含急救）、喪失意識、工作或行動受限和必須調職時才需要記錄。

職業安全與健康管理機構爲了幫助主管決定記錄與否，提供組織可參考的路線圖（見圖表13-3）。主管可以利用這個樹狀

圖表13-3　職業安全與健康法案規定的案件報告決定圖

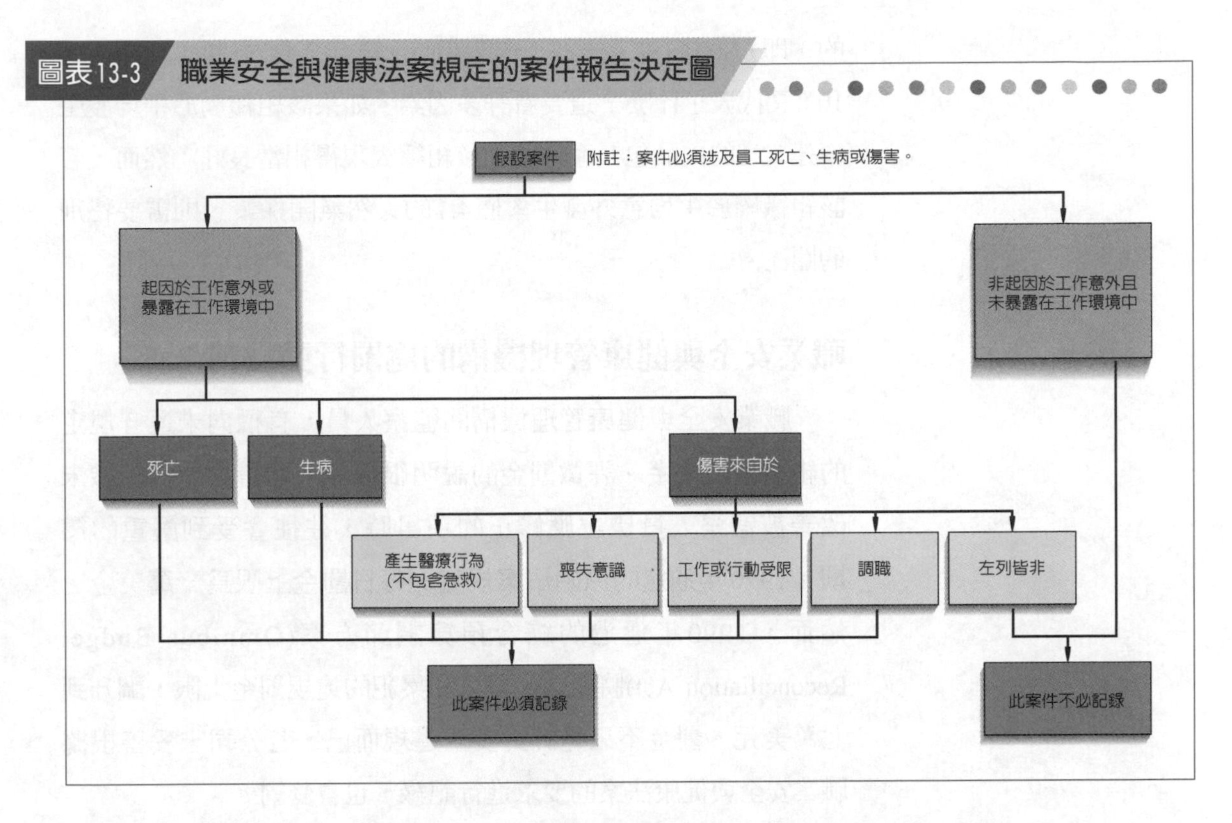

圖，決定該事件是否需要記錄。若要紀錄，則必須在下列三項中擇一歸類：致命、工作天的損失、以上兩者皆非；亦會使用部分資訊來決定組織的意外發生率。**意外發生率**(incidence rate)是衡量受傷、生病或損失工作天數等數目，相較於一百位全職員工常用基數的比例。職業安全與健康管理機構運用此比率，決定哪些產業和組織較容易受傷，需要格外注意。讓我們來看看意外發生率的計算公式和使用實例。

意外發生率 (incidence rate) 衡量受傷、生病或損失工作天數等數目，相較於一百位全職員工常用基數的比例。

計算意外發生率的公式是（N／EH）×200,000，其中：

- N是受傷或（和）生病或損失工作天的數目；
- EH是所有員工一年中所有工作天數的總和；
- 200,000是工作小時的基數（100位員工×一週40小時×一年50週）。

假設擁有1,800位員工的組織，一年有195件的意外，利用上述公式可推算出意外發生率爲10.8——計算式爲（195／3,600,000）×200,000，而3,600,000是由1,800×40×50得來的，即1,800名員工一週工作四小時，一年工作50週（註5）。這10.8又代表了什麼？這要看許多因素。如果該組織屬於平均發生率達32.1的肉品包裝產業，則該組織表現得相當良好；然而，若該組織屬於平均意外發生率僅4.1的天然氣開採業，則需要特別的關注。

職業安全與健康管理機構的處罰行動爲何？

職業安全與健康管理機構的監察人員，有權向未遵守規定的組織課徵罰金。課徵罰金的說明很複雜，簡言之，當組織未改善被監察人員標記應修正的項目時，往往會受到嚴重的懲罰。1970年通過的原始法案規定，每日罰金上限爲一萬美金，然而，1990年通過的綜合預算調節方案(Omnibus Budget Reconciliation Act)將嚴重、蓄意和累犯的違規罰金上限，調升到七萬美元。罰金不只是針對安全違規而已，若公司未妥善根據職業安全與健康法案的要求進行記錄，也會受罰。

根據職業安全與健康法案，如果員工死亡，則公司代表可能需負刑事責任。例如，皮若礦業公司(Pyro Mining)的三位主管，就因爲十名礦工的死亡而入獄服刑十八個月，公司還需支付四百萬美元的罰金（註6）。

職業安全與健康管理機構有效嗎？

職業安全與健康法案發揮得了效能嗎？答案是肯定的。事實上，該方案幾乎對全美所有的組織和主管，都造成直接和顯著的影響。一些大型組織會安排專門的主管負責安全方面的事宜，而職業安全與健康法案的標準，則讓組織更加重視健康和安全。

未來十年中，主管可對職業安全與健康管理機構，抱有怎樣的期待呢？雖然該機構仍會持續專注於組織是否遵守安全和健康的標準，但也會關注新興組織的問題，並借重**國家職業安全衛生研究所**(National Institute for Occupational Safety and Health,

國家職業安全衛生研究所 (National Institute for Occupational Safety and Health, NIOSH) 研究和設定職業安全與健康管理機構標準的政府機關。

號外！職業安全與健康管理機構＆受到使用過注射針頭的傷害

因應注射針頭安全及預防法案(Needlestick Safety and Prevent Act)的實施，職業安全與健康管理機構修正了血液感染的標準，並明確要求雇主挑選更安全的注射設備，也讓員工參與這項選擇過程，此外，這項最新標準也要求主管應避免員工誤觸污染的針頭而受傷。勞工部長艾力克斯．赫曼(Alexis M. Herman)表示：「職業安全與健康管理機構血液感染標準的修訂，重申了我們保護醫護人員的承諾。更新、更安全的醫療設備可以降低受到注射針頭感染的風險，並減少接觸致命血液而感染疾病（如愛滋病和C型肝炎）的機率。雇主必須和員工協商，並使用較安全的設備。」2000年3月，疾病管制局(Centers for Disease Control and Prevention)根據注射針頭安全及預防法案估計，選用較安全設備可預防62～88%醫院環境中的針頭傷害。

職業安全與健康管理機構的負責人查理斯．傑弗瑞斯(Charles N. Jeffress)也表示：「修正血液感染的標準，目的在於彰顯重新評估注射系統的重要性，並強調每年都要找出更安全的設備。紀錄所有針頭的新規定，將幫助雇主了解設備的效能和追蹤工作場所內的針頭數量。」

職業安全與健康管理機構修正血液感染的標準中，特別對較安全注射設備的關注，列爲每年評估工程控制計畫的一部分，如此可鼓勵雇主讓第一線員工選擇較安全的設備。新的防範措施也要求雇主建立對針頭的持續追蹤，而不只是記錄致病針頭的數量，或隱瞞受感染員工的訊息。

注射針頭安全及預防法案在2000年11月6日由國會一致通過，且經前總統柯林頓(Cliton)簽字同意。此法案代替職業安全與健康管理機構來制定標準規範，企業也必須快速接納這個轉變。另外，職業安全與健康管理機構修正血液感染的標準，也於2001年4月18日生效。

資料來源：National News Release USDL: 01-26, http://www.osha.gov/media/oshnews/jan01/national-20010118a.html, January 18, 2001.

NIOSH)，進行血液感染和化學加工安全等領域的研究和標準設定（見「號外！職業安全與健康管理機構＆受到使用過注射針頭的傷害」）。此外，該組織也專注於萊姆病(Lyme disease)的防治，特別是在容易接觸該病之媒介硬蜱（tick）的工作場所。此外，和重視個人的工作環境一樣，職業安全與健康管理機構也非常注重車輛的安全。

設定血液感染的相關標準，是爲了保護醫護人員不會感染到愛滋病或肝炎。因此，職業安全與健康管理機構建立了有關保護設備（如乳膠手套、護目鏡）的指南。若有可預防接種的疫苗，則需確保可能接觸該病菌的員工確實注射了疫苗。化學加工流程標準則是針對接觸化學或有毒物質的員工，所設定的特定規範。該標準要求主管進行「毒性分析測試」及矯正的措施。

對於化學危害的關心，促使數州通過知情權的法律。這類法律有益於辨明工作場所中的化學毒物，並要求主管必須告知員工可能接觸到的化學物質，以及可能對健康造成的威脅；有些法律也會規範化學物質的使用。雖然這些州定法律促進了工作場所有毒物質的資訊流通，有些州卻完全沒有相關的法律約束，因此，職業安全與健康管理機構在1983年發展了危害物通識標準(Hazard Communication Standard)，以便提供所有工作者一致的保護。此政策要求主管藉由標示內容物、分享製造商提供的數據資訊又名物料安全檢驗標示(Material Safety Data Sheet)，與員工溝通化學有毒物質。此外，接觸危害物的員工也應受過安全處置的訓練。此標準在1983年設立時，僅用於製造業，但到了1989年中旬，所有產業都有責任去遵從危害物通識標準（註7）。

第三個領域——車輛安全，也反映出職業安全與健康管理機構延伸員工安全範圍的興趣，這是因爲每年有將近一半的員工死亡，肇因於車輛意外，因而特別強調駕駛員的藥物濫用測試、安全設備和對駕駛員的教育。

最後，職業安全與健康管理機構持續研究最適當、最具生產力、符合人體工學(ergonomics)的工作環境設計，也爲此設立了專屬網站(http://www.osha.gov/ergonomics)，以便幫助組織了解人體工學的操作原理和效益。本章後面的章節中會繼續探討人體工學的議題。

工作安全計畫

既然企業關注於效率和利潤，爲何要花時間創造超過法律要求的工作條件呢？答案依舊在利潤本身。意外的成本對許多組織而言，可說是企業經營的額外支出。意外對雇主的直接成本是給予員工的賠償金，而該成本是由意外保險的規定所決定。此外，由雇主支付的間接成本金額，遠超過直接成本，其中包括員工因受傷而無法工作的工資、設備和物料的損害、研究和報告意外的人事費用，以及停工和人員交接造成的產量損失。不妨統計這些間接成本的影響，並描述全美所有產業意外成本的代價。

如同本章開頭所言，雇主必須承擔高達十億美金的工資和產量損失的意外成本，而意外造成的產量損失，甚至是罷工造成產量損失的十倍以上。但在過去，罷工卻比意外更引人注目。

造成工作相關意外的因素爲何？

意外發生的原因，可分爲人爲和環境因素。人爲因素是指因員工在工作時，不小心、酒醉或藥物成癮、恍惚等因素，造成錯誤或意外；相對地，環境因素是指工作場所及工具、設備、硬體廠房和工作環境等因素。兩種因素都相當重要，但相較之下，大多數的意外起因於人爲因素。不管多麼努力於創造零意外的工作環境，只要能夠專注於人爲因素，就能保持低度的意外發生率。

安全工程師最主要的目標之一，就是仔細檢查工作環境中的潛在意外來源；不只是觀察如鬆脫的階梯和地毯、通道上的油漬和眼睛可及的尖銳突出物等明顯因素，還需注意難以發現的潛在因素。職業安全與健康管理機構所設定的標準，正是搜尋潛在傷害的完美指引。

如何預防意外？

主管可利用哪些傳統的預防措施，來防範意外的發生呢？答案是透過教育、技能訓練、工程、保護、強化規定；上述方法整理在圖表13-4。

主管如何確認工作安全？

主管可藉由偵察工作環境來發展回饋系統，以確認規定和

圖表13-4 預防意外的機制

- **教育**(education)：透過張貼高能見度的安全標語、在企業刊物中刊登意外防治的文章、公告工廠已持續多少天未發生意外等，讓員工對工作安全充滿警覺性。
- **技能訓練**(skills training)：在學習過程中，加入公司意外防治的課題。
- **工程**(engineering)：藉由設備和工作設計來預防意外，其中包括消除工作中易讓員工感到勞累、乏味和恍惚的因素。
- **保護**(protection)：提供防護設備是必要的，其中包含安全鞋具、手套、帽子、護目鏡和滅音罩等。此外，機械的定期保養和維護也是保護措施之一。
- **強化規定**(regulation enforcement)：即便是最佳的安全條例，也會因為未經強化，而無法有效降低意外的發生率。此時，雇主必須為未經強化而發生的意外負責。

法令是否被強化；也可透過口頭或書面報告來了解有關強化的資訊，或是定期巡視、觀察工作環境來獲得第一手資訊。

安全是每一個人的責任，也應是組織文化中的一部分。高階管理者應提供購買安全設備和維修設備的資源，以便展現對安全的承諾。此外，安全也應列入每位員工的績效目標，如同第12章所言，員工容易忽略未列入績效評估之項目的重要性，因此，若是將安全列入績效評估，可向員工傳達公司重視安全的決心。

另一個促進安全的方法就是授權。組織中，有種員工團體叫做安全委員會，這不僅是因應工會要求而成立的單位，更能幫助公司和員工執行和維持良好的安全計畫。

安全的特例：工作場所的暴動

有鑒於對員工工作安全的日益關注，當今的焦點是放在日益增加、無預警的工作暴動上。沒有組織可以倖免於難，況且，此問題也日漸惡化（註8）。剛被處罰的員工槍擊地區郵局；沮喪的採購經理只因老闆不贊成他提出的文書處理方式，就刺傷老闆；因工資被扣押而感到不悅的員工，突然闖入工作場所槍擊同事；這類意外的發生已成爲普遍的現象。根據統計，每年有超過一千名員工在工作中被謀殺；超過一百五十萬名員工遭受襲擊。殺人行爲已成爲美國工作相關死因中的第二名（註9）。

暴力已經入侵美國的工作場所。我們不只要探討犯罪行爲，如計程車駕駛、零售商店店員的恐怖事件，還要歸納出這種趨勢包含的兩個因素：當地的暴力和不悅的員工。主管的要務就是預防工作場所的暴動，降低不幸事件發生時組織需承擔的責任。

由於每種意外發生的情境都不相同，公司因此不易擁有特定細節的計畫。然而，還是有些建議可供參考。首先、組織必須發展處理該議題的計畫，並檢視所有公司政策，以確保不會對員工造成負面影響。事實上，辦公室中的重傷罪多半起因於員工覺得不受尊重或自尊受損，例如未接獲任何通知就被解雇、處罰流程過於冷酷無情。健全的人力資源管理實務，即便是在處理解雇這類棘手的議題時，都會確認員工感到備受尊重，並注意不去傷害員工的尊嚴。

此外，必須訓練主管在暴力意外未發生之前，就偵察出問題員工（註10）。*員工協助計畫*(Employee assistance programs, EAPs)就是用來幫助這類員工，本章後面將詳細介紹該計畫。主管也可透過此計畫發現無法因該計畫獲得幫助的員工，並搶先在未傷害他人之前，就將問題員工移離組織。組織和主管應該用更健全的安全機制，例如，許多女性被攜帶危險物品的人所殺害，因而根據公司規定，手槍、小刀等危險物品都不該帶進公司。

遺憾的是，不管組織多麼小心地預防工作場所的暴力事件，仍有發生的可能。倘若意外發生，主管和公司領導者必須準備妥當來處理這種情況，並提供任何善後的協助。

病態建築物 (sick building) 不健康的工作環境。

維護一個健康的工作環境

每位主管都會擔心不健康的工作環境。如果員工因為持續頭痛、呼吸困難或害怕接觸造成長期健康傷害的物質，無法在工作上發揮適當功能，絕對會導致生產力的下降。因此，創造健康的工作環境不只是應盡的義務，也可為組織帶來效益。充滿有害的揮發性化學物質、石綿或因抽煙導致室內污染的**病態建築物**(sick building)，會對員工產生很嚴重的負面影響。由於大範圍的接觸石綿會導致肺癌，因此公司必須和環保局(Environmental Protection Agency, EPA)共同清除石綿，或至少封閉石綿的所在處，以免擴散到空氣中。然而，石綿並不是唯一的罪魁禍首！病菌、黴菌和許多人工合成的污染物，都會造成問題。

雖然特定的問題已經超過本文探討的範疇，仍有一些保持工作環境健康的建議可供參考（註11）：

- **確定員工擁有足夠的新鮮空氣**：提供新鮮空氣的成本，相較於處理問題善後的成本，可說是微不足道。這是一個簡單的戰略：打開關閉的通風口，有助於員工保存體力。
- **避免可疑的建材和家具**：請謹記，難聞的物品通常有害健康。可找其他替代品取代有臭味的地毯膠、以天然木材取代化學膠合板。
- **在購買新建物之前，先進行毒物測試**：若沒有進行該測驗，可能會導致健康問題。大多數的顧問表示，讓新建物在完工後先閒置一段時間，可消散毒物的氣味。
- **提供禁煙的環境**：如果你不想全面禁煙，就必須設定吸煙者專屬空間的空調設備。
- **保持通風管的乾淨和乾燥**：通風管中的水會繁衍黴菌，定期清理通風管可以在黴菌造成危害前，就先消除這些病菌。
- **注意員工的抱怨**：設計定期和特殊的員工紀錄，因為員工是最接近問題的人，因而擁有最寶貴的資訊。

主管必須遵從這些重要的建議。接下來，我們要探討其中一個關鍵的議題：創造無煙的環境。

如何創造無煙的環境？

企業應在公共場所禁煙嗎？如果在酒吧，禁煙政策可能會導致其無法生存。已有研究證實抽煙有害健康，並導致吸煙者保險費的調漲；此外，吸煙者也比非吸煙者更常曠職、因吸煙的休息時間而造成生產力的下降，甚至可能釀成火災而需要更多的例行管理，如清理煙蒂和煙灰，也會使他人被迫吸入二手煙。有鑒於抽煙對健康的危害和社會對健康的重視，無煙政策逐漸興起。事實上，超過一半的美國公司禁煙，另有23%的公司設有抽煙區。

雖然許多非吸煙者渴望公司全面禁煙，但在實務上卻有困難。對於吸煙的員工而言，立即的禁止是不可能的。對尼古丁的沉迷導致煙癮大的癮君子，不宜驟然戒煙，而是必須循序漸進。例如，讓有煙癮的員工代表，參與決定公司禁煙政策的目標和時程表，這代表組織的禁煙政策必須花上一段時間，或規定特定的吸煙區；如果企業選擇後者，則要確保吸煙區的通風良好，以免煙霧飄散到其他區域。

最後，組織必須尋找讓員工戒煙的誘因（見「解決難題：安全和健康計畫」）。就像前面所提及的，吸煙者的健保和壽險費用比非吸煙者高出許多，雇主只願支付和非吸煙者一樣多的保費，因此超額支出就由吸煙者自行負擔。公司必須提供多種讓員工尋求幫助的選擇方案，如戒煙課程。這些協助計畫同時也謹慎地表達了，公司希望消除在工作場所吸煙而導致問題的決心。

什麼是重複性壓力傷害？

當員工在座位和鍵盤高度不當等工作站設計不佳的狀況下，持續進行如打字等重複性動作，便可能產生**重複性壓力傷**

重複性壓力傷害 (repetitive stress injury, RSI)
因身體局部持續和重複性的活動而導致的傷害。

解決難題

安全和健康計畫

當越來越多的組織實施禁煙時，吸煙者該如何是好？有些組織讓吸煙者在室外抽煙，但這樣又會導致生產力下降、清理煙蒂和煙灰的問題。吸煙者是否擁有權利呢？已有研究證實吸煙有害健康，因此吸煙者的勞健保費用都比非吸煙者貴，而在一些個案中，雇主也要求吸煙的員工自行負擔這項加收的費用。公司嚴格地發展有關吸煙的政策，許多組織還要求員工簽訂禁煙保證。顯然，現在的情勢對吸煙者相當不利，但他們又能如何？

主管可以單憑應徵者吸煙就拒絕雇用嗎？這端視組織規定、工作要求和所在州郡而定，不過是有可能的！主管甚至可以因員工在自由時間吸煙而終止雇用關係。你認為主管是否有權干涉員工在非工作時間的行為？如果主管能以健康為由，阻止員工在自由時間抽煙，那其他的員工行為又如何？吃過量的高卡食物也有害健康，因此吃麥香堡是否會被檢舉？一些醫療協會成員表示，每日小酌一兩杯有助於預防心血管疾病，但飲酒過量卻對人體有害，因此，我們是否應該因為晚餐時段的一杯葡萄酒、或參與體育活動時的一罐啤酒，而被公司開除呢？

你的看法如何？我們應該如何界定和規範組織中的「健康」範圍呢？

肌肉及骨骼系統疾病 (musculoskeletal disorders, MSDs)
重複性壓力傷害導致的持續運動疾病。

腕隧道症候群 (carpal tunnel syndrome, CTS)
腕部的重複性壓力傷害。

害(repetitive stress injury, RSI)。這種現況也和**肌肉及骨骼系統疾病**(musculoskeletal disorders, MSDs)有關，這類疾病佔年度工作場所疾病的40%，並導致頭痛、腳部腫脹、背痛、神經損傷，造成全美公司每年近數十億美元的損失；其中最常見的是發生在腕部、影響數千名工作者的**腕隧道症候群**(carpal tunnel syndrome, CTS)。有鑒於肌肉及骨骼系統疾病的驚人規模，職業安全與健康管理機構在2000年底，發佈了有關人體工學的最終標準，而這項標準可望節省近百億美元的工作相關傷害成本（註12）。

降低重複性壓力傷害的主要方法，就是採用人體工學，包含創造適合個人的工作環境。現實顯示，每個人都具有不同的

持續使用鍵盤會導致肌肉及骨骼系統的疾病。職業安全與健康管理機構已針對此疾病的發生，進行深入的研究，希望能夠影響工作站的設計來降低這類傷害。因此，職業安全與健康管理機構在2000年末，也公布有關人體工學的標準。

體型、尺寸和身高等個體差異，因此，不可能期望標準格式的辦公家具都能適合每名員工。人體工學重視個體差異，並創造客製化的工作環境，因此不但能提升生產力，還可以保持員工的健康。

當我們談論人體工學時，通常會提及兩個主題：辦公環境和辦公家具。組織會檢視辦公室的配置、工作環境和公用空間，以便提供有益於生產力的氣氛。組織應該購買能夠減輕背部壓力和疲勞的新家具，設計得宜的辦公設備也可以減少重複性壓力傷害的發生。此外，公司可以使用讓眼睛感到較舒適的淡紫或灰色，淺色系也有助於整日操作電子顯像終端機的員工，舒緩眼部的疲勞。

壓力

壓力(stress)是個人面臨機會、限制或對未知重要事物的知覺需求時，所產生的動態感覺。壓力是很複雜的議題，此處將更詳細地介紹壓力的概念。壓力能以正面或負面的方式顯現。處於讓個人獲得機會的情境中，壓力可產生正面的效果，例如，運動員常利用壓力的提昇士氣(psyching-up)效益，來發揮本身的

壓力 (stress)
個人面臨機會、限制或對未知重要事物的知覺需求時，所產生的感覺。壓力能以正面或負面的方式顯現。

最佳表現；然而，當處於限制或需求中，壓力卻會產生負面效果。不妨讓我們來探索限制和需求這兩個因素。

限制是讓我們無法隨心所欲的障礙，像是你希望購買運動型休旅車，卻無法負擔三萬八千美元，這就是購買的限制。另一方面，需求會控制你的決定權，迫使你放棄一些慾望。如果你想在週二晚上和朋友去看電影，無奈週三有大考，此時便應優先考量大考；結果，需求會要求你調整事情的優先順序。

限制和需求會導致潛在的壓力。當它們伴隨對重要結果的不確定性時，就會成爲眞正的壓力。不管情境如何，只要能夠移除不確定性和重要性，就可以消除壓力。例如，你可能因爲預算限制而無法購買運動型休旅車，但若能贏得麥當勞大富翁遊戲，則可以消除不確定性。另外，如果你是旁聽生就沒有成績壓力，大考的重要度也不會存在。然而，當限制和需求對重要事件具有很大的影響，或是結果未知時，緊張就會加倍，並產生壓力的感覺。

當我們無意將人們生活中的壓力減到最低時，瞭解容易產生壓力的良好和不好的個人因素，就顯得非常重要。當然，當你考慮要和許多美國公司一樣，進行組織重組等變革時，可以預期到員工嚴重的壓力感，只是到底有多嚴重？與壓力相關的問題，造成美國公司每年數千億美元的成本！工作上的壓力是沒有國界的，四分之三的日本員工也有工作壓力的困擾，事實上，日本還有所謂**過勞死**(karoshi)的概念，即員工因工作過量而致死；明確地說，就是員工在先前一年工作超過三千小時後猝死的疾病。

過勞死 (karoshi)
因工作過量而猝死的日本專有名詞。

壓力的普遍成因是否存在？

產生壓力的眾多原因叫做**壓力源**(stressors)，而造成壓力的因素可歸納爲兩大類：組織因素和個人因素（見圖表13-5），兩者都會直接影響員工，並最終影響他們的工作。

壓力源 (stressors)
造成個人壓力的來源。

許多組織內的因素可以導致壓力。避免錯誤或是在特定時

圖表13-5 壓力的潛在來源

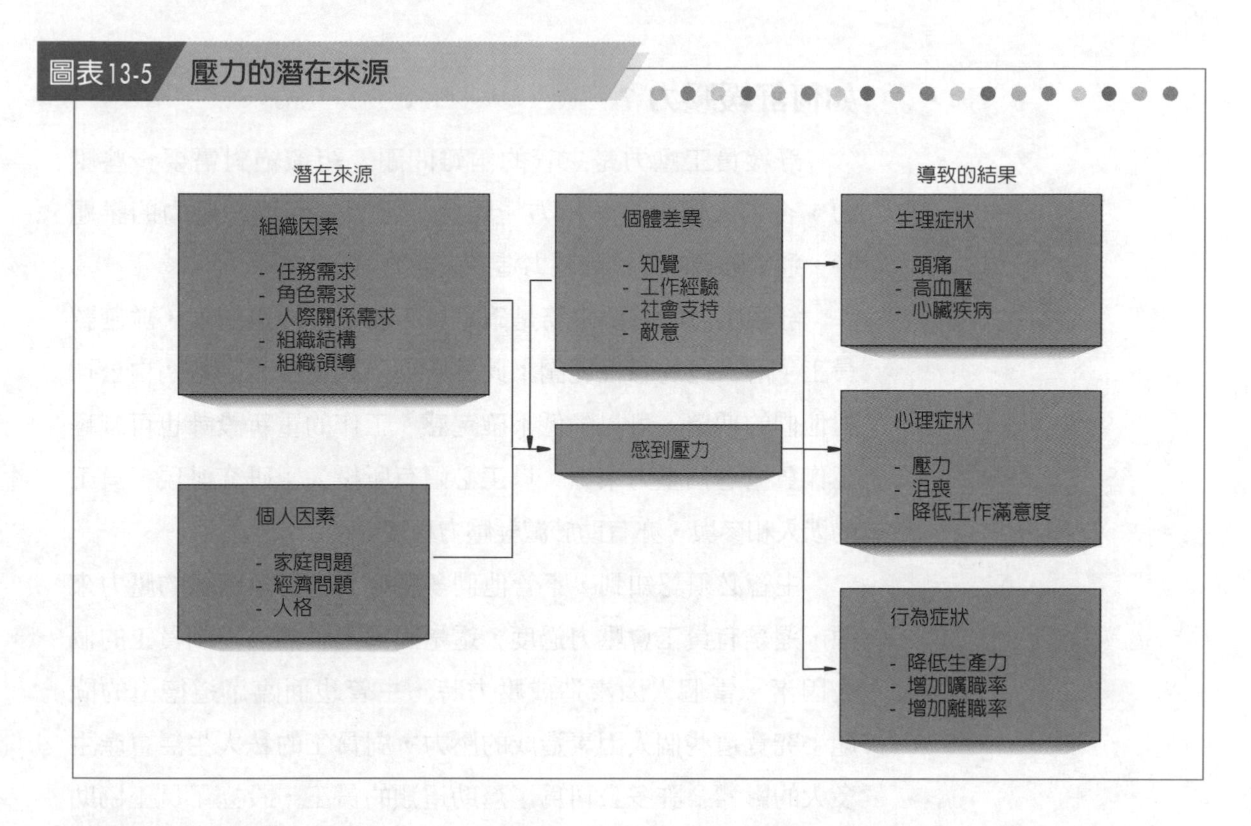

限內完成任務的壓力、嚴格的主管和不友善的同事，都是一些產生壓力例子。

什麼是壓力症候群？

何種指標可以顯示員工的壓力程度過高呢？壓力會以三種常見的方式表現：生理、心理和行爲症狀。

許多關於壓力的早期研究，都著重在對健康和生理的影響。高度壓力會導致新陳代謝的改變、心跳和呼吸加速、血壓升高、頭痛產生和增加心臟疾病的發生率。因爲偵察上述症狀須仰賴專業的醫護人員，因此主管較難提供相關的直接協助。

對主管而言，可觀察的心理和行爲症狀更爲重要。心理症狀包括緊張和壓力的增加、倦怠感的產生和工作拖延等降低生產力的現象；此外，也會降低生產力的行爲症狀包括飲食習慣的改變、煙癮變大、替代性的瘋狂消費、說話急促和睡眠失序等。

如何舒緩壓力？

舒緩員工壓力是主管的兩難問題。組織絕對需要一些壓力，否則人們會缺乏精力。因此，當談論到舒緩壓力的議題時，通常強調的是消除壓力造成失能的面向。

舒緩壓力的首要之務是確定員工和工作的適配度，並確認員工了解自己的職權範圍；此外，還要讓員工清楚地明白公司對他們的期望，可以降低不確定感。工作的重新設計也可減輕工作負擔這個壓力來源。員工必須有所投入；研究發現，員工的涉入和參與，亦有助於減輕壓力程度。

主管必須認知到，不管他們多麼努力去消除組織的壓力來源，還是有員工會壓力過度，這是因爲主管無法控制員工的個人因素。當個人因素造成壓力時，主管也面臨了道德上的問題：究竟這些個人因素造成的壓力，對員工的私人生活會產生多大的影響？許多公司爲了幫助這類的員工，設立了員工協助計畫和健康計畫。這些由雇主提供的計畫，提供員工在財務規劃、法律問題、健康、體適能和處理壓力等領域的幫助。

幫助所有的員工

任何產業或組織中的員工，都會有個人的問題——不管是工作壓力、法律、婚姻、財務或健康相關問題，總之，問題是確實存在的。如果員工遭遇到個人問題，將會影響在工作場所的表現，並且有生產力下降、曠職和離職率上升等行爲症狀。爲了幫助員工處理個人問題，越來越多公司實施**員工協助計畫**(employee assistance programs, EAPs)。

員工協助計畫 (employee assistance programs, EAPs)
員工尋求協助的第一站；此計畫的目標在於讓具有生產力的員工，盡可能快速回到工作崗位上。

員工協助計畫的來源爲何？

目前，全美約有一半的公司實施員工協助計畫，而這些計畫是由1940年代延伸發展而成的（註13）。杜邦(DuPont)、標準石油(Standard Oil)和柯達(Kodak)發現不少員工有酒精上癮的問題，因而實施包括教育員工酒精危害健康等課程的正式計畫。這些計畫隱含著一直堅持到現在的承諾──公司希望迅速讓具有生產力的員工，回到工作崗位上。讓我們來檢驗一下這些計畫的效果。

想像一下，你有位服務多年、績效表現一向良好的員工──羅伯特，突然間工作表現持續退步：工作品質下降、過去五週內遲到三次，還有謠言指出他有婚姻問題。當然，身為主管的你，有權依組織規定來處罰他，但僅是處罰未必能夠幫助他，甚至過了一段時間後，你還是得開除他。最後，組織將失去一名生產力良好的員工，畢竟就連替補該職位的員工，也需要約十八個月才能達到羅伯特先前的績效水準。然而，與其解雇員工，不如提供他個人化的員工協助計畫。這種值得信賴的計畫，可以幫助羅伯特找出問題的癥結並加以克服。雖然一開始時，羅伯特會頻繁地接受員工協助計畫的顧問諮詢，但一陣子後，羅伯特會返回工作崗位並提升生產力；四個月後，他的績效已經超過原本的水準。在這個假想的情境中，你只花四個月就可讓具生產力的員工重新振作，相較於開除方案所需的十八個月，員工協助計畫的效果快速許多。

為何要提供健康計畫？

組織中所謂的**健康計畫**(wellness program)，就是鎖定任何可以維護員工健康的計畫。這類計畫範圍廣闊，可能涵蓋戒煙、體重控制、壓力管理、體適能、營養教育、血壓控制、暴力防範和工作團隊問題的仲裁。健康計畫是透過預防健康的問題來節省雇主的健康成本，並降低曠職率和離職率（註14）。

健康計畫
(wellness program)
關注戒煙、體重控制、壓力管理、體適能、營養教育、血壓控制等事項的各種員工保健計畫。

有趣的是，健康計畫就像員工協助計畫一樣，只有在員工認為這些計畫有價值時才能奏效。不幸的是，全美僅有約四分之一的員工使用健康計畫。若要提升使用率，必須要有幾項關鍵的標準：第一、必須獲得高階主管的支持；如果缺乏高階的資源支持，而是以個人名義使用健康計畫，將會傳達給員工錯誤的訊息。第二、除了針對員工的計畫，還必須提供員工家庭健康計畫。此舉不僅可以創造出全家共同維持健康的氣氛，更可以降低家庭醫療支出的可能。最後，就是員工投入的議題；如果計畫的設計忽略了員工的需求，即便是最佳的計畫也會失敗。因此，主管應藉由詢問員工計畫是否合宜，來鼓勵員工的參與。儘管許多主管體認到計畫的效益，但只有少數主管知道如何鼓勵員工參與。要是知道員工喜歡現場練習設備或是有氧運動，便較容易開始適當地發展健康計畫。

總複習

本章小結

閱讀過本章後，你能夠：

1. **探討職業安全與健康法案的監督功能**：職業安全與健康法案爲組織指出明確且容易瞭解的標準。這些標準常由主管強化、轉換成組織政策。
2. **列出職業安全與健康管理機構檢驗的優先順序**：職業安全與健康管理機構建立了五個優先順序，依序爲：緊急的危險、已發生的嚴重危險、員工的抱怨、目標產業的檢查、隨機抽檢。
3. **解釋職業安全與健康管理機構可對組織執行哪些懲罰**：職業安全與健康管理機構可針對組織中嚴重、蓄意、再犯的違規，課扣最高達七萬美元的罰金，非上述類型違規的最高罰金則爲七千美元。職業安全與健康管理機構會搜尋蓄意違反健康和安全規範的組織，並要求該組織負擔刑事或民事責任。
4. **描述主管如何配合職業安全與健康管理機構的要求，來進行資料建檔和保存**：特定產業的主管必須透過填寫職業安全與健康管理機構的表300，來確實記錄工作相關的意外、傷害和疾病，而這些資訊會用來計算組織的意外發生率。
5. **描述安全和健康意外的主要發生原因**：意外的起因可分爲組織和個人因素：個人因素包括一時大意、藥物或酒精成癮、恍惚、對工作的無能或其他人爲的疏失；組織因素包括工具、設備、實體工廠和一般的工作環境。
6. **解釋主管如何預防工作場所的暴亂**：主管應藉由確認組織政策不會對員工造成負面影響、發展解決相關議題的計畫，並訓練能獨立判別問題員工，達到預防工作場所的暴力事件。
7. **定義壓力**：壓力是個人面臨機會、限制或對未知重要事物的知覺需求時，所產生的動態感覺。情緒和（或）生理的耗竭、工作生產力的降低和機械化的工作，則會產生精疲力竭的狀態。
8. **解釋主管如何創造健康的工作環境**：主管可藉由移除如石綿、病菌、黴菌、煙霧等有害物質，或降低員工接觸這些物質的機會，來創造健康的工作環境。
9. **描述員工協助計畫與健康計畫的目的**：員工協助計畫與健康計畫可提供益於員工身心健康的多元服務，也可降低組織健康照護的成本。

問題討論

1. 職業安全與健康法案的目標是什麼？
2. 描述職業安全與健康管理機構調查的優先順序。
3. 試述三種預防意外的方法。主管如何確認預防意外的效果？
4. 意外發生率的計算方式爲何？試舉例說明之。
5. 什麼是壓力？爲什麼壓力有時是正面的呢？
6. 區別壓力的生理、心理和行爲症狀。主管最應關切哪類症狀？
7. 「主管應該幫助員工舒緩工作或非工作相關的壓力感」，你同意這種說法嗎？請討論。
8. 一些醫療專家相信，日常持續的運動對健康有益，並能提升抗壓性。對於要求在工作時間內抽空保持日常運動的公司，你有何看法？你認爲此舉有助於或有害於該公司的雇用能力？請解釋你的論點。

實務上的應用

發展安全技能

發展組織安全和健康計畫，需要幾項步驟。不論是否由某一特定主管來負責這項計畫的主要職責，每位主管都必須確保所有員工在安全的環境下工作。

實務作法

步驟一：讓主管和員工都參與安全和健康計畫的發展

如果主管或員工不能體會這項計畫的用途與效益，即便是頂尖的計畫也將失敗。

步驟二：推舉可信賴的人士來實踐這個計畫

計畫不會自行執行，而是需要有人來推動。這位負責人會負責配置計畫所需的資源，因此必須具備值得信賴而能堅持完成任務的特質。

步驟三：決定你工作場所需要的安全和健康必需品

就像每個人不盡相同一般，工作場所也都有差異。了解各個工作場所的特殊需求，將有助於決定需要哪種安全和健康的必需品。

步驟四：診斷存在於工作場所中的傷害

找出工作中安全和健康的潛在問題。你可透過了解這些問題的存在，發展預防的措施。

步驟五：糾正這項存在的傷害

如果診斷中確實發現一些傷害，那就必須抑制或消除這些傷害，其中包括透過其他方法（如穿著防護衣），來降低或控制傷害的影響程度。

步驟六：訓練員工安全和健康的技術

對所有員工施以安全和健康規範的訓練。必須讓員工明瞭如何以最安全的方式工作，以及必須使用哪些防護設備來保護自己。

步驟七：在員工的心中深植組織零傷害的概念

員工通常是最早發現問題的人，因此，必須建立讓員工能夠及時回報現場狀況和問題的方法，例如設置緊急程序等。此外，根據建議時程進行定期的機械維修，也能預防因故障導致的工作傷害。

步驟八：持續更新和修正安全及健康計畫

一旦實行這項計畫，就必須持續評估，並在必要時進行修正，因此，有關計畫進展的建檔文件是分析時的必要資訊。

有效溝通

1. 參觀職業安全與健康管理機構的網站(http://www.osha.gov)，閱讀討論職業安全與健康管理機構最新動向的網頁。撰寫二到三頁的摘要，來描述職業安全與健康管理機構最近的動向，以及這些舉動對員工和主管的影響。
2. 瀏覽Interlock公司有關員工協助計畫的網站(http://www.interlock.org)，並撰寫二到三頁的摘要，說明下列問題的研究：什麼是員工協助計畫的必備要素？Interlock公司如何評估員工協助計畫的成敗？又如何建議組織實施員工協助計畫？

個案

個案1：郵局暴力事件和員工處罰

受到處罰的美國郵政機構員工，代表著嶄新的意義。過去十五年中，已經發生數起不悅的員工回到工作場所挾怨報復的意外事件。每件個案都有一個共通點：員工都剛受到主管的處罰。

調查指出了數個此類事件發生的原因。員工通常進行單調且極端重複性工作，也缺乏針對郵務人員的專業訓練，經常只是臨時在工作場所簡單受訓而已。他們的工作量龐大，故常需數日才能完成一天的工作份額，又要受主管的監督，因而讓他們相當不滿。此外，郵務人員常會因主管的喜愛程度不同而受到差別對待。一般而言，不得主管歡心的員工較常被處罰，這也說明爲何不悅的員工會回來槍擊他們認爲偏心的主管。

案例討論

1. 你認爲郵局主管在執行處罰時，扮演了什麼角色？妥善處理懲罰流程的主管，要如何避免類似的反擊呢？
2. 你是否贊成在單調的重複性工作中，發展一項不只是考量工作表現、也注重員工情緒感受的不同處罰流程呢？請解釋你的論點。
3. 以你之見，大部分類似郵局意外這種環繞處罰的流程，能夠消除其潛在的困難嗎？請討論。

個案2：安全第一的山姆森公司

山姆森公司(Samson company)的提升生產力競賽中，喬．米勒(Joe Miller)和艾爾．史考特(Al Scott)的部門難分高下；喬的團隊目前暫時微幅領先。然而，上週喬的機械必須停工檢修，因此延遲了生產計畫，也很可能將冠軍寶座拱手讓人，於是引發了兩部門間的爭辯，喬的機械作業員也不願就此認輸。喬在星期一早上提早十五分鐘到工廠，而所有員工早就在機器前準備就緒，只待開始的鈴聲響起。

這種情況持續整週，喬的員工展現了最佳績效，星期四時幾乎就可以再度奪回第一名的勝利。

然而就在星期四的下午，一台機器突然故障。喬的得力員工——作業員提姆．漢利(Tim Hanley)爲了省時，嘗試自行修理機器，但就當他找到故障的部位時，他的一隻手指卻遭到嚴重的割傷，另一名員工趕緊施以急救並包紮，隨後喬帶湯衝往醫護室。

「他怎麼樣了？」另一名員工在喬回來時詢問。

「護士已經盡力了，現在將他送往醫院去了。」喬回答。

「提姆說我們只會失去他受傷的部分。」一位員工充滿讚賞地表示。數位員工也深表同意，而喬也知道同事將提姆視爲英雄。

然而，喬認爲提姆違反安全規定的行爲是很愚蠢的。喬的難題是要如何向其他團體成員解釋提姆的行爲。

喬很難處理這樣的情況，因爲提姆是一流的員工，但他貿然進入開機中的故障機器，確實違反了安全規範，而且他沒有修理的職權。一般這類事件的處罰是勒令停工三天，但此舉必定會讓喬的部門在比賽中落敗。況且，喬又何嘗不知提姆是爲了部門利益，才會做出如此魯莽的行爲，所以要是處罰提姆，勢必會損害提姆和提姆的部屬對組織的忠誠度。最後，喬決定等提姆回來再做定奪，因此並未依公司和職業安全與健康管理機構的要求，進行意外回報。

提姆在隔天下午帶著包紮的手回到公司，所有員工都熱情、眞誠地歡迎他，喬也不例外，但在歡迎會後，喬也告知提姆他所犯的錯誤。因爲喬很感激提姆爲了省時而付出的努力，所以提姆不需要受到停工三天的處分，但以後若有類似情節發生，便將會受到懲處。喬和裝配線上的團體公告說：「下次，我一定得依規定判處違規員工停工，這次我相信提姆受到的教訓已經夠了，現在全體回去工作吧！」接著，喬回到辦公室並開始塡寫意外報告，他在解釋意外發生原因的欄位上，寫下：「因機器故障導致作業員右手食指輕微的損傷。」

案例討論

1. 你認爲如果提姆不是那樣的員工時，喬的處理方式會有所不同嗎？爲什麼？
2. 未及時並誠實地塡寫意外報告，將可能造成怎樣的後果？
3. 如果你是個案中的主管，你會如何處置提姆和你的工作團體？
4. 此個案強調的是主管對安全的責任，還是達成更高績效標準的努力呢？

第14章

衝突、政治、談判和處罰

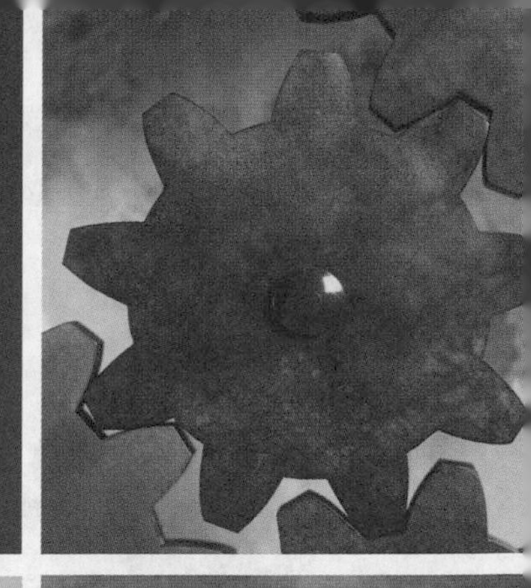

學習目標

讀完本章之後，你應該能夠：

1. 為衝突下定義。
2. 認識衝突的三個來源。
3. 列出解決衝突的五個基本技巧。
4. 描述主管如何激發衝突。
5. 定義政治。
6. 解釋組織中存在的政治活動。
7. 定義處罰和四類最常見的違紀行為。
8. 列出漸進式處罰的主要步驟。
9. 比較分配議價和整合議價。

關鍵詞彙

讀完本章之後，你應該能夠解釋下列專業名詞和術語：

- 包容
- 迴避
- 合作
- 妥協
- 衝突
- 衝突管理
- 文化
- 反對意見的鼓吹者
- 處罰
- 開除
- 分配議價
- 自由雇用
- 強制
- 熱爐法則
- 整合議價
- 協商
- 政治
- 漸進式處罰
- 地位
- 暫時停職
- 口頭警告
- 書面警告
- 非法開除

有效能的績效表現

雖然二十四歲的布萊德·麥肯尼(Brad McKinney)擁有作業管理學位和一些暑期實習的經驗，但他仍對擔任核心科技(CoreTech)裝配線生產單位的直線經理這個第一份工作感到有些緊張，事實上，他非常專注於工作，甚至贏得許多年長員工的尊敬和信任。

布萊德在四個月前走馬上任，各方面都表現良好，他在上週還獲得老闆的褒獎，直誇他提振了部門的士氣。但今天的員工會議卻改變了一切。

公司政策宣布員工必須在年底前請完年假，不然就視同棄權。布萊德也知道這個政策，而過去，許多員工都會在假期前後申請年假，因而在過去兩個月中，有些員工已經向布萊德提出延續十二月連續假期的年假申請並獲得布萊德口頭上的答應。然而，布萊德因擁有充分的職權可以決定員工的年假申請，所以並沒有和老闆請示任何有關年假申請的事宜。

你可以想像，布萊德聽到老闆在員工會議上突然表示公司在十二月假期中仍須保持產能滿載時的驚訝，而他必須負責確保產能處於最佳狀態，布萊德整個人目瞪口呆，因爲他已經批准了部

導言

處理像布萊德·麥肯尼的個案是每位主管工作的一部分。那些能學習掌握處理衝突的主管，更容易在工作中獲得成功。

在本章，我們將明確定義衝突的概念、探討衝突帶來的問題以及驗證處理衝突的各種方法。之後我們將討論組織內的政治活動——並說明爲何對主管而言，理解這點非常重要？且該如何利用它來幫助你的工作。最後，我們將歸納一些主管在談判中取得成功的方法，並提出結論與建議。

什麼是衝突？

衝突 (conflict)
某一方有意識地干預另一方為達到目標所做努力的過程。

衝突(conflict)是指某一方有意識地干預另一方爲達到目標所

門中三分之一到一半的員工的休假。布萊德企圖保持冷靜，首先，他跑去人力資源部門查看相關的規定，發現這條公司常規不允許員工把假期保留到隔年，因爲管理上會有擔心員工假期超過四週而影響生產力的顧慮。但布萊德發現他的問題並非突發的新難題，而在過去數年間已發生多次。

布萊德感到彷彿被人偷襲了一樣。爲何他的老闆不提早警告他這項潛在的衝突？爲什麼員工在申請年假時並未提到任何有關這個過去就問題頻出的狀況呢？他被陷害而落入圈套了嗎？如今已是十一月中，轉眼間十二月就要來臨了，布萊德應該和老闆坦白並承認錯誤嗎？他應該反悔並拒絕員工的年假申請嗎？他應該默默接受這個衝突以及可能造成的後果嗎？布萊德覺得他要好好思考一陣子。

資料來源：Based on S. P. Robbins, *Managing Today,* 2nd. ed. (Upper Saddle River, NJ: Prentice-Hall, 2000), p. 556; and P. S. Heath, "Vacation Blues," class material used at the University of Washington.

努力的過程。這種干涉在主管和其所在部門成員之間、同一部門兩個員工之間都有可能存在，在主管和他上司之間，或者兩個獨立部門經理之間也有可能存在。在前述個案對話中，我們同時看到這兩種衝突，布萊德．麥肯尼和他老闆之間的衝突以及布萊德．麥肯尼和他部屬間的衝突。

是否衝突全都是不好的呢？

很多人認爲所有的衝突都會帶來負面的影響。一直以來，我們被教育不要和自己的家長以及導師爭辯，要和兄弟姐妹和諧相處；而且國家花費上億的軍事費用以維護和平。其實，衝突不全都是負面的，尤其是在組織之中（註1）。

衝突在組織生命中是一種正常的現象（註2），它不可能完全消除。爲什麼呢？因爲(1)組織成員有不同的個人目標；(2)組織的資源是有限的，例如預算制度，所以不同的成員會為了爭奪資源而不再合作；(3)每個人看問題的角度不同，因為他們有各自的背景、教育、經歷、工作經驗和興趣。但是，組織中的衝突有它正面的作用。它可成為創新和變革的導火線，而只有變革才能使組織適應新環境並得以生存（見圖表14-1）。在組織中，衝突正面的作用可以支持組織內不同意見的存在、員工能夠相互提問的開放氣氛，並且挑戰現狀。如果組織刻意迴避衝突，組織會變得缺乏活力與彈性，也就難以引發變革。

我們應該全面地看待組織內的衝突，應該正視組織內衝突的出現，因為適度的衝突可以保持組織的持續發展，並鼓勵部門內的自省、自評並擁有創新能力。當然，過多的衝突並不是好現象，也應該盡力避免。我們的目標是保證組織內存在著適當的衝突，以保持組織的反應力和革新能力，但衝突也不能過多以免對組織績效產生不良影響。

什麼是衝突的來源？

衝突並非憑空產生的，而是源起於許多因素。我們可以把導致衝突的因素分為三類，即溝通上的分歧、組織結構的差別，與個別差異。下面我們簡單地介紹這些因素。

溝通上的分歧

溝通上的分歧導致成員間訊息的誤解，造成衝突不斷。一種廣為流傳的荒謬說法，認為缺乏溝通是導致衝突的主因：「如果我們能互相溝通，我們就能消除衝突。」試想我們都把大

圖表14-1 衝突的正面角色

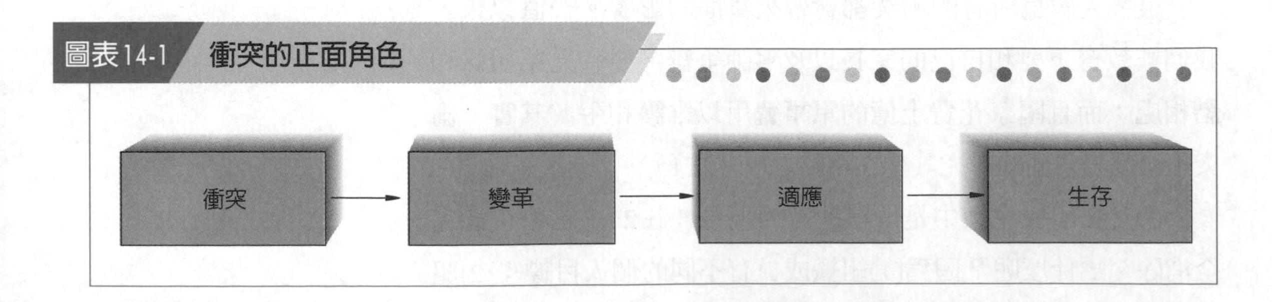

部分時間用在相互溝通上，這樣的結論似乎不無道理。但儘管有許多事實支持溝通過程出了問題，將會妨礙合作以及導致訊息誤解，但是缺乏溝通絕不是所有衝突的唯一來源。

組織結構的差別

正如我們在第4章所闡述的，不同的組織在水平結構、垂直結構兩方面都有所不同。公司管理階層分配任務到各部門，同時建立規章制度，以便各部門在部門間執行活動時，能有標準規範作爲參考依據。

這種組織結構上的差別經常引起衝突。各成員可能並不贊同組織的目標、決策、績效評估標準和資源分配。這些衝突不能歸咎於缺乏溝通或個人的敵意，其實罪魁禍首就是組織結構本身。主管想要的財政預算、促銷費用、加薪幅度、員工福利、辦公場所和決策權力，都是需要分配的稀少性資源。組織水平劃分（各部門）和垂直劃分（各層級）的創新做法創造出專業分工和合作，並因此提高了組織效率，但同時也成爲組織衝突的隱憂。

個別差異

組織衝突的第三個來源是個別的差異，其中包括價値觀和包括個人癖好與差異的人格特質。

我們可以想像以下的情景。你看重家庭成員親密的關係；老闆卻致力於物質財富的獲取。組織中的員工相信薪水取決於資歷，但你認爲薪水取決於績效。這些價値觀的不同就導致了衝突。和這些例子相似的是，人與人間獨特的化學作用也使得員工共事時困難重重。例如，背景、教育程度、經歷、工作經驗和訓練等因素，都塑造出每個人獨一無二的特質。一些人容易互相吸引，另一些人卻水火難容。結果是有些人會被認爲是不易共事、無法信賴、甚至幾近陌生的問題人物，這就產生了個人之間的衝突。

如何管理衝突？

身爲主管，想在組織中保持適當的衝突，就意味著你需要管理衝突。衝突太嚴重以致於妨礙部門的工作績效時，你需要緩和衝突；而當衝突不足時，便要適當地刺激衝突的產生。所以，**衝突管理**(conflict management)就是運用解決和激發的技巧，使部門衝突達到最適水準。

衝突管理
(conflict management)
運用解決和激發的技巧，使部門衝突達到最適水準。

你可以使用哪些解決技術？

你有哪有手段可以消除衝突？以下有五種緩和衝突的基本手段和技巧，即迴避、包容、強制、妥協和合作。如圖14-2所示，這五種方法的不同之處在於解決問題的重心在他人還是自己身上。每種方法都有優缺點，沒有一種方法能適合任何情況，你應該把每種方法當成管理衝突工具箱裡的一件件工具，並盡可能善用某幾種方法，而優秀的主管知道每種方法適用的情境，如此解決衝突的效果才能發揮到極致。

圖表14-2 解決衝突的基本技術

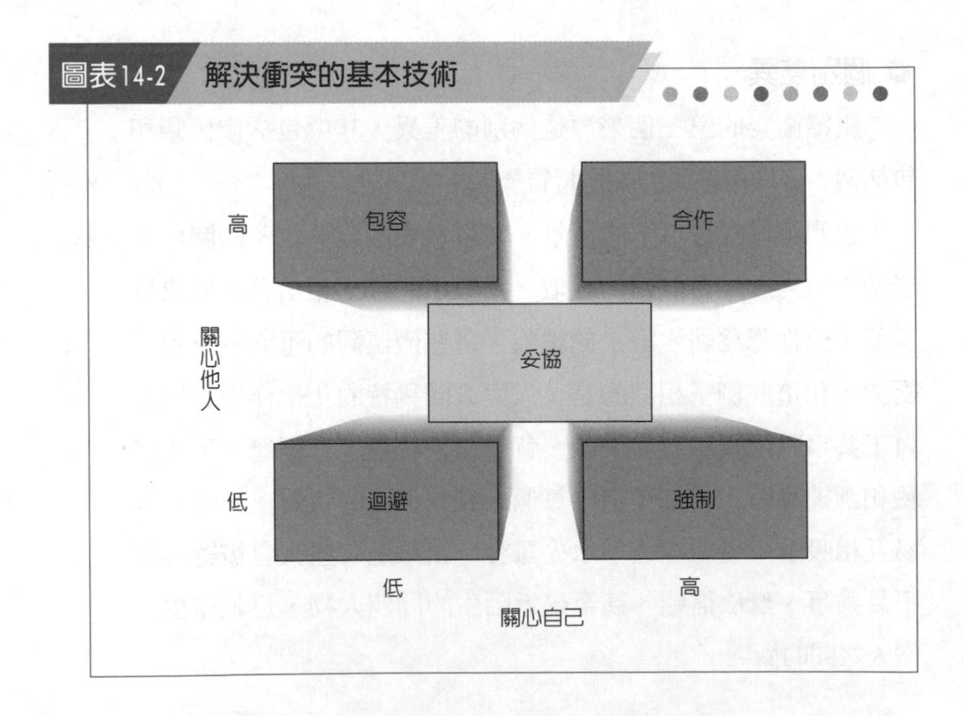

迴避

有時**迴避**(avoidance)是你解決衝突的最好辦法——遠離衝突或者忽視它的存在。什麼時候適合迴避呢？當你面對的衝突微不足道，或衝突的情緒正不斷上漲，隨著時間的流逝有助於雙方冷靜下來；或是在採取強硬手段可能為工作帶來的負面作用大於緩和衝突所產生的正面效用時，迴避是最好的辦法。但值得我們注意的是，一些主管認為所有的衝突皆可視而不見，無疑地，這些人就是不稱職的主管；他們使員工灰心喪氣，不再對他尊重。有時候不採取行動就是最好的行動，但這並不適用於每一種衝突。

迴避 (avoidance)
遠離衝突或忽視它的存在。

包容

包容(accommodation)的目標是經由將其他人的需要和關切的事看得比自己更重要，以便在組織中保持融洽的關係。例如，你可以在某一問題上向其他人讓步，或者致力於取得共識，來避免衝突。當針對某個問題的爭論對你而言並不重要，或者你想在組織中樹立良好的形象，以便日後解決問題時，可以左右逢源，這種方法是最可行的。

包容 (accommodation)
經由將其他人的需要和關切的事看得比自己更重要，以便在組織中保持融洽的關係。

強制

採用**強制**(forcing)手段時，你是為了滿足自己的需要而不顧他人。這往往出現在主管運用職權來解決爭論的時候。該手段還包括威脅、多數服從少數和固執地拒絕自己讓步。強制在下列情況下會產生效果：(1)你需要儘快解決衝突；(2)重要的問題，此時需要採取非常手段；(3)當你不在乎他人討論你解決衝突的手段。

強制 (forcing)
為了滿足自己的需要而不顧他人。

妥協

妥協(compromise)要求衝突雙方都在爭論焦點上做些讓步，這種方法在人力資源部門和工會就新勞動契約的談判中最常

妥協 (compromise)
衝突雙方都在爭論焦點上做些讓步的方法。

見。主管也經常用妥協的方法處理個人間的衝突。例如，一家小型印刷公司的主管想要一個員工週末加班完成一個非常重要的專案，而這個員工不想整個週末都工作。在經過一番討論後，他們達成一個妥協的方案，員工只需在週六來上班，主管也會過來一起幫忙做，員工可以得到八小時的加班費以及下週五的補假。

什麼時候你可以採用妥協的方法？當衝突的另一方與你勢均力敵，或針對一個複雜的問題希望能儘快達成暫時的解決方案，以及當時間壓力需要一個權宜之計時，你就可以運用妥協的方法。

合作

合作(collaboration)是可以導致雙贏的方法。衝突雙方可尋求大家都滿意的解決方案。這種方法的特點就是雙方之間敞開心胸、坦誠地討論，認眞聆聽對方的意見，並因而瞭解雙方意見的分歧之處和共同點，仔細在各種可行方案中找到有利於雙方的方案。

合作 (collaboration) 尋求大家都滿意且能獲益的解決方法。

什麼情況下合作是你可採用的最有效解決衝突的方法？當時間壓力很小，或當衝突雙方都認眞地尋求解決方案，或當問題非常重要不能採取妥協的手段時，合作可以有效地解決衝突。

你處理的是哪一類衝突？

你並不需要注意所有的衝突。有些衝突可能並不值得你去關注，其他一些可能是無法管理的。你並不需要爲了解決每一個衝突而花費你的時間和精力。也許，迴避衝突有「逃避」的嫌疑，但有時這是最恰當的處理方式。透過迴避小的衝突，你能提高自己整體的管理效率，尤其是管理衝突的技巧。要明智地選擇你的「戰場」，爲你認爲有價値的那些事節省精力。有些衝突可能是無法管理的，這往往與我們的意願相左，但這種情況卻確實存在。當抗拒心態根深蒂固，當一方或雙方希望將衝突持續下去，或者當情緒非常激動以至於不可能存在具建設性的相互影響時，你努力地試圖去管理衝突可能難以奏效。不要被這樣天真的信念所引誘：「一個好的主管能有效地解決所有的衝突。」有些是不值得你付出努力的，有些是在你影響力範圍之外的，還有些則可能是具有正面功能性、最好被保留的衝突。

如何選擇適當的解決技術？

如果你熟悉解決衝突的技巧，當遇到衝突需要解決的時候，你應該怎麼處理它？圖表14-3中描述了這個問題的總結。透過循著你最熟悉的解決衝突方式開始。我們每個人都有一種最基本、讓自己感到最舒服的處理衝突良策。你會不會面對衝突時試圖採取拖延戰術，期望它會自己消失（迴避）？你會不會寧願去顧及另一方的感情，使分歧不會傷害到你們之間的關係（包容）？你會不會固執己見並決定按你自己的方式行動（強制）？你是否在尋求中立的解決方法（妥協）？或者你可能比較願意坐下來討論你們之間的分歧點，以便找出一種讓每一

圖表14-3　選擇適合解決衝突技巧的指南

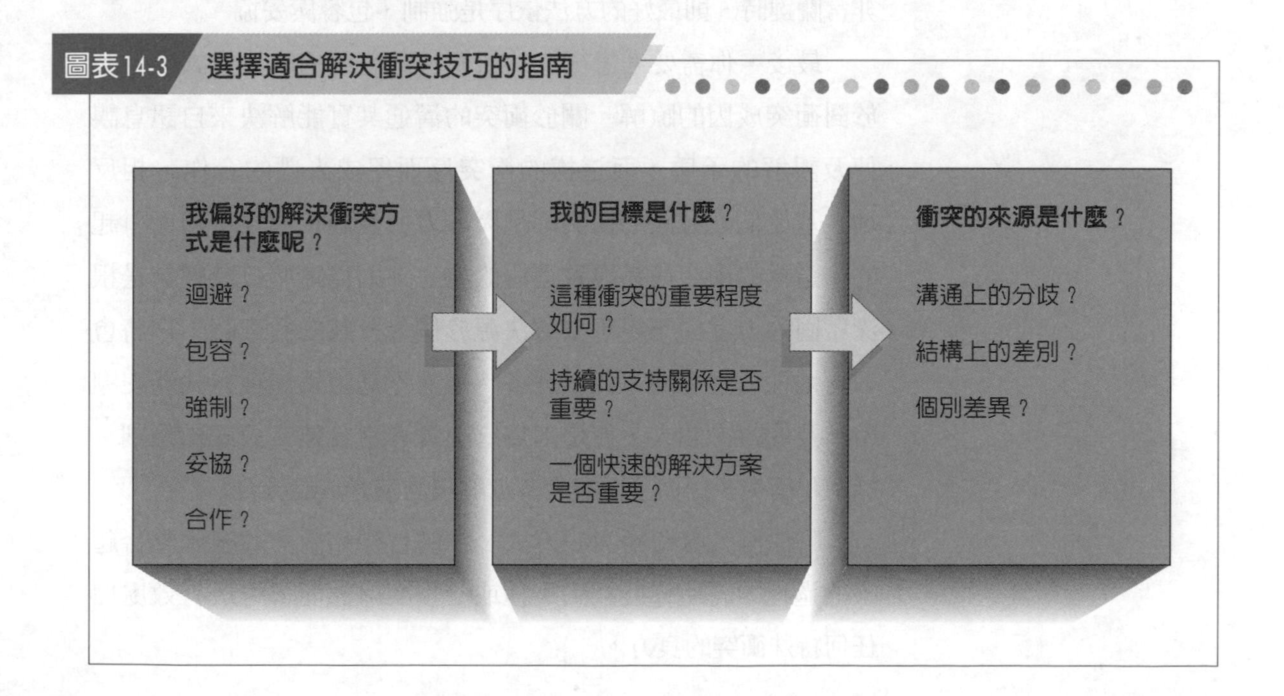

個人都滿意的解決方法（合作）。

每個人都有一種反映他個性的基本解決衝突方法。你必須明白你的方法是什麼。大多數人不會囿於他們的基本方法，他們很靈活，如果有需要的話，他們可以採用不同的方法。但不幸的是，有些人極為頑固，不善於調整他們的行為方式，也由於這些人不能使用所有可利用的解決方式，因而處於明顯的劣勢。你必須了解你自己的基本解決方式，在使用其他方式時盡量顯現出彈性。然而，請記住，當衝突發展到白熱化階段時，大多數人會傾向於使用自己的基本方法，因為它是我們最熟悉也是使用時感到最舒服的對策。

接下來應該關注的是你的目標。最好的解決方案是和你對「最好」的定義相互聯繫。有三個目標左右著我們對解決方法的討論，即衝突的重要性、對於維持長期人際關係的關注以及解決衝突所需要的速度。當所有其他的因素保持不變時，如果這個衝突對於部門能否成功扮演關鍵角色時，合作是最好的方法。如果維持建設性的關係是重要的，以先後順序排列，最好的方法依序是包容、合作、妥協和迴避。如果儘快解決衝突是非常關鍵時，則最好的方法依序是強制、包容與妥協。

最後，你需要考慮衝突的根源。最有效的解決方式多半源於對衝突成因的瞭解。關於衝突的溝通其實能解決來自訊息誤傳及誤解的矛盾，而這樣的衝突反而促成人們的合作。相反地，基於個人分歧的衝突則是因各方價值觀和個性不同而引起的，這樣的衝突最易導致迴避的產生，因為這些分歧經常是根深蒂固的。當你不得不去解決源於個人分歧的衝突時，你將會一再地採取強制的方式—許多時候並不是因為這種方式能安撫所涉及的每一個人，而是因為它確實非常有效。第三種類別，結構化衝突，提供了採取大多數解決衝突方法的機會。

將你個人處理衝突的方式、你的目標和衝突的根源整合起來的過程，將使你能找到一種或一整套對你而言可最有效處理任何特殊衝突的良方。

如何激發衝突？

衝突管理的另一方面—需要主管激發衝突的情況是什麼樣呢？激發衝突的觀念經常令人難以接受。對於大多數的人來說，「衝突」這個字眼帶有負面意涵，且有目的地製造衝突的想法似乎與優良的管理實務典範背道而馳。很少有人會享受個人沉浸於衝突狀態的樂趣。但是，的確存在著因衝突增加而導致建設性結果的情況。圖表14-4提供了一系列的問題，它可有助於你決定是否存在一種能證明激發衝突可能是有益的情況。如果圖表14-4中一個或多個問題的答案是肯定的話，就代表衝突的增加可能有助於提高單位的績效。

我們對於解決衝突比對激發衝突知道得多很多。但是，如果你發現所在部門需要更高程度的衝突時，則接下來的內容可能就是你需要考慮到的一些問題。

利用溝通

遠在富蘭克林·羅斯福當政的年代或可能更早一點，白宮

圖表14-4　對其中任何問題的肯定回答都將解釋激發衝突的必要性

1. 你的周圍都是一些只會回答「是」的人嗎？
2. 部屬害怕向你承認無知和靠不住嗎？
3. 你和你部門的成員為了達成一項折衷的協議而集中過多的精力，以至於你失去了對於關鍵價值、長期目標和組織福利的看法嗎？
4. 你是否相信，維持你所在單位中和平與合作的印象是你最大的興趣，無論代價有多大？
5. 在你的部門中，是否存在著過度關注不去傷害他人感情的現象？
6. 你部門中的人們是否相信，在獲取獎勵方面，聲望比競爭力和高績效更為重要？
7. 你的部門是否過於注重達成所有決策意見的一致？
8. 對於變革，員工是否顯現出罕見的高抵抗力？
9. 是否缺乏創新的想法？
10. 員工的流動性是否處於罕見的水準以下？

資料來源：Adapted from S. P. Robbins, "Conflict Management' and 'Conflict Resolution' Are Not Synonymous Terms," *California Management Review* (Winter 1978), p. 71.

持續使用溝通來激發衝突。透過惡名昭彰的「可靠消息來源」，高級官員在將要做出判斷時，會利用媒體來「強化」可能的決策。例如，一個優秀法官的名字可能在最高法院的提名時被遺漏。如果候選人透過在公眾場合裡被大家所承認，總統將公開宣布他的提名。然而，如果候選人很少在新聞界、大眾媒體和公眾場合露面，總統的新聞秘書或其他高級官員將發表一份正式的聲明，其內容類似「此人絕不在考慮範圍之內」。

你可以在部門內部利用謠言和模稜兩可的訊息激發衝突。某些員工可能因爲調職的訊息，嚴重的預算削減將被執行的訊息，或者將可能進行裁員的訊息，而減少對工作的漠不關心，激發員工的新想法，並更積極地進行自我的重新評估一由於這些激發的衝突，產生了這些正面的效果。

引進外部人士

使一個部門擺脫死氣沉沉的最常用方法，就是引進背景、價值觀、態度或個性與現有成員相異的外部人士——可從外部雇用或從內部調動。這種差異化運作（鼓勵雇用和晉升這些與眾不同的人）的主要好處是能激發衝突，並提高組織的績效。

部門結構重整

我們知道結構此變數是衝突的根源，因此，可將結構視爲激發衝突的利器。集權化的決策、重組的工作群體和日益增加的形式化，是結構重整的運作結果。它們會擾亂現狀，並提升衝突的水準。

指派一個反對意見的鼓吹者

反對意見的鼓吹者(devil's advocate)是一個有目的地針對大多數人認同的觀點，提出反對意見或反對現有措施的人。他扮演著批判家的角色，甚至對實際上贊同的觀點也要站在反對的立場上進行爭論。

反對意見的鼓吹者 (devil's advocate)
有目的地針對大多數人認同的觀點提出反對意見或反對現有措施的人。

反對意見的鼓吹者是因反對群體迷思和阻礙群體迷思的實踐而存在。這些群體迷思和實踐將「這是我們處理身邊事務的常用方式」視爲是正當、理所當然的。透過仔細地聆聽，反對意見的鼓吹者能提升群體決策的品質。另一方面，群體中的其他成員經常將反對意見的鼓吹者視爲浪費時間的人，而指派反對意見的鼓吹者往往會延遲決策的過程。

激發衝突時應注意什麼？

即使存在著能透過激發衝突而提升部門績效的情況，利用激發技巧也可能不符合你最佳的職涯利益考量。

如果組織文化或頂頭上司將你所屬部門的任何衝突都視爲你管理績效的負面反應，在激發衝突或者甚至是允許小程度的衝突存在前，請務必三思。如果公司高層都相信所有衝突都發生在管理不佳的部門中，你部門中的和諧與融洽將會經常受到讚賞。由於完全沒有衝突的環境，易導致組織缺乏活力與彈性，並使績效逐漸降低，因此，採取與組織兼容並蓄的衝突管理方式，對你而言格外重要。在某些情況下，那可能意味著僅僅使用解決衝突的技巧。

瞭解組織政治

如果組織的最高管理層認爲所有衝突都是負面的，即使激發衝突的技巧能提高部門的績效，也請勿使用這些技巧。前一節已經指出了組織的政治本質。你並沒有因爲做正確決策而經常受到獎勵。在組織的眞實世界裡，好人不會總是贏家。展現開放性、信任、目標、支持和親切等類似的人性化品格，並非總能提升管理績效。當你爲了成事或者對付他人而略施小計，以保全自我利益，這時就不得不從事政治活動。而有效能的主管能夠理解組織的政治本質，並依據這種本質調整其行爲（見「解決難題：變成朋友」）。

解決難題

變成朋友

想像你與一名你所信任的同事在同一組織中共事，而這位同事在多年的共事生涯中已成爲你工作生活的一部分了。當你的部門已經實現預定目標或表現超過預期時，你的同事會來向你祝賀。更重要的是，與員工之間有問題時，你會求助於這個朋友，而他能提供你一些忠告。但是，近來你似乎感到你的這位同事對你採取了強硬的立場。最近兩個月來有好幾次，他向公司主管們發表了一些有關你領導能力的批評。他「揭發」了一些員工對你管理方式感到困惑的訊息。今天早晨，在和你的這位朋友喝咖啡時，你注意到他服用了一些不尋常的藥丸。你知道你的朋友多年前有濫用藥物的毛病，但他已經戒掉了。現在，他最近反常的行爲和他懸而未決的離婚案，讓你認爲他可能已經失序。你試圖和他談談你對他的憂慮，但是他根本不願聽。

你們兩個都在一個嚴禁藥物濫用的組織中工作。如果有任何人被懷疑濫用非法藥物，他必須要被送去進行藥物反應檢測。如果檢測結果呈現陽性，就必須停職留薪60天。在這段時間裡，還需要每天到一個專門的診所就醫。這段期間結束後，還要進行另一次藥物反應檢測。如果結果呈現陰性，這個員工將可重返工作崗位。如果仍舊呈現陽性，他將被開除。

你並不清楚你這位同事所遇到的具體問題爲何（或許他根本不是眞的有問題）。但是你知道你們兩個正在競爭同一個升遷機會。一方面，你知道如果你的懷疑引起了老闆的注意，她將針對這個情況進行調查。她也許會做出結論，他的行爲和績效水準已產生了變化，並需要接受一次藥物反應檢測。即使藥物反應檢測的結果呈現陰性，這件事情也可能會使你的這位同事受到懷疑的影響而扼殺他的升遷機會。另一方面，他是你的同事，是過去你向他請求過幫助的同事。當你眞正考慮誰是這次升遷的最佳人選時（不計較過去幾個月間發生的績效問題），甚至你都會認爲他比你更合適，經驗更豐富，並且經常是你的救星。

因此，你該怎麼做呢？你是否要等一段時間以證實你的懷疑？還是現在就去和老闆談一談？如果你選擇了後者，你是不是在利用政治對付你的這位同事？在這種情況下你會怎麼做？

什麼是政治？

政治與誰得到什麼、什麼時候得到和以什麼方式得到相關。**政治**(politicking)是你爲了影響或試圖影響組織中，對你有利和不利的現況，而採取的行動。一些政治行爲的實例包括刻意對決策者保留關鍵訊息、告密揭發、散布謠言、對媒體洩漏有關組織活動的機密訊息、爲了相互的利益在組織中替換親信、游說他人贊成或反對特定的人或決策選擇方案（註3）。

政治 (politicking)
為了影響或試圖影響組織中對你有利和不利的現況而採取的行動。

關於政治最有趣的見解是，一項政治行動的形成，幾乎就是一個充滿批判性的電話。在旁觀者心目中，政治就像美女一樣。被人打上「組織政治」標籤的行爲很可能被其他人視爲「有效能的管理」。有效能的管理不一定是政治化的，儘管有時它確實包含政治的成分。更恰當的說法是，個人偏好的觀點決定了他對組織政治的看法。圖表14-5列出了對同一項活動的不同描述。

爲什麼組織中會有政治？

你能想像沒有政治存在的組織嗎？這是有可能的，但多數

圖表14-5　是政治還是有效能的管理？

政治標記		有效管理的標記
1. 責備他人	還是	確定責任
2. 建立私交	還是	發展工作關係
3. 拍馬屁	還是	證明忠誠度
4. 推卸責任	還是	合理授權
5. 僅利用二手資料來作決策	還是	用文件資料支持決策
6. 製造衝突	還是	鼓勵變革和創新
7. 形成聯盟	還是	為團隊運作更便利
8. 告密揭發	還是	改善效率
9. 吹毛求疵	還是	小心地注意細節
10. 陰謀策劃	還是	提前計畫

情況下並非如此。組織由一群有著不同價值觀、目標和利益的人和團體組成，而這就埋下了對資源分配的潛在衝突。部門預算、空間配置、專案責任和薪資調整僅僅是會引發組織成員爭端的部分資源。

組織中的資源是有限的，因而經常會將潛在的衝突變爲眞實的衝突。如果資源充足，則組織內所有不同的利益群體都能滿意地實現其目標。但因資源有限，無法滿足每個人的利益。進一步來說，無論政治是否眞得存在於組織之中，組織中個人或群體的利益往往建立在佔有他人資源的基礎上，而這種情況就創造了組織成員對於組織中有限資源的爭奪局面。

可能導致組織內產生政治的最重要的因素是，組織成員意識到用來分配有限資源的大多數「事實」是可以公開解釋的。例如，何謂「好的」績效？什麼是「好的」工作？什麼是「適當的」改進？任何「國家足球聯盟」(National Football League)的教練都知道，速度105的四分衛是好選手，而速度只有43的是不佳的選手。你不需要是一個足球天才就知道應起用頂尖的四分衛，而應將速度不佳的選手安排在後補陣容。但對於速度分別是87和84的兩個四分衛，如果必須在他們之間做出選擇，你會怎麼辦呢？這時，其他如；態度、潛力和執行控制的能力等缺乏客觀性的因素便開始產生作用。

組織中大多數的管理決策都與在兩位實力相當的四分衛中進行選擇的情況相似，而較少處於在超級明星和候補球員中抉擇的情況。而在這種中間立場範圍廣大又不明確的組織中工作，事實並不會爲自己說話，於是政治就產生了。

最後，因爲必須在不確定的環境中做出大多數的決策（在此環境中，事實很少是完全客觀的，因此可公開解釋的比例很低），組織中的人們會利用他們全部的影響力去渲染事實，來支持他們的目標和利益。當然，這中間就萌發了我們稱之爲政治活動的動機。

你能合乎道德地運用政治嗎？

不是所有的政治行爲都必定是不道德的。爲了有助於引導你從不道德的政治活動中區別出符合道德的行爲，你需要去思考幾個問題。圖表14-6描繪出一個指向道德行爲的決策樹。你需要回答的第一個問題涉及到自身利益和組織目標的衝突。然而道德行爲是與組織目標保持一致的。散布關於你們公司新產品安全性的不實謠言，其目的在於醜化產品設計部門的形象，這是不道德的政治行爲。但是，如果你作爲部門的主管，爲了催生一份嚴謹的合約而替換事業部中採購主管的親信，這可能並沒有任何不道德的疑慮。

第二個問題與其他各方的權力有關。如果你在午餐時間走進郵件收發室，瀏覽直接呈遞給採購主管的郵件（前面已經提到過），而此舉的目的是爲了「向他施加些壓力」，以便使他能加速合約的完成，則你的作爲違反了道德原則，因爲你侵犯了這位採購主管的隱私權。

最後的問題是與政治行爲是否遵從平等和正義的標準有關。如果你將一名你所喜歡的員工績效評估灌水，而打壓另一位你所不喜歡的員工的績效表現，然後根據這個評估結果給予前

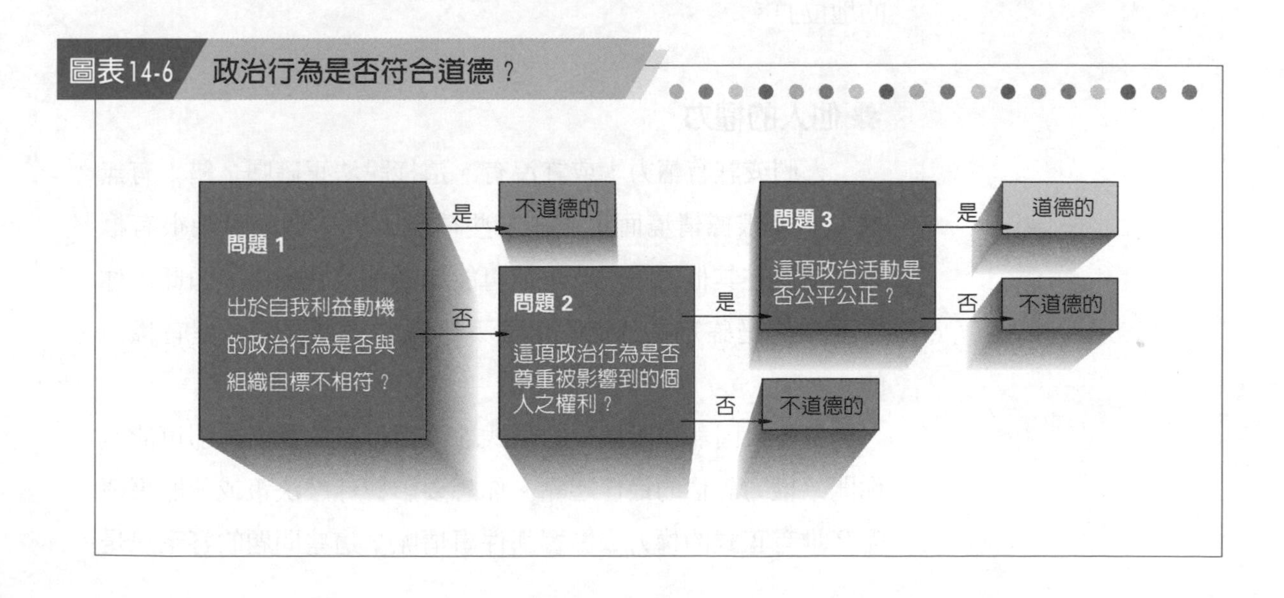

圖表14-6　政治行為是否符合道德？

者獎勵而忽略後者，你的所作所爲已經缺乏公平性。

如何知道該在何時運用政治？

任何情況下，在你考慮採用政治決策之前，你需要評估自己所處的情境。關鍵的情境因素是組織的文化、他人的權力和你自己的權力。

組織的文化

首先你需要評估組織的文化，以決定哪些行爲是值得的，哪些是不值得的。

文化 (culture)
一套組織成員接受和理解並指導他們行為的不成文的標準規範。

每個組織都有一個分享意義的系統，稱之爲**文化**(culture)。這種文化是一套組織成員接受和理解並指導他們行爲的不成文的標準規範。例如，有些組織的文化鼓勵冒險、接受衝突和提出反對意見、允許員工擁有大量自我支配的權限，並根據績效標準來獎勵成員。其他組織的文化則截然相反，他們懲罰冒險，不惜任何代價尋求和諧與合作，將員工表現主動的機會降到最低，並根據諸如資歷、努力或忠誠度等標準分配員工的薪酬。關鍵在於，每個組織的文化或多或少有所不同，如果政治策略要成功的話，就必須符合組織的文化（見「號外！組織中的地位」）。

他人的權力

人們或許有權力，或許沒有。這樣說法正確嗎？錯！有無權力必須根據情境而定。在某些情況下，一個人可能很有權力。然而在其他的情況下，他可能相對地沒有權力。因此，你需要做的是確定在既定的情境下，哪些人或群體是握有權力的。

有些人因爲在組織中的正式地位而具有影響力，那可能是你開始權力評估的最佳起點。你想要影響什麼決策或什麼事情呢？誰有正式的權力去影響那件事情呢？這些問題的答案只是

組織中的地位

號外！

在組織中，通常那些精通政治的人都會有一群擁護者。這些人在一定的地位之下結成群體。**地位**(status)是一個人在群體中的社會等級或重要性。地位是不可能自己賦予自己的。儘管一個人可以努力工作來得到很多東西，但擁有地位至少需要兩個人，即其他人必須認爲這個人相對於他自己而言處於更高的階層（在某些能力方面）。一個主管的地位可能來自於許多來源。歸納起來，這些來源能分成兩類一正式的和非正式的。關於權力和政治，包括權威的許多討論都集中在正式的地位這方面。例如，主管這個頭銜就含有某種程度的威望成分。它意味著你有能力指導其他人並影響他們的工作生活。

另一方面，主管也可以透過一些非正式的個人特徵，例如教育、年齡、技能和經驗擁有地位。若其他人給予該主管這些特質正面評價，則主管擁有的一切都賦予地位更高的價值。當然，非正式的地位並不表示對於主管就無關緊要，也不代表很多人不認爲主管擁有這種地位。

在組織中特別重要的一點是，相信正式的地位系統是適當的，即在可察覺的階層和被授予的地位「符號」間應該是平衡對應的。如果缺乏這種平衡性，組織中人與人之間的問題就會爆發（註4）。例如，品質控制部門的主管的辦公室較小，而且處於組織中的偏遠地帶，在裝潢又比新進員工還差。如果根據辦公室及其裝潢來判斷辦公室主任的重要性，那麼他可能會得出「新員工比這個主管更受重視」的結論，但這個結論很可能與事實恰恰相反。

然而，在地位階層上的不一致性傳遞了錯誤的訊息，而地位也可影響員工努力工作的意願。想像一下如果員工薪資高於主管所帶來的潛在衝突，這可不是憑空想像的虛擬情境！因爲主管可能拿固定薪資且沒有加班費，而另一方面，員工按時計酬，且在一週工作超過40小時後，就能多賺一倍或者是一倍半的薪資。如果員工經常加班，他的薪資肯定能比主管高。如果主管禁止加班，這種情況很容易受到控制。然而，這樣做的話，主管可能會無法達成部門的預期目標。在這種情況下，地位阻止了目標的實現。

一個開始而已。在確定誰擁有正式權力後，必須思考可能對決策結果有既得利益的個人、聯盟、部門等其他方面。誰有可能因某項決策而有所得或有所失呢？這些問題都有助於鑑別出利用權力的人，也就是那些具有從事政治活動動機的人，這也有助於你查明可能的對手。

地位 (status)
一個人在群體中的社會等級或重要性。

現在，你需要專門評估每個權力利用個體或群體的狀況。除了每個人的正式權力外，還可以評估每個人在組織中控制的資源及其地位。控制重要而稀少的資源是組織中的權力來源。控制並接近關鍵訊息、專業知識和擁有專業技能，對組織而言可能是重要而稀少的部分資源，因此，它們變成了影響組織決策的潛在方式。另外，在組織中處於適當的地位也能成爲一種權力來源。例如，這就解釋了常見的行政助理權力。他們經常置身於關鍵訊息直接流動的中央，並控制著其他人會見老闆的權力。

在任何權力分析中評估老闆的影響力。在受人關注的事務中他的態度如何—贊成、反對還是中立？如果是贊成（或是反對），老闆的立場有多麼鮮明？老闆在組織中的權力地位如何？處於強勢還是弱勢？這些問題的回答案對於你評估應否支持老闆時，具有重大意義。

你的權力

在關注了其他人的權力之後，評估你自己的權力基礎。你的個人權力如何？你在組織中的管理地位爲你提供了怎樣的權力？相對於其他握有權力的人，你的相對權力大小如何？

你的權力可以來自多個來源。例如，如果你具有非凡的個人魅力，其他人就會很想知道你看待事情的立場，因此，你可以施加權力。因爲你的觀點往往被認爲是具有說服力的，而且你的立場也很可能會在其他人的決策中佔有極大的影響力。另一個對主管而言常用的權力來源，是有機會接近組織中其他人需要的重要訊息。

處罰的程序

組織中的衝突讓人在腦海中浮現出組織中較情緒化的元素，而沒有什麼時刻會比主管處罰員工更具衝突性。

本節的目的是希望協助你瞭解處罰員工的原因、妥善處罰員工的方法和如何將潛在、可能發生的不當衝突降到最低。這是因爲任何形式的處罰都會引起員工的恐懼和憤怒，而讓處罰流程較不痛苦、表現出較多同情行爲和顧及員工自尊心的主管會發現，根本不需要過於嚴酷的處罰行動。但當處罰已成定局時，員工最好也能具備處理的能力。

當我們在工作場所中使用**處罰**(discipline)這個專有名詞時，它的特殊涵義是什麼呢？它是主管按照組織的標準和規章制度採取的行動。典型的處罰遵循以下四個步驟，即：口頭警告、書面警告、暫時停職和開除，見圖表14-7。

最輕微的處罰形式是由文書檔案記載的**口頭警告**(verbal warning)。口頭警告是臨時性處罰紀錄，這個紀錄將放在主管的文件中。口頭警告主要記載處罰目的、時間以及回饋會議的結果。如果口頭警告有效的話，就沒有必要採取進一步的處罰行動。然而，如果員工不能改善其表現，就會遇到更嚴厲的處罰——**書面警告**(written warning)。書面警告是處罰程序中的第一個正式的處罰階段。這是因為書面警告將在員工個人檔案中留下紀錄。但在其他所有方面，書面警告與口頭警告是相似的。也就是說，主管還是會私下通知員工違紀的事實、影響以及再次違紀的後果。同時，如果過了一段時間，員工沒有進一步的違紀問題，主管就會將這次警告從員工檔案中刪除。

處罰 (discipline)
主管維護組織的標準和規章制度而採取的行動。

口頭警告 (verbal warning)
存放在主管文件夾中的有關訓斥的臨時性記錄。

書面警告 (written warning)
處罰程序的第一個正式步驟；警告進入員工的個人檔案。

圖表14-7 處罰的程序

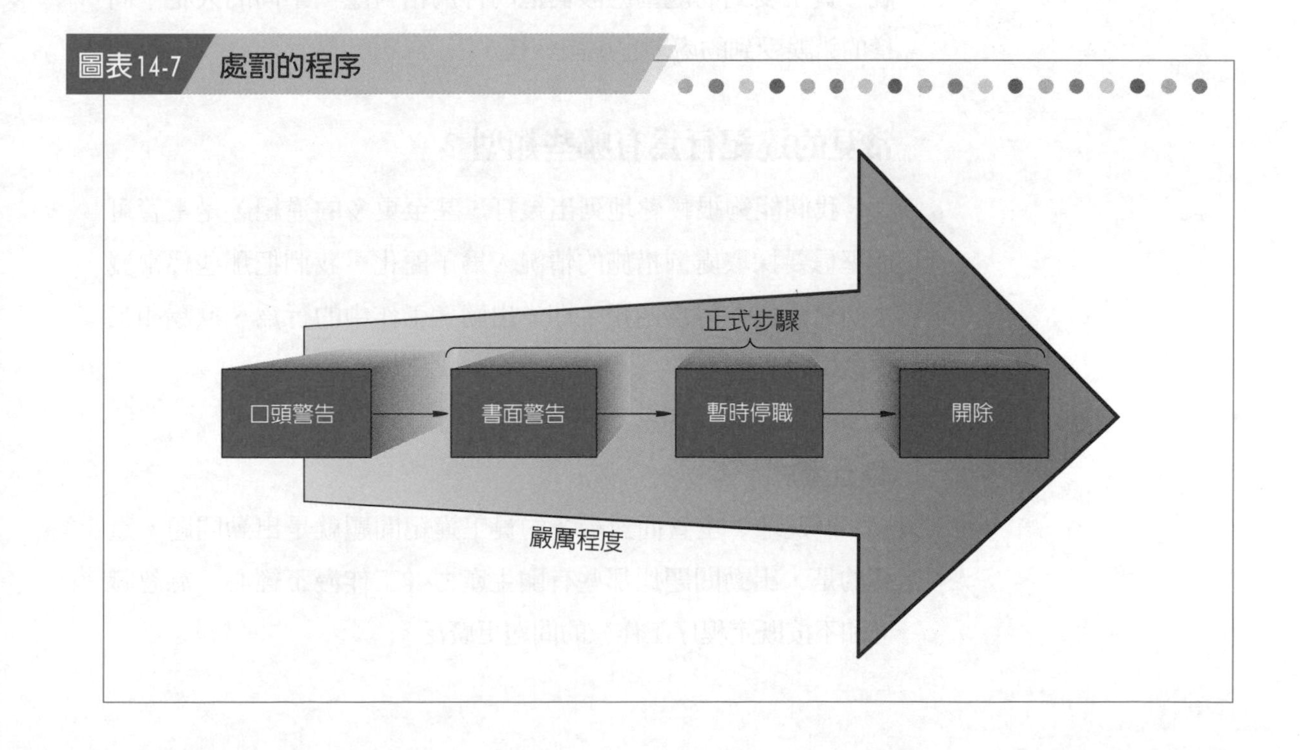

暫時停職 (suspension)
在口頭警告和書面警告沒有達到預期目標的情況下才使用該步驟。

開除 (dismissal)
中止雇用關係。

暫時停職(suspension)，也可說成無薪停職，可能是下一個處罰步驟。一般只有在前兩種處罰措施沒有達到預期目標的情況下，暫時停職處罰措施才啓用。當然也有例外情況，若違反紀律的性質非常嚴重，在沒有口頭和書面警告的情況下，也會直接採用暫時停職處罰措施。你爲什麼要對員工實行停職處罰呢？原因之一是因爲這種短期的解雇、暫停給薪，對員工而言是種很好的警惕。這樣可以說服員工他的問題是嚴重的，進而幫助他全面理解和接受組織的規章制度。

最後的處罰措施是**開除**(dismissal)。然而開除通常只針對最嚴重的違紀情況，只有在員工的行爲嚴重干擾了部門和組織的運作，這種處罰才能派上用場。

儘管許多組織可能按照此描述的處罰程序來實施，但我們也認識到如果員工的違紀行爲十分嚴重的話，也可能超越其中的某些階段。例如，偷東西或者攻擊其他員工並造成嚴重的傷害，這樣的情況就會引來暫時停職或者開除的處罰。然而，不管你採取何種處罰措施，處罰應該具合理性和一致性。也就是說，員工受到的處罰應該與他的行爲相對應，不同的人犯了同樣的錯誤受到的處罰也應該一樣。

常見的違紀行爲有哪些類型？

我們能夠很輕鬆地列出幾打，甚至更多的違紀，是主管可能堅信要採取處罰措施的情況。爲了簡化，我們把那些經常發生的違紀行爲歸爲四類，即：出勤、工作中的行爲、欺騙和工作之外的活動。

出勤

無疑地，主管面對最多的員工違紀問題就是出勤問題。重要的是，出勤問題比那些有關生產力（工作漫不經心、怠忽職守和不按既定程序工作）的問題更廣泛。

✿ 工作中的行為

第二種類型的處罰問題涉及工作中的行爲。這類問題包括不服從、胡鬧、打架、賭博、未使用安全設備、工作馬虎和現今組織最廣泛討論的兩個問題—喝酒和吸毒。

✿ 欺騙

儘管欺騙不是主管所面對最廣泛的員工問題，但是在傳統處罰中，欺騙已經導致了最嚴厲的處罰行爲。這是一個信任問題。作爲主管，你需要相信員工能把工作做好和有效地處理訊息。撒謊、欺騙或者其他方面的詐欺行爲只會破壞員工的信譽—你對他的信任。

✿ 工作之外的活動

最後的問題類型涉及員工在工作之外的活動，但是這些活動會影響員工的工作績效，同時還會影響公司的形象。這些活動包括未經授權的罷工活動、在外的犯罪活動以及爲競爭對手效勞等等。

處罰是否總能解決問題？

正如你的員工會犯錯一樣，你也不能指望處罰能自動地解決問題。在你考慮對處罰員工之前，應確信員工有能力和影響力來糾正自己的行爲。

如果員工沒有能力—員工不能完成任務—時，處罰就不是最好的解決辦法，有的員工確實是這樣。同樣地，如果有外在因素阻礙員工目標的達成，而且這些外在因素超越了員工可控制的範圍時—例如，不適當的機器設備、搞破壞的同事以及過多的噪音—處罰員工就是不公平的。如果員工有能力做好但缺乏意願，這時才可運用處罰措施。但是，能力問題應透過技能訓練、在職訓練、工作設計或工作輪調來解決。嚴重影響員工績效的個人問題，主要可透過專業的心理諮詢、就診治療或員

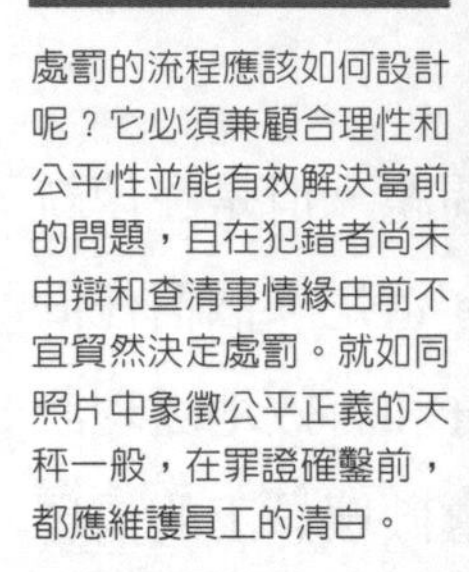

處罰的流程應該如何設計呢？它必須兼顧合理性和公平性並能有效解決當前的問題，且在犯錯者尚未申辯和查清事情緣由前不宜貿然決定處罰。就如同照片中象徵公平正義的天秤一般，在罪證確鑿前，都應維護員工的清白。

工協助計畫解決。當然，若外在因素會妨礙員工，你應積極地去消除此障礙。重點是如果員工的問題已超越了員工的控制，那麼處罰就不是最好的方法，更無法解決問題。

處罰的基本原則

基於數十年的經驗，主管已經瞭解到在實施處罰時，什麼措施的作用最大。在這一節，我們將吸取以前實施處罰措施時的教訓。我們將陳述在採取處罰措施之前需要進行的幾項基本工作、採取漸進式處罰的重要性，以及「熱爐」法則如何指導你的處罰行爲（見「實務上的應用：處罰員工」)。

如何進行處罰的準備工作？

你採取的任何處罰措施都該被視爲是公平的和合理的，這樣才可以增加員工爲了達到公司的標準，而改變自己行爲的可能性，且這樣的行爲同樣消除了不必要的法律糾紛。若要建立公平和合理的處罰氣氛，我們就必須確保在採取任何處罰措施前，提前告知員工處罰規則和進行徹底的調查。

提前通知

當主管思考處罰問題時，「最好的驚喜就是沒有驚喜。」這個在許多年前被一家全國連鎖飯店用來描述他們房間和服務的標語，對我們實施處罰措施是一個有效的指導。員工有權知道公司對他們的期望和達不到這些期望的可能後果，他們還應該理解到違紀問題不同，其嚴重性也會不同。這樣的訊息應能在員工手冊、公司內部刊物和最新的規章制度中載明。最好在這些文件中提到公司的期望，這對你、組織和員工都是一種有效的保護。

徹底的調查

要想公平地對待員工，就要求在採取任何決策之前進行徹底的調查。就像美國的法律系統一樣，員工在證明犯錯之前都是無辜的。同時很重要的是，在所有的事實沒有調查清楚之前，主管不應做出任何的決定。

身爲員工的主管，你必須承擔進行調查的責任，然而，當此問題涉及你與該員工間的個人衝突時，應挑選一位中立第三人來進行調查。

這項調查不該只關注於導致處罰的事件，而應廣泛地瞭解所有相關的訊息。這點是非常重要的，因爲留意相關訊息可發現應納入考量、可酌情輕判的因素。當然，必須告知被調查的員工，以便讓其有機會爲自己辯護作準備。記住，你有義務客觀地傾聽和理解員工的辯護。一項公平且客觀的調查，應包括確認所有目擊者，並與之面談，以及將所揭露出的證據一一建檔。

未進行一項完整和光明正大的調查的代價十分驚人，一位優秀的員工可能被冤枉而無辜受罰，對員工間的信任關係也是很嚴重的傷害，且當受罰員工要求對簿公堂時，你的組織將面臨財務上的巨大風險與危機。

如何採用漸進式處罰？

處罰應該循序漸進。也就是說，如果員工違紀情況一再出現時，處罰應該是愈來愈嚴厲。正如我們在前面提到的（見圖表14-7），漸進式處罰行動從口頭警告開始，然後依次是書面警告、暫時停職，最後在非常嚴重的情況下才會開除員工。

漸進式處罰 (progressive discipline) 由口頭警告開始，然後依次是書面警告、暫時停職，最後在非常嚴重的情況下開除員工的行動。

熱爐法則 (hot stove rule) 用觸摸火爐來比喻說明處罰管理，是指導主管有效處罰員工的一系列原則。

漸進式處罰(progressive discipline)隱含兩類的邏輯。首先，更嚴厲的處罰是針對屢犯的情況，以減少再犯。第二，當採取處罰行動時，建設性處罰與法庭和仲裁規則一樣，應考慮一些情有可原的因素（如員工在公司的年資、過去的表現記錄或者是模糊的組織政策等等）（註5）。

「熱爐」法則（hot stove rule）是經常引用的一套法則，它可以幫助你，使你處罰員工的措施變得有效。這個名稱源於與我們觸摸熱爐和得到處罰之間的相似性，見圖表14-8。

兩者都是痛苦的，但是還有更多的相似點。當你觸摸熱爐時，你會馬上作出反應，而你每次造成的燒傷是一致的，你的腦海中不會對此因果關係產生任何懷疑，且你得到了充分的警告，如果你觸摸燒紅的爐子，你知道將會發生什麼。此外，結果永遠是一致的。每次你觸摸熱爐，你都將得到同樣的結果—被燒傷。最後，結果還是公平的，不管你是誰，只要你觸摸了熱爐，都會燒傷。這些與處罰的相似性非常明顯，但還讓我們簡要地延伸一下這四個要點，因爲這些要點是培養處罰技能的基本原則。

及時

處罰措施的影響力會隨著違紀和處罰措施執行之間的時間長度而減少。處罰越緊隨著違紀情況，員工越可能將違紀和處罰串連起來，而不會把你當做強行處罰的實施者。因此，最好的處罰時機是一旦注意到違紀情況，就馬上實施處罰行爲。當然，及時要求不應該導致不當的魯莽，及時的要求也不能犧牲

圖表14-8 熱爐法則

公平性和客觀性。

提前警告

正如前面提到的一樣，在開始任何正式的處罰行爲之前，你有義務給予員工提前警告。這意味著你的員工必須意識到組織的規章制度和接受組織的行爲標準。當員工接受了組織關於違紀情況的清楚通知，也明白違紀會受到什麼處罰時，處罰行爲就越有可能被員工視爲是公平的。

一致性

對員工的處罰行動必須具有一致性，如果你用一種不一致的態度去執行處罰措施，那麼規章制度將失去它們的作用，士氣每況愈下，員工也會懷疑你的能力。由於員工的不安全感和焦慮，生產力也因而受到影響。所此，員工會想知道你許可的行爲範圍，同時他們會以你的行動爲準則。如果今天辛蒂因重複一項上週曾做出卻未受罰的行爲而受到處罰，當你沒有作出任何解釋，這些行爲範圍就會模糊不清。同樣地，如果山姆和約翰都在自己的崗位上消磨時間，而只有山姆受到處罰，山姆可能會質疑處罰的公正性。我們的原則是處罰應該保持一致性，當然，這也不需要對待每個人都是完全一模一樣的，因爲這樣就會忽略一些情有可原的情境因素。但是，若可能讓員工認爲這些處罰措施前後不一致，你確實有責任來公正地實施這些處罰措施。

公平

「熱爐」法則最後一個指導方針是保持處罰的公平性。處罰應該與既定的違紀行爲聯結，而不是與違紀者的人品相關，也就是說，處罰應該只與員工的行爲有關，而與員工的人品無關。作爲主管，你必須避免個人對員工的判斷，因爲你是在處罰違紀者，而不是個人。所有違紀的員工都應遭受處罰。而且，一旦處罰措施實施，你必須盡量忘記處罰一事，而應努力保持對員工的態度和實施處罰前一樣。

在處罰過程中應考慮哪些因素？

在處罰過程中是最有挑戰性的工作之一，就是確認出什麼是「與違紀行爲相關且合理的人事物」。爲什麼？因爲根據嚴重性的不同，處罰措施會有很大差別。暫時停職員工就比口頭警告嚴厲得多。同樣，決定開除某人—相當於組織中的死刑—又比暫時停薪停職兩個星期嚴厲得多。如果你沒能認知到一些情有可原的因素，沒能在嚴厲的處罰中做適當的調整，你就得冒著被員工認爲處罰不公的危險。圖表14-9所歸納出你在採取處罰措施時應考慮的因素。

有哪些和處罰相關的法律？

當處罰員工時，犯下的一個錯誤可能會對組織產生嚴重的影響。因此，大部分組織都有訂定要求主管執行的具體處罰程序，還針對重要主管進行如何處理處罰過程的訓練。且他們還要求與人力資源部門的專家一起完成處罰這項任務。例如，在美國運通銀行，公司為主管提供了必須遵守的詳細程序，美國運通銀行的主管必須遵循的最重要的規則之一是確保每次處罰行為都有書面文件記載。如果主管認為可能必須開除員工，主管必須與人力資源部門的專家一起研擬決策，以確保考慮到所有的法律問題。本節中，我們將簡要地敘述你在思考處罰時，需要意識到的幾個法律問題。

從十八世紀末開始，闡釋雇主處罰或開除員工權利的主要法律是**自由雇用**(employment-at-will)的概念。自由雇用原則指出雇主能夠任意處罰或開除員工。自由雇用基本原則的立意是使雇主和員工的關係平等。如果員工只要自己高興就能夠隨意辭職，那為什麼雇主不能有同樣的權利來開除員工呢？

自由雇用
(employment-at-will)
規定雇主處罰或開除員工權利的法律原則。

在自由雇用的原則下，雇主可因好的理由、沒有理由，有時甚至是違反道德的藉口，而在沒有罪惡感且不犯法的情況下任意開除員工（註6）。當然，沒有任何主管能夠僅因員工的種族、宗教信仰、性別、國籍、年齡和殘障為由來開除員工。雖

圖表14-9　決定處罰嚴重性的相關因素

- 問題的嚴重性
- 問題的持久性
- 問題的本質與發生頻率
- 員工的年資
- 情有可原的情境因素
- 警告的程度
- 組織處罰實施的歷史
- 對其他員工的影響
- 高層主管的支持

然此原則已存在超過百年，但法庭、工會和其他法規都盡可能地少用此原則。當時，工作像是私人的財產一般，員工具有工作的權利，但事實上卻操控在組織的手中。如今的員工更頻繁地挑戰開除員工的合法性，當遭受無由開除時，員工傾向於針對不當開除興訟（註7）。美國多州的法庭允許員工在認爲被不公開除時，控告自己的雇主。且無論這類訴訟案的議題是透過檢視雇主行動與否，都會當作自由雇用原則並不存在。今天，如果你解雇一名員工，你和你的雇主可能要在法庭上因被解雇的員工提出的**非法開除**(wrongful discharge)索賠而辯護。目前美國所有五十個州都允許員工起訴他們的雇主，只要他們認爲被解雇是不公平的。在這些案例中的許多裁決都是員工勝訴，而損失賠償金額超過10萬美元是很正常的事情。

非法開除
(wrongful discharge)
不恰當或不公正地中止與員工的雇用合約。

由於法庭已經轉向保護員工工作的權利，因此大部分組織透過加強他們的開除和處罰措施來做出積極反應。他們開始仔細地審視開除程序，目的是爲了消除潛在的雇用糾紛。在過去，雇用手冊、應徵時的面試人員和主管經常對永續雇用給予隱含的保證或承諾。但是，法庭已聲明那些作爲潛在合約的書面或口頭的陳述，同樣具有保護員工不被開除的效力。因此，作爲主管，你應該細心，不要對任何員工講出如「我們這裡從未開除員工」或者「只要你願意，你將永遠可以在這個公司工作」的話。

法庭同時也更加關心員工遭到解雇時，他們的權利是否得到尊重或公司的處罰措施是否公平。詳細記載所有處罰行爲是對所有聲稱「我從來不知道任何問題」或「我受到了不公平對待」的員工最好的防衛方式。此外，採取任何處罰行爲時，你應遵守程序。這包括：(1)直到你找到可信的證據來證實員工違紀，否則就應假設員工是清白的；(2)必須考慮員工的權利，在某些情況下，另外一個人也可以代表員工；(3)確保與違紀行爲相關的處罰措施是合理的。

協商

我們知道，律師和汽車推銷員花費爲數眾多的時間在他們的工作—談判上，主管也是一樣。他們不得不跟新加入的員工談判薪資問題，和自己的老闆討價還價，同儕之間力求出類拔萃，以及不時地和解決員工的衝突。對我們而言，我們將**談判**(negotiation)定義爲有著不同偏好的雙方或多方，必須做出聯合決策，並達成共識的過程。爲了達成這個目標，雙方都會使用議價策略。

談判 (negotiation)
有著不同偏好的雙方或多方必須做出聯合決策並達成共識的過程。

談判策略的差異爲何？

有兩種常用的談判方法，分配議價和整合議價（註8）。讓我們看看每一種方法都所涉及的內容。

假設你在報紙上看到一則二手汽車的銷售廣告，而這輛車看起來正是你一直在尋找的。你出門去看了這輛車。它非常好，而你想買它。於是這輛車的車主向你開價，但你希望能便宜一些，接著你們兩個開始展開價格談判。你正在進行的談判過程被稱爲**分配議價**(distributive bargaining)。它最明顯的特徵是，它是在零和環境中進行操作，即你得到的任何利益都是另一方所付出的代價，反之亦然。根據這個二手車的例子，你從車價中砍下的每一塊錢都能節省你的支出。相反地，車主從你這所得到的每一塊錢都將是你的損失。因此，分配議價的實質是對於於一塊固定大小的大餅，雙方對誰獲得哪個部分進行談判。

分配議價 (distributive bargaining)
在零和環境中進行操作，單方所得到的任何利益都是另一方所付出代價而反之亦然的談判方式。

分配議價被引用得最廣泛的例子可能是對工資和福利的勞資談判（見第16章）。通常，勞方代表來到談判桌前是爲了決定從管理階層中得到他們的最大利益。因爲勞資談判所得到的每一分錢都會增加管理階層的成本，於是每一方都會激烈地討價還價並經常視對方爲自己必須打敗的對手。在分配議價中，每一方都有一個自己定義而願意達到的目標點，每一方也有一個可以接受的底線（見圖表14-10）。雙方這兩個底線中間的區域就是可談判的範圍。只要在雙方的期望區域內有重疊，就代表存在著能滿足雙方要求的解決方案。

進行分配議價時，你的戰術應該集中在盡力讓對手同意或盡量接近你所定的目標點。這種戰術的例子是，說服對手他的目標點是不可能達成的，而接受一個接近原目標點的解決方案是明智的；證明你的目標是公平的，而對手的目標卻不是；試圖讓對手感到你的慷慨大度而接受一個接近你目標點的結果。

假設一家女子運動服製造商的銷售代表剛剛結束了一家小型服裝零售商價值一萬五千美元的訂單談判。這位銷售代表就這個訂單打電話回公司的信貸部門，但她被告知因對方過去過去拖欠的記錄，公司不能批准這個顧客的貸款。第二天，這位銷售代表和公司的信貸主管一起討論這個問題。銷售代表不想失去這筆生意，信貸主管也不想，但他也不想讓呆帳纏身。在深思熟慮的討論過後，他們達成了能滿足雙方需求的解決方案。信貸主管同意銷售，但服裝店的老闆必須提供一份銀行擔保，以確保支票會在六十天內支付。

整合議價(integrative bargaining)至少存在著一個能創造雙贏局面的假設下所進行的談判方式。

這次銷售信貸談判是一個**整合議價**(integrative bargaining)的例子。與分配議價相反，整合議價問題的解決方案是在至少存在著一個能創造雙贏局面的假設下進行的。總括而言，整合議價比分配議價更可取。為什麼？因為前者建立了長期的關係並

圖表14-10 議價區域與可達成協議範圍的標示

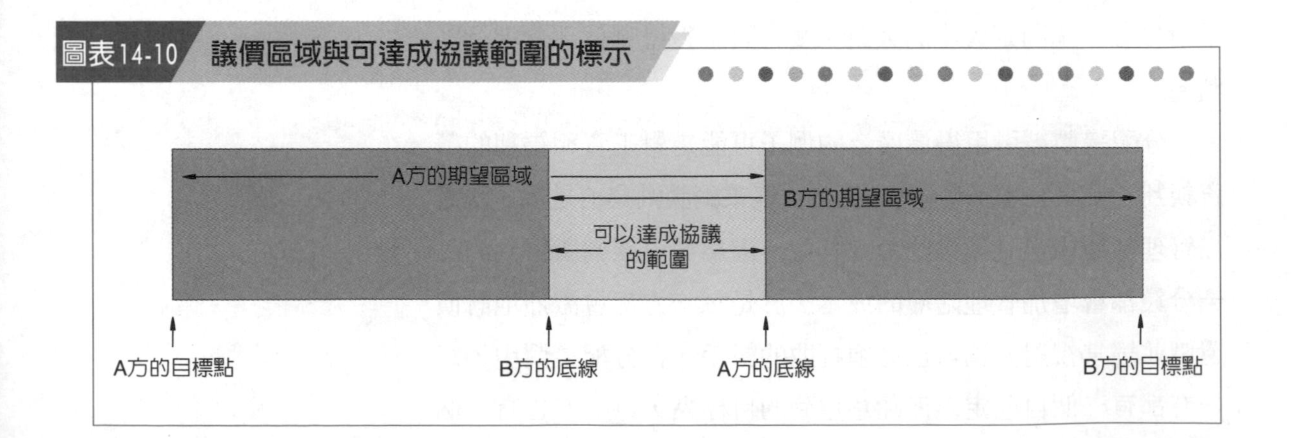

便於未來的合作，它將談判者聯合起來，且使每一方在結束談判時都能感到他已獲得滿意的結果。另一方面，分配議價卻使一方成為潛在的損失者，它傾向於不得不在兩造之間用力刻上憎惡的裂痕。

那麼，我們為什麼沒有在組織中看到更多的整合議價呢？答案就在於這種類型的談判成功所需要的條件。這些條件包括訊息的公開和各方間的坦誠相待；每一方對他方需求的敏感性、信任另一方的能力和雙方維持彈性的意願（註9）。因為許多組織的文化和組織內部關係的特徵並非強調訊息的公開、信任和彈性，所以，談判經常呈現出「殺敵一千，自損八百」的狀態也就無須感到訝異了。

如何發展有效能的談判技能？

有效談判的本質可歸納為以下六點（註10）。

✿ 考慮對方的處境

盡你所能地獲取有關對手利益和目標的訊息：他必須滿足哪些支持者的要求？他的策略是什麼？這些訊息能幫助你理解對手的行為，預測他們對你提出要求的反應，並幫助你根據對手的利益設計解決方案。另外，當你能預料到對手的立場，你就能更充分地準備好事實和數據，來反駁他的觀點，以支持你的立場。

✿ 有一個明確的策略

將談判視為一場棋局。專業棋手都有策略，他們事前知道如何應對任何給定的情況。你的立場有多麼堅定？議題是多麼重要？你願意避開分歧提早達成解決方案嗎？如果議題對你非常重要，你的立場是否堅定得讓你感到尷尬，並讓你不太願意或絕不妥協？這是你在談判之前應該考慮到的問題。

從積極的建議開始

談判的相關研究顯示，讓步往往使雙方互利並達成協議。因此，從積極的建議開始談判—可能是一個小小的讓步—再來換取對手的讓步。

陳述問題而非人身攻擊

集中於談判的議題，而不是對手的個人特質。當談判陷入僵局時，要避免攻擊你的對手。你不贊同的是對手的想法和立場，而不是他本人。應該對事不對人，切勿進行人身攻擊。

別在意最初的報價

要僅將最初的報價視爲出發點。每個人都會有初始的立場，而這種最初的報價傾向於極端和過度理想化，就視它們爲極端和理想吧。

強調雙贏的解決方案

談判者常常假設他們的利益來自於另一方的損失，事實並非如此，正像在整合議價中看到的，雙贏的解決方案經常存在。假設一個零和遊戲意味著會失去同時爲雙方帶來利益的公平交易機會。則若條件允許的話，就去尋找一個帶來雙贏的整合解決方案吧。根據你對手的利益來設計選項，並尋求能讓對手和你都勝利的解決方案。

總複習

本章小結

閱讀過本章後，我能：

1. **為衝突下定義**。衝突是一方有意識地干預另一方爲達到目標所做努力的過程。
2. **認識衝突的三個來源**。衝突通常來自於以下三個來源之中：溝通上的分歧、組織結構的差別或個別差異。
3. **列出解決衝突的五個基本技巧**。這五種解決衝突的技能是：迴避、包容、強制、妥協和合作。
4. **描述主管如何刺激衝突**。主管可以通過傳播模稜兩可的訊息或製造謠言、引入不同背景和個性的外部人士、重組部門或指派「反對意見的鼓吹者」來激發衝突。
5. **定義政治**。政治包括你影響或試圖影響組織中對你有利和不利的現況所採取的行動。
6. **解釋組織中存在的政治活動**。存在於組織中的政治是因爲人們有不同的價值觀、目標和利益；組織的資源是有限的；有限資源的分配標準模糊不清；以及人們追求影響力，使他們能改變標準，來支持他們的目標和利益。
7. **定義處罰和四類最常見的違紀行為**：處罰是強化組織規定與標準的行爲。主管常面臨的四種違紀行爲是：(1)包含曠職、遲到和裝病請假的出勤議題；(2)不服從命令或漫不經心的工作態度與行爲；(3)欺騙；和(4)對工作績效產生不良影響的外部活動。
8. **列出漸進式處罰的主要步驟**：典型的漸進式處罰流程包括：(1)口頭警告；(2)書面警告；(3)暫時停職；(4)開除。
9. **比較分配議價和整合議價**：分配議價的談判目標只固定在總額上，因而只能導致零和情境；而整合議價擁有多種可談判的資源，因此能夠創造出雙贏的局面。

問題討論

1. 如何才能使衝突對組織有利？
2. 什麼是衝突管理？
3. 什麼時候你應該避開衝突？什麼時候你應該尋求妥協？
4. 什麼是反對意見的鼓吹者？反對意見的鼓吹者如何在部門中製造衝突？
5. 組織能夠杜絕政治嗎？請解釋之。
6. 如何評估一個人在組織中的權力？
7. 「好的主管永遠不會處罰員工。」你贊成還是反對這樣的說法？請討論。

8. 爲什麼在任何處罰員工的措施中，進行書面記載如此重要？
9. 如果你親眼看見同事違反組織的規章制度，你無需進行徹底的調查，你可直接實施處罰措施。你贊成還是反對這樣的做法？請討論。
10. 假設你發現了一間你想租用的公寓，並且其廣告寫道「550美元／月，可議價」。你怎麼做才能增加接近底價的可能性？

實務上的應用

處罰員工

處罰員工並不是件容易的任務。它對於涉及的雙方經常都是很痛苦的。然而，當你不得不處罰員工時，下面的十二個原則應該對你有所幫助。

實務作法

步驟一：在譴責任何人之前，先做好自己的工作

發生了什麼事情？如果你沒有親眼看見事實，應該調查和證實其他人的控訴。這完全是員工的過錯嗎？如果不是，什麼人或是其他什麼因素應列入考慮呢？員工知道和理解他所違背的規章制度嗎？記錄如下訊息：日期、時間、地點、涉及人員和情有可原的情況等等。

步驟二：有沒有提供充分的警告？

在採取正式處罰之前，確保你給員工提供了合理的提前警告，且這份警告已有文件記載。問問自己：如果受到質疑，你是否能夠對你的處罰行爲進行合理的解釋？你是否在採取任何正式的行動之前，提供員工足夠的警告？如果這些處罰行爲不是員工所期望的，也許你採取的嚴厲處罰行爲，日後會被員工、仲裁人和法庭認爲是不公正的。

步驟三：及時採取行動

當你意識到違紀情況，並得到調查結果的支持時，就該迅速地採取行動。延遲處罰會減弱行動與結果之間的聯繫，傳遞了錯誤的信號給其他人，也破壞你在部屬中的信譽，以後你採取的任何行爲都會受到懷疑，同時還會導致問題的再次發生。

步驟四：私下進行處罰決議

表揚員工要在大庭廣眾之下，但處罰員工應該私下進行。你的目標不是使違紀者丟臉，公開處罰只會使員工難堪，也不可能會產生你所期望的行爲。

步驟五：採取平靜而嚴肅的口氣

許多人與人的交流都是在輕鬆、非正式的場合下進行，如果主管態度也能和緩，讓交談的氣氛趨於輕鬆，員工也比較容易放鬆。但是，實施處罰並非上述情況中的一種。你應避免憤怒或其他的情感反應，而應用一種平和而嚴肅的口吻表達你的評論。不要試圖用講笑話或縮短談話時間來減少緊張，那樣的行爲只可能使員工感到困惑，因爲它們傳達出與處罰相矛盾的信號。

步驟六：針對具體的問題

當你和員工坐下來一起討論他的問題時，表明你已經做了記錄，對他的問題也非常瞭解。你要用準確的詞語來定義違紀情況，而不是僅僅引用公司的規章制度和工會合約。你所要傳達的不是違紀一事，而是違紀對整個部門績效的影響。你描述這樣的行爲如何具體的影響到員工的績效、單位的效率和員工間的合作，進而解釋爲什麼這樣的行爲必須被制止。

步驟七：保持客觀的態度

批評應該集中在員工的行爲，而不是員工的人格特質。例如，如果一位員工上班遲到了好幾次，你可以指出這樣的行爲會加重其他員工的負擔，和降低整個部門的士氣。但請不要批評這個人是粗心大意和不負責任的。

步驟八：傾聽員工自己的解釋

不管你的調查結果顯示了什麼，甚至你有公眾的「煙霧彈」來支持你的控訴，但是正確的過程要求你給員工機會來解釋他的立場。從員工的觀點出發，看看到底發生了什麼？他對規章制度和環境的理解是什麼？如果你的觀點和違紀者的觀點存在巨大的差異，你可能需要展開更多的調查。當然，你得記載員工對記錄的反應。

步驟九：掌握討論的主動權

在大多數與員工交流中，都鼓勵與員工公開對話。你想放棄控制權以便創造一個平等的交流氣氛；但是，這在實施處罰中將不會起作用，爲什麼？因爲違紀者傾向於利用允許的平等，來將你置於防衛的境地。換句話說，如果你不控制，他們就會控制。按照定義，處罰是建立在權利基礎之上的行爲。你在執行公司的標準和制度，因此，你必須控制和掌握主動權，詢問和瞭解員工的立場，得到事實，並不是讓員工干擾或者改變你的客觀立場。

步驟十：在阻止錯誤再犯的方法上達成共識

處罰應包括對問題的指正，讓員工表示他計畫未來做些什麼以確保不會再次犯相同的錯誤。對於嚴重的違紀情況，要員工擬定一個逐步改變行爲的計畫，然後設置一個時間進度表，在下次的會議上就可對員工的進步進行評估。

步驟十一：選擇建設性處罰措施和考慮一些情有可原的情況

選擇一個適合違紀情況的處罰措施。你選擇的處罰方式應該具有公平性、一致性。一旦你做出了處罰的決定，就要告訴員工你的措施是什麼、你採取這樣的措施的原因和什麼時候開始執行。

步驟十二：詳實記載處罰記錄

為了完成你的處罰行動，確保正在進行的記錄（發生了什麼、你調查的結果、你最初的警告、員工的解釋和反應、處罰決定以及更進一步錯誤行為的後果）是完整和正確的。這個完整的紀錄應該成為員工個人檔案的一部分。此外，最好給予一個正式的通知，通知中要突顯在討論過程中解決的議題、具體的處罰措施和未來的期望，以及如果員工不能糾正其行為甚至一犯再犯，你將採取的行動。

有效能的溝通

1. 研究一下男性和女性處理衝突的風格並將研究發現撰寫成二到三頁的摘要。其中應包含兩個問題：(1)男性和女性在處理衝突時是否有差異？(2)如果的確有差異，主管可以如何應用你的研究發現呢？
2. 從主管的觀點思考自由雇用方式的優缺點，並在陳述優缺點後選擇你支持的立場並解釋你選擇的理由。

個案

個案1：DVD製造公司的衝突

羅伊．李爾被吹噓為即將提拔成DVD製造公司的辦公室主任。羅伊的大多數同事都一致認為他是被擢拔的合適人選。羅伊與每一個人都相處融洽，他是同事中的非正式領袖。

例如，當保羅和茱莉爭論顧客訂單該如何處理時，羅伊通常都知道並理解「雙方的說法」。當約翰對辦公室的某人或某事不滿意時——他經常會這樣——會向羅伊求助或傾訴。蘿絲想獲知謠言眞相時，也去找羅伊。蘿絲發現羅伊在大多數情況下都能保持冷靜的頭腦。羅伊和蘿絲有一些建設性的討論，她經常就很多事情向他徵求意見：從組織中發生的變化，到辦公室內部成員和商店中其他員工間的衝突。

的確，羅伊是這個工作的合適人選。甚至連瑪莉和萊絲莉都毫不猶豫地說，羅伊比辦公室中其他人更加為她們爭取權益。然而，在萊絲莉的心目中，她眞的希望得到升遷的是自己而不是羅伊。

案例討論

1. 在這個案例中，請指出羅伊的一些潛在的衝突問題。
2. 請將五個基本的衝突解決技能應用於你發現的衝突中。
3. 你認爲羅伊需要在他的部門中激發衝突嗎？爲什麼？
4. 有什麼合乎道德的政治活動可供羅伊使用？爲了免於不道德政治活動的傾向，他應該避免什麼樣的錯誤？
5. 你認爲，在羅伊變成了他同事的主管後，他和同事之間的關係將會如何變化？他應該爲這些變化做些什麼準備？

第 15 章

管理變革與創新

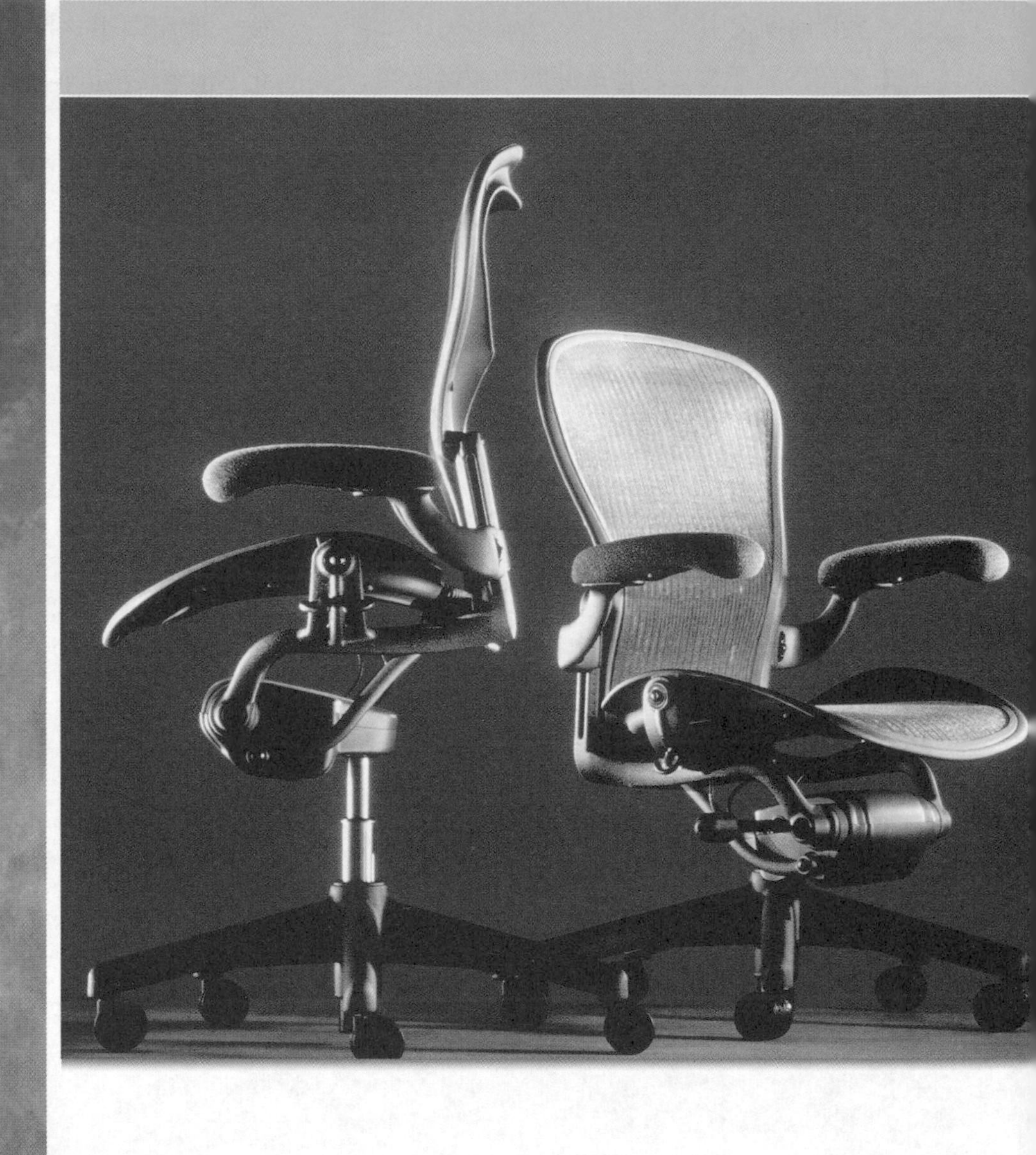

學習目標

讀完本章之後，你應該能夠：

1. 描述關於變革的傳統和當代的觀點。
2. 解釋員工抗拒變革的原因。
3. 列出主管用來減少員工抗拒變革的各種辦法。
4. 列出主管用來改變員工消極態度的步驟。
5. 比較創造力和創新的差異。
6. 解釋主管如何激發創新的產生。

關鍵詞彙

讀完本章之後，你應該能夠解釋下列專業名詞和術語：

- **態度**
- **變革的發動者**
- **變革過程**
- **創造力**
- **創新**
- **組織發展**

有效能的績效表現

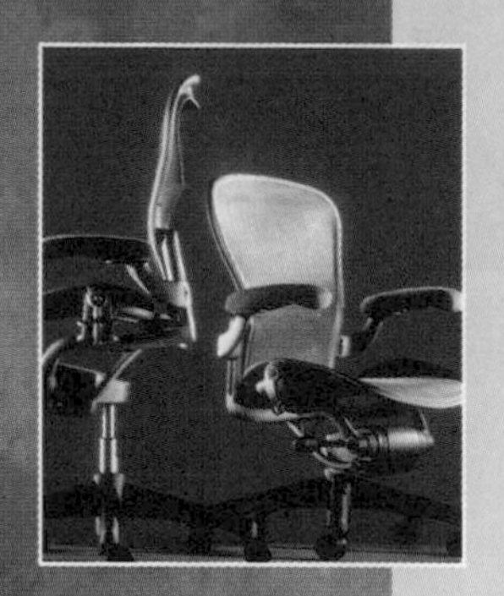

1995年7月，麥可．弗克瑪接任(Mike Volkema)辦公傢俱製造商赫曼米勒公司(Herman Miller)荷蘭西南部澤蘭地區和美國密西根州的負責人。當年年僅三十九歲的弗克瑪因爲曾成功地管理公司高獲利單位——檔案櫃事業部——所以雀屏中選。

弗克瑪才剛接手新工作職位就開始仔細評估自己目前遭遇到的問題。該公司已經藉由專精於生產高級的辦公傢俱建立起良好聲譽，並宣稱高價路線的傢俱可以提升員工的生產力。這種策略在七○年代和八○年代非常管用，但在企業紛紛縮減成本和小型化的九○年代效果不佳。例如1992年時，赫曼米勒公司的銷售額從前一年的八億七千九百萬美金掉到只剩八億四百萬美金，收入也從三千七百萬美金滑落到一千七百萬美金，公司的支出增加速度也超過營業額變化的速度。此外，斯克斯公司(Steelcase)等競爭對手成功地以「良好設計＝產能增加」概念打擊赫曼米勒公司的訴求，相較於赫曼米勒公司，這些競爭對手在新設計、新選擇和更多樣代選擇的發展上投注較多心血，而顧客也發現這些新屬性遠比單純宣告「擁有較好的傢俱就能提升產能」更具吸引力。

赫曼米勒公司中的一線小曙光是一個生產較平價傢俱的小型事業部——SQA，代表強調「簡單、快速、價格實惠」，該部門在

導言

如果變革不存在，主管的工作將會輕鬆一些。因爲明天和今天沒什麼不同，計劃也就不需要調整。如果環境沒有了不確定性，也就沒有適應的必要了。決策也將變得十分簡單，因爲每種選擇的結果幾乎都可以完全準確地預測出來，如此的確能減輕主管的工作量。例如，如果企業不引進新產品，政府不修改政策，技術不發展，或者員工的需求不變，主管也就不會有什麼麻煩了。

但是，變革的存在是事實，應對變革是主管工作中不可缺少的部分。下面從探討變革產生的原因開始我們的分析（見

短短六年間年收入成長爲兩億美金，平均每年年收入增加30%。到底SQA擁有什麼吸引力呢？這是因爲許多小企業熟悉赫曼米勒公司這個品牌並希望擁有此公司的傢俱，但卻受限於傳統赫曼米勒公司產品線的成本過高。例如高檔的赫曼米勒小隔間成本是一萬四百美金，而SQA可以八千三百元美金提供類似品質（當然裝飾和織物會稍微少一些）的產品。且SQA對能借助科技來快速送貨感到相當自豪，因爲銷售代表可以在顧客處利用筆記型電腦和精密的軟體設計出3-D立體的傢俱規劃圖，只需要銷售代表按一個按鍵就可將訂單傳送給工廠、配置製程並立即開立提貨發票給顧客。製程中的訂單可讓供應商依據顧客需求來配送貨品，相較於產業中平均五週的前置時間，SQA讓顧客能在兩週內（甚至是兩天內）收貨。SQA即時的配送服務因此系統增加了99%，且製造效率的提升和存貨的減少降低了五千六百萬美金的作業成本，因此赫曼米勒公司能夠將這些節省的金額回饋給顧客。

資料來源：Based on L. Estell, "Unchained Profits," *Sales and Marketing Management* (February 1999), pp. 62–67; C. L. Dannhauser, "Who's in the Home Office," *American Demographics* (June 1999), p. 52; B. Upbin, "A Touch of Schizophrenia," *Forbes* (July 7, 1997), pp. 57–59; and S. Avery, "Technology Transforms New Designs," *Purchasing* (April 22, 1999), p. 63.

「號外！技術變革決定發展」)。

促使變革產生的原因

第2章裡，我們曾介紹過外部和內部的力量約束著主管，而這兩種力量同樣促使變革的產生。讓我們簡要地看看導致變革發生的因素，見圖表15-1。

什麼是促使變革產生的外部原因？

促使變革產生的外部原因分歧。近年來，市場已經由引進新的競爭者來影響公司。例如，達美樂(Domino)必須對付一批已

技術變革決定發展

號外！

1978年，弗倫奇·雷格斯(French Rags)是一個年收入1000萬美元的婦女毛織品製造公司。從外人的眼光看，公司的情況似乎很好，其產品透過在行業具領導地位的商店（如Neiman Marcus、Bonwit Teller和Bloomingdale）售出。但從公司內部看來並非如此。許多零售商拖欠款項爲公司帶來經濟壓力。另外，一些商店只選擇出售某種樣式、尺寸和顏色的產品，他們認爲公司的產品只能滿足他們一小部分的需求，這也使得公司的主管覺得很沮喪。

1989年，由於兩個獨立的事件，解決了弗倫奇.雷格斯的財務和銷售問題，使該公司生意重新興隆起來。首先，公司新聘一位編織機器專家，他擁有一台德國製造的自動捲軸編織機。這台機器使用數以萬計的鋼針進行精確的工作，與傳統的編織方式一樣，每根針交錯縫紉，但是，只需喘口氣的時間就能編出一件衣物來。它的生產量是手工縫紉者的兩倍。其次，公司的資金困境迫使主管減少產品數量，並且僅向少數願意交貨時付款的客户出售產品。公司的一名忠實顧客因爲買不到喜歡的衣服，致電公司反映了情況。在了解了公司的資金問題後，他告訴主管：「你們將衣服送到我家，我可以找到20個買主。」公司的一位主管立即照辦，並且拿到了價值8萬美元的訂單（包括50%的訂金）。

這兩件事（新聘一位編織專家與一台自動化編織機，並且找到一條新的行銷管道），使弗倫奇·雷格斯得到了重生。今天，公司專門按客户要求生產毛織物，並直接出售給顧客。銷售系統不再包括零售商店了，到府服務、送貨到家已成現在的主要銷售通路。公司向顧客提供訂單表格、衣服樣品和30種可供選擇的衣料，待他們選出自己喜歡的顏色搭配後，再量尺寸，然後收取50%的訂金，接著訂單就被傳眞到公司。如此操作確保了弗倫奇·雷格斯高效率的運作。

現在，公司已經擁有11台編織機。現代生產軟體的運用使產品能夠快速、輕易地大量生產出來。公司還設立了一個設計衣物的Silicon Graphics工作站，加上新式、廉價的配銷系統，弗倫奇·雷格斯才能生產出物美價廉的產品。當編織機要生產一件衣物時，軟體程序將自動選擇紗線的顏色和調整放置線軸的位置。一件精美的夾克過去需要一個熟練工人花費一天半的時間手工編織，而用這台編織機只需不到一小時的時間就可以完成。另一件不同樣式和顏色的夾克同樣可以在下一小時內用另一個模板生產出來。

弗倫奇·雷格斯能夠爲顧客提供50萬種樣式和顏色組合，使顧客能夠擁有非常合身且獨一無二的衣服，且公司通常只需4至6個星期內就能將產品直接送到顧客所在之處。首先，身爲一家經常出現經濟問題的公司，弗倫奇·雷格斯不必再擔心庫存積壓帶來的財務問題，正如一名公司主管指出的：「我們不會有庫存積壓的問題，因爲所有的產品都已先找好買主了。」

資料來源：H. Plotkin, "Riches to Rags," *Inc. Technology* (Summer 1995), pp. 62–67.

經開始滲透到外賣市場，像必勝客(Pizza Hut)和Pizza Boli這樣的新競爭對手。此外，政府的法律和法規也是促使變革的推動力。在1990年，美國殘障人士法案獲得通過，該法案要求成千上萬的企業組織敞開它們的大門，重新設置休息室，加多斜坡

圖表15-1　變革產生的原因

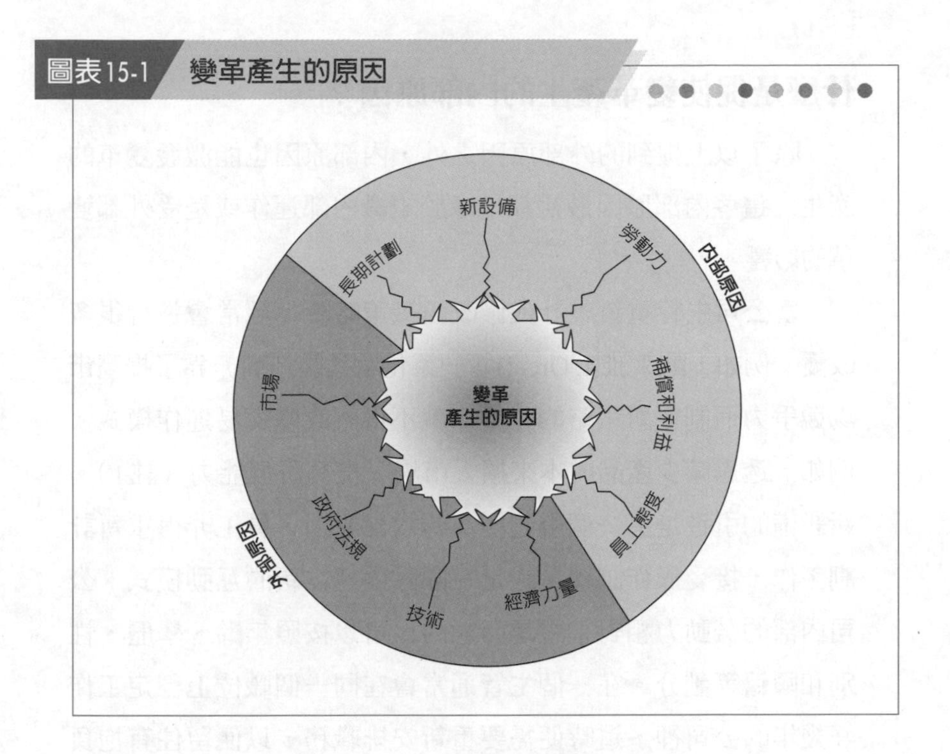

便道和採取其他讓殘障人士行動更方便的措施。在20世紀90年代中期，網際網路已逐漸成爲獲取訊息和銷售產品的多元媒體管道。

技術也促進了變革的產生。近年來，精密設備的發展爲許多企業創造了巨大的經濟效益。例如，在嘉信理財(Charles Schwab)這家折扣券商中，新技術使公司一天可以處理數以千計的共同基金交易，這可是幾年前交易量的十倍以上。 許多工廠裡的生產線正經歷著巨大的變革，因爲雇主利用先進的機器人代替了人工，而勞動市場的波動又促使主管不得不做出改變。例如，軟體開發者的缺乏，迫使許多軟體公司非得重新設計職位，並調整薪資水準。

當然，經濟上的變革計劃影響了所有人。二十世紀、九〇年代末，石油和天然氣價格的急劇下降，造福了許多美商，因爲它們依賴燃料運送貨物，燃料價格下降，減少了運輸費用。

什麼是促使變革產生的內部原因？

除了以上提到的外部原因之外，內部原因也能激發變革的產生。這些內部原因最初都是緣於組織內部運作或是受外部變革的影響。

當公司主管重新設計或修改組織策略時，經常會進行很多改變。例如，歐萊雅(L'Oreal)（一家化妝品製造商）爲了提高市場競爭力而制定新策略的時候，就不得不改變交易運作模式。例如，透過減少產品成本來擴大市場、提高研發能力（註1）。新設備的引進是另一個引起變革的內部原因，員工非得重新計劃工作，接受操作訓練，或是在團隊內建立新的互動模式。公司內部的勞動力相對來說是靜態的，可以按照年齡、學歷、性別和國籍等劃分。在一個主管通常會在同一個職位上穩定工作好幾年的公司裡，這時便需要重新安排職務，以便留住有抱負和衝勁的員工，提供他們更彈性化的工作和升遷的機會。通常也需要修改報酬和福利制度來滿足員工多樣化的需求，因爲勞動市場上特定的技術員工往往是供不應求。而員工的態度通常會導致公司政策與實務作法上的改變，例如當員工對工作的不滿情緒日益高漲時，曠職率就會提高、增加自願離職的可能性，甚至引發罷工，而這些因素便會造成公司在政策和行動上的變革。

主管如何成爲變革的發動者？

公司內部變革的產生需要催化劑。那些發揮推動作用和承擔監控變革過程責任的人，被稱爲**變革的發動者**(change agent)。

變革的發動者
(change agent)
發揮推動作用和承擔監管變革過程責任的人。

任何主管都有可能是變革的發動者，也都有可能不是。內部專家和外部顧問是互補的。例如，面臨較大變革時，公司主管通常會向外聘請顧問，尋求他們的意見和幫助。因爲他們有內部人員所缺乏的客觀性。但是，外聘的顧問也有缺點，他們對公司的歷史、文化、運作程序和人員等缺乏足夠的認識；而且，有時會給公司帶來更多的變革，這既可以說是好事，也可以說是壞事。因爲外聘專家不用承擔後果；其實，作爲變革的發動者，常因爲要考慮後果，而不得不深思熟慮（見「解決難題：進行組織變革」）。

關於變革過程的兩種觀點

我們通常用兩種觀點來闡明**變革過程**(change process)。傳統的觀點是將組織看做一艘在平靜海洋上航行的船隻，船長和水手們已經到該目的地好幾次了，因此都對該地相當清楚。而變革的出現就像是突然來襲的風暴，破壞了一次本來平靜且預期順利的航行。另一種觀點則有些諷刺意味，它將組織看做是全速航行在狂怒河流裡的小木筏，筏上的六名人員都彼此不熟悉對方，而且從未在此河流上航行過，也不清楚目的地。更糟的是，他們是在黑暗中航行。這種觀點認爲，變革是一種自然狀態，指導變革是一個持續的過程。這兩種觀點從不同角度看待變革和應付變革的方法；就讓我們更仔細地來分別探究這兩個觀點。

變革過程
(change process)
用來分析成功變革的模型，該模型把變革分為打破現狀（均衡狀態），進行變革，鞏固新狀態。而打破均衡狀態需要：(1)增強驅動力量，(2)減弱抑制力量或結合應用以上二步驟。

何謂變革的傳統觀點？

直到最近，關於變革的傳統觀點才被大部分熟悉公司運作的人員所接受。這種觀點認爲變革的過程分三個步驟（註2），請參考圖表15-2。

根據這個模型，成功的變革要求打破現狀，變革爲新的狀

圖表15-2　傳統的變革過程三部曲

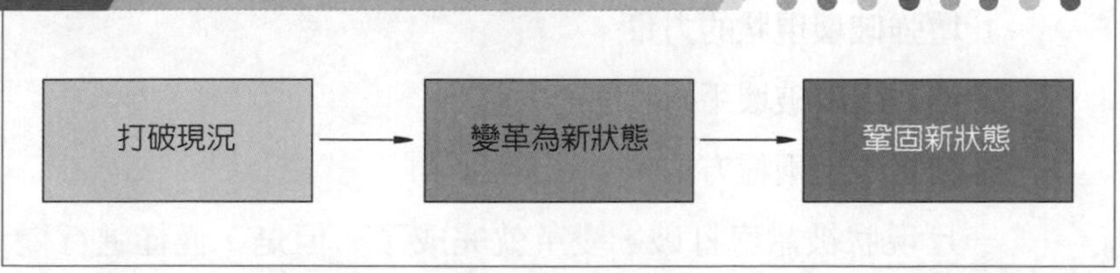

打破現況 → 變革為新狀態 → 鞏固新狀態

解決難題

進行組織變革

當主管與其他主管共同進行一項改革時，這種做法一般被稱爲**組織發展**(organization development, OD)，它帶來的結果通常是正面的。因爲全體成員的共同參與，使得員工之間增加了交流，加強了信任和尊重，還能讓員工更加了解公司，明白一定的風險是值得的，能使公司有更好的發展。

著手組織發展的主管，經常將他們的價值觀強加在參與者的身上。當同事間互相不信任時，這種情況尤其明顯。要解決這個問題，就要召集全體人員舉行會議，大家公開地討論對處理問題的看法和意見。儘管有些主管知道這一點，他們還是無法順利地進行變革。這是因爲，如果要解決個人問題，員工就必須透露一些敏感的訊息；也就是說，員工要將自己的想法公開。但在公眾場合，每個員工都有權拒絕公開隱私；況且，公開隱私有可能帶來一些負面後果，例如，工作績效評估不佳、減薪，甚至前途受到威脅。

另一方面，積極參與能使員工說出心聲，但這同樣會導致不良的後果。現在對一個人來說是正確的訊息，有可能一段時間後變得不再可信。試想一下，如果會議中員工質疑主管的作法，而提出了相左的意見，那麼他的開誠佈公很可能會遭受懲罰。即使有一天，主管接受了這個意見，但要接受那位員工還需要更多的時間。因此，無論參與與否，員工都會受到傷害。儘管集體會議的目的是爲了消除成員間的誤解，其最終結果可能是更多的情感上的傷害和誤解。你怎麼看待這個問題？你覺得成員間能做到絕對的開誠佈公嗎？另外，你認爲在減緩成員間緊張關係的同時，該如何保護個人的權利？

組織發展 (organization development, OD)
組織系統化變革的過程。

態，鞏固新狀態。現狀可以被看做是一種平衡狀態，要打破這種平衡狀態，可以使用下面三種方法的其中一種：

1. 增強破壞現狀的力量。
2. 消弱阻礙破壞平衡狀態的力量。
3. 結合以上兩種方法。

一旦現狀被徹底打破，變革就完成了。但是，僅僅進行變革並不能保證什麼，想要維持新的狀態就必須採取鞏固措施。若不進行這一步的話，變革的成果只能暫時維持，員工很快就又會回到從前的平衡狀態。鞏固措施的目的就是透過平衡和牽制各種因素，以穩定組織新的狀態。

這個模式透過三個步驟闡明了變革的過程，將變革看做是徹底打破平衡狀態的過程。這種傳統的觀點比較適合五〇、六〇年代和七〇年代早期這種相對穩定的環境。但對於今日的主管而言，這種觀點早已落伍了。

何謂變革的現代觀點？

如今，對於組織變革必須考慮到環境的動態和不確定性。舉個例子來體會一下變革的感覺。當你在滑雪時，必須不停地滑行，試想你在途中會遇到的情況。雪山山坡的長度和斜度千變萬化，不幸的是一旦開始了滑行，你就無法預料會遇到什麼事。這種過程可以說很簡單，但也很富挑戰性。另外，你認為滑雪場必定會開放，因而早已做好了滑雪計劃。通常一月是最佳滑雪時間，但實際上滑雪場並不是隨時開放的。更糟糕的是，有些時候，滑雪場會不明原因地關閉。對了，還有一種情況，上山纜車車票的價格時時刻刻都在變動，而且這種變動毫無規律可循。要在這樣的情況下隨機應變，你必須非常靈活，對變革的狀況迅速做出反應。那些太死板或者太遲鈍的人根本應付不來——這可不是開玩笑的！

愈來越愈的主管在工作中要面對像滑雪一樣的情況。對於變革，一成不變和能預期的傳統觀點已經行不通了，現狀的改變並非偶然性的。主管無可避免地面臨隨時存在的變革，並為其引起的混亂而煩惱。他們不得不參加一場從未玩過的遊戲，還要遵循自遊戲中產生的規則。

你是否將要面對大量而無序的變革？

並不是所有主管都要面對大量混亂的變革，但不會遇到這種情況的主管將越來越少。今天，幾乎沒有哪位主管會把變革看做是平靜生活中的偶然情況，這種想法是很冒險的。因爲變革太多、太快了，讓人很難適應。正如商業書籍作家湯姆·彼得斯(Tom Peters)提到的一句諺語：「如果東西沒有破，就用不著修補它。」已經行不通了，他建議：「如果東西沒有破，一定是你看得不夠仔細，無論如何都要修好它。」（註3）

爲什麼人們會抗拒變革？

研究資料表明，人們會抗拒變革。有人曾指出：「許多人都討厭他們預料之外的變革。」對變革的抗拒情緒有很多表現形式，有的明顯，有的含蓄，有的直接，有的間接。當抗拒表現得較爲明顯且直接時，例如，變革產生後，員工立刻怨聲載道，工作效率下降，甚至還罷工，這種直接的情況，主管比較容易應付。但含蓄、間接的抗拒就難對付了，因爲它不易發現，影響也很微妙。例如，變革可能會導致員工對公司的忠誠度下降，失去工作動力，不斷發生失誤，出現頻頻請病假等情況。起初，變革也許只引起很小的反應，但是一星期、一個月甚至一年以後，抗拒就會慢慢地累積表現出來。一次變革的影響力或許很小，但它卻能變成阻礙發展的絆腳石。因爲抗拒心理越積越深，一旦爆發就會造成驚人的後果。

那麼，到底人們爲什麼會抗拒變革呢？這其中有以下幾個方面的原因（見圖表15-3）：

✿ 習慣

每個人都有習慣。生活是很複雜的，我們沒必要每天都做出幾百個選擇，只要習慣性的反應就夠了。面臨變革時，這種慣性就會成爲抗拒的來源之一。當你的部門搬遷至新辦公室，就意味著員工們不得不改變許多習慣：要早起十分鐘，走新的路線去上班，找新的停車位，適應新的辦公室裝潢，尋找新的用餐地點等等。

圖表15-3 人們為何抗拒變革？

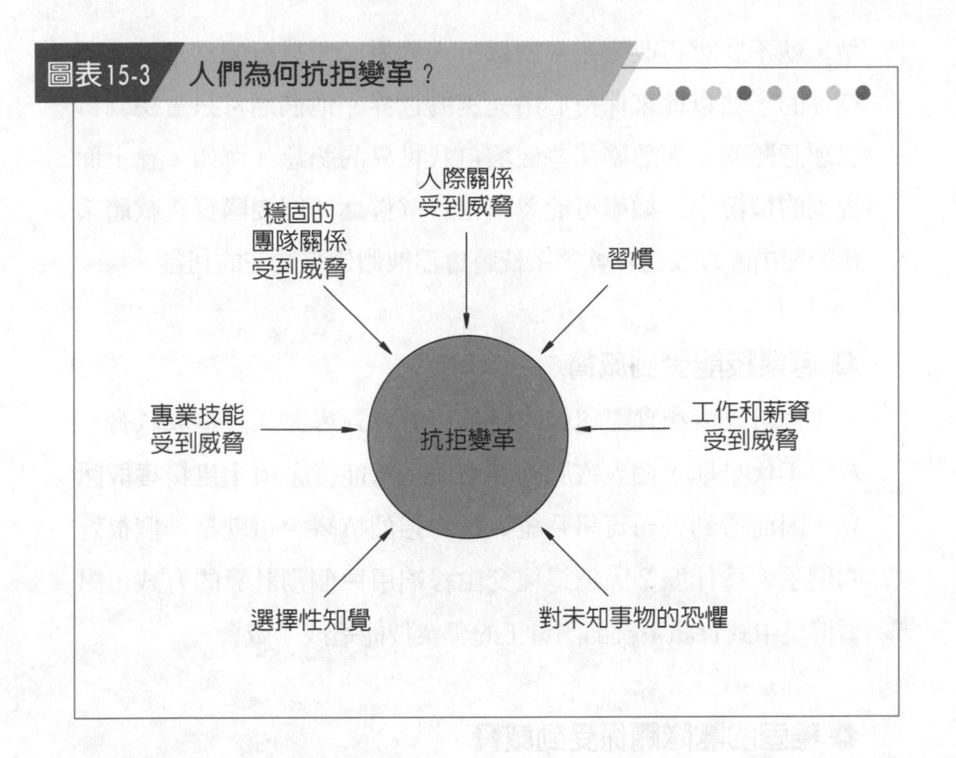

✿ 工作和薪資受到威脅

員工經常擔心變革會影響工作和薪資。例如，新設備的引進可能就是被開除的前兆。他們在日常工作或完成某項任務時，一旦擔心自己無法勝任，就會有威脅感。這種威脅感，在主要由生產力決定薪資的公司中，會更加明顯。

✿ 對未知事物的恐懼

變革就是模糊性和不確定性的代名詞，而這二者正是人們不喜歡的。如果一個小出版社推出適用於個人電腦的出版軟體系統，這是否意味著編輯要學習使用電腦完成所有工作，那麼有些人可能就會擔心自己無法掌握這麼複雜的系統。因此，他們會對工作產生倦怠，在使用系統時會不停地抱怨，導致效率不彰。

✿ 選擇性知覺

人們透過知覺來感受這個世界，一旦他們心中的世界成型，就不願意再改變了。所以，人們對於所見所聞常常是有選擇性的，並以此來保持心中完美的世界。他們通常只會聽到自己願意聽的，而忽略那些破壞自我世界的訊息。例如，在上面提到的情況中，編輯可能忽略主管解釋爲什麼要購買新軟體系統的理由，以及這項軟體系統將會爲他們帶來潛在的利益。

✿ 專業技能受到威脅

公司政策和實際運作的變革可能會對專業人員造成威脅。八〇年代早期，個人電腦的問市使主管能從主機上直接獲取訊息，因而遭到公司資訊系統人員的強烈抗議，這就是一個很好的例子。爲什麼？因爲這種交由終端用戶個別計算的方式，對習慣集中式資訊系統部門員工的專業技能造成了威脅。

✿ 穩固的團隊關係受到威脅

公司內決策權的重新分配，會威脅到長期以來穩固的團隊關係。公司主管努力強化員工之間的凝聚力，並促進團隊發展爲自我領導的團隊，但這種努力經常會被那些權力受到威脅的主管所阻礙。

✿ 人際關係受到威脅

工作並不僅僅是謀生的手段，還是人類的一種社會需求，它是人類生活中非常重要的角色。我們希望在工作中能與同事變成朋友，而變革就是阻礙之一。組織重組、人員流動和工作輪調等變革，都會使同事、主管和經常接觸的人發生變化，所以他們往往會抗拒這種具有威脅性的變革。

如何克服員工抗拒變革？

以上所描述員工對變革的抗拒是可以克服的，這裡爲你提供五種技巧，假如你都掌握了，抗拒也就會自然消失了。

✿ 建立信任

如果員工信任你，他們感受到的威脅就會少一些。佛羅里達州弗隆灘市的優鮮沛(Ocean Spray)公司在剛組織自我領導團隊時遇到很多抗拒，因爲一直以來，員工並不信任他們的主管，主管也從不讓員工參與決策。而突然之間，員工又被告知擁有獨立決定的權力，這種角色的轉變是很難一下子就調適過來的。所以，經過將近一年的溝通，員工才眞正地對自己的工作擔負起責任來。

✿ 積極溝通

與員工的充分交流可以幫助他們認清變革的必要性，從而減少抗拒心理。當員工接受了事實，消除了誤解之後，抗拒也就自然消失了。正是出於這樣的考量，亞培環境工程(Apex Environmental)公司採取了一條新措施，允許公司內100名員工都能查詢公司的盈虧情況，並回答他們關於財務狀況的任何問題。但是，這種開放式的溝通模式只能在一種情況下生效，就是公司的成員必須相互信任，而且公司必須眞正關心員工的福利。高品質的溝通能夠有效地減輕模糊性所來的威脅感。例如，當減薪、裁員的謠言四起時，誠實、公開的溝通是保持冷靜的力量。即使是個壞消息，清楚地了解事實眞相也能使人們更容易接受它。如果溝通不良，員工就會有不安全感，對情況的估計往往會比實際狀況更加悲觀。

✿ 鼓勵員工參與

美國運通公司(American Express)、波音(Boeing)、德爾馬伐電力(Delmarva Power)公司、美國國稅局(the U.S. Internal Revenue Service)與SEI投資公司(SEI Investments)等公司，都讓員工參與變革計劃的制定。爲什麼？這是因爲人們往往很難抗拒自己所參與的決定。因此，在變革一開始，就應該鼓勵員工參與，這樣他們就會積極地支持變革。你知道的，沒有人會反對自己一手建立起來的事物。

✿ 提供誘因

要讓員工明白，支持變革對他們是有益的。想一想，員工爲什麼會抗拒？你該如何消除這種抗拒？他們是否在擔心自己無法勝任新任務？提供員工新技能的訓練或是讓他們休個假吧，讓他們有時間冷靜下來重新思考，並漸漸意識到起初的擔心是完全沒有根據的。同樣，裁員對留職者來說其實是一次機會，工作的重新分配提供了更新的挑戰和任務、更優渥的薪資、更好的職位、更彈性的工作時間，甚至是更多的自主權等等，這些都有助於減少抗拒。例如，寶麗來(Polaroid)希望部屬能夠發展專業技能，而且變得更具彈性，爲此，他將那些發展自我新技能的員工薪資提高了10%。

✿ 關心員工的情緒

✿態度 (attitudes)
是員工對目標、人員或事件的判斷和評估，反映了員工的想法。

「我討厭這份工作。」「我的上司不了解女性的想法。」「我認爲我們生產的藥品不符合人們生活需要。」等這些牢騷，典型地反映了員工的**態度**(attitudes)。態度是員工對目標、人員或事件的判斷和評估，反映了員工的想法。作爲主管，你要如何處理員工這種消極情緒呢？首先，確認你想改變的態度，再找出引發該態度的原因，接著改變這種態度，並提供另一種可供選擇的態度，最後須強化新建立的態度。

激發創新

「不創新便死亡！」這句殘酷的名言已逐漸成爲今日主管一致的心聲，在全球競爭的動態世界中，組織必須創造新產品和服務，並採用最尖端的科技，才能擁有成功的競爭力（註4）。許多組織都希望努力達到杜邦(DuPont)、夏普(Sharp)、伊士曼化學(Eastman Chemical)和3M等公司的創新標準（註5）。例如，

公司中專責訓練和員工關係的人力資源經理必須認知到，變革是當今主管面臨的重大挑戰之一。雖然變革在以維持獲利為目標的公司中已成常態，但當變革妨礙員工日常的任務職責時，我們很難看到變革的正面效益，而此時，主管必須擅長於和員工溝通變革的必要性。

3M的主管發展出能夠長期促進創新的聲譽，其中一項目標規定各事業部25%的利潤須來自五年內的新產品，因此3M每年會發明出超過兩百種產品，最近五年內，3M 130億美金的收入中，有30%來自於上市五年內的新產品。

3M成功的秘訣是什麼呢？其他公司的主管要如何讓組織更有創新能力呢？接著，我們將藉由討論影響創新的因素，來嘗試回答這些問題。

創造力和創新的關係爲何？

一般來說，**創造力**(creativity)是利用獨特方式，來合併數種靈感，或在靈感間建立特殊連結的能力（註6），例如，諾倫．布西尼爾(Nolan Bushnell)認爲美國大眾會對結合電視和遊戲的產品感興趣，因而創造出價值一億美金的發明。激發創新的組織會發展出前所未見的策略或是解決問題的獨特方法，例如，公司高階人員會成立「食品與營養研究機構」來鼓勵員工花費約15%的工時研發新產品（註7）。

創造力 (creativity) 利用獨特方式來合併數種靈感或在靈感間建立特殊連結的能力。

創新(innovation)是將充滿創意的靈感轉換爲實用產品、服務或作業方法的過程（註8）。如在美國康乃狄克州發跡的鞋類製造商量腳訂做(Custom Foot)公司，就結合大量生產和個別顧客的

創新 (innovation) 將充滿創意的靈感轉換為實用產品、服務或作業方法的過程。

需求，提供顧客成本較低的「客製化」鞋子。創新組織的特色在於擁有將創意精髓轉換爲實用成果的能力，當主管表示要改革組織讓其更具創造力時，也代表他們希望激發創新，像充滿創新的3M工廠，就能將新靈感轉換爲如玻璃紙膠帶、防護噴劑、便利貼便條紙、彈性腰身設計的尿片等可獲利的產品。而非常成功的微晶片製造商英代爾(Intel)也是如此，該公司帶領晶片製造商邁向微型化，其研發的Pentium II和Pentium III晶片讓公司擁有與IBM個人電腦系統相容的微處理器市場中75%的市場佔有率。每年銷售額達50億美金的英代爾，持續透過新產品的開發和上市來維持領先地位，而這些創新的成本包括每年12億美金的廠房設備投資和八億美金的研發費用。

什麼是創新的內涵？

有些人相信創造力是天生的才能，但也有人認爲可以藉由訓練來培養。而在後者的觀點中，創造力可視爲包含「認知」、「醞釀」、「啓發」、「創新」四個階段的過程（註9）。

「認知」涉及人們看待事物的方法，而具有創造力代表能從獨特的觀點來看待事物，如員工發現他人無法察覺的特殊解決方案。然而，超越現實的認知並不會瞬間產生，因爲靈感通常需要經過「醞釀」的過程。員工有時需要擱置靈感，但這不是讓員工停手或無所事事，而是希望員工能在醞釀期間，收集並儲存大量資訊、吸收並學習資訊、並透過調整和重新設計來塑造出全新的概念，通常醞釀期會長達數年的時間。

想想看你在考試時苦思答案的情境，儘管絞盡腦汁但卻徒勞無功，突然靈光一閃，腦海中浮現出解答，你找到答案了！這和創造力過程中的「啓發」階段相類似，啓發正是你之前所有努力整合成功的時刻。

雖然創意的啓發會產生莫大的興奮，但創造力工作尚未完成，還需要創新的努力。創新涉及將啓發的創意轉化爲實用的產品、服務或方法。如同湯瑪斯．愛迪生(Thomas Edison)的名言：「創造力是1%的啓發和99%的努力」，那99%的努力，也就是創新，包含測試、評估和反覆測試所啓發的靈感。這也是需要涉入和自己工作以外領域的階段，這種涉入非常關鍵，因爲即便是最偉大的發明，都有可能因爲缺乏和他人溝通，或未盡力達成該創意靈感應產生的效果而延緩面市，甚至成爲遺珠之憾。

主管如何激發創新？

激發創新的相關變數可分爲「組織結構」、「文化」、「人力資源實務」三類。

✿ 結構變數

我們以延伸的研究爲基礎，找出三項創新相關的結構變數。第一、正式化程度低的結構有助於創新，因爲這類組織結構的工作專精化程度較低、規則較少、分權傾向超過官僚制度，有助於促進彈性、適應力，以及讓創新更易於交互繁衍(cross-fertilization)。第二、容易獲得的充足資源，提供建立創新的關鍵基石，豐富的資源讓主管能夠購買創新事物、承受發展創新的成本，並承擔失敗。第三、經常性的跨單位溝通，可藉由增進跨部門的互動，來打破可能會妨礙創新的藩籬。

✿ 文化變數

創新的組織常擁有相似的文化（註10）。他們鼓勵實驗精神，提供不計成敗的獎勵，甚至慶祝失敗。例如，新力(Sony)鼓勵員工在市場上進行新產品的實驗，有別於其他組織，儘管該公司知道不是所有產品都會成功，仍毅然決然將許多產品上市，這與他們宣揚冒險行爲的文化相契合。若缺乏這種文化，新力的隨身聽根本不可能出現在商店中！而創新的文化應該包含下列七種特徵：

- **接受混淆**：過度強調目標和規定會限制創造力。

- **容忍不切實際**：當有人對假設性問題發表出看似不切實際、甚至聽起來有些愚蠢的答案時，不應抵制這些想法，因爲這些乍聽之下天馬行空的想法，往往會產生創新的解決方案。
- **低度外部控制**：應將規則、法令、政策和類似控制降到最低。
- **承擔風險**：鼓勵員工在不需畏懼失敗後果的前提下盡情實驗，並將錯誤視爲學習的機會。
- **忍受衝突**：鼓勵多元的意見，因個人或單位間的和諧或共識並不能產生高績效。
- **重視結果而不計較方法**：設定明確的目標，但鼓勵個人思考多種達成目標的方法，而專注於結果也表示任何問題可能都有不只一個正確的答案。
- **開放的系統觀點**：組織應該密切偵測環境，並迅速回應遭遇到的變化。

✿ 人力資源變數

在人力資源方面，我們發現創新的組織會積極地加強員工的訓練與發展、讓員工持續學習最新的知識、提供員工高度的工作保障，並降低因錯誤而被開除的恐懼感、並鼓勵員工成爲變革的擁護者。一旦發展出新靈感，變革的擁護者會積極、熱忱地促進該靈感、建立支持、排除抗拒的反對力量，並確保創新的實行。研究也指出這類擁護者們共通的人格特質：極端高度的自信、堅持、精力充沛和冒險傾向。擁護者也會展現出和動態領導相關的特徵，他們會運用創新潛力的願景和個人對使命的強烈信念來鼓舞和激勵他人，也擅長於贏得他人對其宣揚之使命的支持和認同感。此外，擁護者的工作常提供決策的自行裁量權，而這種自主權可幫助他們引介並應用創新的事物。

總複習

本章小結

閱讀過本章後，我能：

1. **描述關於變革的傳統和當代的觀點**。傳統觀點把變革看做是公司平衡狀態的一次打破，變革產生後，經過一段時間穩定下來，又形成新的平衡。現代觀點認為變革是持續的，不平衡狀態才是自然狀態。
2. **解釋員工抗拒變革的原因**。員工抗拒變革是出於習慣影響、對未知的恐懼、人際關係不佳以及害怕變革威脅到工作和薪資等因素。
3. **列出主管用來減少員工抗拒變革的各種辦法**。可以透過下面幾種方法：建立成員間的信任感，進行良好的溝通，讓員工參與決策，鼓勵員工接受變革並改變其態度。
4. **列出主管用來改變員工消極態度的步驟**：(1)釐清你要改變的是哪一種態度；(2)找出引發這種態度的原因；(3)消除這種態度；(4)培養起另一種態度；(5)鞏固新的態度。
5. **比較創造力和創新的差異**：創造力是利用獨特方式來合併數種靈感，或在靈感間建立特殊連結的能力；而創新是將充滿創意的靈感轉換為實用產品、服務或作業方法的過程。
6. **解釋主管如何激發創新的產生**：主管可透過：(1)提升組織結構的彈性、讓員工使用資源更加容易、提供公開流通的溝通方式；(2)創造輕鬆、支持新靈感、鼓勵員工注意環境動態的文化；(3)提供員工創造力訓練，並提供他們工作保障。

問題討論

1. 舉例說明哪種環境會影響主管，並迫使他們不得不進行變革？
2. 描述一下變革過程的傳統模式，並指出它與現代變革模式有何不同？
3. 你透過什麼線索發現員工對你將實施的變革有抗拒心理？
4. 員工是如何抗拒變革的？
5. 建立信任感如何減輕員工的壓力？
6. 為什麼主管要關心員工的工作態度？
7. 如果不去改變員工抗拒的態度，會發生什麼事？
8. 創造力和創新的差異為何？請各舉一例，加以說明。
9. 創新文化如何讓組織更有效能？創新文化可能降低組織效能嗎？請說明理由。
10. 你認為不需要促進創新的擁護者也能產生組織變革嗎？請解釋你的看法。

實務上的應用

激發創造力

創造力是一項心理的架構。你需要開放心胸來接納新的靈感，而所有人都能擁有創造力，但許多人卻未嘗試發展這項能力。在近代的組織中，缺乏創造力的員工很難成功，這是因爲在動態的環境和混沌的管理中，主管必須尋求創新的方法，而達成自我和組織的目標。

實務作法

步驟一：認為自己充滿創造力

雖然這個建議看似簡單，但研究顯示如果你自認爲缺乏創造力，那你將會無法發揮創造力。因此，相信自己是發展創造力的第一步。

步驟二：注意你的直覺

每個人都有良好的潛意識，有時答案會在非預期的狀態下浮現，例如，當你正放鬆心情、快要入睡時，所遭遇到問題的解決方案卻會不經意地在你耳邊低語，請不要忽略這個聲音。事實上，具創造力的人會在床鋪附近放置小筆記本，以便能隨時記錄靈光乍現的好點子而避免忘記。

步驟三：離開自己的安逸領域

每個人都存在著讓自己安逸的領域，但是創造力和現存的知識有時無法合併，因此，必須離開自己的安逸領域來學習新的事物。

步驟四：從事讓你離開安逸領域的活動

除了思考不同的事物，你也必須做出不同的行爲。藉由參與不同的活動可讓你自我挑戰，例如，學習樂器或外語都能開闊你的視野，並讓你的內心接受挑戰。

步驟五：尋找一個變革的場景

人是習慣的動物，而擁有創造力的人會藉由改變場景，來迫使自己離開習慣的領域，例如在一個寧靜的地方獨自思考。

步驟六：發現多個正確的答案

一個擁有創造力的人，即便已經找到解決方案仍會持續尋找其他的解決方法，因而往往能發現更好、更具創意的解法。

步驟七：扮演自己的反對意見的鼓吹者

對自己解決方案挑戰和辯護也有助於發展自我對於創造力努力的信心，自己分飾兩角也能激發更具創意的想法。

步驟八：相信自己能夠找出一個可行的解決方案

如同相信自我一樣，你也必須相信自己的靈感，如果你都不相信自己能找出解決方案，則你可能確實無法找到。

步驟九：和他人進行腦力激盪

創造力的啓發並非單獨活動，和他人互相腦力激盪而產生靈感能夠產生綜效。

步驟十：將充滿創造力的靈感轉化為行動

產生靈感只完成流程中的一半而已，在啓發靈感後就必須應用該靈感。純粹空想或紙上談兵都對發展創造力幫助有限。

資料來源：Adapted from E. Brown, "A Day at Innovation U," *Fortune* (April 12, 1999), pp. 163–166; M. Henricks, "Good Thinking," *Entrepreneur* (May 1996), pp. 70–73; and M. Loeb, "Ten Commandments for Managing Creative People," *Fortune* (January 16, 1995), p. 16.

有效溝通

1. 描述你所經歷過的一件重大的改變（如上大學、換工作等等），你是如何準備這項變革的？你曾遭遇到怎樣的恐懼又如何克服這些恐懼呢？在你現在瞭解變革的概念後，你會做出哪些當時不曾做出的行爲呢？你將如何應用本章所學，來面對未來遭遇的變革呢？
2. 傳統的管理課程專注於理性的發展，而不重視創造力，這是非常嚴重的錯誤。請書寫二到三頁的報告來陳述你要如何讓管理學院增進學生的創造力，也請明確地指出管理學院應該包含哪些促進創造力和創新的課程。

個案

個案1：Introl系統公司的遷址

剛開始，Introl系統公司（生產筆記型及桌上型電腦晶片）位於於新澤西的Englewood Cliffs。這個地點對大多數員工來說，上下班很方便。住在紐約的員工只需要20分鐘的路程。喜歡住在郊區的員工可以從12個的新澤西社區中選擇。喜歡住在鄉村的員工也只要45分鐘路程。

2003年，公司的高層認爲在Englewood Cliffs的工廠過大，便在新澤西州的莫里斯平原市建一座新工廠。爲此，公司做了一些調整；2003年六月，Introl系統公司由Englewood Cliffs遷到莫里斯平原市。

這次搬家帶給主管最大的問題是招募和留住員工將會受到影響，尤其是在研發部門。因爲絕大多數的研發員工住在紐約。以前20分鐘的路程現在變成一個小時。更複雜的問題是，沒有交通車可以到達公司的新址，所以現在公司只得要求員工自己要有車。

凱西．威爾森是Introl系統公司高級設計小組的負責人。她的六個部屬都住在紐約。凱西在得知公司要搬到莫里斯平原市後，馬上告訴了部屬。最初，這個消息引起員工中一陣小小的騷動。但隨著搬遷日子逼近，這個消息在組織中間蔓延開來，以至於她的部屬都在紐約尋找新的工作機會。

案例討論

1. 為什麼你認為凱西的絕大多數部屬會抵制公司的搬遷行動？描述導致員工抵制行動的各種原因。
2. 假設你就是凱西．威爾森。現在是2003年春天。你不想失去任何一個有能力、有天賦的部屬，那該採取什麼具體的對策呢？
3. 你是否相信公司有辦法減緩員工的抵制變革情緒呢？尤其是那些住在紐約市區的員工？請說明你的看法。

第16章 主管在勞資關係中的角色

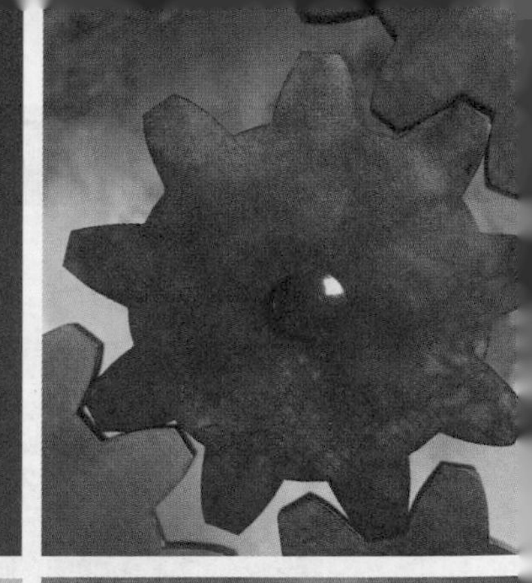

學習目標

讀完本章之後，你應該能夠：

1. 定義「工會」。
2. 探討華格納法案和塔夫—哈特利法案對勞資關係的影響。
3. 描述籌組工會的流程。
4. 描述集體談判的組成。
5. 明瞭集體談判的步驟。
6. 解釋各種類型的工會保障協議。
7. 描述申訴程序在集體談判中所扮演的角色。
8. 明瞭打破談判僵局的各種技巧。

關鍵詞彙

讀完本章之後，你應該能夠解釋下列專業名詞和術語：

- 代理式企業
- 授權卡
- 集體談判
- 資方代扣繳工會會費
- 經濟式罷工
- 事實調查
- 聯邦調停局
- 申訴程序
- 申訴仲裁
- 利益仲裁
- 勞資關係
- 藍卓格里芬法案
- 關閉工廠
- 維持會員身分
- 國家勞資關係委員會
- 開放式企業
- 不正當獲利及貪污組織法案
- 代表確認選舉
- 代表撤銷選舉
- 二級抵制
- 塔夫—哈特利法案
- 工會
- 工會式企業
- 華格納法案
- 野貓式罷工

有效能的績效表現

勞資關係管理中的基本目標之一，是希望能讓勞資雙方在談判桌上進行協商，事實上，已頒佈一些要求工會和管理階層共同誠懇地參與協商的法律。眞誠的協商需要雙方都有達成協議的意願，唯有如此，他們的努力才能有助於協商過程並促進達成建立共識的終極目標。但眞誠的協商無法保證一定能產生決議，反而可能會產生許多異議而導致談判破裂，在過去十年間，我們已目睹過無數次類似這樣的狀況，包括卡車司機、報業人員、機長與空服員、運輸系統員工、煤礦工、甚至是專業人士。儘管勞資衝突已非新聞，但卻不該發生，福特(Ford)首席勞資協商專家彼得·佩斯蒂洛(Peter J. Pestillo)將目標設定在「勞資零衝突」如此艱難的議題上。

例如，通用汽車(General Motor)曾長期和汽車從業人員聯合工會(United Auto Workers union, UAW union)發生衝突，在九〇年代末，通用汽車曾因54天的罷工而損失20億美金的稅後利潤，相對地，和汽車從業人員聯合工會關係良好的福特從1986年起就不曾發生過罷工事件。爲何會有如此大的差異？許多產業分析師認爲彼得·佩斯蒂洛是關鍵之一。

大部分汽車公司的勞資關係協商專家過去都曾擔任工廠的主管、擁有企管學位並來自中、高階級的家庭。但佩斯蒂洛除外。父親擔任技工的他，高中畢業後的第一份工作是在鐵珠公司，並從此開始成爲汽車從業人員聯合工會的成員。大學畢業後，他利用法學院的所學在奇異電子(General Electric, GE)和固特利奇公司(B. F. Goodrich)任職。38歲時進入福特來監督勞資關係政策，且持

導言

在本章中，我們將探討主管如何處理工會的問題，我們將了解工會的定義、相關的法律、員工加入工會的原因以及主管在勞資關係流程中扮演的獨特角色。

續這項工作長達四分之一世紀。

堅持與工會合作的佩斯蒂洛在主管群中相當顯目，他鼓勵工廠經理人多親近員工和工會，甚至封殺不願配合的經理人。他說：「過去，經理人樂於增加工會的不滿，並透過處罰行動來彰顯勞資問題的嚴重性，但現在，我們卻會衡量經理人處理勞資關係的效能。」因爲佩斯蒂洛，福特目前已晉身全美頂尖的車廠，最近一項調查也顯示，福特在全美最具生產力的前十大汽車工廠中佔有四席，且在全美最具生產力的前十大輕型卡車工廠中佔有七席。

佩斯蒂洛也和汽車從業人員聯合工會的關鍵人士建立緊密的私人交情，他們之間互相欣賞，例如該工會目前的總裁就將佩斯蒂洛視爲能夠一同品酒、打高爾夫球的好友，而這種親密的關係也有益於福特。根據慣例，汽車從業人員聯合工會會與一個汽車製造商協商並訂定三年的協議，且以此協議作爲評估其他汽車製造商的參考基準，過去二十年中，汽車從業人員聯合工會幾乎都因彼此的良好關係而選福特作爲訂定標準的參考廠商，而佩斯蒂洛也會透過協商來把握能夠降低福特成本、但對競爭對手通用汽車較無益處的機會。

資料來源：dapted from K. Bradsher, "Behind the Labor Peace at Ford," *New York Times* (March 21, 1999), p. BU-2; E. Torbenson, "Northwest Airlines Mediators Give Up," *Pioneer Planet* (February 11, 2001), p. 1; J. Lippert, "Striking Similarities?" *Columbia Journalism Review* (January/February 2001), p. 10; and D. Solomon and Y. J. Dreazen, "Verizon Hit by Strike, but Talks Progress－Phone Company Addresses Union Push to Organize Wireless Unit掇 Workers," *Wall Street Journal* (August 7, 2000), p. A-3.

什麼是勞資關係？

勞資關係(labor relation)這個專有名詞是指公司處理和工會或工會會員有關的所有活動（註1）。其中的關鍵在於「工會」的定義。

工會(union)是員工透過集體談判來爭取工會和員工雙方權益的組織。然而，在探討集體談判前，我們應該先了解勞資關係

勞資關係
(labor relation)
公司處理和工會或工會會員有關的所有活動。

工會 (union)
員工透過集體談判來爭取工會和員工雙方權益的組織。

的相關法律、工會的功能和員工籌組工會的方法。當13%的私人機構員工加入工會時，這些有組織的員工活動會產生兩大影響：第一、在美國，包括汽車、鋼鐵、電子製造和運輸等各大產業的員工都加入工會時，工會對經濟的影響力不可小覷（請見圖表16-1）。第二、工會的影響力也會蔓延到沒有工會的組織中，例如通用汽車(General Motor)和汽車聯合工會(United Auto Worker)在通用汽車北美裝配廠進行的集體談判，也會影響到新紐澤西州未加入工會之員工的工資、工時和其他雇用條件。

對於許多主管來說，擁有工會的組織活動通常是由勞資合約中訂定的程序和政策所組成，而勞資合約是管理階層和工會雙方對於工資、工時和其他雇用條件達成協議的證明，而如今，如何挑選員工、提供獎酬、加班費用等原本由管理階層單

圖表16-1 各產業員工加入工會的比例

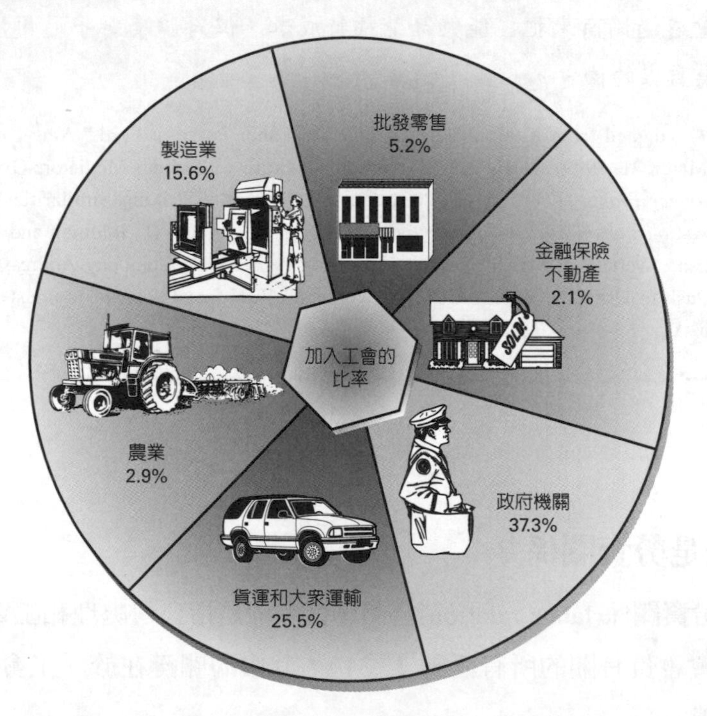

資料來源：Adapted from Bureau of Labor Statistics, "Union Affiliation of Employed Wage and Salary Workers by Occupation and Industry," *Union Membership Survey* (January 18, 2001), Table 3.

方獨斷的工作條件決策，也列入了工會管轄的範圍。現在，這些決策常在勞資合約協商時訂定。

儘管勞資關係和集體談判過程的概念會因個人經驗、背景的不同而有所差異，但瞭解員工加入工會的原因和奠定勞資關係的法律，絕對是勞資關係中的焦點。

爲何員工要加入工會？

員工加入工會的理由眾多分歧，究竟員工加入工會組織的動機是什麼呢？不同的人和不同的工會組織對這個問題會有不同的答案，下面列出的是最普遍的看法。

✿ 更高的薪資水準和福利待遇

工會會員在爭取自己的利益上可以更強而有力。一般而言，與那些不得不自己親自與雇主談判的非工會會員相比，工會會員透過工會組織可以獲得更高的薪資水準和福利待遇（註2）。只有一兩位員工因不滿薪資而罷工時，並不會影響到公司的日常營運，但是幾百名員工一起罷工，就會使公司癱瘓，甚至導致公司倒閉。而且，在談判桌上，工會所聘請的談判專家比起個別員工更駕輕就熟。

✿ 工作更穩定

工會會員會感覺到自己的雇用、升遷和解雇都不再受公司管理階層的控制。工會代表全體會員簽訂的合約能保障大家獲得公平一致的待遇。例如卡車司機工會聯盟曾經在巨人食品公司(Giant Food Company)發動過一次罷工，之後雙方達成協議，不管外部環境因素如何影響公司，公司保證終身雇用工會會員的員工。

✿ 影響工作章程的制定

在有工會組織的公司裡，員工有機會參與決定自己工作條件的過程，同時也可以透過有效的管道，反對不公平的工作條件。因此，工會不僅僅是員工的代表，它也制定了規則，做為記錄員工的不滿和關注焦點的管道，故而設立一個第三方的權利機構來處理員工的申訴，正是工會在這方面努力的成果之一。

被強制性地要求加入工會

許多勞資協議包含所謂的「工會保障協議」。要求員工，如果想保住工作的話，就得加入工會或至少繳交會費。待會兒我們再回過頭來討論工會會員的義務。當員工意識到工會保障協議的重要性——即考慮到工作和穩定收入的重要性時——重視這種能達到最適工會目標的工會保障協議也就不足爲奇了。此條款的範圍包括從會員的基本人數到員工選擇加入工會的自由。不同類型的工會保障協議——包括工會式企業、代理式企業和開放式企業，以及在工會保障協議範疇下的一些特殊規定——將在下文進行討論，並在圖表16-2中歸納整理。

工會式企業
(union shop)
規定雇主無論招募什麼樣的員工，只能留任工會會員的協議。

對工會而言，法律範圍容許下能夠掌握最多權力的關係是**工會式企業**(union shop)（這種協議在強調工作權力的州內並不

圖表16-2 工會保障協議（及相對應的組成部分）

- **工會式企業**：工會保障協議架構下最強而有力的規定。強制規定員工必須在一定時期內加入工會，否則就會失去工作。工會式企業在強調工作權利的州是非法的。
- **代理式企業**：員工不會被強制要求加入工會，但所屬單位將進行集體談判的非工會員工還是得繳交會費。這些員工所繳交的費用只能用於在集體談判上。和工會式企業一樣，代理式企業在強調工作權利的州是非法的。
- **開放式企業**：工會保障協議架構下約束力最弱的規定。員工可以自由選擇是否加入工會。那些加入工會的員工必須繳納會費，而沒加入工會的就不必繳納會費。合約到期時，會員可有緩衝期來考慮是否離開工會組織。在強調工作權利的州，開放式企業是唯一被容許的工會保障協議。
- **維持會員身分**：在一個開放式企業裡，工會會員在合約有效期內不得離開工會。
- **資方代扣繳工會會費**：指的是雇主直接從員工的薪資裡扣除他們應繳交的工會會費。雇主收完錢再交給工會。資方免費為工會提供這項服務。

合法）（註3）。這種協議保證雇主無論招募什麼樣的員工，他們只會留任工會會員。也就是說，所有在集體談判條款生效範圍內的職務工作的員工，在30至60天的試用期後，若不加入工會，就會失去工作。

代理式企業(agency shop)是另一種協議，它要求非工會會員的員工向工會繳交一筆等同於工會會員會費的費用，作爲他們繼續被雇用的先決條件。這樣的協議是勞資雙方折衷的作法，工會希望能解決搭便車的現象，而資方希望給予員工是否加入工會的自由。如果員工因某種原因決定不加入工會（宗教信仰、價値觀等等），在這種情況下，他們仍必須繳交費用。因爲員工仍然可以享受到工會談判帶給他們的種種好處，他們必須爲此付出相對的代價。但在1988年，最高法院的規定支持非工會會員的要求，即他們交付給工會的費用必須專門用於集體談判，而不能用於政治關說。

代理式企業
(agency shop)
要求非工會會員的員工向工會繳納一筆等同於工會會員會費的費用，作為他們繼續被雇用之先決條件的協議。

從工會的角度來說，在實現工會保障的各種形式中，較難接受**開放式企業**(open shop)這種形式。在這種協議裡，加入工會完全是員工出於自願的行爲，不能向那些沒有加入工會的員工索取工會會費以及任何相關的費用。而工會的因應之道則是，在已加入工會的員工合約裡，加入維持會員身份的強制條款。特別的是，**維持會員身份**(maintenance of membership)的協議規定員工一旦加入了工會，就必須在合約有效期內一直保持會員資格。合約到期時，絕大多數維持會員身份的協議中會提供退出條款——在十天或兩個星期的時限內，員工可以選擇離開工會而不會受罰。

開放式企業
(open shop)
規定加入工會完全是自願行為的協議。

維持會員身份
(maintenance of membership)
規定員工加入工會後，就必須在合約有效期內一直保持會員資格。合約到期時，在特定的時限內，員工可以選擇退出而不會受罰。

工會保障協議經常會有一項被稱爲**資方代扣繳工會會費**(dues checkoff)的規定。當員工拒絕從薪資中支付工會會費，就會採用代扣工會會費的方法。與其他扣繳情況相似，雇主收取員工應交的費用，然後轉交給工會。有很多原因可以說明爲何資方願意這樣做，同樣，也有原因可以解釋爲何工會容許資方如此行事。因爲收繳費用非常費時，因此，代扣工會會費的方

資方代扣繳工會會費
(dues checkoff)
工會安全協議裡經常出現的條款，雇主從員工的薪資裡代繳其工會會費。

法避免了員工代表到處收會費所花費的時間。另外，因爲會員會費是工會組織最主要的收入來源，瞭解工會組織目前有多少資金，能提供公司高層一個窺察的機會，由此來判斷工會的財務狀況是否足以承受發動一次罷工的損失。假如眞是如此，爲何工會還會同意這樣做呢？很簡單，因爲工會爲了會費收入的穩定。透過公司從會員的薪資扣除會費，工會可以確保收入，如此一來，缺錢或下週再繳會費等藉口都完全都不會出現。

對上司不滿

不管員工加入工會的動機是什麼，歸根究底都是和主管有關。如果員工對主管處理問題的方式不滿，他們很可能會向工會尋求幫助。一份研究表明，當員工選擇加入工會時，並不代表他們支持工會，而是對他們的直屬上司投下反對票（註4）。

勞資關係的法律

法律在勞資關係管理發展中扮演關鍵的角色。本段將探討重要的勞資關係法令，但受限於篇幅，本書無法包羅所有勞資關係法律的分析和案例，因此，我們將焦點放在討論兩項形成許多勞資關係流程的重要法律，並扼要地介紹其他幫助勞資關係活動成型的法規。

華格納法案 (Wagner Act)
又名國家勞資關係法案(National Labor Relations Act)，此法案提供員工籌組和參加工會，以及從事集體談判的法定權利。

國家勞資關係委員會 (National Labor Relations Board, NLRB)
主要職責為執行工會代表選舉，並解釋和應用抵制不當勞資關係之法律的團體。

華格納法案

1934年通過的國家勞資關係法案(National Labor Relations Act)——又名**華格納法案**(Wagner Act)明定出工會基本的權利。該法案保障員工組織和參加工會、參與集體談判、協商工作目標的權利。此外，華格納法案也明確地要求雇主必須眞誠地進行工資、工時和雇用條件談判。

華格納法案的實施，是美國勞資關係歷史上首次嘉惠工會的行動，由於該法案的通過，也促成了**國家勞資關係委員會**

(National Labor Relations Board, NLRB)的設立。該管理機構包含五位由美國總統直接指派的成員，職責包含決定適當的談判單位、進行決定工會代表的選舉、預防和糾正雇主不當的勞資關係行動。然而，國家勞資關係委員會只能補償，卻沒有處罰的權力。

華格納法案禁止雇主有下列不當的勞資關係行爲：

- 干涉、限制或強迫員工行使參加工會或集體談判的權利。
- 支配或干涉任何員工組織的形成和管理，並因工會活動而歧視任何人。
- 開除或歧視針對此法案申告或作證的員工。
- 拒絕和員工選定的代表進行集體談判。

當華格納法案提供工會法律保障並將工會視爲美國社會的法令利益團體時，遭受到雇主的反彈。一些雇主認爲華格納法案僅保障員工，卻未考量到雇主的立場，因而不願實踐該法案的要求。偏向員工的華格納法案，以及二次大戰後一連串的罷工活動，終於在1947年催生出削減工會權力的塔夫－哈特利法案（又名勞工關係管理法案）。

塔夫－哈特利法案

塔夫－哈特利法案(Taft-Hartley Act)的主要目的在於修正華格納法案，並考量雇主的擔憂而明訂出不當勞資關係行爲的範圍。塔夫－哈特利法案規定工會下列的舉動屬於不當的勞資關係行爲：

- 限制或強迫員工加入工會，或介入雇主選擇談判和處理申訴的代表。
- 歧視拒絕成爲工會會員的員工，或造成雇主歧視非工會會員的員工。
- 拒絕參與集體談判。
- 從事非法目的的罷工和二級抵制活動。
- 在工會制企業合約中索取過高的費用或差別取價。

塔夫－哈特利法案 (Taft-Hartley Act) 即勞工關係管理法案 (Labor-Management Relations Act)
這是在1947年通過、明確規定不當之勞資關係行為，並判定公司只雇用某一工會會員（即封閉式企業，又名排他式企業）屬於違法行為的法案。

● 對於未履行的服務依舊收取報酬。

此外，塔夫—哈特利法案規定只雇用某一工會會員的公司（即封閉式企業，又名排他式企業）屬於違法行爲，而在塔夫—哈特利法案通過之前，勞資關係合約中充斥著封閉性企業。這種企業會被單一的工會控制員工的來源，因而導致員工必須加入工會、接受工會訓練，並安排在工會所支配的企業中工作。工會在本質上像是把勞資雙方集合並協調雙方供需的交流中心，當雇主在特定期間內需要一批員工時，雇主會與工會接觸，並請求員工開工，而當工作完成時，雇主不再需要員工，就會將員工送還給工會。塔夫—哈特利法案藉由主張封閉性企業的非法性，開始削弱工會的權力，並減少工會會員的義務。塔夫－哈特利法案也包含禁止二級抵制的規定，且在勞資糾紛影響國家安全時，美國總統擁有宣布八天凍結期的權力。**二級抵制**(secondary boycott)是指爲反抗雇主A而舉行合法罷工的工會，會因雇主A和雇主B間關係密切（如雇主B是雇主A的下游供應商），而連帶對並未讓工會不滿的雇主B採取罷工。此外，塔夫－哈特利法案也賦予員工推舉或罷免工會代表的權力。

二級抵制
(secondary boycott)
為反抗雇主A而舉行合法罷工的工會，會因雇主A和雇主B間關係密切（如雇主B是雇主A的供應商下游），而連帶對並未讓工會不滿的雇主B採取罷工。

華格納法案要求雇主釋出誠意，參與談判，而塔夫－哈特利法案也對工會作出相同的要求。雖然本章之後，才會詳談協商過程，但了解何謂「眞誠的談判」卻非常重要。眞誠的談判並不是指雙方必須達成協議，而是代表雙方必須在談判前準備充足、願意並能夠會面與協商、開誠佈公地表達想法、並擁有努力達成彼此皆可接受之協議的意願。

我們必須理解，有時工會和雇主會無法達成協議，此時會造成停工，而塔夫－哈特利法案也設定**聯邦調停局**(Federal Mediation & Conciliation Service, FMCS)爲獨立於勞工部之外的仲裁機構。聯邦調停局的使命是派遣訓練有速的代表來協助雙方協商，當單方企圖讓談判破裂或合約屆滿卻懸而不決時，雇主和工會都有告知聯邦調停局的責任。聯邦調停局的仲裁者沒有強迫雙方達成協議的權力，但可勸說或運用外交手腕來縮減

聯邦調停局
(Federal Mediation & Conciliation Service, FMCS)
協助勞資雙方對爭議達成協議的政府單位。

勞資雙方決議的差距。

與勞資管理相關的其他法律

華格納法案和塔夫—哈特利法案是美國最具影響力的勞資關係法律，而我們接著也將探討其他相關法律：1959年通過的的藍卓格里芬法案和1970年通過的不正當獲利及貪污組織法案，讓我們扼要地回顧這兩項法案的重要內容。

藍卓格里芬法案

1959年通過的**藍卓格里芬法案**(Landrum-Griffin Act)（又名勞資關係報告暨公開法(Labor and Management Reporting and Disclosure Act)主要是因應大眾對於工會資金濫用、工會活動過於浮濫而誕生的。此法案如同塔夫—哈特利法案一樣，目的都在修正華格納法案

藍卓格里芬法案的重點在於透過政府官員和工會會員及信託人等人員來監控工會的資金運用和經營問題。國家工會或國際工會也會對工會加諸種種限制，而工會選舉也必須遵循規定，該方案強調持續地預防不當的勞資關係行為，以及透過工會運動獲得控制力的預謀犯罪。達到上述目標的機制仰賴每年勞工部的資料建檔，其中必須要求工會或工會雇員負責記錄所面臨的管理問題、管理政策、選舉事宜和財務狀況，這些歸檔在勞工部L-M 2、L-M 3、L-M 4（註5）表格的資訊也是公開的。此外，藍卓格里芬法案讓不分種族、性別、國籍的所有工會會員都享有投票權，這項權利直到五年後（1964年）民權法案(Civil Rights Act)通過才得以實現。藍卓格里芬法案也要求所有工會議題的投票都必須採秘密投票制，特別是在選舉工會管理人員的時候。

藍卓格里芬法案 (Landrum-Griffin Act)
又名勞資關係報告暨公開法(Labor and Management Reporting and Disclosure Act)，該法案的主旨是保護工會會員不受到工會錯誤行為的損害，並要求所有的工會公開財務狀況。

不正當獲利及貪污組織法案

雖然1970年通過的**不正當獲利及貪污組織法案**(Racketeering

不正當獲利及貪污組織法案 (Racketeering Influenced and Corrupt Organizations Act, RICO)
此法案強調應消除計畫犯罪之工會會員在工會中的影響力。

Influenced and Corrupt Organizations Act, RICO)實行並不容易，但仍是勞資關係管理中非常關鍵的法案；此法案強調應消除計畫犯罪之工會會員在工會中的影響力。過去數十年間，不正當獲利及貪污組織法案已經開除一批和預謀犯罪工會掛勾的勞資關係官員。

如何形成工會？

工會需要經過努力和長期籌劃活動才能建立，圖表16-3描述了私人機構中工會籌組的流程，讓我們來看看這些步驟。

籌組工會的開端，往往起始於員工代表邀請工會人員來參觀組織，並邀請他們加入工會，成為工會會員，或是工會本身著手於招募新會員。在有些個案中，工會會利用網路來宣揚他們對工作者的助益（註6）。無論如何，國家勞資關係委員會要求工會必須收集到30%以上的員工署名**授權卡**(authorization card)，簽署授權卡的員工表示願意授權工會負責代表員工來與雇主進行協商。

授權卡
(authorization card)
即將成為工會會員的員工，對於在工作場所中舉行工會選舉感到興趣，所簽署的卡片。

雖然要辦理選舉前必須獲得30%以上的員工署名授權卡，

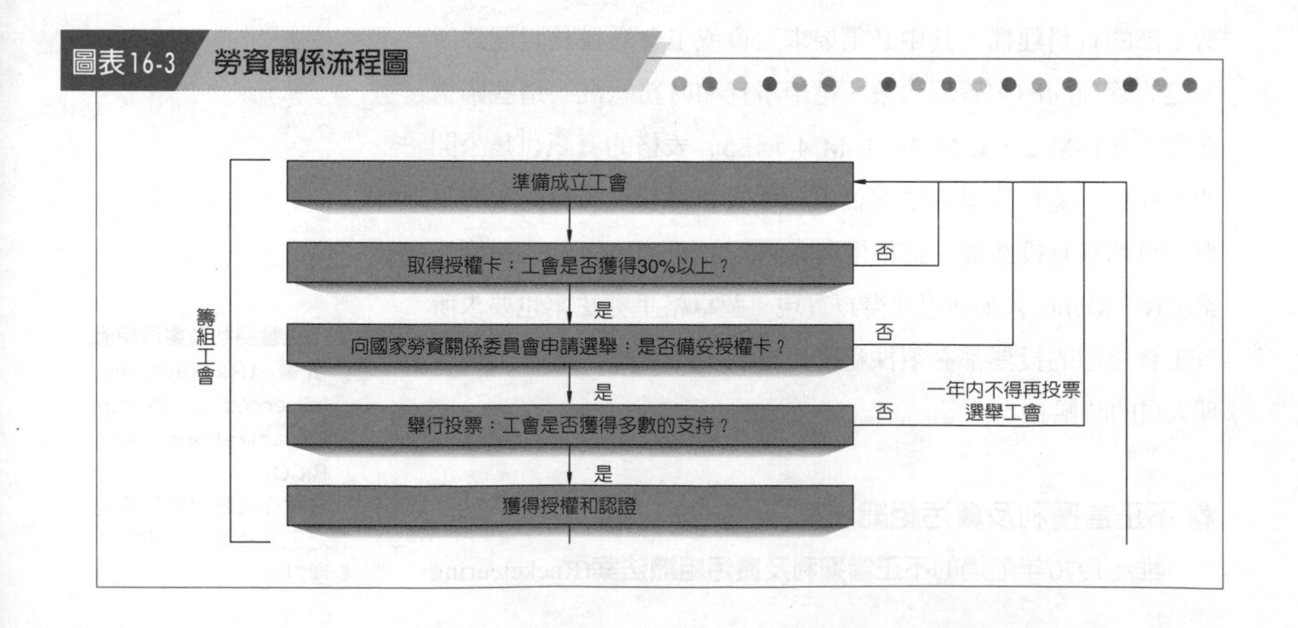

但工會多半不願意在僅達國家勞資關係委員會底限標準時貿然舉辦投票，爲什麼呢？這是數學和企業的問題：如果工會要成爲代表員工的談判單位，就得獲得大多數投票員工的支持，而這項由國家勞資關係委員會主辦的秘密投票——**代表確認選舉** (representation certification election, RC)十二個月內只能辦一次。因此，對於工會來說，越多員工簽署授權卡，就表示工會有更大的勝算。

代表確認選舉
(representation certification election, RC)
工會會員推舉工會為代表的選舉流程。

即便大量的員工簽署授權卡也不能夠保證工會能穩贏不敗，因爲公司在工會籌組過程中，不會完全被動（請見「號外！當工會形成時」）。雖然法律已規範主管能做和不能做的舉動，但主管仍舊會企圖勸說將成爲工會會員的員工投下反對

當工會形成時

號外！

當公司代表知道組織中產生形成工會的驅動力時該要如何應對呢？根據勞資關係法律，他們必須運用恰當的手段來抵制工會的成形，以下是建議主管在工會形成時，應做和不應做的指南：

- 當員工詢問你對籌組工會的看法時，請保持中性的立場，例如，可回答說：「我對這個議題沒有意見，做你所想的才是最棒的！」
- 只有當籌組工會活動影響公司營運時，你才能禁止員工在工作時間內進行籌備工會的一切活動。
- 你可以禁止外部的工會組織者在工作場所散佈工會資訊。
- 員工有權利在休息和午餐時間對其他員工傳達工會資訊。
- 請勿公開或私底下詢問員工有關籌組工會的活動，例如「你是否將參加週末的工會聚會呢？」但若有員工願意和你談論這些活動，你可以選擇傾聽。
- 請勿偵測員工的工會活動，例如站在員工餐廳觀察誰在散發工會的文宣。
- 請勿對成立工會做出任何威脅或承諾，例如「如果工會順利成立，高階管理者會謹慎地思考是否該關閉工廠，反之，若工會未成功成立，他們可能會立即調漲工資。」
- 請勿歧視參與工會籌組的員工。
- 留意工會是否有強迫員工加入的舉動，這是不正當的勞資關係行爲。若發現類似情事，你應該和老闆或人力資源部門報告，公司也會向國家勞資關係委員會提出申訴，舉發工會的不當行爲。

資料來源：Adapted from M. K. Zachary, "Labor Law for Supervisors: Union Campaigns Prove Sensitive for Supervisory Employees," *Supervision* (May 2000), pp. 23–26; S. Greenhouse, "A Potent, Illegal Weapon against Unions: Employers Know It Costs Them to Fire Organizers," *New York Times* (October 24, 2000), p. A-10; J. E. Lyncheski and L. D. Heller, "Cyber Speech Cops," *HR Magazine* (January 2001), pp. 145–150; and J. A. Mello, "Redefining the Rights of Union Organizers and Responsibilities of Employers in Union Organizing Drives," *SAM Advanced Management Journal* (Spring 1998), p. 4.

票。工會也深知這點，因此會需要更大量的支持票來確保工會的勝選。而當工會獲得大多數員工支持時，國家勞資關係委員會會授權工會代表員工，成為員工獨家的談判單位，然而，不論當初投贊成或反對票的員工，都必須遵守工會談判的合約規定，並受到工會的管轄。一旦工會成為員工代表後就終生不變嗎？事實上並非如此。在某些狀況中，當工會會員對工會在代表員工時的作為感到相當不滿意時，會希望轉換另一個工會或乾脆恢復成無工會狀態，這時，國家勞資關係委員會的行政人員就會舉辦**代表撤銷選舉**(representation decertification election, RD)。如果大多數人支持撤銷工會代表員工的權利，則可罷免工會。然而，當舉行這種選舉時，十二個月內不得再舉行其他的工會選舉行動，這是要讓雇主免於因員工時常更換工會而疲於奔命。

代表撤銷選舉
(representation decertification election, RD)
工會會員推翻工會為代表的選舉流程。

另外還有種比代表撤銷選舉更罕見的選舉，就是由組織管理階層主辦的代表撤銷選舉（簡稱RM）。這種代表撤銷選舉和前述由國家勞資關係委員會舉辦的代表撤銷選舉的規則相同，只是改由雇主來主導選舉。雖然這兩種方式都是罷免工會的方法，但現實中，大多數的勞資關係協議都禁止在合約期間內使用任何一種方式來罷免工會。

有時組織無法阻止工會成為員工獨家的談判單位，這時下一步是針對合約進行協商。下一段將探討集體談判時的重要議題。

集體談判

典型的**集體談判**(collective bargaining)是指雙方透過協商來達成某一特定時間內的書面協議。這種協議或合約通常包含許多員工所期待、而限制管理階層職權的雇用條件。接著我們將從更廣闊的角度，由談判的籌備、認證和準備工作來瞭解實際協商的過程。

集體談判
(collective bargaining)
發展工會合約的流程，包括談判的準備、合約的談判和簽約後的合約管理。

大部份我們所聽到或讀到的集體談判案例都是在合約即將

到期或是協商破裂時舉行，就像當鐵路合約快期滿時，我們認爲運輸業將進行集體談判。類似的案例如：美國俄亥俄州克利夫蘭市(Cleveland)的教員罷工、全美最大區域電話公司——威瑞森通訊(Verizon Communications)的大罷工和棒球選手抵制美國職棒大聯盟(Major League Baseball)的罷工都提醒我們：有組織的員工可以集體對抗管理階層。事實上，約半數的州立和地方公家機關和九分之一的私人機構的員工都採用集體談判的協議，參加工會的員工所關注的工資、工時和其他雇用條件通常是二到三年協商簽約一次。唯有在合約到期而公司代表和工會代表談不攏新合約時，我們才會意識到集體談判是主管重要的任務之一。

集體談判的目標和範疇

集體談判的終極目標是產生讓管理階層、工會代表及員工三方都接受的協議。但合約中應該包含什麼內容呢？最終的協議將反映出有關特殊工作場合或產業問題的協商結果。

但無論如何，所有勞資雙方的合約都會包含下列四個議題，其中有三個是規定的談判議題，因此勞資雙方依法必須誠懇地會談。這三個由華格納法案制定的議題包含工資、工時和其他雇用條件，至於大多數勞資雙方合約的第四項議題則是關於申訴裁定的申訴程序問題。

集體談判的流程

讓我們來瞭解眞實的集體談判流程。圖表16-4描述了私人機構中包含談判準備、談判進行和談判後合約管理的完整集體談判流程。

✿ 談判前的準備工作

一旦工會獲得談判的資格，勞資雙方就會開始談判前的準備工作。我們把準備工作稱爲「正在進行」的活動，是因爲從

圖表16-4 集體談判流程圖

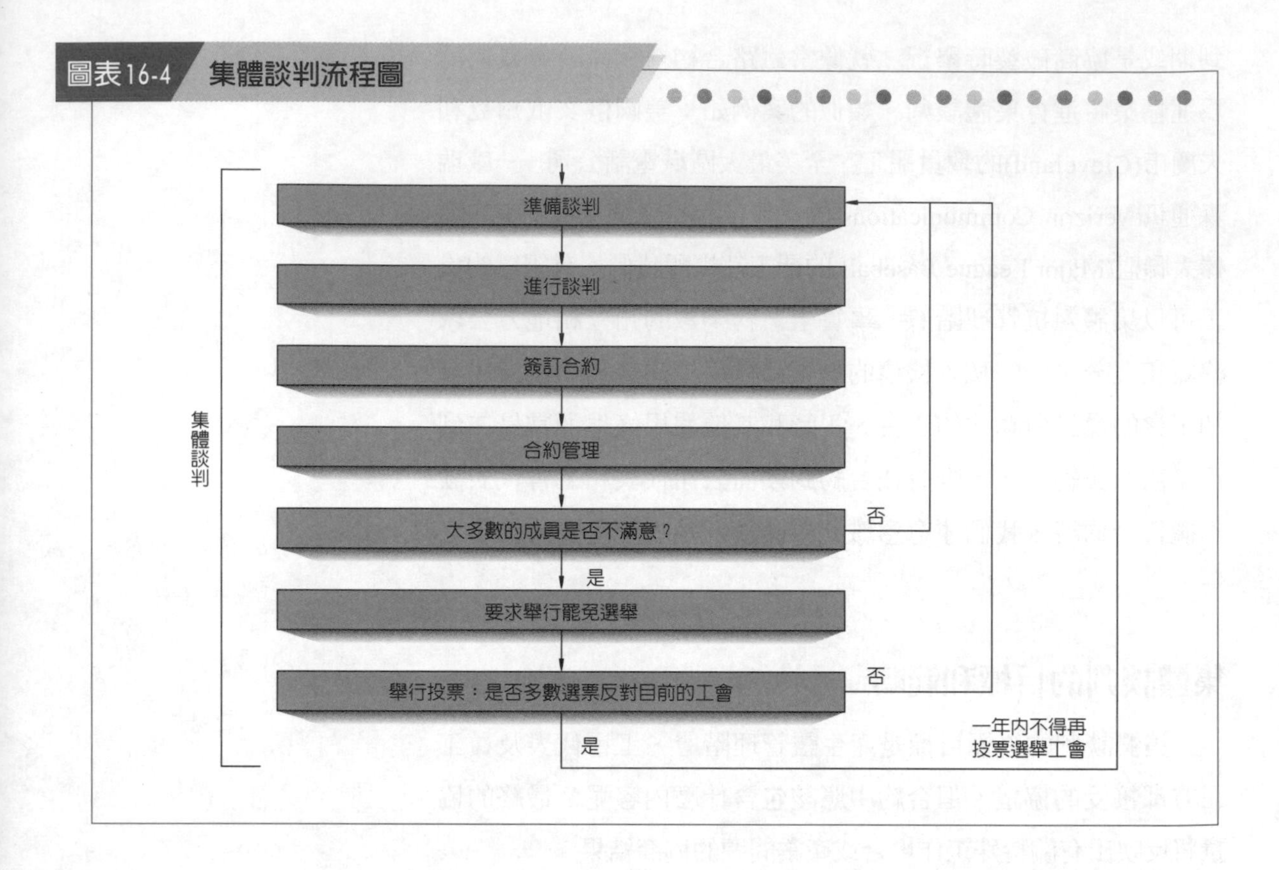

理論上來說，當上一份合約簽訂後或工會的合法地位確認後，準備工作馬上就開始了。實際上，在目前的合約到期前的一至六個月裡就該著手進行準備工作了。我們可以把談判前的準備工作當做是由三部分組成：雙方會面、設定談判目標和形成策略。我們發現，當我們從公司的角度來看待準備工作時，其實工會也是以同樣的方式展開準備工作。

公司可以從外部和內部獲得訊息。內部訊息包括了不公平待遇和事件的記錄、員工績效報告、加班時數統計、員工調職報告、營業額和曠職情況。外部訊息包括目前當地和全國的經濟狀況統計數據；短期和中期的經濟預測；近期與工會所簽合約的副本，從中可以看出對手重視的問題；與公司營運相關的數據，包括生活消費水準及其變化、近期所簽訂合約的條款與勞資市場的統計數據；同業員工統計數據，分析其他公司雇用相似類型員工簽訂合約所涉及的條款。

這些訊息可以告訴公司管理階層目前公司在其中所處的位置，並了解同類型的公司對下個經濟週期的預測。分析出的數據可用來決定公司在談判中預期得到的結果。公司預測工會的要求是什麼？公司在談判中準備做出哪些讓步？

在收集所需的訊息、建立假定目標，這些準備工作都完成後，公司管理階層應整合上述資訊，以進行最難的準備工作——包含評估對手談判權力與特殊戰略的談判策略。

✿ 談判進行中

談判的開場通常是工會交給公司代表一張「要求列表」，透過表達需求，工會創造出在後續談判中討價還價的足夠空間，並僞裝眞實的訴求，讓資方代表去判斷哪些是工會非常堅持的要求、哪些是工會中等堅持的要求、哪些是工會很快就會放棄的要求。而這份長長的清單，通常也滿足了工會的內部政治需求，透過看似爲工會會員的眾多願望背書，工會管理階層好像就滿足了工會會員中許多派系的需求。

雙方都會考慮到對方最初的建議。這是一個大家互相試探的階段——每一方都想弄清楚對方的提議，並做好準備反駁它。在一些問題上雙方可以達成一致，但是談判的進程不會停下來。公司的首席談判代表可以約束資方遵守已經達成的協議，而工會的首席談判代表卻沒有這樣的權利。只有在工會的普通成員投票同意後，簽署的協議才有效。

✿ 合約管理

合約一旦簽訂並得到批准，接下來旋即進行合約管理的工作。就合約管理而言，可按四個步驟展開工作，即(1)把合約細節告訴所有工會會員以及公司管理人員；(2)執行合約；(3)解釋合約並就不公平之處提出解決辦法；(4)在合約有效期內監督雙方的活動（註7）。

合約提供了大家都關心的訊息，所以雙方都必須確定清楚明瞭合約中的任何細節變化。例如，最明顯的變化就是每小時工資率的改變。公司主管必須保證新的薪資與合約中設定的新的每小時工資率要相符。但新合約中的變化，不僅僅反映在薪資方面，還有工作規章制度、工作時間以及工作中需要保持互動的同事。對一些以前合約中沒出現過的條款，例如雙方是否都同意強制性加班，就必須告訴全體員工和主管，這個條款是如何執行的。這種訊息對主管更加重要。而且，無論是工會還是公司都不能僅交給員工一份合約的副本，就期望他們完全理解其中的各項條款，所以要召開會議，向他們解說合約的細節，這是非常必要的。

合約管理的下一階段是確保協議的履行。所有溝通的變革都開始生效，而且雙方都應遵守合約規定，這也可稱為管理的權利(management rights)。也就是說管理階層必須保證以最有效率的方式利用組織資源、訂定規則、雇用、升遷、調職或開除員工、決定工作方法和分派任務、增加或減少工作並將工作分類、在必要的時候進行組織瘦身、關閉廠房或遷廠時必須在六天前公告通知以及執行科技的變革。

合約管理中最重要的要素，可能是清楚地訂定出合約糾紛的程序，幾乎所有的集體談判協議，都包含解決合約詮釋和應用爭議的正式申訴流程，這些合約可用來解決員工對工作相關議題不滿的正式申訴。

申訴程序
(grievance procedure)
為盡快地在組織最低層次就解決勞資糾紛而設計的程序。

申訴程序(grievance procedure)是為了儘快地在組織最低層次，就解決勞資糾紛而設計的程序（請見圖表16-5）（註8）。第一個步驟通常是員工企圖透過直屬主管處理申訴，在無法解決時，就會同工會幹事，與主管一同討論，若還是協調失敗，就必須求助於組織中勞資關係部門代表和工會總幹事，倘若還是無解，申訴就會由經理和工會申訴委員會共同協商，若還是失敗，則必須由組織高階管理者和國家工會的代表進行討論，若仍未有決議，最後則必須透過**申訴仲裁**(grievance(rights) arbitration)的程序。

申訴仲裁
(grievance(rights) arbitration)
處理勞資糾紛的最終步驟。

圖表16-5　典型的申訴程序

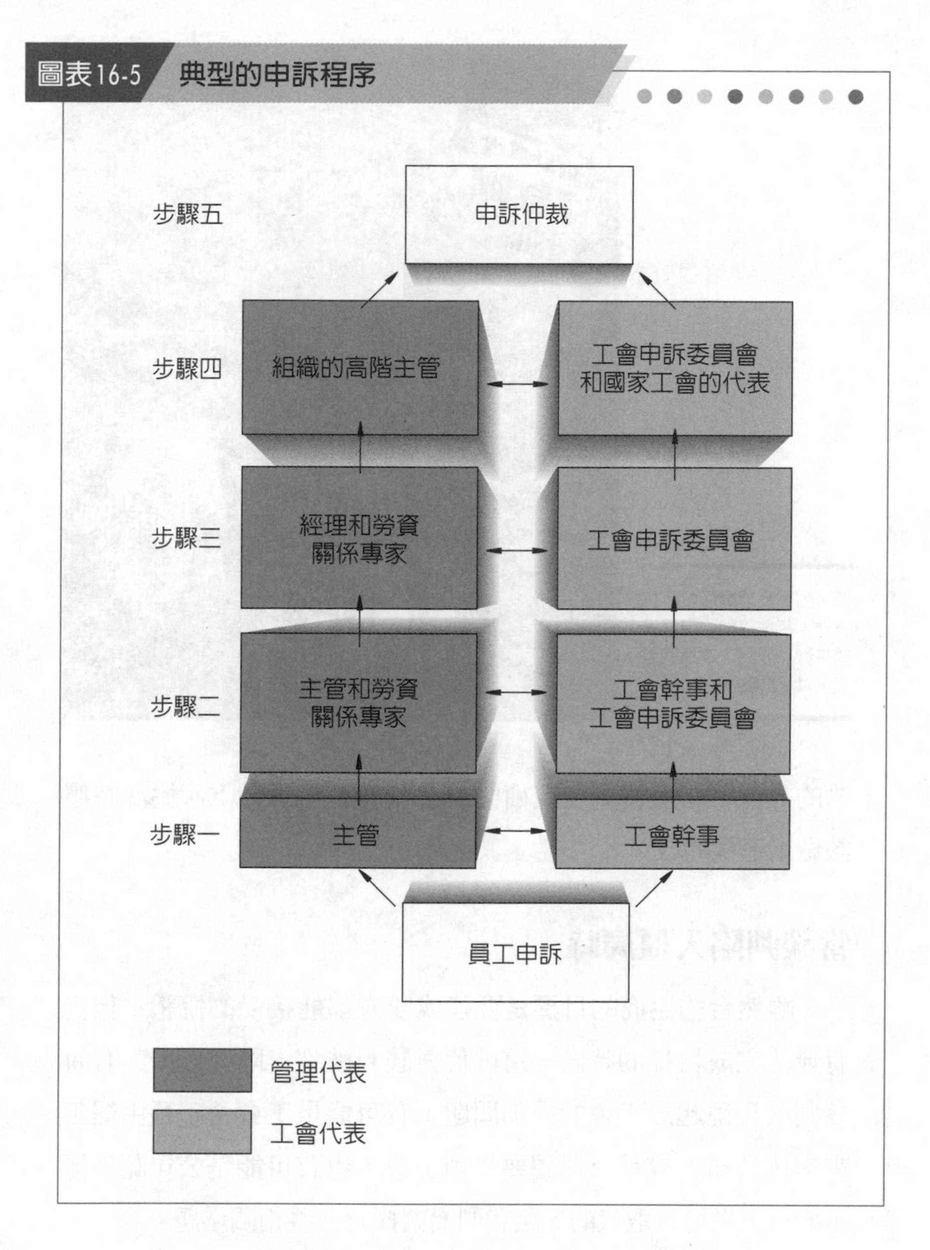

我們發現在實務上，申訴仲裁往往是申訴失敗的最後一步。當然，在小型組織中，五個步驟可能會濃縮爲直接由工會幹事和組織高階經理或所有人溝通，如果有需要，最後才會進行申訴仲裁。

最後，當我們在討論談判的準備工作時，曾提及公司和工會雙方都必須收集多種資訊，而現行合約的數據對雙方而言都是非常重要的資訊。公司和工會可藉由偵察活動來診斷現行合

員工因勞資爭議而拉起抗爭線，若合約談判無法達成共識，他們決定採取罷工，以示抗議。

約的效能，當發生問題或衝突時，雙方也可思考下次協商時應該做出怎樣的改革。

當談判陷入僵局時

雖然合約協商的目標是要達成雙方都能接受的協議，但仍有無法完成目標的時候，這就代表談判破裂、陷入僵局。有時談判破裂源起於工會的內部問題，有可能是工會希望藉由罷工來對抗公司，或是公司想要封鎖工會，也有可能是公司認爲罷工的員工是可以取代的。讓我們繼續探討一些相關議題。

罷工和關閉工廠

談判只可能有兩種結果，第一種是大家所期望的結果，就是達成協議。另一種則是在雙方無法達成共識時，導致罷工或關閉工廠的結果。

經濟式罷工 (economic strike)
因勞資雙方無法在工資、工時和新合約的條件上達成協議而導致的罷工。

罷工的種類眾多，而與合約協商關係最密切的是經濟式罷工。當雙方在合約期滿前尚未達成協商共識時常會發生**經濟式**

罷工(economic strike)，當合約期滿時，工會領導者會指示工會會員停工或暫離工作崗位（註9）。即便在今日的法治風氣中，還是無法懲罰參與經濟式罷工活動的員工（請見「解決難題：罷工員工的替代難題」）。

另一種罷工是**野貓式罷工**(wildcat strike)。一般而言，野貓式罷工的發生，起因管理階層的作爲，例如，參加工會的員工

野貓式罷工
(wildcat strike)
員工在合約有效期間內，利用現行合約規定不明確的漏洞來拒絕工作的非法罷工。

解決難題

罷工員工的替代難題

談判爲雙方提供了機會，使他們有可能爲自己爭取利益。當勞資不足或存貨短缺時，工會組織的罷工就會有很大影響力。如果情況相反，公司就占了上風，它輕而易舉就能迫使工會接受它的條件。事實上，華格納法案和塔夫－哈特利法案都意識到，談判的公正性取決於雙方的誠懇和寬容。

合約期滿對勞資雙方來說都是嚴重的問題，幾十年來都是如此。一家煤礦工廠的雇用合約在冬季之前即將期滿，而那時正是需要大量煤礦發熱發電的時候。除非工廠有足夠的庫存，否則持續一個冬天的罷工就會使工廠面臨困境。這種狀況反映了勞資關係的好壞。1938年，最高法院受理了美國勞工關係委員會(NLRB)與MacKay Radio的案件，授予雇主替換參加經濟式罷工人員的權利，可是這個權利卻幾乎沒被使用過。事實上，爲了平息罷工，挽回員工，公司常常會在員工復職以後，遣散替代性員工。

八〇年代初期，情況發生了變化。雷根總統下令解雇參加航空部門的罷工人員，雇用替代性員工，公司開始意識到他們手中的武器。卡特皮勒(Caterpillar)、國際足協(National Football League)和強鹿(John Deere)等一些公司都意識到雇用替代性員工對他們有許多好處，工會成員會自動復工了，因爲他們擔心失去工作。

毫無疑問，無論什麼形式的罷工，公司都有權利維持正常的營運，這就帶來雇用替代性員工的問題。但是，法律允許雇用替代性員工是否違背國際勞動法的主旨？此舉是否讓企業管理階層因打擊工會而不當得利呢？是否應該通過支持雇用替代性員工來取代罷工人員的議案（即防止永久解雇罷工人員的議案）？罷工人員在不違背華格納法案情況下，行使其權利是否該受到保護？你對這些問題是怎麼想的？

因未遵循合約規定請病假，而遭受懲罰，工會會員可能會集體罷工，來表示他們對管理階層行爲的不滿。值得注意的是：這種罷工多在合約有效期間內發生，且這種工會活動通常是被禁止的。因此，採用野貓式罷工的員工會受到嚴厲的處分，甚至被革職。以往，經濟式罷工是私人機構工會最有力的武器，因爲此舉讓工會扣留住雇主的勞動力，而會讓雇主財務狀況陷入困境。

關閉工廠 (lockout)
公司因應罷工的行動，且公司會拒絕讓參與工會的員工復職。

最近，我們發現公司高層使用「關閉工廠」策略的比例明顯增加。**關閉工廠**(lockout)名副其實，就是公司爲因應罷工的行動而拒絕讓參與工會之員工復職的手段。在一些案例中，關閉工廠是爲了雇用替代性員工，但在其他的個案中，公司關閉工廠的目的在於保護廠房、設備和其他未罷工的員工。

不論在哪種情況下，應採取的策略都是相同的。雙方都會企圖對對方施加經濟壓力來影響協商的走向，當策略失效時，協商就會陷入僵局，這時就需要求助於一些打破僵局的技巧。

打破僵局的技巧

當私人機構的管理階層和員工無法達成讓雙方滿意的協議時，可能需要客觀第三者的協助，其中包括「調停和斡旋」、「事實調查」、「利益仲裁」等形式。

在談判陷入僵局時，「調停」和「斡旋」是兩種不可或缺的解決方法。持中立態度的第三者應用這兩種技巧來解決資方與勞資之間的矛盾。調停就是第三者應用手段使談判得以繼續，也就是說，調停人提供一種方式，使談判雙方能自願地繼續進行談判。另一方面，斡旋則使談判能更進一步地發展下去。斡旋者試圖找出談判雙方更多的共同點，進而推薦幾種解決方式，來排除雙方之間的矛盾。然而，斡旋者提供的僅僅是建議，對談判雙方沒有任何約束力。

事實調查 (fact finding)
由中立第三者聽取勞資雙方的陳述並採證的技術。

中立第三者在聽取談判雙方的陳述後，一般要進行**事實調查**(fact finding)並做出判斷，然後提供一個中立第三者認爲適當的解決方案。調查事實的人與斡旋相似，也僅能提供建議。最後一種解決方法就是**利益仲裁**(interest arbitration)。這種方法就是由談判雙方各派一名代表和一名仲裁者，與中立的第三者組成一個三人小組，聽取談判雙方的陳述，而後三人小組決定該如何解決現存的爭執。如果三方對這一決定都無異議，則這個決定對談判雙方就會產生約束力。

利益仲裁
(interest arbitration)
由三人小組聽取勞資雙方的陳述，並提出解決合約談判紛爭的方案。

公家機關中解決僵局的方式和上述方式不盡相同，例如，許多州允許公家機關員工罷工，且需要一些仲裁的形式，經由仲裁產生的決議，對雙方都具有約束力。此外，公家機關中還有一種很特別的仲裁形式──「終局仲裁」(final-offer arbitration)，也就是由勞資雙方表達自己的提案，仲裁人只能就雇主或工會提出的方案擇一挑選，而在終局仲裁中並不需要尋求折衷的妥協。

總複習

本章小結

閱讀過本章後，我能：

1. **定義工會**：工會是工作者透過集體談判來爭取工會和員工雙方權益的組織。
2. **探討華格納法案和塔夫－哈特利法案對勞資關係的影響**：1935年通過的華格納法案（又名國家勞資關係法案）和1947年通過的塔夫－哈特利法案(即勞工關係管理法案)都是最直接影響集體談判的法案。其中華格納法案提供員工籌組和參加工會，以及從事集體談判的法定權利，而塔夫－哈特利法案則是明訂不當的勞資關係行爲，用以平衡勞資雙方的權力。
3. **描述籌組工會的流程**：正式的籌組工會活動起始於員工署名授權卡的收集完成，當30%以上員工表態願意支持工會時，國家勞資關係委員會便會辦理選舉，如果工會能獲得大多數（50%以上）投票員工的支持，則能正式成爲代表員工的談判單位。
4. **描述集體談判的組成**：集體談判是指雙方透過協商、溝通，來達成某一特定時間內的書面協議。
5. **明瞭集體談判的步驟**：集體談判的流程包含談判準備、談判進行和談判後合約管理等步驟。
6. **解釋各種類型的工會保障協議**：工會保障協議包括封閉式企業（已被塔夫－哈特利法案列爲違法行爲）、需要履行工會會員義務的工會式企業、需要繳納工會會費的代理式企業、和讓員工自由選擇是否加入工會的開放式企業。
7. **描述申訴程序在集體談判中所扮演的角色**：申訴程序是提供解決合約解釋和應用問題的正式機制。
8. **明瞭打破談判僵局的各種技巧**：最普遍的打破僵局技巧包括：(1)由中立第三者協助雙方達成共識的調停和斡旋；(2)由中立第三者聽取勞資雙方的陳述並採證的事實調查；(3)由三人小組聽取勞資雙方的陳述，並提出解決合約談判紛爭方案的利益仲裁。

問題討論

1. 哪三項法律對勞資關係管理特別重要呢？請扼要說出這三項法律的重點。
2. 請解釋工會對員工的吸引力。
3. 請說明讓工會成爲員工合法談判代表的流程。

4.「只需要普通常識、模仿優秀企業的做法和良好的傾聽技巧就能創造良好的勞資關係」，你同不同意這種說法？請說明你的看法。
5.工會式企業和代理式企業的差異爲何？
6.當你工作時，會想要加入工會嗎？請解釋你加入或不加入的原因。
7.什麼是集體談判？它的應用範圍有多大？
8.請描述集體談判的過程。
9.集體談判的目標爲何？
10.「雇主通常都不會阻止組織籌組工會，反而會主動鼓勵員工加入工會」，你同不同意這種說法？請說明你的看法。

實務上的應用

處理員工申訴

當發生勞資糾紛時，你可以採取一些措施來解決問題。

實務作法

步驟一：傾聽員工的申訴

對員工的申訴不要抱有防衛心理，也不要帶個人偏見。員工常會有不滿情緒，而你是他們申訴時接觸到的第一個公司代表。所以你應該冷靜地傾聽，用開闊的心胸去接納他們。最重要的是，不要與員工爭論。你要做的只有一件事，就是理解他們的心聲。

步驟二：展開調查，瞭解實情

你必須弄清事實眞相，不要聽信片面之言。員工所說的情況是否全面而眞實？和一些關鍵人物談談，他們能證實員工的申訴是否眞實。查閱所有的相關資料，看看合約上對此類申訴有什麼說法。如果你對合約的條文不清楚，可以向人力資源部門請求勞資專家的協助。要別人幫助並不代表無知，你不是法律專家，所以用不著不懂裝懂。

步驟三：做出自己的決定，並進行明確的解釋

你必須儘快開展調查研究，這樣才能及時地做出決策。大多數雇用合約都規定，申訴必須在限定時間內得到處理。假如你覺得申訴沒有事實根據，就應該對員工或工會成員做出合理的解釋，而且要把調查研究和相關合約條款作爲論據，來否定申訴，說明你的決定是合理的。然後，你要把口頭解釋整理爲書面資料。如果申訴有一定的價值，就將書面資料提供給申訴的員工或工會，把事實陳述清楚。另外，把你計畫採取的措施做成書面報告。在此之前，要確定你採取的措施與公司目前的相關規定一致，不要打亂原有的秩序。當然，這些行爲都要在你的權利範圍之內。如果有疑問，可以向上司或專家請教。如果你想針對個別情況來解決問題，這也許是消除不滿的捷徑，但卻不利於公司日後的合約協商和仲裁。

步驟四：保存相關文件和記錄

把與申訴有關的文件保存起來是很重要的。要記住，雇用合約有約束力和法律效力。正因爲如此，相關事宜都要經過正式的處理。爲了確證你自己和公司不被申訴，你必須遵循合約的規定，並且把每次申訴的所有文件都保存下來。

步驟五：對申訴做好準備

假如你訂定的規章對員工有所限制，就該料到員工或工會可能會提出抗議，並對他們提出的問題做好準備。不要因此而動搖，也不要讓他們影響你的決定。

有效溝通

1. 撰寫二到三頁的報告來分析在工會成立之公司工作的優缺點。你喜歡在有工會的公司工作嗎？請說明你的看法。
2. 瀏覽AFL-CIO的網站(http://www.aflcio.org)並摘要出兩項最近有關工會的法律議題，且在報告的最後，闡述你支持或是反對工會。

個案

個案1：Texaco公司提供勞資管理訓練

邁可．李奧納多(Mike Leonard)在Texaco公司工作。近來，他發現公司內部發生了重大變化，大批員工紛紛辭職，甚至連海外其他分公司也有類似的情況。這些變化使得以石油天然氣貿易著稱的Texaco公司不得不採取一些措施，設計了更多的訓練課程，尤其是針對主管的勞資管理訓練。

邁可是勞資關係部門的主管，他負責制定和執行公司的政策，尤其擅長解決員工申訴和透過協商制定出勞資雙方都滿意的協議。邁可經常將勞動法的新變化告知各主管，說明這些變化會對公司員工和主管帶來什麼樣的影響，並促進有利於公司勞資管理模式的發展。

不到一個月的時間，邁可訓練出一批新的主管，他爲每位主管提供了基本勞資政策和集體協議程序說明。喬奈特(Janet)、湯姆(Tom)和吉尼(Ginny)是三位即將接受訓練的主管，他們都是近期剛由內部員工晉升上來的主管，每個人都頗有作爲，其中兩位由於提升生產力，並有效地減少員工申訴，而受到公司的讚賞。

案例討論

1. 爲什麼這些新任主管必須了解勞動法和集體協議的程序？
2. 描述在勞資糾紛中，主管必須扮演的不同角色（如組織者、協商者和合約管理者等)。

個人發展

導言

現在，你已經了解了不少主管工作的各種相關知識。你應該更清楚職務的內容和需要掌握的技能，也更懂得激勵員工和有效領導的重要性，特別是在快速變化的環境中更是如此。這一部分主要研究你的行爲對你職涯的影響。以下，我們就來看看你該如何實現自己的職涯目標。

什麼是職涯？

什麼是「職涯」？**職涯**(career)一詞有多種含義。一般情況下，職涯指升遷，例如：「他升遷得很快。」或需要專門知識或特殊訓練的職業，例如：「她選擇了當醫生。」或一生中所從事過的職務，例如「他在六間公司裡擔任過十五種不同的工作。」本書所說的職涯指一個人一生中職位的歷程。很顯然，我們每個人都有或將會有自己的職業。此外，這個概念既包含臨時工和非專業技能工作者，也包括工程師和醫生。

雖然在過去三十年間，職涯發展一直是企業管理相關課程中重要的一環，但我們也發現職涯發展在近年來的劇烈改變。二十年前，職涯發展計畫是用來幫助員工提升工作狀態，因此會提供資訊和診斷，來幫助員工瞭解他們的職涯目標。職涯發展也是組織吸引和留住人才的方法，小型化、組織重組、工作流程再造等會重新塑造組織在職涯發展中的角色。目前，個人

職涯 (career)
一個人一生中所擔任過一系列職位的歷程。

（而非組織）必須對自己的職涯負全責！在過去幾年內，已有數以百萬計的員工學習了職涯發展的方法，而你也必須準備來承擔自己職涯管理的責任。

如何進行職涯決策？

最好的職涯選擇就是能讓需求和願望相契合的選擇。良好的職涯選擇，應能讓你擁有一連串成爲優秀工作者的機會、對所從事的職業抱持承諾感、對工作感到高度滿意、並能在工作和私人生活中找到平衡點。此外，一個良好的職涯選擇，也能讓你發展出正面的自我概念、去做你覺得很重要的工作，並創造出你所渴望的生活。接著，就必須來探討平衡工作和生活的職涯規劃。

職涯規劃(career planning)可透過三階段的自我診斷流程，來幫助你更加瞭解自己的需求、價值觀和個人目標（註1）：

1. 明瞭和組織你的技能、興趣、工作相關需求和價值觀：最理想的起步就是勾勒出你的學習紀錄，請表列出從你高中開始學習過哪些讓你印象特別深刻或印象非常模糊的課程、成績很高或很低的科目、參加過的特殊活動、學習的特殊技能和其他精通的技能。接著來評估你的工作經驗，請列出所有你從事過的工作、服務過的組織、你對該工作的整體滿意度、該工作中你最喜歡和最討厭的部分和離職的原因。請注意在各個項目上都必須誠實作答。

2. 將資訊轉換成一般的職業類別和工作目標：第一階段已經讓你對自我興趣和能力有所認識，現在必須將這些資訊轉換成你所適合的組織情境和職業類別，之後你的工作目標就能更加明確。

你適合哪一種職業類別呢？私人機構？政府機關？非營利組織？你的答案還會再細分爲教育、財務、製造、社會或醫療服務等領域。瞭解對各領域的興趣，會比直接選定特定職業，更加容易。而當你找出一些有興趣的領域時，便可著手將這些領域，搭配自己的能力和技能。這類工作需要你離家嗎？如果需要，該工作的所在位址符合你對地理區域的偏好嗎？你是否具有該工作所需的的教育背景？如果沒有，需要接受哪些額外進修呢？該工作是否提供你所期望的社會地位和收入？該工作領域的前景如何？該職業是否會遭受循環性雇用的負面影響？沒有一份差事沒有缺點，你是否謹慎地思考過該工作所有的不利條件？當你完整地回答上述所有問題後，你應能發展出特定的工作目標。

3. 檢驗你的職涯可能性是否契合真實組織或就業市場：自我診斷流程的最後一個步驟，是測試你的選擇是否符合實際。你可以和對你所喜愛領域、組織和工作十分熟悉的人談論，這種資訊交流的對談，可提供可信的回饋，並檢視你自我診斷的正確性，和你所感興趣之領域和工作的機會。

如何增加就業的機會？

我們在第五章中介紹了招募和甄選的流程，當招募人員決定要雇用員工時，會公布該工作的徵人啓事，當你看到徵人啓事而感到可勝任這項工作時，就必須著手進行應徵的動作。

應徵工作是會讓你倍感壓力的情境之一，且沒有保證成功的鐵律，然而，有些小訣竅能增加你雀屏中選的機會。即便面談是決定你是否錄取的關鍵，但光是要獲得面試機會，就得花不少功夫。

目前大多數的工作競爭都是非常激烈的，因此你必須儘快地進入就業市場，早在你準備好工作之前，就該開始搜尋你想要從事的工作。例如，我們建議將在五月畢業的準社會新鮮人應在畢業前一年的九月就開始注意工作訊息，爲什麼在秋天著手較佳呢？此舉有兩大優點：第一、這顯示出你對自我職涯的重視和計畫，而並非等到最後一刻才急就章，公司也比較偏好有備而來的應徵者。第二、秋天求職可配合上許多公司的招募時程，如果你等到三月才動工，許多職缺早已補滿了。因此，你應針對和自己相關領域的公司招募時程瞭若指掌，並時常到學校職涯發展中心收集最新資訊。

在哪裡尋找網路上的求職廣告？

過去幾年間，刊登職缺的網站如雨後春筍般紛紛成立。下面列的是幾個比較受大家歡迎的求職網站（註2）。在你開始找工作時，我們建議你先瀏覽一些這類網站來獲得重要和有用的資訊。

網站名稱	網址
America's Job Bank	http://www.ajb.dni.us
Boldface Jobs	http://www.boldfacejobs.com
Careers.Org	http://www.careers.org
Career Builder	http://www.careerbuilder.com
Careers & Jobs	http://www.starthere.com/jobs/
Federal Jobs	http://www.fedworld.gov/jobs/jobsearch.html
JobWeb	http://www.jobweb.org
NationJob Network	http://www.nationjob.com
The Riley Guide	http://www.rileyguide.com
The Monster Board	http://www.monster.com

準備履歷表

所有工作應徵者都必須提供能夠表達出個人優勢資訊的文件，這份送達給雇主的正式資訊必須容易理解並符合組織雇用的要求，而絕大多數是以履歷的方式來呈現。

無論你的身分和現職爲何，都需要一份反應現況的履歷，因爲履歷是招募人員決定你是否有面試機會的唯一依據，而履歷就是自我行銷的利器，它應能展現出你和應徵職缺的契合度、強調你的優勢和專長，並讓你在一群應徵者中看起來與眾不同。圖表17-1的履歷範例中，指出一般履歷應該包含哪些項

圖表17-1 履歷範例

CHRIS WILLIAMS
1690 West Road
Charlotte, NC 56013

CAREER OBJECTIVE:	Seeking employment in an investment firm that provides a challenging opportunity to combine exceptional interpersonal and computer skills.
EDUCATION:	Pembroke Community College A.A., Business Administration (May 1999) Winthrop University B.S., Finance (May 2002)
EXPERIENCE:	
12/00 to present	Winthrop University, Campus Bookstore, Assistant Bookkeeper *Primary Duties:* Responsible for coordinating book purchases with academic departments; placing orders with publishers; invoicing, receiving inventory, pricing, and stocking shelves. Supervised four student employees. Managed annual budget of $45,000.
9/97 to 9/00	Pembroke Community College, Student Assistant, Business Administration *Primary Duties:* Responsible for routine administrative matters in an academic department—including answering phones, word processing faculty materials, and answering student questions.
10/94 to 6/97	High Point High School Yearbook Staff *Primary Duties:* Responsible for coordinating marketing efforts in local community. Involved in fund raising through contacts with community organizations.
SPECIAL SKILLS:	Experienced in Microsoft Excel and Word, Netscape, dBase, and PowerPoint presentation software. Some programming experience in C++. Fluent in speaking and writing Spanish. Certified in CPR.
SERVICE ACTIVITIES:	Secretary/Treasurer, Student Government Association President, Finance Club Volunteer, Special Olympics Volunteer, Meals on Wheels
REFERENCES:	Available on request.

目和資訊，請注意！請別忽略你的志工經驗，因履歷必須包含所有讓你展現差異化的資訊，而志工經驗可表現出你健全的人格、對社群的認同感和願意扶助他人的愛心。

此外，在撰寫履歷時，還有一些看似普通常識卻常常被忽略的細節。首先，應使用品質良好的印表機，來列印履歷，並選用容易閱讀的字型（如Courier或Times New Roman），避免使用阻礙閱讀的草寫和斜體字。因爲招募人員一天要處理上百份的履歷，難免對於不易閱讀的履歷印象不佳，所以該使用容易閱讀的字型，來減輕招募人員的負擔。

當今許多公司都採用電腦掃描系統來進行履歷的初步篩選，而該系統篩選的重點多半爲履歷上的特殊資訊，如關鍵的工作要素、經歷、工作經驗、教育程度或技術專業等。這種篩選方式對撰寫履歷產生兩大影響：第一、電腦會針對工作說明書的關鍵字來篩選履歷，因此，當你在撰寫履歷時，應該採用典型工作說明書的用字遣詞。第二、還是有關字型的問題，必須使用電腦掃描系統容易辨識的字型，否則你的履歷將被歸類到拒絕的檔案堆。

在影印或列印履歷時，請使用純白色或象牙白色的高質感紙張（請勿使用其他顏色的紙張），但這項建議在創意設計師等工作類別中則屬例外。且千萬不要寄出看起來千篇一律的標準化萬用履歷，即便是你的確大量郵寄同一份履歷來亂槍打鳥。

我們提到的重點在書面或電子履歷都適用，像是撰寫電腦履歷時也應選用容易閱讀的字型。値得注意的是，在如今科技蓬勃發展的時代，許多公司會要求應徵者提供電子履歷，因此你必須利用電子郵件附加檔案的功能來寄送履歷。也就是說，你應能使用這項功能並確保接收者能夠順利地閱讀你的履歷。求職網站或網路上徵才公告，也常會要求提供電子履歷。

此外，無論在撰寫紙本或電子履歷時，都應反覆閱讀和檢查，因爲履歷是招募人員認識你的唯一管道，所以馬虎的履歷是嚴重的致命傷。當你的履歷中出現拼字和文法錯誤時，無疑降低了進入面試的機會，因此請務必重複檢查你的履歷，最好也能請別人幫忙你做最後確認。

除了履歷，你還需要一封自薦信(cover letter)，這封自薦信可告訴招募人員，爲什麼你是這項職缺的最佳人選。你必須強調你的專長和優點，並指出這些強項對於公司的助益，除此之外，自薦信中也應提及該公司吸引你的原因。且自薦信應針對不同組織量身訂做，這樣才能顯示出你曾花時間來思考所要應徵的工作。

自薦信的收件者必須是明確的眞實人名，絕不要寫「敬啓者」(To Whom It May Concern)，因爲此舉會讓公司對你產生，你是利用大量郵寄萬用自薦信來求職的不良印象。然而這項要求並不容易，因爲你不可能總是知道招募人員的姓名和職稱，但你還是有些可以努力的方法。例如致電詢問，許多雇用中心的接待人員都很樂意提供招募人員的姓名和職稱。此外，還可上網或到圖書館的參考資料區搜尋，應該能找到像是像是《標準普爾公司的登記手冊》(Standard & Poor's Register Manual)的公司出版物，這種公司出版物會列出組織主管的姓名和職稱。如果還是失敗，你可以將履歷寄給負責雇用或管理的部門主管，甚至可以寄給組織的總裁。

如同履歷一般，無論是紙本或是電子形式的自薦信都應完美無暇，因此請像檢查履歷那樣小心翼翼地檢查自薦信。此外，如果是紙本形式的自薦信，別忘了附上親筆簽名。

在面談中表現出衆

當你通過履歷審核後，便會被通知參加面試，這項錄取工作與否的關鍵。到目前爲止，招募人員對你的認識僅限於履歷和自薦信的資訊，然而，就像第五章所提到的概念一樣－很少人能不經過面試就獲得工作。無論你有多適合這項職缺，只要不幸搞砸了面試，依舊會失去工作機會！

面試如此普及的理由，在於它能幫助招募人員檢視你和組織的契合度是否良好，並觀察你的動機程度和人際關係技能。然而，面試的進行方式也是問題重重，儘管理論上而言，應排

印象管理 (impression management)
透過塑造評估者喜愛的形象來影響績效評估。

除面試官的錯誤和偏誤，但你必須接受現實－這些問題依舊是存在的。爲什麼必須體認這點呢？因爲瞭解面試官對雇用流程的影響，可以幫助你避免犯下後果不堪設想的大錯。

我們可以利用**印象管理**(impression management)的技術，來克服面試中的偏誤，而印象管理是指展現出能產生正面效果的形象（註3）。例如，你可以展現出面試官所偏好的言行舉止，來創造正面的印象。假設你在面試剛開始時，就察覺到面試官對於能夠兼顧工作和私人生活的員工格外推崇時，你可表現出自己在努力工作之餘，也不忘撥出時間和親友相聚，如此可搏得面試官的好感。但你也必須理解面試官的記憶力有限，而且可能發生記憶錯誤，根據研究指出，大多數的面試官對於應徵者的話語只記得一半而已。當他們透過紀錄筆記來輔助記憶時，通常他們印象最深刻的是你表現出討人喜歡或惹人厭的印象，而你在瞭解這些狀況後，又該怎樣提升你在面試中脫穎而出的機會呢？

首先，你可以先做點功課。去圖書館或是上網收集更多組織的資訊，並深入了解公司的背景、發展歷史、目標市場、財務狀況和所處的競爭產業。

在面試前一晚，請務必睡個好覺。面試當天可吃營養的早餐來增加體力。當你在準備接受面試時，別忘了你的外表會影響第一印象，因此適當的穿著很重要，盛裝打扮有時反而會產生負面印象。雖然外表不是招募流程中的一部分，但根據研究結果指出，80%以上的面試官對你的第一印象取決於你的穿著和肢體語言（註4），因此，必須謹慎地裝著和打扮。此外，最好能在面試開始前30分鐘就提早抵達面試地點，等待總比因遭遇如塞車等意外而遲到來得好，且早到讓你有機會研究一下整個辦公環境和收集有關組織的線索，而在面試中善用這些訊息也可幫助你增加建立良好印象的機會。

當你見到招募人員時，應施以公司形式的握手，並和面試官保持眼神接觸，切記！你的肢體語言會洩漏出你不想讓面試官知道的秘密！請保持坐姿端正。雖然這時你會遭遇到前所未有的緊張感，但應儘可能地保持心情的輕鬆，面試官當然也知道你會感到緊張，因此會有扮演白臉的面試官幫忙安撫你的情緒。而面試前充分的準備可以增加你的自信並減緩緊張，你可以事先閱讀面試中最常提出的問題，你可到學校的職涯中心去影印這些題目並自我演練和思考該如何應答。請注意一點！最好的方式就是展現眞正的你！你只需要大致了解回答的方向和重點即可，千萬不要在面試中逐字背稿，因爲對於經驗豐富的面試官而言，「準備過度」也會導致印象扣分。

你也應該找尋演練面試的機會，有些大學會舉辦爲期數天的校園徵才，並邀請公司招募人員到現場面試學生，好好把握這個機會！就算你對那項工作並不感興趣，但這個過程會增進你與面試官對談的技巧，此外，你也可以和親友、就業輔導員、所屬的學生團體或指導老師練習面試。

在面試結束時，請別忘了感謝面試官願意花時間、給你機會來參與面試。但別以爲這時自我推銷已經結束了！在回到家之後，應馬上寄封感謝信給願意讓你有機會談論職涯規劃的招募人員，這是許多人都忽略的重要細節！這個禮貌的小動作可以產生正面的效果，因此，別忘了利用這貼心之舉幫自己加分。

發展成功職涯的幾點建議

若你選擇在企業任職，則需要考量下列幫助你成功的忠告（請見圖表17-2），以下是企業前輩用來增進職涯發展而經過證實的建議（註5）。

✿ 愼選第一份工作

每個人的第一個職務各不相同，它對你今後的發展有著重要的影響。事實證明，假如可以選擇，最好選擇一個有實權的部門開始你的主管生涯（註6）。權力部門是指能制定公司重大

圖表17-2 管理職涯的步驟

決策的部門，如果一開始就在這樣的部門工作，未來的發展就順利許多。

參加實習計畫

不管失業率多少，組織中職位的甄選總是競爭激烈。公司通常較偏好具有經驗或展現出進取精神的應徵者，而要展現這項特質最好的方式就是參加實習計畫。

目前許多大學都有提供實習計畫，甚至也有不少大學要求學生，必須擁有某種工作經驗，才能獲得學位。實習不但能讓我們瞭解眞實的工作狀況，也對組織文化有更深入的瞭解，更能檢視自我是否和組織及實習工作相契合。儘管實習並非日後就業保證，但許多組織將實習生視爲往後正式員工的候選人之一，通常公司也會優先錄取表現傑出的實習生。

即便實習結束後並未獲得正式工作，但參加實習仍是不虛此行，因爲工作經驗和對未來職業角色的實際預演，都是無價的。此外，實習經驗可爲履歷表上的工作經驗增色不少，在應徵時，常能產生加分效果。

如果你無法參加實習，則可選擇能夠兼顧學業，又和所學領域相關的兼職工作，就如同實習一般，即便擔任較低階的兼職工作，依舊有助於你未來尋找全職工作。

✿做好本份

出色的工作表現是職業成功的必要條件（但不是充分條件）。一時的良好表現也許會獲得嘉獎，但缺點最終會浮現出來，良好的工作表現，不一定能保證成功，但沒有良好的表現，一定不能獲得成功。

✿恰如其分的適當表現

如果你的工作表現與其他成功的主管一樣出色，就說明你知道如何恰當地表現了。要瞭解公司的企業文化，這樣才能知道公司的需要和價值觀，進而使自己的形象符合公司的風格，例如，怎樣著裝；如何處理同事關係；應該冒險還是保守；使用何種領導風格；應迴避、忍耐或是引起爭端；與他人融洽相處的重要性等等。

✿ 瞭解公司的權力分配

公司制定的計畫表顯示了公司組織結構和權力分配情況，但它僅僅說明了一部分有影響力的組織模式，你還要更深入的瞭解。要知道誰是眞正的掌權者，誰和誰有利益關係，公司的債務情況如何一這些公司計畫表之外的所有情況。一旦你瞭解了這些情況，工作就會駕輕就熟了。

✿ 獲得組織資源的控制力

要懂得控制公司的重要資源，尤其是智慧資源和專家資源，它們能提升你的價值，並使你獲得更多的穩定性和升遷機會。

✿ 讓別人看到自己的成績

管理績效的評估是主觀的，因此讓上司看到你的貢獻是非常重要的。如果你的工作引人注目，那麼你很幸運，也沒必要採取什麼措施引起別人的注意。然而，你也許會進行一些不起眼的工作，或者你的特殊貢獻沒有引起別人的重視，因爲你只是團隊的一份子。這時，你最好向上司遞交一份工作報告，讓他看到你都做了些什麼。另外，還要注意人際關係，積極結識同行，和那些常給你好建議的人保持良好關係。

✿ 不要待在第一個職務上過久

事實證明，第一份工作不宜做太久。不斷地接受新工作會讓別人覺得你進步很快，這會帶給你升遷的機會。

✿ 找到一位導師

近年的研究逐漸證實，立志進入組織管理高層的員工必須獲得來自組織高層的導師提供的協助與忠告，而職涯的發展，通常也需要這些負責設定公司目標、優先順序與標準、具有權勢的團體的關照。

當一名資深員工熱心地指引另一位員工時，我們將這種行爲稱之爲「教導」。有效能的導師可透過提供指引、建議、批評、提案來協助員工的成長，而這些導師協助資淺及新進員工，並提供他們一個支持系統，這系統其實是與資深員工分享自身職涯發展經驗緊密相連，資深員工也會指引資淺員工如何在組織中順利升遷。這個由導師所帶領的系統，不但可幫助職位候選人解惑，並引介組織管理高層的人士，導師的忠告與指導更可協助職位候選人，透過此支持系統成功地步步高昇。

支持你的上司

你的將來掌握在直接上司手中，他負責評估你的績效，你不可能有足夠的力量挑戰他的權威。所以，你應該盡你所能幫助上司取得成功，當他受到組織其他成員的威脅時，你要支持他，並且找到上司用來評估你工作成果的指標。不要和上司作對，不要在別人面前說上司的壞話。如果上司能力卓越、成績顯著，且身居要職，他在組織中很可能就官運亨通，如果上司覺得你是他的堅定後盾，你也會跟著被提拔。如果上司績效很糟糕，權力也不大，你就應該轉到另外一個部門去工作，導師就可以幫助你安排這些事情。如果你的上司缺乏競爭力，你的能力也就很難被得到承認，你的工作績效也就很難得到認可。

經常轉換工作

如果你表達出希望調動到其他分公司，或者其他部門工作的意願，你的升遷可能會更順利。你在不同企業工作的意願，也會幫助你取得職涯的成功。如果你所工作的組織成長緩慢、停滯不前，甚至是在走下坡路，你就更加有必要換個工作。

考慮橫向輪調

考慮在組織內部橫向調換工作是爲了適應現在不斷變化的商業環境。組織的重組策略以及人事精簡策略，使許多大型企業的升遷空間越來越小，爲了在這樣的環境下生存，一個好的辦法是考慮在組織內部橫向跨部門調動。重新認識已過時的觀點非常重要，六、七〇年代，在組織內部橫向輪調的員工被認爲是績效表現平平的人，今天這種觀點已不成立。組織內部的橫向輪調是值得考慮的職涯路徑，橫向輪調可以給你更廣泛的工作經歷，會加強你以後的升遷本錢。而且這些調動能使得你的工作更加有趣和開心，幫助你在工作中充滿能量。所以，如果你在組織裡無法升遷，你就應該考慮在組織內部橫向調動或者橫向調換到其他組織工作。

持續學習最新技能

公司希望員工能夠迅速適應瞬息萬變的市場，因此，你要不斷加強現有的工作技能，並學習新技能，這樣才能顯現出自身價值。不懂進步的員工是沒有前途的。大學畢業並非學習的終點，而只是終身學習的起點。切記！你有責任去管理自己的職涯！

建立關係網絡

最後，建議要與朋友、同事、鄰居、客戶和供應廠商建立廣泛的關係網絡，這對你的職涯會大有幫助。假如你花些時間與工廠或公司的人員接觸並培養關係，可以防患於未然，而且在待人處世上會得到許多方便。

結語

想在未來組織成功的目標並非遙不可及，但你必須認知到過往的職涯計畫並非隨處可見。只要你準備充足，並能積極思考，職涯成長的大門依舊會爲你敞開。然而，這一切得憑你自己的努力。

祝你好運！我們衷心希望在本書介紹的內容，能夠幫助你達成職涯的目標。

註釋

第1章

註 1：See, for example, T. Aeppel, "A Factory Manager Improvises to Save Jobs in a Downturn," *Wall Street Journal* (December 27, 2001), p. A-1.

註 2：H. Fayol, *Industrial and General Administration* (Paris: Dunod, 1916).

註 3：H. Koontz and C. O'Donnell, *Principles of Management: An Analysis of Managerial Functions* (New York: McGraw-Hill, 1955).

註 4：L. Grensing-Pophal, "Training Supervisors to Manage Teleworkers," *HR Magazine* (January 1999), pp. 67–72; and B. J. Tepper, "Consequences of Abusive Supervision," *Academy of Management Journal* (April 2000), pp. 178–190.

註 5：Based on J. Newstrom and K. Davis, *Organizational Behavior: Human Behavior at Work,* 9th ed. (New York: McGraw-Hill, 1993), p. 239.

註 6：E. Schultz, " Great Expectations," *Supervision* (January 1999), pp. 10–11.

註 7：See, for example, W. H. Weiss, "Leadership," upervision (January 1999), pp. 6–9; and P. M. Buhler, "Managing the 90s: The Evolving Leader of Today," *Supervision* (December 1998), pp. 16–18.

註 8：See, for example, R. D. Ramsey, "So You've Been Promoted or Changed Jobs. Now What?" *Supervision* (November 1998), pp. 6–8.

註 9：This section is based on L. A. Hill, *Becoming a Manager: Mastery of New Identity* (Boston: Harvard Business School Press, 1992).

註10：R. L. Katz, " Skills of an Effective Administrator," *Harvard Business Review* (September－October 1974), pp. 90–102; and Brad Humphrey and Jeff Stokes, "The 21st Century Supervisor," *HR Magazine* (May 2000), pp. 185–192.

註11：Marc Ballon, "IHOP Heir Apparent Might Redo Menu," *Baltimore Sun* (December 26, 2001), p. B-1.

註12：R. E. Boyatzis, *The Competent Manager: A Model for Effective Performance* (New York: Wiley, 1982), p. 33.

註13：T. Pollock, "What Does Being a Loyal Manager Mean?" *Supervision* (January 1999), pp. 24–26.

第2章

註 1：Jeremy Kahn, " The World's Largest Corporations: Global 500 by the Numbers," *Fortune* (July 23, 2001), p. 58.

註 2：G. Hofstede, *Cultural Consequences: International Differences in Work-Related Values* (Beverly Hills, CA: Sage, 1990).

註 3：Ibid.

註 4：霍弗斯蒂德把第四個構面稱作「男性氣質與女性氣質」(masculinity versus femininity)；由於霍弗斯蒂德選定名稱時有強烈提及性別的意味，因此我們作了更改。

註 5：G. Hamel and J. Sampler, " The E-Corporation," *Fortune* (December 7, 1998), pp. 81–92.

註 6：See, for example, J. Teresko, "The New Race," *Industry Week* (October 5, 1998), pp. 40–46.

註 7：S. Alexander, "Mass Customization," *Computerworld* (September 6, 2000), p. 54.

註 8：M. Verespej, "Lessons from the Best," *Industry Week* (February 16, 1998), pp. 34–35.

註 9：See, for instance, J. L. Hawkins, "What's E-Business?" *E-Business Advisor* (January 1999), p. 60; "From E-Commerce to E-Business," *Fortune* (August 16, 1999), pp.137–139; and E. Strout, "Launching an E-Business: A Survival Guide," *Sales & Marketing Management* (July 2000), pp. 90–92.

註10：Cited in "World E-Commerce Growth," Forrester Research "ActivMedia Report:

Real Numbers Behind 'Net Profits 2000'"; and *The Industry Standard* (September 20, 1999), p. 208.

註11： " E-Commerce: Online Recruiting—Notable Websites," *Fortune* (Winter 2001), p. 224.

註12：Reported in J. Markoff, "A Newer, Lonelier Crowd Emerges in Internet Study," *New York Times* (February 16, 2000), p. A1.

註13：*Downsizing* may also be referred to as *restructuring, reduction in force,* or *rightsizing*.

註14：在某些情況下，持續改良計劃是包含在全面品質管理(total quality management (TQM)的概念之下。

註15：J. H. Sheridan, "Kaizen Blitz," *Industry Week* (September 1997), pp. 18–28.

註16：See A. R. Korukonda, J. G. Watson, and T. M. Rajkumar, " Beyond Teams and Empowerment: A Counterpoint to Two Common Precepts in TQM," *SAM Advanced Management Journal* (Winter 1999), pp. 29–36; and T. Y. Choi and O. C. Behling, "Top Managers and TQM Success: One More Look after All These Years," *Academy of Management Executive* (February 1997), pp. 37–46.

註17：See, for example, S. Hamm and M. Stepanek, "From Reengineering to E-Engineering," *Business Week* (March 22, 1999), pp. EB-13—EB-18.

註18：T. Peters, *Thriving on Chaos: Handbook for a Management Revolution* (New York: Knopf, 1987).

註19：P. Strozniak, "Averting Disaster," *Industry Week* (February 12, 2001), pp. 11–12.

註20： "What Companies Can Do in Traumatic Times," *Business Week* (October 8, 2001), p. 92.

註21：L. Copeland, C. Sliwa, and M. Hamblen, "Companies Urged to Revisit Disaster Recovery Plans," *Computerworld* (October 15, 2001), p. 7.

註22：See, for example, J. Brandt, "Survivors Need Your Solace," Chief Executive (October 2001), p. 12; and H. Paster, "Manager's Journal: Be Prepared," *Wall Street Journal* (September 24, 2001), p. A-24.

註23：D. J. Wood, "Corporate Social Performance Revisited," *Academy of Management Review* (October 1991), pp. 703–705.

註24：This example is adapted from M. Whitcare, "My Life as a Corporate Mole for the FBI," *Fortune* (September 4, 1995), pp. 52–62.

第3章

註 1：See, for instance, R. M. Hodgetts, D. F. Kuratko, and J. S. Hornsby, " Quality Implementation in Small Business: Perspectives From the Baldrige Award Winners," *SAM Advanced Management Journal* (Winter 1999), pp. 37–48; and D. Karathanos, "Using the Baldridge Award Criteria to Teach an MBA-Level TQM Course," *Quality Management Journal* (January 1999), p. 19.

註 2：See, for example, L. Goff, "Staying Power," *Working Woman* (April 1998), pp. 35–39.

註 3：This section is based on B. Brocka and M. S. Brocka, *Quality Management* (Homewood, IL: Business One Irwin, 1992), pp. 231–236; G. A. Weimer, "Benchmarking Maps the Route to Quality," *Industry Week* (July 20, 1992), pp. 54–55; J. Main, "How to Steal the Best Ideas Around," *Fortune* (October 19, 1992), pp. 102–106; and H. Rothman, "You Need Not Be Big to Benchmark," *Nation's Business* (December 1992), pp. 64–65.

註 4：See, for example, "ISO 9000 and ISO 14000," *International Organization for Standardization* www.iso.ch/iso/en/iso9000-14000/index.htm (2001).

註 5：M. V. Uzumeri, " ISO 9000 and other Metastandards: Principles for Management

Practice," *Academy of Management Executive* (February 1997), pp. 21–36.

註 6：Green and black belts are terms used to designate individuals certified in six sigma methodologies. A green belt is an individual who has successfully completed a forty-hour six sigma training course and has also spent forty hours in six sigma project work. Black belts, in addition to meeting the green belt requirements, spend approximately four months in an intensive six sigma training program and apply their "tools" on at least two six sigma projects annually. See, for example, C. A. Hendricks and R. L. Kelbaugh, "Implementing Six Sigma at GE," *Journal for Quality and Participation* (July/August 1998), pp. 48–53; D. Harrold and F. J. Bartos, " Optimize Existing Processes to Achieve Six Sigma Capability," *Control Engineering* (May 1998), p. 87; and " Six Sigma Secrets," Industry Week (November 2, 1998), pp. 42–43.

註 7：Harrold and Bartos, p. 87.

註 8：For another view on this topic, see "Why You Can Safely Ignore Six Sigma," *Fortune* (January 22, 2001), p. 140.

註 9：G. Williams, "2001: An Entrepreneurial Odyssey," *Entrepreneur* (April 1999), p. 106; W. Royal, "Vanishing Execs: Women," *Industry Week* (July 20, 1998), pp. 32–33; and "The Entrepreneurial Era," *Working Woman* (July/August 1998), pp. 31–36.

註10：See, for example, J. B. Cunningham and J. Lischeron, "Defining Entrepreneurship," *Journal of Small Business Management* (January 1991), pp. 45–61.

註11：G. D. Gallop, "The State of Small Black Business," *Black Enterprise* (November 1998), pp. 63–64.

註12：M. J. Dollinger, *Entrepreneurship: Strategies and Resources* (Upper Saddle River, NJ: Prentice-Hall, 1999), p. 132.

第4章

註 1：Henri Fayol, *General and Industrial Management,* C. Storrs, trans. (London: Pitman Publishing, 1949), pp. 19–42.

註 2：J. Teresko, "A Supplier on a Roll," *Industry Week* (March 2, 1998), p. 49.

註 3：S. Wetlaufer, "Organizing for Empowerment: An Interview with AES's Roger Sant and Dennis Bakke," *Harvard Business Review* (January/February 1999), pp. 110–123.

註 4：See, for example, H. Rothman, "The Power of Empowerment," *Nation's Business* (June 1993), pp. 49–52; and L. Grant, "New Jewel in the Crown," *U.S. News & World Report* (February 28, 1994), pp. 55–57.

註 5：See, for example, N. A. Wishart, J. J. Elam, and D. Robey, "Redrawing the Portrait of a Learning Organization: Inside Knight-Ridder, Inc.," *Academy of Management Executive* 10, No. 1 (1996), pp. 7–20; and J. Bozarth, "The Boundaryless Organization," *Training* (May 2002), p. 60.

註 6：See A. M. Townsend, S. M. DeMarie, and A. R. Hendrickson, "Virtual Technology and the Workplace of the Future," *Academy of Management Executive* (August 1998), pp. 17–28.

註 7：P. M. Senge, *The Fifth Discipline: The Art and Practice of Learning Organizations* (New York: Doubleday, 1990).

註 8：For a detailed explanation of this area, see D. D. DeCenzo and S. P. Robbins, *Human Resource Management,* 7th ed. (Wiley, 2002), Chapter 5.

第5章

註 1：B. Roberts, "HR's Link to the Corporate Big Picture," *HR Magazine* (April 1999), pp. 103–110.

註 2：See, for example, T. A. Stewart, "In Search of Elusive Tech Workers," *Fortune* (February

16, 1998), p. 171.

註 3 ：M. N. Martinez, "Get Job Seekers to Come to You," *HR Magazine* (August 2000), pp. 42–52.

註 4 ：M. Zall, "Internet Recruiting," *Strategic Finance* (June 2000), p. 66; S. L. Thomas and K. Ray, "Recruiting and the Web: High-Tech Hiring," *Business Horizons* (May/June 2000), p. 43, and M. Whitford, "Hi-Tech HR, Hotel," *Hotel and Motel Management* (October 16, 2000), p. 49.

註 5 ：See, for instance, H. G. Baker and M. S. Spier, " The Employment Interview: Guaranteed Improvement in Reliability," *Public Personnel Management* (Spring 1990), pp. 85–87.

註 6 ：A. I. Huffcutt, J. M. Conway, P. L. Roth, and N. J. Stone, "Identification and Meta-Analysis Assessment of Psychological Constructs Measured in Employment Interviews," *Journal of Applied Psychology* (October 2001), pp. 897–913; and A. I. Huffcutt, J. A. Weekley, W. H. Wiesner, T. G. Degroot, and C. Jones, "Comparison of Situational and Behavioral Description Interview Questions for Higher-Level Positions," *Personnel Psychology* (Autumn 2001), pp. 619–644.

註 7 ：See, for example, C. Foster and L. Godkin, "Employment Selection in Health Care: The Case for Structured Interviewing," *Health Care Management Review* (Winter 1998), p. 46.

註 8 ：L. J. Bassi and M. E. VanBuren, *The 1999 ASTD State of the Industry Report* (Alexandria, VA: American Society for Training and Development, 1999), p. 5.

註 9 ：See, for example, R. E. Catalano and D. L. Kirkpatrick, "Evaluating Training Programs —The State of the Art," *Training and Development Journal* (May 1968), pp. 2–9.

註10：U.S. Equal Employment Opportunity Commission, "Sexual Harassment Charges, EEOC and FEPAs Combined: FY 1992—FY 1999," EEOC (January 12, 2000), http://www.eeoc.gov/stats/harass.html; and G. E. Calvasina, R. V. Calvasina, and E. J. Calvasina, "Management and the EEOC," *Business Horizons* (July-August 2000), p. 3.

註11：N. F. Foy, " Sexual Harassment Can Threaten Your Bottom Line," *Strategic Finance* (August 2000), pp. 56–57; and "Federal Monitors Find Illinois Mitsubishi Unit Eradicating Harassment," *Wall Street Journal* (September 7, 2000), p. A-8.

註12：L. J. Munson, C. Hulin, and F. Drasgow, "Longitudinal Analysis of Dispositional Influences and Sexual Harassment: Effects on Job and Psychological Outcomes," *Personnel Psychology* (Spring 2000), p. 21; and "Cost of Sexual Harassment in the U.S.," *Manpower Argus* (January 1997), p. 5.

註13：See, for instance, G. L. Maatman, Jr., "A Global View of Sexual Harassment," *HR Magazine* (July 2000), pp. 151–158.

註14：R. L. Wiener and L. E. Hurt, "How Do People Evaluate Social Sexual Conduct at Work? A Psychological Model," *Journal of Applied Psychology* (February 2000), p. 75.

註15：See, for instance, P. W. Dorfman, A. T. Cobb, and R. Cox, "Investigations of Sexual Harassment Allegations: Legal Means Fair—Or Does It?" *Human Resource Management* (Spring 2000), pp. 33–39.

註16：M. Zall, " Workplace Harassment and Employer Liability," *Fleet Equipment* (January 2000),p. B-1.

註17：S. P. Robbins, "Layoff-Survivor Sickness: A Missing Topic in Organizational Behavior," *Journal of Management Accounting* (February 1999), pp. 118–120.

第6章

註 1 ：Based on J. J. Semrodek, Jr., "Nine Steps to Cost Control," *Supervision Management*

(April 1976), pp. 29–32.

註 2：P. A. Mason, " MRPII and *Kanban* Formulae," *Logistics Focus* (April 1999), p. 19; and G. Abdul-Nour, S. Lambert, and J. Drolet, "Adaptation of JIT Philosophy and *Kanban* Technique to a Small-Sized Manufacturing Firm: A Project Management Approach," *Computers and Industrial Engineering* (December 1998), pp. 419–422.

註 3：P. A. Mason and M. Parks, " The Implementation of *Kanbans*," *Logistics Focus* (May 1999), p. 20.

註 4：" Revamping the Supply Chain," *Manufacturing Engineering* (July 1998), p. 162.

註 5：C. Stedman, "Baan Fills Supply-Chain Gap," *Computerworld* (August 9, 1999), p. 20; E. F. Moltzen, "IBM Assembles Bundles for Several ERP Server Solutions," *Computer Reseller News* (August 16, 1999), pp. 3, 8; and D. Kirkpatrick, "IBM from Big Blue Dinosaur to E-Business Animal," *Fortune* (April 26, 1999), p. 122.

註 6：This section drawn from R. S. Russell and B. W. Taylor III, *Operations Management* (Upper Saddle River, NJ: Prentice-Hall, 2000), pp. 373–374.

註 7：A. Mandel-Campbell, "Sweet Success," *Latin Trade* (February 1998), p. 26.

註 8：B. Lewis, "From Procedures to Hiring Practices, CIOs Can Learn a Lot from McDonald's," *InfoWorld* (August 9, 1999), p. 32.

註 9：This example was cited in A. B. Carroll, "In Search of the Moral Manager," *Business Horizons* (March — April 1987), pp. 39–48.

註10：J. Teresko, "Opening Up the Plant Floor," *Industry Week* (May 20, 1996), p. 172; S. Lubove, " High-Tech Cops," *Forbes* (September 25, 1995), pp. 44–45; M. Meyer, "The Fear of Flaming," Newsweek (June 20, 1994), p. 54; and J. Ubois, "Plugged In Away from the Office," *Working Woman* (June 1994), pp. 60–61.

註11：See, for example, R. Behar, "Drug Spies," *Fortune* (September 6, 1999), pp. 231–246.

註12：S. C. Bahls and J. E. Bahls, "Getting Personal," *Entrepreneur* (October 1997), pp. 76–78; and S. Greengard, " Privacy: Entitlement or Illusion?" *Personnel Journal* (May 1996), pp. 74–88.

註13：See also "Pot Smokers See Job Offers Go Up in Smoke," *HR Magazine* (April 1999), p. 30.

第7章

註 1：See, for instance, K. Fracaro, "Pre-Planning: Key to Problem Solving," *Supervision* (November 2001), pp. 9–12.

註 2：A. J. Rowe, J. D. Boulgarides, and M. R. McGrath, *Managerial Decision Making: Modules in Management Series* (Chicago: SRA, 1994), pp. 18–22.

註 3：See I. Yaniv, "Weighting and Trimming: Heuristics for Aggregating Judgments under Uncertainty," *Organizational Behavior and Human Decision Processes* (March 1997), pp. 237–249; and D. A. Duchon and K. J. Donde-Dunegan, "Avoid Decision Making Disaster by Considering Psychological Biases," *Review of Business* (Summer/Fall 1991), pp. 13–18.

註 4：M. R. Beschloss, "Fateful Presidential Decisions," *Forbes FYI,* Vol. 1 (1995), pp. 171–172.

註 5：See C. K. W. De Drue and M. A. West, "Minority Dissent and Team Innovation: The Importance of Participation in Decision Making," *Journal of Applied Psychology* (December 2001), pp. 1191–1201.

註 6：J. L. Colwell, "Beyond Brainstorming: How Managers Can Cultivate Creativity and Creative Problem-Solving Skills in Employees," *Supervision* (August 2001), pp. 6–9.

註 7：The following discussion is based on A. L. Delbecq, A. H. Van de Ven, and D. H. Gustofson, *Group Techniques for Program Planning: A Guide to Nominal and Delphi Processes* (Glenview, IL: Scott Foresman, 1975).

註 8：S. W. Gellerman, "Why Good Managers Make Bad Ethical Choices," *Harvard Business Review* (July—August 1986), p. 89.

註 9：Adapted from L. J. Hash, "Ethics without the Sermon," *Harvard Business Review* (November– December 1981), p. 81.

第8章

註 1：J. Fierman, "What's Luck Got to Do with It?" *Fortune* (October 16, 1995), p. 149.

註 2：A. Maslow, *Motivation and Personality* (New York: Harper & Row, 1954).

註 3：D. McGregor, *The Human Side of Enterprise* (New York: McGraw-Hill, 1960).

註 4：F. Herzberg, B. Mauser, and B. Snyderman, *The Motivation to Work* (New York: Wiley, 1959).

註 5：R. A. Katzell, D. E. Thompson, and R. A. Guzzo, "How Job Satisfaction and Job Performance Are and Are Not Linked," in C. J. Cranny, P. C. Smith, and E. F. Stone, *Job Satisfaction* (New York: Lexington Books, 1992), pp. 195–217.

註 6：D. C. McClelland, *The Achieving Society* (New York: Van Nostrand Reinhold, 1961).

註 7：J. S. Adams, "Inequity in Social Exchanges," in L. Berkowitz, ed., *Advances in Experimental Social Psychology,* Vol. 2 (New York: Academic Press, 1965), pp. 267–300.

註 8：V. H. Vroom, *Work and Motivation* (New York: Wiley, 1984).

註 9：E. A. Locke, "The Relative Effectiveness of Four Methods of Motivating Employee Performance," in K. D. Duncan, M. M. Gruneberg, and D. Wallis, eds., *Changes in Working Life* (London: Wiley, 1980), pp. 363–383.

註10：J. R. Hackman and G. R. Oldham, "Motivation through the Design of Work: Test of a Theory," *Organizational Behavior and Human Performance* (August 1976), pp. 250–279.

註11：J. Lynn, "Zap," *Entrepreneur* (December 1998), p. 36; "The Value of Flexibility," *Inc.* (April 1996), p. 114; and B. J. Wixom, Jr., "Recognizing People in a World of Change," *HR Magazine* (June 1995), p. 65.

註12：G. Hofstede, "Motivation, Leadership, and Organizations: Do American Theories Apply Abroad?" *Organizational Dynamics* (Summer 1980), p. 55.

註13：D. H. B. Walsh, F. Luthens, and S. M. Sommer, " Organizational Behavior Modification Goes to Russia: Replicating an Experimental Analysis across Cultures and Tasks," *Journal of Organizational Behavior Management* (Fall 1993), pp. 15–35; and J. R. Baum, J. D. Olian, M. Erez, and E. R. Schnell, " Nationality and Work Role Interactions: A Cultural Contrast of Israel and U.S. Entrepreneurs' versus Managers' Needs," *Journal of Business Venturing* (November 1993), pp. 499–512.

註14：G. Grib and S. O'Donnell, "Pay Plans That Reward Employee Achievement," *HR Magazine* (July 1995), pp. 49–50.

註15：F. Luthans and A. D. Stajkovic, "Reinforce for Performance: The Need to Go Beyond Pay and Even Rewards," *Academy of Management Executive* (May 1999), pp. 49–56.

註16："Consider Converting Merit Pay Raises to Other Rewards," *Financial Executive* (May/June 1999), p. 8.

註17：D. Fenn, "Compensation: Goal-Driven Incentives," *Inc.* (August 1996), p. 91; and M. A. Verespej, " More Value for Compensation," *Industry Week* (June 17, 1996), p. 20.

註18：D. J. Cira and E. R. Benjamin, "Competency-Based Pay: A Concept in Evolution," *Compensation and Benefits Review* (September/October 1998), p. 22.

註19：S. Greengard, "Leveraging a Low-Wage Work Force," *Personnel Journal* (January 1995), pp. 90–102.

註20：C. Yang, A. T. Palmer, and A. Cuneo, "Low Wage Lessons," *Business Week* (November 11, 1996), pp. 108–116; and R. Henkoff, "Finding, Training, and Keeping the Best Service Workers," *Fortune* (October 5, 1994), pp. 110–122.

註21：For an interesting perspective on this issue, see G. Dessler, " How to Earn Your Employees' Commitment," *Academy of Management Executive* (May 1999), pp. 58–66.

註22：K. A. Dolan, "When Money Isn't Enough," *Forbes* (November 18, 1996), pp. 165, 168.

第9章

註1：S. A. Kirkpatrick and E. A. Locke, "Leadership: Do Traits Matter?" *Academy of Management Executive* (May 1991), pp. 48–60.

註2：P. Sellers, "What Exactly Is Charisma?" *Fortune* (January 15, 1996), pp. 68–75.

註3：See, for instance, B. Shamir, E. Zarkey, E. Breinin, and M. Popper, "Correlates of Charismatic Leader Behavior in Military Units: Subordinates' Attitudes, Unit Characteristics, and Superiors' Appraisals of Leader Performance," *Academy of Management Journal* (August 1998), pp. 387–409.

註4：W. Bennis, " The 4 Competencies of Leadership," *Training and Development Journal* (August 1984), pp. 38–43.

註5：J. A. Conger and R. N. Kanungo, "Behavioral Dimensions of Charismatic Leadership," in J. A. Conger, R. N. Kanungo, et al., *Charismatic Leadership: The Elusive Factor in Organizational Effectiveness* (San Francisco: Jossey-Bass, 1988), p. 79.

註6：Ibid.

註7：This definition is based on M. Sashkin, "The Visionary Leader," in Conger, Kanungo, et al., pp. 124–125; B. Nanus, *Visionary Leadership* (New York: Free Press, 1992), p.8 ; N. H. Snyder and M. Graves, "Leadership and Vision," Business Horizons (January—February 1994), p. 1; J. R. Lucas, "Anatomy of a Vision Statement," *Management Review* (February 1998), pp. 22–26; and S. Marino, "Where There Is No Visionary, Companies Falter," *Industry Week* (March 15, 1999), p. 20.

註8：Nanus, p. 8.

註9：J. R. Baum, E. A. Locke, and S. A. Kirkpatrick, "A Longitudinal Study of the Relation of Vision and Vision Communication to Venture Growth in Entrepreneurial Firms," *Journal of Applied Psychology* (February 1998), pp. 43–54.

註10：See S. Caminiti, "What Team Leaders Need to Know," *Fortune* (February 20, 1995), pp. 93–100.

註11：R. M. Stodgill and A. E. Coons, eds., *Leader Behavior: Its Description and Measurement, Research Monograph No. 88* (Columbus: Ohio State University, Bureau of Business Research, 1951).

註12：Ibid.; and R. Kahn and D. Katz, "Leadership Practices in Relation to Productivity and Morale," in D. Cartwright and A. Zander, eds., *Group Dynamics: Research and Theory,* 2nd ed. (Elmsford, NY: Row, Paterson, 1960).

註13：P. Hersey and K. Blanchard, *Management of Organization Behavior: Utilizing Human Resources,* 5th ed. (Upper Saddle River, NJ: Prentice-Hall, 1988).

註14：G. Hofstede, "Motivation, Leadership, and Organization: Do American Theories Apply

Abroad?" *Organizational Dynamics* (Summer 1980), p. 57; and A. Ede, " Leadership and Decision Making: Management Styles and Culture," *Journal of Managerial Psychology* (July 1992), pp. 28–31.

註15：*60 Minutes,* September 24, 1995.

註16：Based on L. T. Hosmer, " Trust: The Connecting Link between Organizational Theory and Philosophical Ethics," *Academy of Management Review* (April 1995), p. 393.

註17：Ibid.; and R. C. Mayer, J. H. Davis, and F. D. Shoorman, " An Integrative Model of Organizational Trust," *Academy of Management Review* (July 1995), p. 712.

註18：P. L. Schindler and C. C. Thomas, "The Structure of Interpersonal Trust in the Workplace," *Psychological Reports* (October 1993), pp. 563–573.

註19：T. A. Stewart, "The Nine Dilemmas Leaders Face," *Fortune* (March 18, 1996), p. 113.

註20：See, for example, W. H. Miller, "Leadership at a Crossroads," *Industry Week* (August 19, 1996), pp. 43–44.

註21：B. M. Bass, " From Transactional to Transformational Leadership: Learning to Share the Vision," *Organizational Dynamics* (Winter 1990), pp. 19–31.

註22：B. J. Avolio and B. M. Bass, "Transformational Leadership: Charisma and Beyond," working paper, School of Management, State University of New York, Binghamton (1995), p. 14.

註23：Caminiti, pp. 93–100.

註24：Ibid.

註25：N. Steckler and N. Fondas, "Building Team Leader Effectiveness: A Diagnostic Tool," *Organizational Dynamics* (Winter 1995), p. 20. See also P. Kelly, "Lose the Boss," *Inc.* (December 1997), pp. 45–46; and J. Pfeffer and J. P. Veiga, "Putting People First for Organizational Success," *Academy of Management Executive* (May 1999), pp. 37-48.

第10章

註1：D. K. Berlo, *The Process of Communication* (New York: Holt, Rinehart & Winston, 1960), pp. 30–32.

註2：Ibid.

註3：See, for example, Martha I. Finney, "Harness the Power Within," *HR Magazine* (January 1997), pp. 69–71.

註4："Technology Can Enhance Employee Communications, Help Attract and Retain Workers," *Employee Benefit Plan Review* (June 2000), pp. 24–28.

註5：See, for example, M. Henricks, "Hear and Now," *Entrepreneur* (December 1997), pp. 75–76.

註6：See also R. Stein, "Hands May Help Minds Grasp the Right Words," *The Washington Post* (November 30, 1998), p. A3.

註7：See, for example, Henricks, pp. 75–76.

註8：See, for instance, K. Fracaro, "Two Ears and One Mouth," *Supervision* (February 2001), pp. 3–5.

第11章

註1：S. E. Asch, "Effects of Group Pressure upon the Modification and Distortion of Judgements," in H. Guetzkow, ed., *Groups, Leadership and Men* (Pittsburgh, PA: Carnegie Press, 1951), pp. 177–190.

註2：See, for instance, M. B. Nelson, "Learning What 'Team' Really Means," *Newsweek* (July 19, 1999), p. 55.

註3：J. A. Shepperd, " Productivity Loss in Performance Groups: A Motivation Analysis," *Psychological Bulletin* (January 1993), pp. 67–81.

註4：Fernando Bartolome, "Nobody Trusts the Boss Completely—Now What?" *Harvard Business Review* (March—April 1998), pp.

134–142.

註 5：M. A. Verespej, "Allegiance HealthCare Corporation," *Industry Week* (October 19, 1998), pp. 34–36; *Profiles in Quality: Blueprints for Action from 50 Leading Companies* (Boston: Allyn & Bacon, 1991), p. 37.

註 6：Verespej, p. 36.

註 7：J. N. Choi and M. U. Kim, " The Organizational Application of Groupthink and Its Limitations in Organizations," *Journal of Applied Psychology* (April 1999), pp. 297–306.

註 8：J. W. Bishop and K. D. Scott, " How Commitment Affects Team Performance," *HR Magazine* (February 1997), pp. 107–111; and M. Mayo, J. C. Pastor, and J. R. Meindl, "The Effects of Group Heterogeneity on the Self-Perceived Efficacy of Group Leaders," *Leadership Quarterly* (Summer 1996), pp. 265–284.

註 9：L. H. Pelled, K. M. Eisenhardt, and K. R. Xin, "Exploring the Black Box: An Analysis of Work Group Diversity, Conflict, and Performance," *Administrative Science Quarterly* (March 1999), pp. 1–28.

註10：H. E. Joy, D. Joyendu, and M. Bhadury, "Maximizing Workforce Diversity in Project Teams: A Network Flow Approach," *Omega* (April 2000), pp. 143–155.

第12章

註 1：P. M. Blau, *The Dynamics of Bureaucracy,* rev. ed. (Chicago: University of Chicago Press, 1963).

註 2：R. Lepsinger and A. D. Lucia, "360 Degree Feedback and Performance Appraisal," *Training* (September 1997), pp. 62–70.

註 3：C. Hymowitz, "In the Lead: Do '360' Job Reviews by Colleagues Promote Honesty or Insults," *Wall Street Journal* (December 12, 2000), p. B-1.

註 4：Brian O'Reilly, "360 Feedback Can Change Your Life," *Fortune* (October 17, 1994), p. 96.

註 5：See, for example, D. A. Waldman, L. E. Atwater, and D. Antonioni, "Has 360 Degree Feedback Gone Amok?" *Academy of Management Journal* (February 1998), pp. 86–94.

註 6：G. D. Huet-Cox, T. M. Neilsen, and E. Sundstrom, "Get the Most from 360-Degree Feedback: Put It on the Net," *HR Magazine* (May 1999), pp. 92–103.

註 7：Christopher P. Neck, Greg L. Stewart, Charles C. Manz, "Thought Self-leadership as a Framework for Enhancing the Performance of Performance Appraisers," *Journal of Applied Behavior Science* (September 1995).

註 8：M. Scott, "7 Pitfalls for Managers When Handling Poor Performers and How to Overcome Them," *Manage* (February 2000), pp. 12–13.

第13章

註 1：U.S. Department of Commerce, Bureau of the Census, *National Census of Fatal Occupational Injuries, 1999* (http://www.stats.bls.gov) (August 17, 2000); and U.S. Bureau of the Census, *Statistical Abstracts of the United States, 1999* (Washington, DC: Government Printing Office, 1999), p. 450.

註 2：The material in this chapter is adapted from D. A. DeCenzo and S. P. Robbins, *Human Resource Management,* 7th ed. (New York:. Wiley, 2002), Chapter 13.

註 3：*Marshall v. Barlow's Inc.*, 436 U.S. 307 (1978).

註 4："OSHA Inspection Delay Is Legal," *ENR* (May 3, 1999), p. 21.

註 5：The number 3,600,000 is determined as follows: 1,800 employees, working 40-hour weeks, for 50 weeks a year [1,800 × 40 × 50].

註 6：“Three Men Receive Sentences, Fines in Mine Explosion,” *Wall Street Journal* (June 13, 1996), p. A-4. The prosecution and fines in the Pyro Mining case stemmed from a situation where company officials allegedly lied to inspectors and failed to adhere to safety procedures. In all, fifteen employees of Pyro Mining pleaded guilty, with only three executives receiving prison terms of up to eighteen months.

註 7：See U.S. Department of Labor, Occupational Safety and Health Administration, *Hazard Communication Guidelines for Compliance* (Washington, DC: Government Printing Office, 2000).

註 8：D. Costello, “Stressed Out: Can Workplace Stress Get Worse? Incidents of “Desk Rage' Disrupt America's Offices—Long Hours, Cramped Quarters Produce Some Short Fuses; Flinging Phones at the Wall,” *Wall Street Journal* (January 16, 2001), p. B-1.

註 9：U.S. Department of Labor, Occupational Safety and Health Administration, *Workplace Violence* (Washington, DC: Government Printing Office, 2000), p. 1; and L. Miller, K. Caldwell, and L. C. Lawson, "When Work Equals Life: The Next State of Workplace Violence," *HR Magazine* (December 2000), pp. 178–180.

註10：See, for example, K. Walter, “Are Your Employees on the Brink?” *HR Magazine* (June 1997), pp. 57–63; and M. P. Coco, Jr., "The New War Zone: The Workplace," *SAM Advanced Management Journal* (Winter 1997), pp. 15–20.

註11：See M. Conlin and J. Carey, “Is Your Office Killing You?” *Business Week* (June 5, 2000), pp. 114–128; R. Schneider, “Sick Buildings Threaten Health of Those Who Inhabit Them,” *Indianapolis Star* (September 23, 2000), p. A-1; and F. Rice, “Do You Work in a Sick Building?” *Fortune* (July 2, 1990), p. 88.

註12：OSHA Issues Final Ergonomics Standards,” *Healthcare Financial Management* (January 2001), p. 9; C. Haddad, “OSHA New Regs Will Ease the Pain— for Everybody,” *Business Week* (December 4, 2000), pp. 90–91; and Y. J. Dreazen, “Ergonomic Rules Are the First in a Wave of Late Regulations,” *Wall Street Journal* (November 14, 2000), p. A-4.

註13：F. Hansen, “Employee Assistance Programs (EAPs) Grow and Expand Their Reach,” *Compensation and Benefits Review* (March/April 2000), p. 13.

註14：C. Petersen, “Value of Complementary Care Rises, But Poses Challenges,” *Managed Healthcare* (November 2000), pp. 47–48.

第14章

註 1：See S. P. Robbins, *Managing Organizational Conflict: A Non-Traditional Approach* (Upper Saddle River, NJ: Prentice-Hall, 1974).

註 2：See, for example, C. Noble, “Resolving Co-Worker Disputes through ‘Coaching Conflict Management,’” *Canadian HR Reporter* (September 24, 2001), pp. 18–20.

註 3：See, for instance, D. A. DeCenzo and B. Silhanek, *Human Relations: Personal and Professional Development* (Upper Saddle River, NJ: Prentice-Hall, 2002), pp. 177–179.

註 4：W. F. Whyte, “The Social Structure of the Restaurant,” *American Journal of Sociology* (January 1954), pp. 302–308.

註 5：See C. J. Guffey and M. M. Helms, “Effective Employee Discipline: A Case of the Internal Revenue Service,” *Public Personnel Management* (Spring 2001), pp. 111–127.

註 6：*Payne v. Western and Atlantic Railroad Co.*, 812 Tenn. 507 (1884). See also P. Falcone, “A Legal Dichotomy?” *HR Magazine* (May

1999), pp. 110–120.

註 7：See, for instance, "Employees from Hell," *Inc.* (January 1995), p. 54.

註 8：R. E. Walton and R. B. McKersie, *Behavioral Theory of Labor Relations: An Analysis of a Social Interaction System* (New York: McGraw-Hill, 1965).

註 9：K. W. Thomas, "Conflict and Negotiation Processes in Organizations," in M. D. Dunnette and L. M. Hough, eds., *Handbook of Industrial and Organizational Psychology,* 2nd ed., Vol. 3 (Palo Alto, CA: Consulting Psychologists Press, 1992), pp. 651–717.

註10：Based on R. Fisher and W. Ury, *Getting to Yes: Negotiating Agreement without Giving In* (Boston: Houghton Mifflin, 1981); J. A. Wall, Jr., and M. W. Blum, "Negotiations," *Journal of Management* (June 1991), pp. 295–296; and M. H. Bazerman and M. A. Neale, *Negotiating Rationally* (New York: Free Press, 1992).

第15章

註 1：S. Toy, "Can the Queen of Cosmetics Keep Her Crown?" *Business Week* (January 17, 1994), pp. 90–92.

註 2：K. Lewin, *Field Theory in Social Science* (New York: Harper & Row, 1951).

註 3：T. Peters, *Thriving on Chaos* (New York: Knopf, 1987).

註 4："Creativity Counts," *HR Focus* (May 1999), p. 4; and M. Moeller, S. Hamm, and T. J. Mullaney, "Remaking Microsoft," *Business Week* (May 17, 1999), p. 106.

註 5：See, for example, W. Royal, "Finding Sharp's Focus," *Industry Week* (May 3, 1999), pp. 32–38.

註 6：These definitions are based on T. M. Amabile, " A Model of Creativity and Innovation in Organizations," in B. M. Staw and L. L. Cummings, eds., *Research in Organizational Behavior* (Greenwich, CT: JAI Press, 1988), p. 126.

註 7：A. Taylor III, "Kellogg Cranks Up Its Idea Machine," *Fortune* (July 5, 1999), p. 181.

註 8：T. Stevens, "A Modern-Day Ben Franklin," *Industry Week* (March 1, 1999), pp. 20–25.

註 9：E. Glassman, "Creative Problem Solving," *Supervisory Management* (January 1989), pp. 21–22.

註10：See, for instance, J. Myerson, "*Management Today* Innovation Awards," *Management Today* (May 1999), p. 86.

第16章

註 1：Material in this chapter is adapted from D. A. DeCenzo and S. P. Robbins, *Human Resource Management,* 7th ed. (New York: Wiley, 2002), Chapter 15.

註 2：See AFL-CIO, "Unions Raise Wages—Especially for Minorities and Women," http://www.aflcio.org/uniondifference/uniondiff4.htm, U.S. Department of Labor, Employment and Earnings (January 2002).

註 3：Currently, twenty-one states are right-to-work states: Alabama, Arizona, Arkansas, Florida, Georgia, Idaho, Iowa, Kansas, Louisiana, Mississippi, Nebraska, Nevada, North Carolina, North Dakota, South Carolina, South Dakota, Tennessee, Texas, Utah, Virginia, and Wyoming. (*Statistical Abstracts of the United States, 1999*; and http://www.aflcio.org/uniondifference/uniondiff7.htm.)

註 4：See, for instance, M. Romano, "Hospital Accused of Iron-Fist Tactics," *Modern Hospital* (January 8, 2001), p. 16.

註 5：L-M 2 reports are required of unions that have annual revenues of $200,000 or more and those in trusteeship. L-M 3 reports are a simplified annual report that may be filed by unions with total revenues of less than $200,000 if the union is not in trusteeship. L-

M 4 is an abbreviated form and may be used by unions with less than $10,000 in total annual revenues if the union is not in trusteeship. These reports are due within 90 days after the end of the union's fiscal year. See http://www.dol.gov.

註 6：M. A. Spognardi and R. H. Bro, "Organizing through Cyberspace: Electronic Communications and the National Labor Relations Act," *Employee Relations Law Journal* (Spring 1998), pp. 141–151.

註 7：M. H. Bowers and D. A. DeCenzo, *Essentials of Labor Relations* (Upper Saddle River, NJ: Prentice-Hall, 1992), p. 101.

註 8：See also M. I. Lurie, "The 8 Essential Steps in Grievance Processing," *Dispute Resolution Journal* (November 1999), pp. 61–65.

註 9：To be accurate, a strike vote is generally held at the local union level, in which the members authorize their union leadership to call the strike.

英文索引

P

Q

R

S

中文索引

七劃

八劃

九劃

十劃

十一劃

十二劃

十三劃

十四劃

十五劃

十六劃

十七劃

十八劃

十九劃以上

譯·者·簡·介

尤慧慧／第1-2章

台灣大學國際企業系畢，台灣大學商學研究所碩士班。主修人力資源管理，曾參與多次產學專案、國科會合作專案和企業實習。譯有《領導學》(Supervision Today)。

蔡筱薇／第3-5章

台灣大學商學研究所畢業，主修消費者行為。曾擔任人力資源教授助理；譯有《領導學》(Supervision Today)。

張明諭／第6-8章

美國德州大學奧斯汀分校廣告碩士，目前任職於廣告公司，譯有《金融時報大師系列——資訊管理》(Mastering Information Management)、《領導學》(Supervision Today)。

吳奕慧／第9-16章

台大工商管理學系企業管理組、台大商研所畢業。主修組織行為與人力資源管理，曾參與多次產學合作專案、國科會計劃和企業實習。譯著包括《金融時報大師系列——人力資源管理》(Mastering People Management)、《領導學》(Supervision Today)。

國家圖書館出版品預行編目資料

領導學 /史帝芬・羅賓斯(Stephen P. Robbins),
大衛・迪森佐(David A. DeCenzo);吳奕慧等譯
.-- 初版. -- 臺北市：臺灣培生教育, 2004[民 93]
面； 公分
譯自：Supervision Today, 4th ed
ISBN 986-154-010-5 (平裝)

1. 人事管理 2. 領導論

494.3 93013817

領導學

原 著	史帝芬・羅賓斯(Stephen P.Robbins)、大衛・迪森佐(David A. DeCenzo)
譯 者	吳奕慧、尤慧慧、蔡筱薇、張明諭
審 校	李弘暉
發 行 人	洪欽鎮
主 編	鄭佳美
編 輯	賴文惠
編輯協力	何昭芬、林芳潤
美編印務	楊雯如
電腦排版	歐陽碧智
封面設計	陶一山
發 行 所 出 版 者	台灣培生教育出版股份有限公司
	地址／台北市重慶南路一段 147 號 5 樓
	電話／02-2370-8168　傳真／02-2370-8169
	網址／www.pearsoned.com.tw
	E-mail／reader@pearsoned.com.tw
台灣總經銷	全華科技圖書股份有限公司
	地址／台北市龍江路 76 巷 20 號 2 樓
	電話／02-2507-1300　傳真／02-2506-2993　郵撥／0100836-1
	網址／www.opentech.com.tw
	E-mail／book@ms1.chwa.com.tw
全華書號	18010
香港總經銷	培生教育出版亞洲股份有限公司
	地址／香港鰂魚涌英皇道 979 號（太古坊康和大廈 2 樓）
	電話／852-3181-0000　傳真／852-2564-0955
版 次	2004 年 12 月初版一刷
I S B N	986-154-010-5

Photo Credits pp. 34, 36: Sonic Corporation & Subsidiaries; **p. 47:** Esbin-Anderson/The Image Works; **pp. 64, 66:** AP/Wide World Photos; **p. 90:** Mark Burnett/Stock Boston; **pp. 100, 102:** Blake Little Photography; **p. 115:** German Maneses Photography; **pp. 134, 136:** Greg Cranna/Stock Boston; **p. 156:** AP/Wide World Photos; **pp. 168, 170:** AP/Wide World Photos; **p. 187:** Mike Surowiak/Getty Images Inc. - Stone Allstock; **pp. 202, 204:** AP/Wide World Photos; **p. 226:** Frederick Charles/F Charles Photography; **pp. 238, 240:** William Neumann/William Neumann Photography; **p. 253:** Tom Pidgeon/Getty Images Inc. - Hulton Archive Photos; **pp. 272, 274:** Rhoda Sidney/Stock Boston; **p. 296:** Jenny Ogborne/Courtesy The Lincoln Electric Company; **pp. 306, 308:** Bob Ross Buick; **p. 316:** AP/Wide World Photos; **pp. 338, 340:** Getty - Digital Vision; **p. 357:** Doug Plummer/Photo Researchers, Inc.; **pp. 370, 372:** Courtesy Seph Barnard/Tape Resources, Inc.; **p. 381:** Pat McDonogh; **pp. 398, 400:** William Neumann Photography; **p. 421:** Jose L. Pelaez / Corbis/Stock Market; **pp. 432, 434:** AP/Wide World Photos; **p. 451:** Richard Pasley/ Stock Boston; **pp. 462, 464:** David Sams/Stock Boston; **p. 486:** Joe Sohm/Pictor / Image State/International Stock Photography Ltd.; **pp. 502, 504:** AP/Wide World Photos; **p. 517:** Najah Feanny/Stock Boston; **pp. 526, 528:** Sam Vamhagen/Getty Images Inc. - Hulton Archive Photos; **p. 546:** John Bazemore / AP/Wide World Photos